교육의 힘으로
세상의 차이를 좁혀 갑니다

차이가 차별로 이어지지 않는 미래를 위해
EBS가 가장 든든한 친구가 되겠습니다.

모든 교재 정보와 다양한 이벤트가 가득!
EBS 교재사이트 book.ebs.co.kr

본 교재는 EBS 교재사이트에서
eBook으로도 구입하실 수 있습니다.

KB213264

2026학년도 수능 연계교재

수능완성

수학영역 | 수학 Ⅰ· 수학 Ⅱ· 기하

기획 및 개발

태완
유민
희선

감수

한국교육과정평가원

책임 편집

임혜원
정혜선
최은아

· 교재의 강의는 TV와 모바일 APP, EBS*i* 사이트(www.ebs*i*.co.kr)에서 무료로 제공됩니다.

발행일 2025. 5. 26. 1쇄 인쇄일 2025. 5. 19. 신고번호 제2017-000193호 펴낸곳 한국교육방송공사 경기도 고양시 일산동구 한류월드로 281
지디자인 디자인싹 내지디자인 다우 내지조판 글사랑 인쇄 팩컴코리아㈜
쇄 과정 중 잘못된 교재는 구입하신 곳에서 교환하여 드립니다. 신규 사업 및 교재 광고 문의 pub@ebs.co.kr

정답과 풀이 PDF 파일은 EBS*i* 사이트(www.ebs*i*.co.kr)에서 내려받으실 수 있습니다.

| 교 재 내 용 문 의 | 교재 및 강의 내용 문의는 EBS*i* 사이트 (www.ebs*i*.co.kr)의 학습 Q&A 서비스를 활용하시기 바랍니다. | 교 재 정오표 공 지 | 발행 이후 발견된 정오 사항을 EBS*i* 사이트 정오표 코너에서 알려 드립니다. 교재 → 교재 자료실 → 교재 정오표 | 교 재 정 정 신 청 | 공지된 정오 내용 외에 발견된 정오 사항이 있다면 EBS*i* 사이트를 통해 알려 주세요. 교재 → 교재 정정 신청 |

변화

5G급 속도로 변화하는 세상,
대학은 어떤 속도로 변화하고 있을까?

Dynamic
Dankook

단국이 답합니다

**실용학문, 융합인재, 산학협력으로
변화를 이끌어갑니다**

해방 후 가장 먼저 설립된 4년제 대학
가장 먼저 지방 캠퍼스를 설립한 대학
IT, CT, BT, 외국어 특성화 교육으로 융합인재 육성과
산학협력에 앞서가는 대학
시대의 혁신, 세상의 요구에 먼저 응답해온
단국대의 변화는 계속되고 있습니다

이진후(경영경제대학 경영학부)
재학생 홍보대사

대표전화 **1899 - 3700** | www.dankook.ac.kr

죽전캠퍼스
16890 경기도 용인시 수지구 죽전로 152
입학처 입학팀 031-8005-2550~3

천안캠퍼스
31116 충청남도 천안시 동남구 단대로 119
입학처 입학팀 041-550-1234~6

단국대학교
DANKOOK UNIVERSIT

adiga

대학입시정보의 모든 것 어디가와 함께 준비하세요. 대학 adiga!

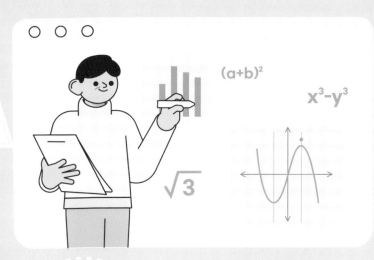

$(a+b)^2$

x^3-y^3

$\sqrt{3}$

대학/학과/전형정보
- 대학별 경쟁률 및 전년도 입시결과 제공
- 교육목표, 교육과정, 대학정보공시 자료 등 다양한 대학 관련 정보 제공

진로정보
- 커리어넷 및 워크넷 연계를 통한 다양한 직업정보 제공
- 커리어넷 및 워크넷에서 제공하는 직업 심리검사를 통해 적성에 맞는 진로탐색

대입상담
- 진학지도 경력 10년 이상의 현직 진로진학 교사로 구성된 '대입상담교사단'의 상담전문위원이 1:1 무료 상담 진행
- 온라인 대입 상담 게시판을 통한 전문상담 제공
- 전화상담(1600-1615)을 통한 유선상담 동시 제공

성적분석
- 대학별 수시 및 정시 성적분석 서비스 제공
- 학생부 및 수능/모의고사 성적분석을 통한 대입전략 수립 용이
- 간편해진 성적입력으로 편리한 성적분석 서비스 제공

혼자 고민하지 마세요! 어디가가 함께 고민할게요.

추천/대화형 서비스
(25년 하반기 시범운영 예정)
- 머신러닝 기반 대학/학과/전형 추천 서비스
- 대화형 검색 서비스

ww.adiga.kr

미래를 움직이는
국립금오공과대학교

지금 오라

2026학년도 국립금오공과대학교 신입생 모집

I수시모집I 2025. 9. 8.(월) ~ 12.(금)

I정시모집I 2025. 12. 29.(월) ~ 31.(수)

I입학상담I 054-478-7900, 카카오톡 국립금오공과대, ipsi@kumoh.ac.kr

kit 국립금오공과대학교
Kumoh National Institute of Technology

2026학년도 수능 연계교재

수능완성

수학영역 | 수학 I · 수학 II · 기하

이 책의 **구성과 특징** STRUCTURE

이 책의 구성

❶ 유형편
출제경향에 따른 문항들로 유형별 학습을 할 수 있도록 하였다.

❷ 실전편
실전 모의고사 5회 구성으로 수능에 대비할 수 있도록 하였다.

2026학년도 대학수학능력시험 수학영역

❶ 출제원칙
수학 교과의 특성을 고려하여 개념과 원리를 바탕으로 한 사고력 중심의 문항을 출제한다.

❷ 출제방향
- 단순 암기에 의해 해결할 수 있는 문항이나 지나치게 복잡한 계산 위주의 문항 출제를 지양하고 계산, 이해, 추론, 문제해결 능력을 평가할 수 있는 문항을 출제한다.
- 2015 개정 수학과 교육과정에 따라 이수한 수학 과목의 개념과 원리 등은 출제범위에 속하는 내용과 통합하여 출제할 수 있다.
- 수학영역은 교육과정에 제시된 수학 교과의 수학 I , 수학 II , 확률과 통계, 미적분, 기하 과목을 바탕으로 출제한다.

❸ 출제범위
- '공통과목 + 선택과목' 구조에 따라 공통과목(수학 I , 수학 II)은 공통 응시하고 선택과목(확률과 통계, 미적분, 기하) 중 1개 과목을 선택한다.

구분 영역	문항수	문항유형	배점		시험 시간	출제범위(선택과목)
			문항	전체		
수학	30	5지 선다형, 단답형	2점 3점 4점	100점	100분	• 공통과목: 수학 I , 수학 II • 선택과목(택1): 확률과 통계, 미적분, 기하 • 공통 75%, 선택 25% 내외 • 단답형 30% 포함

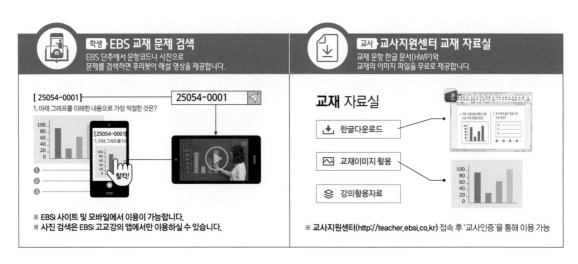

학생 ▶ EBS 교재 문제 검색
EBS 단추에서 문항코드나 사진으로
문제를 검색하면 푸리봇이 해설 영상을 제공합니다.

[25054-0001]
1. 아래 그래프를 이해한 내용으로 가장 적절한 것은?

25054-0001

찰칵!

※ EBSi 사이트 및 모바일에서 이용이 가능합니다.
※ 사진 검색은 EBSi 고교강의 앱에서만 이용하실 수 있습니다.

교재 ▶ 교사지원센터 교재 자료실
교재 문항 한글 문서(HWP)와
교재의 이미지 파일을 무료로 제공합니다.

교재 자료실
- ⬇ 한글다운로드
- ▨ 교재이미지 활용
- ≋ 강의활용자료

※ 교사지원센터(http://teacher.ebsi.co.kr) 접속 후 '교사인증'을 통해 이용 가능

이 책의 **차례** CONTENTS

유형편

과목	단원	단원명	페이지
수학 I	01	지수함수와 로그함수	4
	02	삼각함수	14
	03	수열	23
수학 II	04	함수의 극한과 연속	37
	05	다항함수의 미분법	46
	06	다항함수의 적분법	59
기하	07	이차곡선	70
	08	평면벡터	81
	09	공간도형과 공간좌표	93

① 거듭제곱근

(1) 실수 a와 2 이상의 자연수 n에 대하여 a의 n제곱근 중 실수인 것은 다음과 같다.

	$a>0$	$a=0$	$a<0$
n이 짝수	$\sqrt[n]{a}$, $-\sqrt[n]{a}$	0	없다.
n이 홀수	$\sqrt[n]{a}$	0	$\sqrt[n]{a}$

(2) 거듭제곱근의 성질 : $a>0$, $b>0$이고 m, n이 2 이상의 자연수일 때

① $(\sqrt[n]{a})^n=a$
② $\sqrt[n]{a}\sqrt[n]{b}=\sqrt[n]{ab}$

③ $\dfrac{\sqrt[n]{a}}{\sqrt[n]{b}}=\sqrt[n]{\dfrac{a}{b}}$
④ $(\sqrt[n]{a})^m=\sqrt[n]{a^m}$

⑤ $\sqrt[m]{\sqrt[n]{a}}=\sqrt[mn]{a}=\sqrt[n]{\sqrt[m]{a}}$
⑥ $\sqrt[np]{a^{mp}}=\sqrt[n]{a^m}$ (단, p는 자연수)

② 지수의 확장⑴ – 정수 지수

(1) $a\neq0$이고 n이 양의 정수일 때

① $a^0=1$
② $a^{-n}=\dfrac{1}{a^n}$

(2) $a\neq0$, $b\neq0$이고 m, n이 정수일 때

① $a^ma^n=a^{m+n}$
② $a^m\div a^n=a^{m-n}$
③ $(a^m)^n=a^{mn}$
④ $(ab)^n=a^nb^n$

③ 지수의 확장⑵ – 유리수 지수와 실수 지수

(1) $a>0$이고 m이 정수, n이 2 이상의 자연수일 때, $a^{\frac{m}{n}}=\sqrt[n]{a^m}$

(2) $a>0$, $b>0$이고 r, s가 유리수일 때

① $a^ra^s=a^{r+s}$
② $a^r\div a^s=a^{r-s}$
③ $(a^r)^s=a^{rs}$
④ $(ab)^r=a^rb^r$

(3) $a>0$, $b>0$이고 x, y가 실수일 때

① $a^xa^y=a^{x+y}$
② $a^x\div a^y=a^{x-y}$
③ $(a^x)^y=a^{xy}$
④ $(ab)^x=a^xb^x$

④ 로그의 뜻

(1) $a>0$, $a\neq1$, $N>0$일 때, $a^x=N \iff x=\log_a N$

(2) $\log_a N$이 정의되려면 밑 a는 $a>0$, $a\neq1$이고 진수 N은 $N>0$이어야 한다.

⑤ 로그의 성질

$a>0$, $a\neq1$이고 $M>0$, $N>0$일 때

(1) $\log_a 1=0$, $\log_a a=1$
(2) $\log_a MN=\log_a M+\log_a N$

(3) $\log_a \dfrac{M}{N}=\log_a M-\log_a N$
(4) $\log_a M^k=k\log_a M$ (단, k는 실수)

⑥ 로그의 밑의 변환

(1) $a>0$, $a\neq1$, $b>0$, $c>0$, $c\neq1$일 때, $\log_a b=\dfrac{\log_c b}{\log_c a}$

(2) 로그의 밑의 변환의 활용 : $a>0$, $a\neq1$, $b>0$, $c>0$일 때

① $\log_a b=\dfrac{1}{\log_b a}$ (단, $b\neq1$)
② $\log_a b\times\log_b c=\log_a c$ (단, $b\neq1$)

③ $\log_{a^m} b^n=\dfrac{n}{m}\log_a b$ (단, m, n은 실수이고 $m\neq0$)
④ $a^{\log_b c}=c^{\log_b a}$ (단, $b\neq1$)

7 지수함수의 뜻과 그래프

(1) $y=a^x$ $(a>0,\ a\neq1)$을 a를 밑으로 하는 지수함수라고 한다.

(2) 지수함수 $y=a^x$ $(a>0,\ a\neq1)$의 그래프는 다음 그림과 같다.

    ① $a>1$일 때   ② $0<a<1$일 때

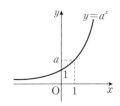 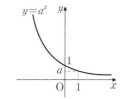

8 지수함수 $y=a^x$ $(a>0,\ a\neq1)$의 성질

(1) $a>1$일 때, x의 값이 증가하면 y의 값도 증가한다.

    $0<a<1$일 때, x의 값이 증가하면 y의 값은 감소한다.

(2) a의 값에 관계없이 그래프는 점 $(0,\ 1)$을 지나고, 점근선은 x축(직선 $y=0$)이다.

(3) 함수 $y=a^x$의 그래프와 함수 $y=\left(\dfrac{1}{a}\right)^x$의 그래프는 서로 y축에 대하여 대칭이다.

(4) 함수 $y=a^{x-m}+n$의 그래프는 함수 $y=a^x$의 그래프를 x축의 방향으로 m만큼, y축의 방향으로 n만큼 평행이동한 것이다.

9 지수함수의 활용

(1) $a>0,\ a\neq1$일 때, $a^{f(x)}=a^{g(x)}\iff f(x)=g(x)$

(2) $a>1$일 때, $a^{f(x)}<a^{g(x)}\iff f(x)<g(x)$

    $0<a<1$일 때, $a^{f(x)}<a^{g(x)}\iff f(x)>g(x)$

10 로그함수의 뜻과 그래프

(1) $y=\log_a x$ $(a>0,\ a\neq1)$을 a를 밑으로 하는 로그함수라고 한다.

(2) 로그함수 $y=\log_a x$ $(a>0,\ a\neq1)$의 그래프는 다음 그림과 같다.

    ① $a>1$일 때   ② $0<a<1$일 때

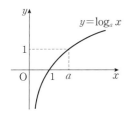 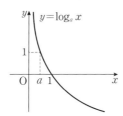

11 로그함수 $y=\log_a x$ $(a>0,\ a\neq1)$의 성질

(1) $a>1$일 때, x의 값이 증가하면 y의 값도 증가한다.

    $0<a<1$일 때, x의 값이 증가하면 y의 값은 감소한다.

(2) a의 값에 관계없이 그래프는 점 $(1,\ 0)$을 지나고, 점근선은 y축(직선 $x=0$)이다.

(3) 함수 $y=\log_a x$의 그래프와 함수 $y=\log_{\frac{1}{a}} x$의 그래프는 서로 x축에 대하여 대칭이다.

(4) 함수 $y=\log_a(x-m)+n$의 그래프는 함수 $y=\log_a x$의 그래프를 x축의 방향으로 m만큼, y축의 방향으로 n만큼 평행이동한 것이다.

(5) 지수함수 $y=a^x$ $(a>0,\ a\neq1)$의 역함수는 로그함수 $y=\log_a x$ $(a>0,\ a\neq1)$이다.

12 로그함수의 활용

(1) $a>0,\ a\neq1,\ f(x)>0,\ g(x)>0$일 때, $\log_a f(x)=\log_a g(x)\iff f(x)=g(x)$

(2) $f(x)>0,\ g(x)>0$인 두 함수 $f(x),\ g(x)$에 대하여

    $a>1$일 때, $\log_a f(x)<\log_a g(x)\iff f(x)<g(x)$

    $0<a<1$일 때, $\log_a f(x)<\log_a g(x)\iff f(x)>g(x)$

Note

출제경향 | 거듭제곱근의 뜻과 성질을 이용하는 문제가 출제된다.

출제유형잡기 | 거듭제곱근의 뜻과 성질을 이용하여 문제를 해결한다.

(1) 실수 a와 2 이상의 자연수 n에 대하여 a의 n제곱근 중 실수인 것은 다음과 같다.

	$a>0$	$a=0$	$a<0$
n이 짝수	$\sqrt[n]{a}, -\sqrt[n]{a}$	0	없다.
n이 홀수	$\sqrt[n]{a}$	0	$\sqrt[n]{a}$

(2) $a>0$, $b>0$이고 m, n이 2 이상의 자연수일 때

① $(\sqrt[n]{a})^n = a$

② $\sqrt[n]{a}\sqrt[n]{b} = \sqrt[n]{ab}$

③ $\dfrac{\sqrt[n]{a}}{\sqrt[n]{b}} = \sqrt[n]{\dfrac{a}{b}}$

④ $(\sqrt[n]{a})^m = \sqrt[n]{a^m}$

⑤ $\sqrt[m]{\sqrt[n]{a}} = \sqrt[mn]{a} = \sqrt[n]{\sqrt[m]{a}}$

⑥ $\sqrt[np]{a^{mp}} = \sqrt[n]{a^m}$ (단, p는 자연수)

01

▶ 25054-0001

$\sqrt[3]{9} \times \sqrt{3\sqrt[3]{3}} \div \sqrt[3]{9^2}$의 값은?

① $\dfrac{1}{9}$ ② $\dfrac{1}{3}$ ③ 1

④ 3 ⑤ 9

02

▶ 25054-0002

양수 m에 대하여 m의 세제곱근 중 실수인 것이 2^n이고, 4^n의 네제곱근 중 양수인 것을 k라 하자. $k = \sqrt{2m}$일 때, m의 값은? (단, n은 실수이다.)

① $\dfrac{\sqrt{2}}{8}$ ② $\dfrac{\sqrt{2}}{4}$ ③ $\dfrac{\sqrt{2}}{2}$

④ $\sqrt{2}$ ⑤ $2\sqrt{2}$

03

▶ 25054-0003

두 실수 a, b에 대하여 이차방정식 $x^2 - ax + b = 0$의 한 근이 $\sqrt[4n]{8^n} + \sqrt[4n+2]{2 \times 4^n}\,i$일 때, $a^2 - b^2$의 값은? (단, $i = \sqrt{-1}$이고, n은 자연수이다.)

① -4 ② -6 ③ -8

④ -10 ⑤ -12

04

▶ 25054-0004

$n \geq k$인 두 자연수 n, k에 대하여 부등식

$$|x+3| \leq n-k$$

를 만족시키는 정수 x의 최댓값을 m이라 하자. $k \geq 2$이고 $n \leq 6$일 때, m의 n제곱근 중 음수인 것이 존재하도록 하는 n, k의 모든 순서쌍 (n, k)의 개수는?

① 6 ② 7 ③ 8

④ 9 ⑤ 10

유형 **2** 지수의 확장과 지수법칙

출제경향 | 거듭제곱근을 지수가 유리수인 꼴로 나타내는 문제, 지수법칙을 이용하여 식의 값을 구하는 문제가 출제된다.

출제유형잡기 | 지수법칙을 이용하여 문제를 해결한다.

(1) 0 또는 음의 정수인 지수

$a \neq 0$이고 n이 양의 정수일 때

① $a^0 = 1$ ② $a^{-n} = \dfrac{1}{a^n}$

(2) 유리수인 지수

$a > 0$이고 m이 정수, n이 2 이상의 자연수일 때

$a^{\frac{m}{n}} = \sqrt[n]{a^m}$

(3) 지수법칙

$a > 0$, $b > 0$이고 x, y가 실수일 때

① $a^x a^y = a^{x+y}$ ② $a^x \div a^y = a^{x-y}$

③ $(a^x)^y = a^{xy}$ ④ $(ab)^x = a^x b^x$

05

▶ 25054-0005

$3^{\sqrt{2}-1} \times \left(\dfrac{1}{27}\right)^{\frac{\sqrt{2}+1}{3}}$의 값은?

① $\dfrac{1}{9}$ ② $\dfrac{1}{3}$ ③ 1

④ 3 ⑤ 9

06

▶ 25054-0006

등식 $5^x \div 5^{\frac{4}{x}} = 1$을 만족시키는 0이 아닌 모든 실수 x의 값의 곱은?

① -10 ② -8 ③ -6

④ -4 ⑤ -2

07

▶ 25054-0007

$\sqrt[6]{10^{n^2}} \times (64^6)^{\frac{1}{n}}$의 값이 자연수가 되도록 하는 자연수 n의 개수는?

① 3 ② 4 ③ 5

④ 6 ⑤ 7

08

▶ 25054-0008

등식

$$a \times (\sqrt[4]{18})^b \times 256^{\frac{1}{c}} = 72$$

를 만족시키는 세 자연수 a, b, c의 순서쌍 (a, b, c)에 대하여 $a+b+c$의 최댓값을 구하시오.

▶ 25054-0011

11

자연수 n에 대하여 두 수 $\log_2 \dfrac{36}{n+6}$, $\log_2 \dfrac{n}{3}$이 모두 자연수가

되도록 하는 n의 값을 구하시오.

유형 3 로그의 뜻과 기본 성질

출제경향 | 로그의 뜻과 로그의 성질을 이용하여 주어진 식의 값을 구하는 문제가 출제된다.

출제유형잡기 | 로그의 뜻과 로그의 성질을 이용하여 문제를 해결한다.

(1) $a>0$, $a\neq 1$, $N>0$일 때, $a^x=N \Longleftrightarrow x=\log_a N$

(2) $\log_a N$이 정의되려면 밑 a는 $a>0$, $a\neq 1$이고 진수 N은 $N>0$이어야 한다.

(3) 로그의 성질

$a>0$, $a\neq 1$이고 $M>0$, $N>0$일 때

① $\log_a 1=0$, $\log_a a=1$

② $\log_a MN=\log_a M+\log_a N$

③ $\log_a \dfrac{M}{N}=\log_a M-\log_a N$

④ $\log_a M^k=k\log_a M$ (단, k는 실수)

09

▶ 25054-0009

$\log_3 36-\log_3 \dfrac{4}{9}$의 값은?

① 1   ② 2   ③ 3

④ 4   ⑤ 5

12

▶ 25054-0012

x에 대한 이차방정식

$$3x^2-(\log_6 \sqrt{n^m})x-\log_6 n+12=0$$

의 한 실근이 2가 되도록 하는 두 자연수 m, n의 순서쌍 (m, n)의 개수는?

① 4   ② 5   ③ 6

④ 7   ⑤ 8

10

▶ 25054-0010

좌표평면 위의 점 $\left(\log_3 \dfrac{36}{5}+\log_3 \dfrac{15}{4}, \log_2 a\right)$가

원 $x^2+y^2=25$ 위에 있도록 하는 모든 양수 a의 값의 합은?

① $\dfrac{253}{16}$ ② $\dfrac{127}{8}$ ③ $\dfrac{255}{16}$

④ 16   ⑤ $\dfrac{257}{16}$

유형 **4** 로그의 여러 가지 성질

출제경향 | 로그의 여러 가지 성질을 이용하여 주어진 식의 값을 구하는 문제가 출제된다.

출제유형잡기 | 로그의 여러 가지 성질을 이용하여 문제를 해결한다.

(1) 로그의 밑의 변환

$a>0$, $a\neq1$, $b>0$, $c>0$, $c\neq1$일 때

$$\log_a b=\frac{\log_c b}{\log_c a}$$

(2) 로그의 밑의 변환의 활용

$a>0$, $a\neq1$, $b>0$, $c>0$일 때

① $\log_a b=\dfrac{1}{\log_b a}$ (단, $b\neq1$)

② $\log_a b\times\log_b c=\log_a c$ (단, $b\neq1$)

③ $\log_{a^m} b^n=\dfrac{n}{m}\log_a b$ (단, m, n은 실수이고 $m\neq0$)

④ $a^{\log_b c}=c^{\log_b a}$ (단, $b\neq1$)

13

▶ 25054-0013

$\log_2 60+\log_{\frac{1}{4}} 36-\dfrac{1}{\log_{25} 4}$의 값은?

① 1   ② 2   ③ 3

④ 4   ⑤ 5

14

▶ 25054-0014

$a=\log_7 16$, $b=4^7$일 때, $a\log_b 49$의 값은?

① $\dfrac{2}{7}$ ② $\dfrac{4}{7}$ ③ $\dfrac{6}{7}$

④ $\dfrac{8}{7}$ ⑤ $\dfrac{10}{7}$

15

▶ 25054-0015

등식

$$6^{\log_3 4}\div n^{\log_3 2}=2^k$$

이 성립하도록 하는 두 자연수 n, k의 순서쌍 (n,k)에 대하여 $n+k$의 최솟값은?

① 6   ② 7   ③ 8

④ 9   ⑤ 10

16

▶ 25054-0016

두 실수 a, b에 대하여 $2a-b$가 자연수일 때,

$$8a^3-b^3=\log_{16} n^3-\frac{1}{2},$$

$$6ab^2-12a^2b=\log_{16}\frac{1}{9}\times\log_3 3\sqrt{n}$$

이 성립하도록 하는 자연수 n의 최솟값은?

① 20   ② 22   ③ 24

④ 26   ⑤ 28

유형 5 지수함수와 로그함수의 그래프

출제경향 | 지수함수와 로그함수의 성질과 그 그래프의 특징을 이해하고 있는지를 묻는 문제가 출제된다.

출제유형잡기 | 지수함수와 로그함수의 밑의 범위에 따른 증가와 감소, 그래프의 점근선, 평행이동과 대칭이동을 이해하여 문제를 해결한다.

17
▶ 25054-0017

곡선 $y=2^{x-3}+a$와 직선 $y=3$이 만나는 점의 x좌표가 5일 때, 곡선 $y=2^{x-3}+a$가 y축과 만나는 점의 y좌표는?

(단, a는 상수이다.)

① $-\dfrac{1}{2}$ ② $-\dfrac{5}{8}$ ③ $-\dfrac{3}{4}$

④ $-\dfrac{7}{8}$ ⑤ -1

18
▶ 25054-0018

1보다 큰 두 상수 a, b에 대하여 함수 $f(x)=\log_3(ax+b)$의 그래프가 x축, y축과 만나는 점을 각각 A, B라 하고, 점 A에서 함수 $y=f(x)$의 그래프의 점근선에 내린 수선의 발을 H라 하자. 점 A는 선분 OH의 중점이고 $\overline{OA}=\overline{OB}$일 때, b^a의 값은?

(단, O는 원점이다.)

① $\sqrt{3}$ ② 3 ③ $3\sqrt{3}$

④ 9 ⑤ $9\sqrt{3}$

19
▶ 25054-0019

두 상수 a, b에 대하여 두 함수 $f(x)=\log_2(x+2)+a$, $g(x)=\log_2(-x+6)+b$의 그래프의 점근선을 각각 l, m이라 하고, 곡선 $y=f(x)$와 직선 m이 만나는 점을 A, 곡선 $y=g(x)$와 직선 l이 만나는 점을 B라 하자. $\overline{AB}=10$일 때, $|a-b|$의 값을 구하시오.

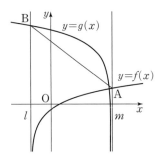

20
▶ 25054-0020

1보다 큰 두 자연수 a, b와 두 함수 $f(x)=a^{x+1}$, $g(x)=-\left(\dfrac{1}{4}\right)^x+b$에 대하여 두 곡선 $y=f(x)$, $y=g(-x)$가 만나는 점의 x좌표를 p라 하고, 실수 전체의 집합에서 정의된 함수 $h(x)$를

$$h(x)=\begin{cases} g(x) & (x<0) \\ g(-x) & (0\le x<p) \\ f(x) & (x\ge p) \end{cases}$$

라 하자. p가 자연수이고 곡선 $y=h(x)$와 직선 $y=k$가 만나는 점의 개수가 2가 되도록 하는 모든 실수 k의 값의 합이 11이다. $a+b$의 값은?

① 9 ② 10 ③ 11

④ 12 ⑤ 13

유형 6 지수함수와 로그함수의 활용

출제경향 | 지수 또는 진수에 미지수가 포함된 방정식과 부등식의 해를 구하는 문제가 출제된다.

출제유형잡기 | 지수 또는 진수에 미지수가 포함된 방정식과 부등식의 해를 구할 때는 다음 성질을 이용한다.

(1) $a>0$, $a\neq1$일 때, $a^{f(x)}=a^{g(x)} \Longleftrightarrow f(x)=g(x)$

(2) $a>1$일 때, $a^{f(x)}<a^{g(x)} \Longleftrightarrow f(x)<g(x)$

　　$0<a<1$일 때, $a^{f(x)}<a^{g(x)} \Longleftrightarrow f(x)>g(x)$

(3) $a>0$, $a\neq1$, $f(x)>0$, $g(x)>0$일 때,

　　$\log_a f(x)=\log_a g(x) \Longleftrightarrow f(x)=g(x)$

(4) $f(x)>0$, $g(x)>0$인 두 함수 $f(x)$, $g(x)$에 대하여

　　$a>1$일 때, $\log_a f(x)<\log_a g(x) \Longleftrightarrow f(x)<g(x)$

　　$0<a<1$일 때, $\log_a f(x)<\log_a g(x) \Longleftrightarrow f(x)>g(x)$

21

▶ 25054-0021

부등식 $3^{1-3x} \geq \left(\dfrac{1}{9}\right)^{x+7}$ 을 만족시키는 실수 x의 최댓값을 구하시오.

22

▶ 25054-0022

방정식 $\log_2(x^2-9) - \log_2(x+3) = \log_{\sqrt{2}}(x-5)$를 만족시키는 실수 x의 값을 구하시오.

23

▶ 25054-0023

$x=2$가 부등식 $2^{-x}(32-2^{x+a})+2^x \leq 0$의 해가 되도록 하는 실수 a의 최솟값을 k라 하자. 방정식 $2^{-x}(32-2^{x+k})+2^x=0$을 만족시키는 실수 x의 최댓값은?

① 3　　　　　② 4　　　　　③ 5

④ 6　　　　　⑤ 7

24

▶ 25054-0024

두 상수 a, b에 대하여 두 곡선 $y=\dfrac{3}{2}\log_3 x$,

$y=\log_9(x+a)+b$가 x축과 만나는 점을 각각 P, Q라 하고 두 곡선 $y=\dfrac{3}{2}\log_3 x$, $y=\log_9(x+a)+b$가 만나는 점을 R이라 하자. 곡선 $y=\log_9(x+a)+b$가 y축과 만나는 점의 y좌표가 $\log_9 18$이고, $\overline{PQ}=\dfrac{20}{3}$일 때, 삼각형 QPR의 넓이를 구하시오. (단, 점 Q의 x좌표는 음수이다.)

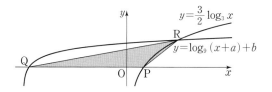

출제경향 | 지수함수의 그래프와 로그함수의 그래프를 활용하는 문제가 출제된다.

출제유형잡기 | 지수함수의 그래프와 로그함수의 그래프, 지수의 성질과 로그의 성질을 이용하여 문제를 해결한다.

25

▶ 25054-0025

함수 $f(x)=3^{x-1}+2$의 역함수가 $g(x)=\log_3(x-2)+a$이고 함수 $y=g(x)$의 그래프의 점근선은 직선 $x=b$일 때, $a+b$의 값은? (단, a, b는 상수이다.)

① 1   ② 2   ③ 3

④ 4   ⑤ 5

26

▶ 25054-0026

그림과 같이 두 함수 $f(x)=\left(\dfrac{1}{2}\right)^x+a$, $g(x)=-\log_2(x-b)$에 대하여 직선 $x=1$과 함수 $y=f(x)$의 그래프는 한 점 P에서 만나고, 직선 $x=k$와 함수 $y=g(x)$의 그래프가 만나도록 하는 모든 실수 k의 값의 범위는 $k>1$이다. 함수 $y=g(x)$의 그래프 위의 점 Q와 점 A$(1,1)$에 대하여 삼각형 PAQ가 $\angle \mathrm{PAQ}=\dfrac{\pi}{2}$인 직각이등변삼각형일 때, $a+b$의 값은?

$$\left(\text{단, } a, b \text{는 상수이고, } a>\dfrac{1}{2} \text{이다.}\right)$$

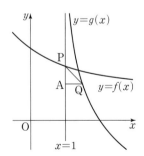

① $\dfrac{7}{4}$ ② 2   ③ $\dfrac{9}{4}$

④ $\dfrac{5}{2}$ ⑤ $\dfrac{11}{4}$

27

▶ 25054-0027

함수 $f(x)=\log_2(x-a)+2a^2$의 역함수 $g(x)$에 대하여 함수 $y=g(x)$의 그래프와 직선 $y=x$가 두 점에서 만나고 그 두 점의 x좌표를 각각 x_1, x_2 $(x_1<x_2)$라 하자. $x_2-x_1=1$일 때, 실수 a의 최솟값은?

① -1 ② $-\dfrac{1}{2}$ ③ 0

④ $\dfrac{1}{2}$ ⑤ 1

28

▶ 25054-0028

두 함수 $f(x)=\log_2(-x+a)+b$, $g(x)=\log_2(x-a)+b$에 대하여 곡선 $y=f(x)$ 위의 점 $(-3, f(-3))$은 직선 $y=-x$ 위에 있고, 곡선 $y=g(x)$ 위의 점 $(2+2a, g(2+2a))$는 직선 $y=x-2a$ 위에 있다. 함수 $g(x)$의 역함수를 $h(x)$라 할 때, 곡선 $y=h(x)$와 직선 $y=x-2$가 만나는 서로 다른 두 점의 y좌표의 합을 구하시오. (단, a, b는 상수이다.)

유형 8 지수함수와 로그함수의 최댓값과 최솟값

출제경향 | 주어진 범위에서 지수함수와 로그함수의 증가와 감소를 이용하여 최댓값과 최솟값을 구하는 문제가 출제된다.

출제유형잡기 | 밑의 범위에 따른 지수함수와 로그함수의 증가와 감소를 이해하여 주어진 구간에서 지수함수 또는 로그함수의 최댓값과 최솟값을 구하는 문제를 해결한다.

29
▶ 25054-0029

닫힌구간 $[1, 3]$에서 함수 $f(x)=\left(\dfrac{1}{2}\right)^{x-2}+a$의 최댓값이 5, 최솟값이 m일 때, m의 값은? (단, a는 상수이다.)

① $\dfrac{3}{2}$ ② 2   ③ $\dfrac{5}{2}$

④ 3   ⑤ $\dfrac{7}{2}$

30
▶ 25054-0030

닫힌구간 $[1, 27]$에서 함수 $f(x)=(\log_3 x)^2-a\log_3 x$의 최솟값이 -1일 때, 양수 a의 값은?

① 1   ② 2   ③ 3

④ 4   ⑤ 5

31
▶ 25054-0031

양수 k에 대하여 닫힌구간 $[k, k+2]$에서 함수 $f(x)=\log_a x+1$은 $x=k$에서 최댓값 M을 갖고 $x=k+2$에서 최솟값 m을 갖는다. $M-m=-\log_a 2$, $Mm=0$일 때, 모든 실수 a의 값의 합은? (단, $a>0$, $a\neq 1$)

① $\dfrac{1}{4}$ ② $\dfrac{1}{2}$ ③ $\dfrac{3}{4}$

④ 1   ⑤ $\dfrac{5}{4}$

32
▶ 25054-0032

두 상수 $a\,(a>3)$, b에 대하여 닫힌구간 $[1, 5]$에서 함수

$$f(x)=\begin{cases} \log_{\frac{1}{3}}(-x+a)+2 & (x<3) \\ \left(\dfrac{1}{9}\right)^{x+b}+1 & (x\geq 3) \end{cases}$$

의 최댓값이 2, 최솟값이 1일 때, $a-b$의 값은?

① 4   ② 5   ③ 6

④ 7   ⑤ 8

02 삼각함수

① 일반각과 호도법

(1) 일반각 : 시초선 OX와 동경 OP가 나타내는 ∠XOP의 크기 중에서 하나를 $\alpha°$라
할 때, 동경 OP가 나타내는 각의 크기를 $360°\times n+\alpha°$ (n은 정수)로 나타내고,
이것을 동경 OP가 나타내는 일반각이라고 한다.

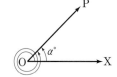

(2) 육십분법과 호도법의 관계

① 1라디안$=\dfrac{180°}{\pi}$　　　　② $1°=\dfrac{\pi}{180}$ 라디안

(3) 부채꼴의 호의 길이와 넓이
반지름의 길이가 r, 중심각의 크기가 θ(라디안)인 부채꼴에서 호의 길이를 l,
넓이를 S라 하면

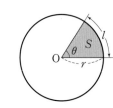

① $l=r\theta$　　　　② $S=\dfrac{1}{2}r^2\theta=\dfrac{1}{2}rl$

② 삼각함수의 정의와 삼각함수 사이의 관계

(1) 삼각함수의 정의
좌표평면에서 중심이 원점 O이고 반지름의 길이가 r인 원 위의 한 점을
$\mathrm{P}(x,\,y)$라 하고, x축의 양의 방향을 시초선으로 하는 동경 OP가 나타내
는 각의 크기를 θ라 할 때, θ에 대한 삼각함수를 다음과 같이 정의한다.

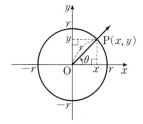

$$\sin\theta=\frac{y}{r},\ \cos\theta=\frac{x}{r},\ \tan\theta=\frac{y}{x}\ (x\neq0)$$

(2) 삼각함수 사이의 관계

① $\tan\theta=\dfrac{\sin\theta}{\cos\theta}$　　　　② $\sin^2\theta+\cos^2\theta=1$

③ 삼각함수의 그래프

(1) 함수 $y=\sin x$의 그래프와 그 성질

① 정의역은 실수 전체의 집합이고, 치역은 $\{y\,|\,-1\leq y\leq1\}$
이다.

② 그래프는 원점에 대하여 대칭이다.

③ 주기가 2π인 주기함수이다. 즉, 모든 실수 x에 대하여
$\sin(2n\pi+x)=\sin x$ (n은 정수)이다.

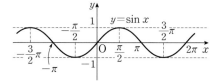

(2) 함수 $y=\cos x$의 그래프와 그 성질

① 정의역은 실수 전체의 집합이고, 치역은 $\{y\,|\,-1\leq y\leq1\}$
이다.

② 그래프는 y축에 대하여 대칭이다.

③ 주기가 2π인 주기함수이다. 즉, 모든 실수 x에 대하여
$\cos(2n\pi+x)=\cos x$ (n은 정수)이다.

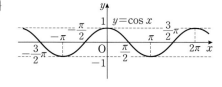

(3) 함수 $y=\tan x$의 그래프와 그 성질

① 정의역은 $x\neq n\pi+\dfrac{\pi}{2}$ (n은 정수)인 실수 전체의 집합
이고, 치역은 실수 전체의 집합이다.

② 그래프는 원점에 대하여 대칭이다.

③ 주기가 π인 주기함수이다. 즉, 모든 실수 x에 대하여
$\tan(n\pi+x)=\tan x$ (n은 정수)이다.

④ 그래프의 점근선은 직선 $x=n\pi+\dfrac{\pi}{2}$ (n은 정수)이다.

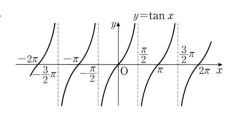

④ 삼각함수의 성질

(1) $2n\pi+x$의 삼각함수 (단, n은 정수)

① $\sin(2n\pi+x)=\sin x$ ② $\cos(2n\pi+x)=\cos x$ ③ $\tan(2n\pi+x)=\tan x$

(2) $-x$의 삼각함수

① $\sin(-x)=-\sin x$ ② $\cos(-x)=\cos x$ ③ $\tan(-x)=-\tan x$

(3) $\pi+x$, $\pi-x$의 삼각함수

① $\sin(\pi+x)=-\sin x$ ② $\cos(\pi+x)=-\cos x$ ③ $\tan(\pi+x)=\tan x$

④ $\sin(\pi-x)=\sin x$ ⑤ $\cos(\pi-x)=-\cos x$ ⑥ $\tan(\pi-x)=-\tan x$

(4) $\dfrac{\pi}{2}+x$, $\dfrac{\pi}{2}-x$의 삼각함수

① $\sin\left(\dfrac{\pi}{2}+x\right)=\cos x$ ② $\cos\left(\dfrac{\pi}{2}+x\right)=-\sin x$ ③ $\tan\left(\dfrac{\pi}{2}+x\right)=-\dfrac{1}{\tan x}$

④ $\sin\left(\dfrac{\pi}{2}-x\right)=\cos x$ ⑤ $\cos\left(\dfrac{\pi}{2}-x\right)=\sin x$ ⑥ $\tan\left(\dfrac{\pi}{2}-x\right)=\dfrac{1}{\tan x}$

⑤ 삼각함수의 활용

(1) 방정식에의 활용 : 방정식 $2\sin x-1=0$, $2\cos x+\sqrt{3}=0$, $\tan x-1=0$과 같이 각의 크기가 미지수인 삼각함수를 포함한 방정식은 삼각함수의 그래프를 이용하여 다음과 같이 풀 수 있다.

① 주어진 방정식을 $\sin x=k$ $(\cos x=k,\ \tan x=k)$의 꼴로 변형한다.

② 주어진 범위에서 함수 $y=\sin x$ $(y=\cos x,\ y=\tan x)$의 그래프와 직선 $y=k$를 그린 후 두 그래프의 교점의 x좌표를 찾아서 해를 구한다.

(2) 부등식에의 활용 : 부등식 $2\sin x+1>0$, $2\cos x+\sqrt{3}<0$, $\tan x-1<0$과 같이 각의 크기가 미지수인 삼각함수를 포함한 부등식은 삼각함수의 그래프를 이용하여 다음과 같이 풀 수 있다.

① 주어진 부등식을 $\sin x>k$ $(\cos x<k,\ \tan x<k)$의 꼴로 변형한다.

② 주어진 범위에서 함수 $y=\sin x$ $(y=\cos x,\ y=\tan x)$의 그래프와 직선 $y=k$를 그린 후 두 그래프의 교점의 x좌표를 찾는다.

③ 함수 $y=\sin x$ $(y=\cos x,\ y=\tan x)$의 그래프가 직선 $y=k$보다 위쪽(또는 아래쪽)에 있는 x의 값의 범위를 찾아서 해를 구한다.

⑥ 사인법칙

삼각형 ABC의 외접원의 반지름의 길이를 R이라 하면

$$\dfrac{a}{\sin A}=\dfrac{b}{\sin B}=\dfrac{c}{\sin C}=2R$$

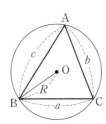

⑦ 코사인법칙

삼각형 ABC에서

(1) $a^2=b^2+c^2-2bc\cos A$ (2) $b^2=c^2+a^2-2ca\cos B$

(3) $c^2=a^2+b^2-2ab\cos C$

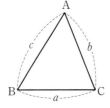

⑧ 삼각형의 넓이

삼각형 ABC의 넓이를 S라 하면

$$S=\dfrac{1}{2}ab\sin C=\dfrac{1}{2}bc\sin A=\dfrac{1}{2}ca\sin B$$

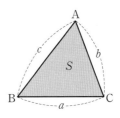

유형 1 부채꼴의 호의 길이와 넓이

출제경향 | 호도법을 이용하여 부채꼴의 호의 길이와 넓이를 구하는 문제가 출제된다.

출제유형잡기 | 부채꼴의 반지름의 길이 r과 중심각의 크기 θ가 주어질 때, 부채꼴의 호의 길이 l과 넓이 S는 다음과 같이 구한다.

(1) $l = r\theta$

(2) $S = \dfrac{1}{2}r^2\theta = \dfrac{1}{2}rl$

01

▶ 25054-0033

반지름의 길이가 2이고 중심각의 크기가 $\dfrac{\pi}{3}$인 부채꼴의 넓이는?

① $\dfrac{\pi}{6}$　　② $\dfrac{\pi}{3}$　　③ $\dfrac{\pi}{2}$

④ $\dfrac{2}{3}\pi$　　⑤ $\dfrac{5}{6}\pi$

02

▶ 25054-0034

반지름의 길이가 $4\sqrt{3}$이고 중심각의 크기가 θ인 부채꼴의 넓이를 S_1이라 하고, 반지름의 길이가 r이고 중심각의 크기가 3θ인 부채꼴의 넓이를 S_2라 하자. $S_1 = 4S_2$일 때, r의 값은?

$\left(\text{단, } 0 < \theta < \dfrac{2}{3}\pi\right)$

① 1　　② 2　　③ 3

④ 4　　⑤ 5

03

▶ 25054-0035

그림과 같이 반지름의 길이가 2이고 중심각의 크기가 $\dfrac{\pi}{2}$인 부채꼴 OAB의 호 AB 위에 $\angle AOP = \theta$, $\angle AOQ = 4\theta$가 되도록 두 점 P, Q를 잡는다. 부채꼴 OAQ의 넓이와 부채꼴 OAP의 넓이의 차가 $\dfrac{2}{3}\pi$일 때, 부채꼴 OQB의 넓이는? $\left(\text{단, } 0 < \theta < \dfrac{\pi}{8}\right)$

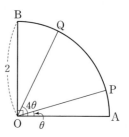

① $\dfrac{\pi}{9}$　　② $\dfrac{2}{9}\pi$　　③ $\dfrac{\pi}{3}$

④ $\dfrac{4}{9}\pi$　　⑤ $\dfrac{5}{9}\pi$

04

▶ 25054-0036

그림과 같이 중심각의 크기가 $\dfrac{6}{7}\pi$이고 반지름의 길이가 $\overline{OA}$인 부채꼴 OAB가 있다. 선분 OA 위에 두 점 C, E를 $\overline{OC} < \overline{OE} < \overline{OA}$가 되도록 잡고 선분 OB 위에 두 점 D, F를 $\overline{OC} = \overline{OD}$, $\overline{OE} = \overline{OF}$가 되도록 잡는다. 중심각의 크기가 $\dfrac{6}{7}\pi$이고 반지름의 길이가 각각 $\overline{OC}$, $\overline{OE}$인 부채꼴 OCD, OEF에 대하여 부채꼴 OAB의 내부와 부채꼴 OEF의 외부의 공통부분의 넓이가 부채꼴 OAB의 넓이의 $\dfrac{2}{3}$이고, 부채꼴 OEF의 내부와 부채꼴 OCD의 외부의 공통부분의 넓이가 3π, $\overline{CE} = 1$일 때, 부채꼴 OAB의 넓이가 $\dfrac{q}{p}\pi$이다. $p + q$의 값을 구하시오.

(단, p와 q는 서로소인 자연수이다.)

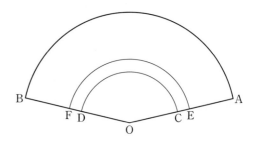

유형 2 삼각함수의 정의와 삼각함수 사이의 관계

출제경향 | 삼각함수의 정의와 삼각함수 사이의 관계를 이용하여 식의 값을 구하는 문제가 출제된다.

출제유형잡기 | 삼각함수의 정의와 삼각함수 사이의 관계를 이용하여 문제를 해결한다.

(1) 각 θ를 나타내는 동경과 중심이 원점이고 반지름의 길이가 r인 원이 만나는 점의 좌표를 (x, y)라 하면

$$\sin\theta = \frac{y}{r}, \cos\theta = \frac{x}{r}, \tan\theta = \frac{y}{x} \ (x \neq 0)$$

(2) 삼각함수 사이의 관계

① $\tan\theta = \dfrac{\sin\theta}{\cos\theta}$

② $\sin^2\theta + \cos^2\theta = 1$

05
▶ 25054-0037

$\sin\theta = \dfrac{1}{3}$일 때, $\cos^2\theta$의 값은?

① $\dfrac{4}{9}$ ② $\dfrac{5}{9}$ ③ $\dfrac{2}{3}$

④ $\dfrac{7}{9}$ ⑤ $\dfrac{8}{9}$

06
▶ 25054-0038

$\dfrac{\pi}{2} < \theta < \pi$인 θ에 대하여 $\tan\theta = -\dfrac{1}{2}$일 때, $\sin\theta + \cos\theta$의 값은?

① $-\dfrac{\sqrt{5}}{2}$ ② $-\dfrac{2\sqrt{5}}{5}$ ③ $-\dfrac{3\sqrt{5}}{10}$

④ $-\dfrac{\sqrt{5}}{5}$ ⑤ $-\dfrac{\sqrt{5}}{10}$

07
▶ 25054-0039

좌표평면에서 각 θ를 나타내는 동경이 원 $x^2 + y^2 = 1$과 만나는 점을 P라 하자. 점 P의 x좌표가 $\dfrac{1}{2}$이고 $\sin\theta < 0$일 때, $\tan\theta$의 값은? (단, $0 < \theta < 2\pi$)

① $-\sqrt{3}$ ② $-\dfrac{\sqrt{3}}{3}$ ③ $\dfrac{\sqrt{3}}{3}$

④ 1 ⑤ $\sqrt{3}$

08
▶ 25054-0040

$\dfrac{3}{2}\pi < \theta < 2\pi$인 θ에 대하여

$$\sqrt{(\sin\theta - \cos\theta)^2} - |\sin\theta| = \sqrt[3]{(\sin\theta - \cos\theta)^3} + |2\sin\theta|$$

가 성립할 때, $\sin\theta$의 값은?

① $-\dfrac{2\sqrt{5}}{5}$ ② $-\dfrac{\sqrt{5}}{3}$ ③ $-\dfrac{4\sqrt{5}}{15}$

④ $-\dfrac{\sqrt{5}}{5}$ ⑤ $-\dfrac{2\sqrt{5}}{15}$

유형 **3** 삼각함수의 그래프

출제경향 | 삼각함수의 그래프의 성질을 이용하여 주기를 구하거나 미지수의 값을 구하는 문제가 출제된다.

출제유형잡기 | 삼각함수의 그래프에서 주기, 대칭성 등을 이용하여 조건을 만족시키는 미지수의 값을 구하는 문제를 해결한다.

(1) 삼각함수의 주기

a, b가 0이 아닌 상수일 때, 세 함수

$y=a \sin bx$, $y=a \cos bx$, $y=a \tan bx$의 주기는 각각

$\dfrac{2\pi}{|b|}$, $\dfrac{2\pi}{|b|}$, $\dfrac{\pi}{|b|}$이다.

(2) 삼각함수의 그래프의 대칭성

a, b가 0이 아닌 상수일 때, 두 함수 $y=a \sin bx$, $y=a \tan bx$의 그래프는 각각 원점에 대하여 대칭이고, 함수 $y=a \cos bx$의 그래프는 y축에 대하여 대칭이다.

09

▶ 25054-0041

두 상수 a, b ($b>0$)에 대하여 함수 $f(x)=a \cos bx$의 그래프가 그림과 같고 $f(0)=2$, $f(3)=2$일 때, $a \times b$의 값은?

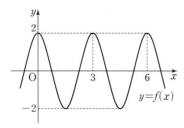

① $\dfrac{\pi}{3}$ ② $\dfrac{2}{3}\pi$ ③ π

④ $\dfrac{4}{3}\pi$ ⑤ $\dfrac{5}{3}\pi$

10

▶ 25054-0042

두 함수 $f(x)=a \sin bx+1$, $g(x)=|\cos 2x|$에 대하여 함수 $f(x)$의 최댓값과 최솟값의 차가 10이고, 함수 $f(x)$의 주기와 함수 $g(x)$의 주기가 같을 때, $a \times b$의 최솟값은?

(단, a, b는 0이 아닌 상수이다.)

① -25 ② -20 ③ -15

④ -10 ⑤ -5

11

▶ 25054-0043

그림과 같이 $\dfrac{1}{2}<x<\dfrac{3}{2}$에서 정의된 함수

$y=a \tan \pi x$ ($a>0$)의 그래프와 점 $P(1, 0)$을 지나고 기울기가 2인 직선이 서로 다른 세 점에서 만난다. 이들 세 점 중 P가 아닌 두 점을 각각 A, B라 하자. 삼각형 OAB의 넓이가 $\dfrac{2}{3}$일 때, 상수 a의 값은?

(단, O는 원점이고, 점 A의 y좌표는 음수이다.)

① $\dfrac{2\sqrt{3}}{3}$ ② $\dfrac{5\sqrt{3}}{9}$ ③ $\dfrac{4\sqrt{3}}{9}$

④ $\dfrac{\sqrt{3}}{3}$ ⑤ $\dfrac{2\sqrt{3}}{9}$

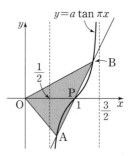

유형 **4** 삼각함수의 성질

출제경향 | 삼각함수의 성질을 이용하여 삼각함수의 값을 구하는 문제가 출제된다.

출제유형잡기 | 삼각함수의 성질을 이용하여 삼각함수의 값을 구하는 문제를 해결한다.

(1) $\pi+x$, $\pi-x$의 삼각함수

① $\sin(\pi+x)=-\sin x$, $\sin(\pi-x)=\sin x$

② $\cos(\pi+x)=-\cos x$, $\cos(\pi-x)=-\cos x$

③ $\tan(\pi+x)=\tan x$, $\tan(\pi-x)=-\tan x$

(2) $\dfrac{\pi}{2}+x$, $\dfrac{\pi}{2}-x$의 삼각함수

① $\sin\left(\dfrac{\pi}{2}+x\right)=\cos x$, $\sin\left(\dfrac{\pi}{2}-x\right)=\cos x$

② $\cos\left(\dfrac{\pi}{2}+x\right)=-\sin x$, $\cos\left(\dfrac{\pi}{2}-x\right)=\sin x$

③ $\tan\left(\dfrac{\pi}{2}+x\right)=-\dfrac{1}{\tan x}$, $\tan\left(\dfrac{\pi}{2}-x\right)=\dfrac{1}{\tan x}$

12

▶ 25054-0044

$\sin\dfrac{13}{6}\pi+\tan\dfrac{5}{4}\pi$의 값은?

① $\dfrac{1}{2}$

② 1

③ $\dfrac{3}{2}$

④ 2

⑤ $\dfrac{5}{2}$

13

▶ 25054-0045

그림과 같이 $\overline{AB}=\overline{AC}$인 이등변삼각형 ABC에 대하여 선분 BC 위에 $\overline{AD}=\overline{BD}$가 되도록 점 D를 잡는다. $\angle ABD=\theta$이고 $\cos 3\theta=-\dfrac{1}{3}$일 때, $\sin(\angle DAC)$의 값은?

$$\left(\text{단, } \dfrac{\pi}{6}<\theta<\dfrac{\pi}{3}\right)$$

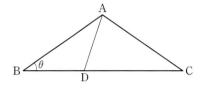

① $\dfrac{2}{3}$

② $\dfrac{\sqrt{5}}{3}$

③ $\dfrac{\sqrt{6}}{3}$

④ $\dfrac{\sqrt{7}}{3}$

⑤ $\dfrac{2\sqrt{2}}{3}$

14

▶ 25054-0046

$0<\alpha<\pi$, $0<\beta<\pi$인 두 실수 α, β에 대하여

$$(\sin\alpha-\cos\beta)(\sin\alpha+\cos\beta)=0, \ \alpha-\beta=\dfrac{\pi}{8}$$

일 때, 모든 α의 값의 합은?

① π

② $\dfrac{9}{8}\pi$

③ $\dfrac{5}{4}\pi$

④ $\dfrac{11}{8}\pi$

⑤ $\dfrac{3}{2}\pi$

유형 5 삼각함수의 최댓값과 최솟값

출제경향 | 삼각함수 또는 삼각함수가 포함된 함수의 최댓값 또는 최솟값을 구하는 문제가 출제된다.

출제유형잡기 | 삼각함수 사이의 관계, 삼각함수의 성질 및 삼각함수의 그래프의 성질을 이용하여 삼각함수 또는 삼각함수가 포함된 함수의 최댓값 또는 최솟값을 구하는 문제를 해결한다.

세 상수 $a\ (a\neq0)$, $b\ (b\neq0)$, c에 대하여

(1) 함수 $y=a\sin bx+c$의 최댓값은 $|a|+c$, 최솟값은 $-|a|+c$ 이다.

(2) 함수 $y=a\cos bx+c$의 최댓값은 $|a|+c$, 최솟값은 $-|a|+c$ 이다.

15

▶ 25054-0047

함수 $f(x)=3\sin\dfrac{x}{2}$의 최댓값이 a이고, 함수

$g(x)=-2\cos 2x$의 최댓값이 b일 때, $a+b$의 값은?

① 1   ② 2   ③ 3

④ 4   ⑤ 5

16

▶ 25054-0048

함수 $f(x)=a\sin\pi x+b$의 최댓값이 3이고 $f\left(\dfrac{1}{6}\right)=1$일 때, 함수 $f(x)$의 최솟값은? (단, a, b는 상수이고, $a>0$이다.)

① -6 ② $-\dfrac{11}{2}$ ③ -5

④ $-\dfrac{9}{2}$ ⑤ -4

17

▶ 25054-0049

자연수 n에 대하여 $2n-2\leq x<2n$에서 정의된 함수

$$f(x)=\begin{cases} 2^{n-1}\sin\pi x & (2n-2\leq x<2n-1) \\ \left(\dfrac{1}{2}\right)^{n}\sin\pi x & (2n-1\leq x<2n) \end{cases}$$

의 최댓값과 최솟값의 합을 $g(n)$이라 할 때, $g(1)+g(2)$의 값은?

① $\dfrac{7}{4}$ ② 2   ③ $\dfrac{9}{4}$

④ $\dfrac{5}{2}$ ⑤ $\dfrac{11}{4}$

18

▶ 25054-0050

그림과 같이 최댓값이 M이고 최솟값이 m인 함수

$f(x)=a\sin bx+c\left(0\leq x\leq\dfrac{2\pi}{b}\right)$의 그래프 위의 두 점

$\mathrm{A}(\alpha,\ M)$, $\mathrm{B}(\beta,\ m)$에서 x축에 내린 수선의 발을 각각 $\mathrm{A'}$, $\mathrm{B'}$이라 할 때, 함수 $f(x)$는 다음 조건을 만족시킨다.

(가) $M=5m$

(나) $\beta-\alpha=2\pi$

(다) 사각형 $\mathrm{AA'B'B}$의 넓이는 12π이다.

$a+2b+3c$의 값을 구하시오.

(단, a, b, c는 양수이고, $a<c$이다.)

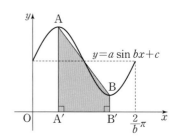

유형 6 삼각함수를 포함한 방정식과 부등식

출제경향 | 삼각함수의 그래프와 삼각함수의 성질을 이용하여 삼각함수를 포함한 방정식과 부등식을 해결하는 문제가 출제된다.

출제유형잡기 | 삼각함수의 그래프와 직선의 교점 또는 위치 관계를 이용하거나 삼각함수의 성질을 이용하여 각의 크기가 미지수인 삼각함수를 포함한 방정식 또는 부등식의 해를 구하는 문제를 해결한다.

19
▶ 25054-0051

$0<x<\pi$일 때, 방정식 $\sin x=\dfrac{1}{3}$의 모든 해의 합은?

① $\dfrac{\pi}{4}$ ② $\dfrac{\pi}{2}$ ③ $\dfrac{3}{4}\pi$

④ π ⑤ $\dfrac{5}{4}\pi$

20
▶ 25054-0052

$0<x<2\pi$일 때, 부등식

$$2\cos^2\left(\frac{\pi}{2}-x\right)-3\sin\left(\frac{\pi}{2}-x\right)-3\geq 0$$

을 만족시키는 모든 x의 값의 범위는 $\alpha\leq x\leq\beta$이다. $\beta-\alpha$의 값은?

① $\dfrac{\pi}{6}$ ② $\dfrac{\pi}{3}$ ③ $\dfrac{\pi}{2}$

④ $\dfrac{2}{3}\pi$ ⑤ $\dfrac{5}{6}\pi$

21
▶ 25054-0053

$0\leq x<2\pi$에서 부등식 $6\cos^2 x-\cos x-1\leq 0$을 만족시키는 모든 x의 값의 범위는 $\alpha\leq x\leq\beta$ 또는 $\gamma\leq x\leq\delta$일 때, $\sin(-\alpha+\beta+\gamma+\delta)$의 값은? (단, $\beta<\gamma$)

① -1 ② $-\dfrac{\sqrt{3}}{2}$ ③ $-\dfrac{\sqrt{2}}{2}$

④ $-\dfrac{1}{2}$ ⑤ 0

22
▶ 25054-0054

$-2<x<4$에서 정의된 함수 $f(x)$가 다음 조건을 만족시킨다.

(가) $f(x)=1-|x|$ $(-2<x\leq 1)$

(나) $f(1-x)=f(1+x)$ $(0<x<3)$

$-2<x<4$에서 정의된 함수 $g(x)$가 $g(x)=2\sin\pi x+1$일 때, 방정식 $f(g(x))=0$의 서로 다른 실근의 개수는?

① 9   ② 10   ③ 11

④ 12   ⑤ 13

02 삼각함수

정답과 풀이 11쪽

유형 7 사인법칙과 코사인법칙의 활용 및 삼각형의 넓이

출제경향 | 삼각함수의 성질과 사인법칙, 코사인법칙을 이용하여 삼각형의 변의 길이, 각의 크기, 외접원의 반지름의 길이를 구하거나 삼각형의 넓이를 구하는 문제가 출제된다.

출제유형잡기 | 외접원의 반지름의 길이가 R인 삼각형 ABC에서 $\overline{AB}=c$, $\overline{BC}=a$, $\overline{CA}=b$일 때, 다음이 성립한다.

(1) 사인법칙

$$\frac{a}{\sin A}=\frac{b}{\sin B}=\frac{c}{\sin C}=2R$$

(2) 코사인법칙

① $a^2=b^2+c^2-2bc\cos A$

② $b^2=c^2+a^2-2ca\cos B$

③ $c^2=a^2+b^2-2ab\cos C$

(3) 삼각형 ABC의 넓이를 S라 하면

$$S=\frac{1}{2}ab\sin C=\frac{1}{2}bc\sin A=\frac{1}{2}ca\sin B$$

23

▶ 25054-0055

삼각형 ABC에서 $\overline{AB}=\sqrt{7}$, $\overline{BC}=3$, $\overline{CA}=2$일 때, $\cos C$의 값은?

① $\dfrac{5}{12}$

② $\dfrac{1}{2}$

③ $\dfrac{7}{12}$

④ $\dfrac{2}{3}$

⑤ $\dfrac{3}{4}$

24

▶ 25054-0056

삼각형 ABC가 다음 조건을 만족시킨다.

(가) $\sin^2 A=\sin^2 B+\sin^2 C$

(나) $\sin B=2\sin C$

$\overline{BC}=2\sqrt{5}$일 때, 선분 CA의 길이를 구하시오.

25

▶ 25054-0057

둘레의 길이가 30인 삼각형 ABC에서

$$\sin A : \sin B : \sin C = 4 : 5 : 6$$

일 때, 삼각형 ABC의 넓이는?

① $12\sqrt{7}$

② $13\sqrt{7}$

③ $14\sqrt{7}$

④ $15\sqrt{7}$

⑤ $16\sqrt{7}$

26

▶ 25054-0058

그림과 같이 길이가 6인 선분 AB를 지름으로 하는 원에 내접하는 두 삼각형 ABC, DBC가 다음 조건을 만족시킨다.

(가) $\cos(\angle ABC)=\dfrac{\sqrt{6}}{3}$

(나) $\overline{DB}=3\sqrt{3}$

$\overline{CD}=p+q\sqrt{6}$일 때, $p+q$의 값을 구하시오.

(단, $\overline{CD}>\overline{BC}$이고, p, q는 자연수이다.)

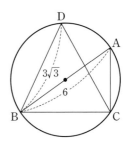

03 수열

① 등차수열

(1) 첫째항이 a, 공차가 d인 등차수열 $\{a_n\}$의 일반항 a_n은

$$a_n = a + (n-1)d \ (n=1, 2, 3, \cdots)$$

(2) 세 수 a, b, c가 이 순서대로 등차수열을 이룰 때, b를 a와 c의 등차중항이라고 한다.

이때 $b-a=c-b$이므로 $b=\dfrac{a+c}{2}$이다. 역으로 $b=\dfrac{a+c}{2}$이면 b는 a와 c의 등차중항이다.

참고 일반항 a_n이 n에 대한 일차식 $a_n = pn + q$ (p, q는 상수, $n=1, 2, 3, \cdots$)인 수열 $\{a_n\}$은 첫째항이 $p+q$, 공차가 p인 등차수열이다.

② 등차수열의 합

등차수열의 첫째항부터 제n항까지의 합을 S_n이라 할 때, S_n은 다음과 같다.

(1) 첫째항이 a, 제n항이 l일 때, $S_n = \dfrac{n(a+l)}{2}$

(2) 첫째항이 a, 공차가 d일 때, $S_n = \dfrac{n\{2a+(n-1)d\}}{2}$

참고 첫째항부터 제n항까지의 합 S_n이 n에 대한 이차식 $S_n = pn^2 + qn$ (p, q는 상수, $n=1, 2, 3, \cdots$)인 수열 $\{a_n\}$은 첫째항이 $p+q$이고 공차가 $2p$인 등차수열이다.

③ 등비수열

(1) 첫째항이 a, 공비가 r ($r \neq 0$)인 등비수열 $\{a_n\}$의 일반항 a_n은

$$a_n = ar^{n-1} \ (n=1, 2, 3, \cdots)$$

(2) 0이 아닌 세 수 a, b, c가 이 순서대로 등비수열을 이룰 때, b를 a와 c의 등비중항이라고 한다.

이때 $\dfrac{b}{a} = \dfrac{c}{b}$이므로 $b^2 = ac$이다. 역으로 $b^2 = ac$이면 b는 a와 c의 등비중항이다.

④ 등비수열의 합

첫째항이 a, 공비가 r ($r \neq 0$)인 등비수열의 첫째항부터 제n항까지의 합을 S_n이라 할 때, S_n은 다음과 같다.

(1) $r=1$일 때, $S_n = na$

(2) $r \neq 1$일 때, $S_n = \dfrac{a(1-r^n)}{1-r} = \dfrac{a(r^n-1)}{r-1}$

⑤ 수열의 합과 일반항 사이의 관계

수열 $\{a_n\}$의 첫째항부터 제n항까지의 합을 S_n이라 하면

$$a_1 = S_1, \ a_n = S_n - S_{n-1} \ (n=2, 3, 4, \cdots)$$

⑥ 합의 기호 $\sum$의 뜻

수열 $\{a_n\}$의 첫째항부터 제n항까지의 합 $a_1 + a_2 + a_3 + \cdots + a_n$을 기호 $\sum$를 사용하여 다음과 같이 나타낸다.

$$a_1 + a_2 + a_3 + \cdots + a_n = \sum_{k=1}^{n} a_k$$

제n항까지 ┐
일반항
첫째항부터 ┘

7 합의 기호 $\sum$의 성질

두 수열 $\{a_n\}$, $\{b_n\}$에 대하여

(1) $\displaystyle\sum_{k=1}^{n}(a_k+b_k)=\sum_{k=1}^{n}a_k+\sum_{k=1}^{n}b_k$

(2) $\displaystyle\sum_{k=1}^{n}(a_k-b_k)=\sum_{k=1}^{n}a_k-\sum_{k=1}^{n}b_k$

(3) $\displaystyle\sum_{k=1}^{n}ca_k=c\sum_{k=1}^{n}a_k$ (c는 상수)

(4) $\displaystyle\sum_{k=1}^{n}c=cn$ (c는 상수)

Note

8 자연수의 거듭제곱의 합

(1) $\displaystyle\sum_{k=1}^{n}k=1+2+3+\cdots+n=\frac{n(n+1)}{2}$

(2) $\displaystyle\sum_{k=1}^{n}k^2=1^2+2^2+3^2+\cdots+n^2=\frac{n(n+1)(2n+1)}{6}$

(3) $\displaystyle\sum_{k=1}^{n}k^3=1^3+2^3+3^3+\cdots+n^3=\left\{\frac{n(n+1)}{2}\right\}^2=\left(\sum_{k=1}^{n}k\right)^2$

9 여러 가지 수열의 합

(1) 일반항이 분수 꼴이고 분모가 서로 다른 두 일차식의 곱으로 나타내어져 있을 때, 두 개의 분수로 분해하는 방법, 즉

$$\frac{1}{AB}=\frac{1}{B-A}\left(\frac{1}{A}-\frac{1}{B}\right)\ (A\neq B)$$

를 이용하여 계산한다.

① $\displaystyle\sum_{k=1}^{n}\frac{1}{k(k+a)}=\frac{1}{a}\sum_{k=1}^{n}\left(\frac{1}{k}-\frac{1}{k+a}\right)\ (a\neq 0)$

② $\displaystyle\sum_{k=1}^{n}\frac{1}{(k+a)(k+b)}=\frac{1}{b-a}\sum_{k=1}^{n}\left(\frac{1}{k+a}-\frac{1}{k+b}\right)\ (a\neq b)$

(2) 일반항의 분모가 근호가 있는 두 식의 합이면 다음과 같이 변형한다.

① $\displaystyle\sum_{k=1}^{n}\frac{1}{\sqrt{k+a}+\sqrt{k}}=\frac{1}{a}\sum_{k=1}^{n}(\sqrt{k+a}-\sqrt{k})\ (a\neq 0)$

② $\displaystyle\sum_{k=1}^{n}\frac{1}{\sqrt{k+a}+\sqrt{k+b}}=\frac{1}{a-b}\sum_{k=1}^{n}(\sqrt{k+a}-\sqrt{k+b})\ (a\neq b)$

10 수열의 귀납적 정의

처음 몇 개의 항의 값과 이웃하는 여러 항 사이의 관계식으로 수열 $\{a_n\}$을 정의하는 것을 수열의 귀납적 정의라고 한다. 귀납적으로 정의된 수열 $\{a_n\}$의 항의 값을 구할 때에는 n에 1, 2, 3, $\cdots$ 을 차례로 대입한다.

예를 들면 $a_1=1$, $a_{n+1}=a_n+2$ ($n=1, 2, 3, \cdots$)과 같이 귀납적으로 정의된 수열 $\{a_n\}$에서

　　$a_2=a_1+2=1+2=3$, $a_3=a_2+2=3+2=5$, $a_4=a_3+2=5+2=7$, $\cdots$

이므로 수열 $\{a_n\}$의 각 항은 1, 3, 5, 7, $\cdots$이다.

11 수학적 귀납법

자연수 n에 대한 명제 $p(n)$이 모든 자연수 n에 대하여 성립함을 증명하려면 다음 두 가지를 보이면 된다.

(i) $n=1$일 때, 명제 $p(n)$이 성립한다. 즉, $p(1)$이 성립한다.

(ii) $n=k$일 때 명제 $p(n)$이 성립한다고 가정하면 $n=k+1$일 때도 명제 $p(n)$이 성립한다.

이와 같은 방법으로 모든 자연수 n에 대하여 명제 $p(n)$이 성립함을 증명하는 것을 수학적 귀납법이라고 한다.

유형 **1** 등차수열의 뜻과 일반항

출제경향 | 등차수열의 일반항을 이용하여 공차 또는 특정한 항의 값을 구하는 문제가 출제된다.

출제유형잡기 | 주어진 조건을 만족시키는 등차수열 $\{a_n\}$의 첫째항 a와 공차 d를 구한 후 등차수열의 일반항
$$a_n = a + (n-1)d \ (n=1, 2, 3, \cdots)$$
을 이용하여 문제를 해결한다.
특히 서로 다른 두 항 a_m과 a_n 사이에
$$a_m - a_n = (m-n)d$$
가 성립함을 이용하면 편리하다.

01
▶ 25054-0059

등차수열 $\{a_n\}$의 첫째항이 1이고 공차가 3일 때, a_5의 값은?

① 9 　　　　② 10 　　　　③ 11

④ 12 　　　　⑤ 13

02
▶ 25054-0060

이차방정식 $2x^2 + 3x - 15 = 0$의 서로 다른 두 실근을 각각 p, q라 하자. 공차가 d인 등차수열 $\{a_n\}$에 대하여 $a_2 = p+q$, $a_4 = pq$일 때, d의 값은?

① -5 　　　　② -3 　　　　③ -1

④ 1 　　　　⑤ 3

03
▶ 25054-0061

첫째항이 a이고 공차가 자연수인 등차수열 $\{a_n\}$이 다음 조건을 만족시키도록 하는 모든 자연수 a의 값의 합은?

> (가) $a_1 + a_4 = a_8$
> (나) 어떤 자연수 m에 대하여 $a_m = 12$이다.

① 20 　　　　② 22 　　　　③ 24

④ 26 　　　　⑤ 28

04
▶ 25054-0062

자연수 전체의 집합의 두 부분집합
$$A = \{x \mid x\text{는 2의 배수}\}, \ B = \{x \mid x\text{는 3의 배수}\}$$
에 대하여 집합 $A - B$의 모든 원소를 작은 수부터 크기순으로 나열할 때 n번째 수를 a_n이라 하자. 모든 자연수 n에 대하여 $b_n = a_{2n}$이라 할 때, 수열 $\{b_n\}$은 등차수열이다. $b_n > 50$을 만족시키는 n의 최솟값을 구하시오.

▶ 25054-0065

유형 2 등차수열의 합

출제경향 | 주어진 조건으로부터 등차수열의 합을 구하거나 등차수열의 합을 이용하여 첫째항, 공차, 특정한 항의 값을 구하는 문제가 출제된다.

출제유형잡기 | 주어진 조건에서 첫째항과 공차를 구하고 등차수열의 합의 공식을 이용하여 문제를 해결한다.

등차수열의 첫째항부터 제n항까지의 합을 S_n이라 할 때, 다음을 이용하여 S_n을 구한다.

(1) 첫째항이 a, 제n항(끝항)이 l일 때,

$$S_n = \frac{n(a+l)}{2}$$

(2) 첫째항이 a, 공차가 d일 때,

$$S_n = \frac{n\{2a+(n-1)d\}}{2}$$

05

▶ 25054-0063

등차수열 $\{a_n\}$에 대하여 $a_1 = -1$, $a_2 = 3$일 때, 수열 $\{a_n\}$의 첫째항부터 제6항까지의 합을 구하시오.

06

▶ 25054-0064

첫째항이 1인 등차수열 $\{a_n\}$의 첫째항부터 제n항까지의 합을 S_n이라 하자. $S_6 - S_3 = 15$일 때, S_9의 값은?

① 18　　　　② 27　　　　③ 36

④ 45　　　　⑤ 54

07

▶ 25054-0065

첫째항이 1인 등차수열 $\{a_n\}$이 있다. 모든 자연수 n에 대하여 $b_n = a_{2n-1} + a_{2n}$이고 수열 $\{b_n\}$의 첫째항부터 제n항까지의 합을 S_n이라 할 때, $S_5 = 25$이다. a_4의 값은?

① 1　　　　② 2　　　　③ 3

④ 4　　　　⑤ 5

08

▶ 25054-0066

등차수열 $\{a_n\}$의 첫째항부터 제n항까지의 합을 S_n이라 할 때, a_n과 S_n이 다음 조건을 만족시킨다.

(가) $a_1 + a_{12} = 18$
(나) $S_{10} = 120$

$S_n < 0$을 만족시키는 자연수 n의 최솟값은?

① 17　　　　② 18　　　　③ 19

④ 20　　　　⑤ 21

유형 3 등비수열의 뜻과 일반항

출제경향 | 등비수열의 일반항을 이용하여 공비 또는 특정한 항의 값을 구하는 문제가 출제된다.

출제유형잡기 | 주어진 조건을 만족시키는 등비수열 $\{a_n\}$의 첫째항 a와 공비 r을 구한 후 등비수열의 일반항

$$a_n = ar^{n-1} \ (n=1, 2, 3, \cdots)$$

을 이용하여 문제를 해결한다.

특히 서로 다른 두 항 a_m과 a_n 사이에

$$\frac{a_m}{a_n} = r^{m-n} \ (a \neq 0, \ r \neq 0)$$

이 성립함을 이용하면 편리하다.

09

▶ 25054-0067

첫째항이 a이고 공비가 2인 등비수열 $\{a_n\}$에 대하여 $a_4 = 24$일 때, a의 값은?

① 1   ② 2   ③ 3

④ 4   ⑤ 5

10

▶ 25054-0068

모든 항이 양수인 등비수열 $\{a_n\}$에 대하여

$$a_2 = \frac{1}{4}, \ a_3 + a_4 = 5$$

일 때, a_6의 값을 구하시오.

11

▶ 25054-0069

모든 항이 0이 아닌 등비수열 $\{a_n\}$에 대하여

$$a_9 = 1, \ \frac{a_6 a_{12}}{a_7} - \frac{a_2 a_{10}}{a_3} = -\frac{2}{3}$$

일 때, a_3의 값은?

① 3   ② 9   ③ 27

④ 81   ⑤ 243

12

▶ 25054-0070

등차수열 $\{a_n\}$과 등비수열 $\{b_n\}$이 다음 조건을 만족시킨다.

(가) $a_1 = b_2 = 4$

(나) $b_4 + b_5 = a_2 \times a_3$

두 수열 $\{a_n\}$, $\{b_n\}$의 모든 항이 자연수일 때, $a_4 + b_3$의 값을 구하시오.

유형 4 등비수열의 합

출제경향 | 주어진 조건으로부터 등비수열의 합을 구하거나 등비수열의 합을 이용하여 공비 또는 특정한 항의 값을 구하는 문제가 출제된다.

출제유형잡기 | 주어진 조건에서 첫째항과 공비를 구하고 등비수열의 합의 공식을 이용하여 문제를 해결한다.

첫째항이 a, 공비가 r $(r \neq 0)$인 등비수열의 첫째항부터 제n항까지의 합을 S_n이라 할 때, 다음을 이용하여 S_n을 구한다.

(1) $r=1$일 때, $S_n = na$

(2) $r \neq 1$일 때, $S_n = \dfrac{a(1-r^n)}{1-r} = \dfrac{a(r^n-1)}{r-1}$

13
▶ 25054-0071

첫째항이 a이고 공비가 $\dfrac{1}{2}$인 등비수열의 첫째항부터 제n항까지의 합을 S_n이라 할 때, $S_4 = 1$이다. a의 값은?

① $\dfrac{4}{15}$ ② $\dfrac{2}{5}$ ③ $\dfrac{8}{15}$

④ $\dfrac{2}{3}$ ⑤ $\dfrac{4}{5}$

14
▶ 25054-0072

모든 항이 서로 다른 양수인 등비수열 $\{a_n\}$에 대하여 수열 $\{b_n\}$을 $b_n = a_{2n}$이라 하자. 수열 $\{a_n\}$의 첫째항부터 제n항까지의 합을 S_n이라 하고, 수열 $\{b_n\}$의 첫째항부터 제n항까지의 합을 T_n이라 할 때, $2S_8 = 3T_4$를 만족시킨다. $\dfrac{a_2}{b_2}$의 값은?

① $\dfrac{1}{4}$ ② $\dfrac{3}{8}$ ③ $\dfrac{1}{2}$

④ $\dfrac{5}{8}$ ⑤ $\dfrac{3}{4}$

15
▶ 25054-0073

두 함수 $y = \left(\dfrac{1}{2}\right)^x$, $y = -\left(\dfrac{1}{4}\right)^x + 2$의 그래프가 점 $R_1(0, 1)$에서 만난다. 직선 $x=1$이 두 함수 $y = \left(\dfrac{1}{2}\right)^x$, $y = -\left(\dfrac{1}{4}\right)^x + 2$의 그래프와 만나는 점을 각각 P_1, Q_1이라 할 때, 삼각형 $P_1Q_1R_1$의 넓이를 a_1이라 하자. 선분 P_1Q_1 위의 점 중 y좌표가 1인 점을 R_2라 하고, 직선 $x=2$가 두 함수 $y = \left(\dfrac{1}{2}\right)^x$, $y = -\left(\dfrac{1}{4}\right)^x + 2$의 그래프와 만나는 점을 각각 P_2, Q_2라 할 때, 삼각형 $P_2Q_2R_2$의 넓이를 a_2라 하자. 이와 같은 과정을 계속하여 n번째 얻은 삼각형 $P_nQ_nR_n$의 넓이를 a_n이라 하자.

모든 자연수 n에 대하여 $a_n + b_n = 1 - \left(\dfrac{1}{2}\right)^{n+1}$을 만족시키는 수열 $\{b_n\}$의 첫째항부터 제n항까지의 합을 S_n이라 할 때, $512 S_4$의 값을 구하시오.

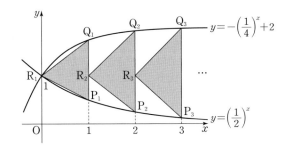

유형 5 등차중항과 등비중항

출제경향 | 3개 이상의 수가 등차수열 또는 등비수열을 이루는 조건이
주어지는 문제가 출제된다.

출제유형잡기 | 3개 이상의 수가 등차수열 또는 등비수열을 이루는 조
건이 주어진 문제에서는 다음과 같은 등차중항 또는 등비중항의 성질
을 이용하여 문제를 해결한다.

(1) 세 수 a, b, c가 이 순서대로 등차수열을 이루면 $2b=a+c$가 성립
한다.

(2) 0이 아닌 세 수 a, b, c가 이 순서대로 등비수열을 이루면 $b^2=ac$가
성립한다.

16
▶ 25054-0074

세 실수 2, a, 18이 이 순서대로 공비가 양수인 등비수열을 이룰
때, 실수 a의 값은?

① 6   ② 7   ③ 8

④ 9   ⑤ 10

17
▶ 25054-0075

등차수열 $\{a_n\}$에 대하여

$$a_3+a_5=-6,\ a_7+a_8+a_9=a_{10}$$

일 때, a_1의 값은?

① -7 ② -6 ③ -5

④ -4 ⑤ -3

18
▶ 25054-0076

세 실수 a^2, $4a$, 15가 이 순서대로 등차수열을 이루고, 세 실수
a^2, 15, b가 이 순서대로 등비수열을 이룰 때, 모든 b의 값의 합
을 구하시오.

19
▶ 25054-0077

첫째항과 공차가 모두 $\dfrac{2}{3}$인 등차수열 $\{a_n\}$에 대하여 m이 2 이
상의 자연수일 때, 세 수 a_3, a_4+a_8, $a_{2m-2}+a_{2m}+a_{2m+2}$가 이
순서대로 등비수열을 이룬다. $3a_m$의 값을 구하시오.

출제경향 | 수열의 합과 일반항 사이의 관계를 이용하여 일반항을 구하거나 특정한 항의 값을 구하는 문제가 출제된다.

출제유형잡기 | 수열 $\{a_n\}$의 첫째항부터 제n항까지의 합을 S_n이라 할 때, 다음과 같은 수열의 합과 일반항 사이의 관계를 이용하여 문제를 해결한다.

$$a_1 = S_1,\ a_n = S_n - S_{n-1}\ (n=2,\ 3,\ 4,\ \cdots)$$

20

▶ 25054-0078

수열 $\{a_n\}$의 첫째항부터 제n항까지의 합을 S_n이라 하자. $S_n = n^2 + n$일 때, a_4의 값은?

① 6　　　　　② 7　　　　　③ 8

④ 9　　　　　⑤ 10

21

▶ 25054-0079

등차수열 $\{a_n\}$의 첫째항부터 제n항까지의 합을 S_n이라 하자. $S_3 - S_2 = 6$, $S_5 - S_4 = 14$일 때, a_7의 값은?

① 18　　　　　② 19　　　　　③ 20

④ 21　　　　　⑤ 22

22

▶ 25054-0080

수열 $\{a_n\}$의 첫째항부터 제n항까지의 합을 S_n이라 할 때, $S_n = 2^n + 1$이다. $S_{2m} - S_m = 56$을 만족시키는 자연수 m에 대하여 $a_1 + a_m$의 값은?

① 4　　　　　② 5　　　　　③ 6

④ 7　　　　　⑤ 8

23

▶ 25054-0081

첫째항이 1인 수열 $\{a_n\}$의 첫째항부터 제n항까지의 합을 S_n이라 하자. S_n이 다음 조건을 만족시킬 때, S_8의 값을 구하시오.

(가) $S_4 = S_3$
(나) 2 이상의 모든 자연수 n에 대하여 $S_{2n} - S_{n-1} = 3(n+1)^2$ 이다.

유형 **7** 합의 기호 $\sum$의 뜻과 성질

출제경향 | 합의 기호 $\sum$의 뜻과 성질을 이용하여 수열의 합을 구하거나 특정한 항의 값을 구하는 문제가 출제된다.

출제유형잡기 | 수열 $\{a_n\}$에서 합의 기호 $\sum$가 포함된 문제는 다음을 이용하여 해결한다.

(1) $\sum$의 뜻

① $a_1+a_2+a_3+\cdots+a_n=\sum\limits_{k=1}^{n}a_k$

② $\sum\limits_{k=m}^{n}a_k=\sum\limits_{k=1}^{n}a_k-\sum\limits_{k=1}^{m-1}a_k \ (2\le m\le n)$

(2) $\sum$의 성질

두 수열 $\{a_n\}$, $\{b_n\}$에 대하여

① $\sum\limits_{k=1}^{n}(a_k+b_k)=\sum\limits_{k=1}^{n}a_k+\sum\limits_{k=1}^{n}b_k$

② $\sum\limits_{k=1}^{n}(a_k-b_k)=\sum\limits_{k=1}^{n}a_k-\sum\limits_{k=1}^{n}b_k$

③ $\sum\limits_{k=1}^{n}ca_k=c\sum\limits_{k=1}^{n}a_k$ (c는 상수)

④ $\sum\limits_{k=1}^{n}c=cn$ (c는 상수)

24

▶ 25054-0082

두 수열 $\{a_n\}$, $\{b_n\}$에 대하여

$$\sum_{k=1}^{10}3a_k=15, \quad \sum_{k=1}^{10}(a_k+2b_k)=23$$

일 때, $\sum\limits_{k=1}^{10}(b_k+1)$의 값은?

① 15   ② 16   ③ 17

④ 18   ⑤ 19

25

▶ 25054-0083

첫째항이 2인 수열 $\{a_n\}$에 대하여

$$\sum_{k=1}^{10}a_{2k}=15, \quad \sum_{k=1}^{20}(a_k+a_{k+1})=a_{21}$$

일 때, $\sum\limits_{k=1}^{10}a_{2k-1}$의 값은?

① -14 ② -12 ③ -10

④ -8 ⑤ -6

26

▶ 25054-0084

두 수열 $\{a_n\}$, $\{b_n\}$이 모든 자연수 n에 대하여 다음 조건을 만족시킨다.

(가) $b_n=a_n+a_{n+1}+a_{n+2}$

(나) $\sum\limits_{k=1}^{n}(b_{3k}-a_{3k})=\sum\limits_{k=3}^{3n+3}a_k$

$a_3=3$일 때, $\sum\limits_{k=1}^{5}|a_{3k}|$의 값은?

① 3   ② 6   ③ 9

④ 12   ⑤ 15

출제경향 | 자연수의 거듭제곱의 합을 나타내는 $\sum$의 공식을 이용하여 식의 값을 구하는 문제가 출제된다.

출제유형잡기 | 자연수의 거듭제곱의 합을 나타내는 $\sum$의 공식을 이용하여 문제를 해결한다.

(1) $\displaystyle\sum_{k=1}^{n} k = \frac{n(n+1)}{2}$

(2) $\displaystyle\sum_{k=1}^{n} k^2 = \frac{n(n+1)(2n+1)}{6}$

(3) $\displaystyle\sum_{k=1}^{n} k^3 = \left\{\frac{n(n+1)}{2}\right\}^2$

27

▶ 25054-0085

$\displaystyle\sum_{k=1}^{10}(k-1)(k+2) + \sum_{k=1}^{10}(k+1)(k-2)$의 값은?

① 700　　　② 710　　　③ 720

④ 730　　　⑤ 740

28

▶ 25054-0086

수열 $\{a_n\}$에 대하여

$$\sum_{k=1}^{10}\{2a_k - k(k-3)\} = 0$$

일 때, $\displaystyle\sum_{k=1}^{10} a_k$의 값을 구하시오.

29

▶ 25054-0087

$\displaystyle\sum_{k=1}^{m}\frac{k^3+1}{(k-1)k+1} = 44$를 만족시키는 자연수 m의 값은?

① 8　　　② 9　　　③ 10

④ 11　　　⑤ 12

30

▶ 25054-0088

자연수 n에 대하여 x에 대한 이차부등식

$$x^2 - (n^2+3n+4)x + 3n^3 + 4n^2 \le 0$$

을 만족시키는 모든 자연수 x의 개수를 a_n이라 할 때, $\displaystyle\sum_{k=1}^{8} a_k$의 값은?

① 102　　　② 104　　　③ 106

④ 108　　　⑤ 110

유형 9 여러 가지 수열의 합

출제경향 | 수열의 일반항을 소거되는 꼴로 변형하여 수열의 합을 구하는 문제가 출제된다.

출제유형잡기 | 수열의 일반항을 소거되는 꼴로 변형할 때에는 다음을 이용하여 해결한다.

(1) 일반항이 분수 꼴이고 분모가 서로 다른 두 일차식의 곱이면 다음과 같이 변형하여 문제를 해결한다.

① $\sum\limits_{k=1}^{n} \dfrac{1}{k(k+a)} = \dfrac{1}{a}\sum\limits_{k=1}^{n}\left(\dfrac{1}{k}-\dfrac{1}{k+a}\right) (a \neq 0)$

② $\sum\limits_{k=1}^{n} \dfrac{1}{(k+a)(k+b)} = \dfrac{1}{b-a}\sum\limits_{k=1}^{n}\left(\dfrac{1}{k+a}-\dfrac{1}{k+b}\right) (a \neq b)$

(2) 일반항의 분모가 근호가 있는 두 식의 합이면 다음과 같이 변형하여 문제를 해결한다.

① $\sum\limits_{k=1}^{n} \dfrac{1}{\sqrt{k+a}+\sqrt{k}} = \dfrac{1}{a}\sum\limits_{k=1}^{n}(\sqrt{k+a}-\sqrt{k}) (a \neq 0)$

② $\sum\limits_{k=1}^{n} \dfrac{1}{\sqrt{k+a}+\sqrt{k+b}} = \dfrac{1}{a-b}\sum\limits_{k=1}^{n}(\sqrt{k+a}-\sqrt{k+b}) (a \neq b)$

31

▶ 25054-0089

$\sum\limits_{k=3}^{10} \dfrac{1}{2k^2-6k+4}$의 값은?

① $\dfrac{5}{18}$ ② $\dfrac{1}{3}$ ③ $\dfrac{7}{18}$

④ $\dfrac{4}{9}$ ⑤ $\dfrac{1}{2}$

32

▶ 25054-0090

첫째항이 2인 등차수열 $\{a_n\}$에 대하여 $\sum\limits_{k=1}^{4} a_k = 14$일 때, $\sum\limits_{k=1}^{6} \dfrac{1}{a_k a_{k+1}}$의 값은?

① $\dfrac{1}{8}$ ② $\dfrac{1}{4}$ ③ $\dfrac{3}{8}$

④ $\dfrac{1}{2}$ ⑤ $\dfrac{5}{8}$

33

▶ 25054-0091

함수 $f(x)=\sqrt{x+4}$의 그래프가 x축, y축과 만나는 점을 각각 A, B라 하자. 자연수 n에 대하여 곡선 $y=f(x)$ 위의 x좌표가 n인 점을 P라 하고 두 삼각형 PBO, PBA의 넓이의 차를 S_n이라 할 때, $\sum\limits_{n=1}^{11} \dfrac{1}{S_{n+1}+S_n+8}$의 값은? (단, O는 원점이다.)

① $4-\dfrac{\sqrt{5}}{4}$ ② $4-\dfrac{\sqrt{5}}{2}$ ③ $4-\sqrt{5}$

④ $2-\dfrac{\sqrt{5}}{4}$ ⑤ $2-\dfrac{\sqrt{5}}{2}$

출제경향 | 처음 몇 개의 항의 값과 여러 항 사이의 관계식으로 정의된 수열 $\{a_n\}$에서 특정한 항의 값을 구하는 문제, 귀납적으로 정의된 등차수열 또는 등비수열에 대한 문제가 출제된다.

출제유형잡기 | 첫째항 a_1의 값과 이웃하는 항들 사이의 관계식에서 n에 1, 2, 3, …을 차례로 대입하거나 귀납적으로 정의된 등차수열 또는 등비수열에 대한 문제를 해결한다.

(1) 등차수열과 수열의 귀납적 정의

모든 자연수 n에 대하여

① $a_{n+1}-a_n=d$ (d는 상수)를 만족시키는 수열 $\{a_n\}$은 공차가 d인 등차수열이다.

② $2a_{n+1}=a_n+a_{n+2}$를 만족시키는 수열 $\{a_n\}$은 등차수열이다.

(2) 등비수열과 수열의 귀납적 정의

모든 자연수 n에 대하여

① $a_{n+1}=ra_n$ (r은 상수)를 만족시키는 수열 $\{a_n\}$은 공비가 r인 등비수열이다. (단, $a_n\neq0$)

② $a_{n+1}^2=a_na_{n+2}$를 만족시키는 수열 $\{a_n\}$은 등비수열이다.

(단, $a_n\neq0$)

34

▶ 25054-0092

수열 $\{a_n\}$이 모든 자연수 n에 대하여

$$2a_{n+1}=a_n+a_{n+2}$$

를 만족시킨다. $a_7-a_4=15$일 때, a_3-a_1의 값은?

① 4 ② 6 ③ 8

④ 10 ⑤ 12

35

▶ 25054-0093

수열 $\{a_n\}$이 모든 자연수 n에 대하여

$$a_{n+2}=\begin{cases}a_n-a_{n+1} & (a_{n+1}>a_n)\\n-a_n & (a_{n+1}\leq a_n)\end{cases}$$

을 만족시킨다. $a_5=2$이고 $\sum\limits_{k=1}^{5}a_k=-2$일 때, a_4의 값은?

① -3 ② -2 ③ -1

④ 0 ⑤ 1

36

▶ 25054-0094

첫째항이 -20 이상의 음의 정수인 수열 $\{a_n\}$이 다음 조건을 만족시킬 때, 모든 a_1의 값의 합은?

(가) 모든 자연수 n에 대하여

$$a_{n+1}=\begin{cases}a_n^2 & (a_n\leq0)\\\dfrac{1}{2}a_n-2 & (a_n>0)\end{cases}$$

이다.

(나) a_k의 값이 정수가 아닌 유리수인 k의 최솟값은 5이다.

① -64 ② -60 ③ -56

④ -52 ⑤ -48

수학 I

유형 11 다양한 수열의 규칙 찾기

출제경향 | 주어진 조건을 만족시키는 몇 개의 항을 나열하여 수열의 규칙을 찾는 문제가 출제된다.

출제유형잡기 | 주어진 조건을 만족시키는 몇 개의 항을 구하여 규칙을 찾아 문제를 해결한다.

37
▶ 25054-0095

첫째항이 1인 수열 $\{a_n\}$이 모든 자연수 n에 대하여

$$a_{n+1}=a_n+(-1)^n \times n$$

을 만족시킬 때, a_4의 값은?

① -5 ② -4 ③ -3

④ -2 ⑤ -1

38
▶ 25054-0096

수열 $\{a_n\}$이 모든 자연수 n에 대하여

$$\begin{cases} a_{2n+2}=a_{2n}+3 \\ a_{2n}=a_{2n-1}+1 \end{cases}$$

을 만족시킨다. $a_8+a_{11}=31$일 때, a_1의 값은?

① 3 ② 4 ③ 5

④ 6 ⑤ 7

39
▶ 25054-0097

수열 $\{a_n\}$이 모든 자연수 n에 대하여

$$a_{n+1}=\begin{cases} a_n+2 & (a_n<0) \\ a_n-1 & (a_n\geq0) \end{cases}$$

을 만족시킨다. $a_5=1$일 때, 모든 a_1의 값의 합은?

① -4 ② -5 ③ -6

④ -7 ⑤ -8

40
▶ 25054-0098

첫째항이 자연수이고 다음 조건을 만족시키는 모든 수열 $\{a_n\}$에 대하여 a_1의 값의 합을 구하시오.

(가) 모든 자연수 n에 대하여

$$a_{n+1}=\begin{cases} a_n-3 & (a_n>0) \\ |a_n| & (a_n\leq0) \end{cases}$$

이다.

(나) 2 이상의 모든 자연수 n에 대하여 $a_{n+k}=a_n$을 만족시키는 자연수 k의 최솟값은 4이다.

출제경향 | 수학적 귀납법을 이용하여 명제를 증명하는 과정에서 빈칸에 알맞은 식이나 수를 구하는 문제가 출제된다.

출제유형잡기 | 주어진 명제를 수학적 귀납법으로 증명하는 과정의 앞뒤 관계를 파악하여 빈칸에 알맞은 식이나 수를 구한다.

41

▶ 25054-0099

다음은 모든 자연수 n에 대하여

$$\sum_{k=1}^{n}(2^k+n)(2k+2)=n(n^2+3n+2^{n+2}) \quad \cdots\cdots (*)$$

이 성립함을 수학적 귀납법을 이용하여 증명한 것이다.

(i) $n=1$일 때,

(좌변)$=12$, (우변)$=12$이므로 $(*)$이 성립한다.

(ii) $n=m$일 때 $(*)$이 성립한다고 가정하면

$$\sum_{k=1}^{m}(2^k+m)(2k+2)=m(m^2+3m+2^{m+2})$$

이다. $n=m+1$일 때,

$$\sum_{k=1}^{m+1}(2^k+m+1)(2k+2)$$

$$=\sum_{k=1}^{m}(2^k+m+1)(2k+2)+\boxed{(가)}$$

$$=\sum_{k=1}^{m}(2^k+m)(2k+2)+\boxed{(나)}$$

$$=m(m^2+3m+2^{m+2})+\boxed{(나)}$$

$$=(m+1)\{(m+1)^2+3(m+1)+2^{m+3}\}$$

이다. 따라서 $n=m+1$일 때도 $(*)$이 성립한다.

(i), (ii)에 의하여 모든 자연수 n에 대하여

$$\sum_{k=1}^{n}(2^k+n)(2k+2)=n(n^2+3n+2^{n+2})$$

이 성립한다.

위의 (가), (나)에 알맞은 식을 각각 $f(m)$, $g(m)$이라 할 때, $f(3)+g(2)$의 값은?

① 286   ② 290   ③ 294

④ 298   ⑤ 302

42

▶ 25054-0100

수열 $\{a_n\}$의 일반항은

$$a_n=\frac{2n^2+n+1}{n!}$$

이다. 다음은 모든 자연수 n에 대하여

$$\sum_{k=1}^{n}(-1)^k a_k=\frac{(-1)^n(2n^2+3n+1)}{(n+1)!}-1 \quad \cdots\cdots (*)$$

이 성립함을 수학적 귀납법을 이용하여 증명한 것이다.

(i) $n=1$일 때,

(좌변)$=-4$, (우변)$=-4$이므로 $(*)$이 성립한다.

(ii) $n=m$일 때 $(*)$이 성립한다고 가정하면

$$\sum_{k=1}^{m}(-1)^k a_k=\frac{(-1)^m(2m^2+3m+1)}{(m+1)!}-1$$

이다. $n=m+1$일 때,

$$\sum_{k=1}^{m+1}(-1)^k a_k$$

$$=\sum_{k=1}^{m}(-1)^k a_k+(-1)^{m+1}a_{m+1}$$

$$=\frac{(-1)^m(2m^2+3m+1)}{(m+1)!}-1+\boxed{(가)}$$

$$=\frac{(-1)^m\times(\boxed{(나)})}{(m+1)!}-1$$

$$=\frac{(-1)^{m+1}\times(\boxed{(나)})\times(\boxed{(다)})}{(m+2)!}-1$$

$$=\frac{(-1)^{m+1}\{2(m+1)^2+3(m+1)+1\}}{(m+2)!}-1$$

이다. 따라서 $n=m+1$일 때도 $(*)$이 성립한다.

(i), (ii)에 의하여 모든 자연수 n에 대하여

$$\sum_{k=1}^{n}(-1)^k a_k=\frac{(-1)^n(2n^2+3n+1)}{(n+1)!}-1$$

이 성립한다.

위의 (가), (나), (다)에 알맞은 식을 각각 $f(m)$, $g(m)$, $h(m)$이라 할 때, $\dfrac{g(4)\times h(1)}{f(2)}$의 값은?

① -13 ② -12 ③ -11

④ -10 ⑤ -9

04 함수의 극한과 연속

① 함수의 수렴과 발산

(1) 함수의 수렴

① 함수 $f(x)$에서 x의 값이 a가 아니면서 a에 한없이 가까워질 때, $f(x)$의 값이 일정한 값 L에 한없이 가까워지면 함수 $f(x)$는 L에 수렴한다고 한다. 이때 L을 함수 $f(x)$의 $x=a$에서의 극한값 또는 극한이라 하고, 이것을 기호로 다음과 같이 나타낸다.
$$\lim_{x \to a} f(x) = L \text{ 또는 } x \to a \text{일 때 } f(x) \to L$$

② 함수 $f(x)$에서 x의 값이 한없이 커질 때, $f(x)$의 값이 일정한 값 L에 한없이 가까워지면 함수 $f(x)$는 L에 수렴한다고 하고, 이것을 기호로 다음과 같이 나타낸다.
$$\lim_{x \to \infty} f(x) = L \text{ 또는 } x \to \infty \text{일 때 } f(x) \to L$$

③ 함수 $f(x)$에서 x의 값이 음수이면서 그 절댓값이 한없이 커질 때, $f(x)$의 값이 일정한 값 L에 한없이 가까워지면 함수 $f(x)$는 L에 수렴한다고 하고, 이것을 기호로 다음과 같이 나타낸다.
$$\lim_{x \to -\infty} f(x) = L \text{ 또는 } x \to -\infty \text{일 때 } f(x) \to L$$

(2) 함수의 발산

① 함수 $f(x)$에서 x의 값이 a가 아니면서 a에 한없이 가까워질 때, $f(x)$의 값이 한없이 커지면 함수 $f(x)$는 양의 무한대로 발산한다고 하고, 이것을 기호로 다음과 같이 나타낸다.
$$\lim_{x \to a} f(x) = \infty \text{ 또는 } x \to a \text{일 때 } f(x) \to \infty$$

② 함수 $f(x)$에서 x의 값이 a가 아니면서 a에 한없이 가까워질 때, $f(x)$의 값이 음수이면서 그 절댓값이 한없이 커지면 함수 $f(x)$는 음의 무한대로 발산한다고 하고, 이것을 기호로 다음과 같이 나타낸다.
$$\lim_{x \to a} f(x) = -\infty \text{ 또는 } x \to a \text{일 때 } f(x) \to -\infty$$

③ 함수 $f(x)$에서 x의 값이 한없이 커지거나 x의 값이 음수이면서 그 절댓값이 한없이 커질 때, 함수 $f(x)$가 양의 무한대 또는 음의 무한대로 발산하면 이것을 각각 기호로 다음과 같이 나타낸다.
$$\lim_{x \to \infty} f(x) = \infty, \ \lim_{x \to \infty} f(x) = -\infty, \ \lim_{x \to -\infty} f(x) = \infty, \ \lim_{x \to -\infty} f(x) = -\infty$$

② 함수의 우극한과 좌극한

(1) 함수 $f(x)$에서 x의 값이 a보다 크면서 a에 한없이 가까워질 때, $f(x)$의 값이 일정한 값 L에 한없이 가까워지면 L을 함수 $f(x)$의 $x=a$에서의 우극한이라고 하며, 이것을 기호로 다음과 같이 나타낸다.
$$\lim_{x \to a+} f(x) = L \text{ 또는 } x \to a+ \text{일 때 } f(x) \to L$$

또한 함수 $f(x)$에서 x의 값이 a보다 작으면서 a에 한없이 가까워질 때, $f(x)$의 값이 일정한 값 L에 한없이 가까워지면 L을 함수 $f(x)$의 $x=a$에서의 좌극한이라고 하며, 이것을 기호로 다음과 같이 나타낸다.
$$\lim_{x \to a-} f(x) = L \text{ 또는 } x \to a- \text{일 때 } f(x) \to L$$

(2) 함수 $f(x)$가 $x=a$에서의 우극한 $\lim_{x \to a+} f(x)$와 좌극한 $\lim_{x \to a-} f(x)$가 모두 존재하고 그 값이 서로 같으면 극한값 $\lim_{x \to a} f(x)$가 존재한다. 또한 그 역도 성립한다.

즉, $\lim_{x \to a+} f(x) = \lim_{x \to a-} f(x) = L \Longleftrightarrow \lim_{x \to a} f(x) = L$ (단, L은 실수)

③ 함수의 극한에 대한 성질

두 함수 $f(x)$, $g(x)$에 대하여 $\lim_{x \to a} f(x) = \alpha$, $\lim_{x \to a} g(x) = \beta$ (α, β는 실수)일 때

(1) $\lim_{x \to a} \{cf(x)\} = c \lim_{x \to a} f(x) = c\alpha$ (단, c는 상수)

(2) $\lim_{x \to a} \{f(x) + g(x)\} = \lim_{x \to a} f(x) + \lim_{x \to a} g(x) = \alpha + \beta$

(3) $\lim_{x \to a} \{f(x) - g(x)\} = \lim_{x \to a} f(x) - \lim_{x \to a} g(x) = \alpha - \beta$

(4) $\displaystyle\lim_{x \to a}\{f(x)g(x)\}=\lim_{x \to a}f(x)\times\lim_{x \to a}g(x)=\alpha\beta$

(5) $\displaystyle\lim_{x \to a}\frac{f(x)}{g(x)}=\frac{\displaystyle\lim_{x \to a}f(x)}{\displaystyle\lim_{x \to a}g(x)}=\frac{\alpha}{\beta}$ (단, $\beta\neq0$)

④ 미정계수의 결정

두 함수 $f(x)$, $g(x)$에 대하여 다음 성질을 이용하여 미정계수를 결정할 수 있다.

(1) $\displaystyle\lim_{x \to a}\frac{f(x)}{g(x)}=\alpha$ (α는 실수)이고 $\displaystyle\lim_{x \to a}g(x)=0$이면 $\displaystyle\lim_{x \to a}f(x)=0$이다.

(2) $\displaystyle\lim_{x \to a}\frac{f(x)}{g(x)}=\alpha$ (α는 0이 아닌 실수)이고 $\displaystyle\lim_{x \to a}f(x)=0$이면 $\displaystyle\lim_{x \to a}g(x)=0$이다.

⑤ 함수의 극한의 대소 관계

두 함수 $f(x)$, $g(x)$에 대하여 $\displaystyle\lim_{x \to a}f(x)=\alpha$, $\displaystyle\lim_{x \to a}g(x)=\beta$ (α, β는 실수)일 때, a에 가까운 모든 실수 x에 대하여

(1) $f(x)\leq g(x)$이면 $\alpha\leq\beta$이다.

(2) 함수 $h(x)$에 대하여 $f(x)\leq h(x)\leq g(x)$이고 $\alpha=\beta$이면 $\displaystyle\lim_{x \to a}h(x)=\alpha$이다.

⑥ 함수의 연속

(1) 함수 $f(x)$가 실수 a에 대하여 다음 세 조건을 만족시킬 때, 함수 $f(x)$는 $x=a$에서 연속이라고 한다.
   (i) 함수 $f(x)$가 $x=a$에서 정의되어 있다.
   (ii) $\displaystyle\lim_{x \to a}f(x)$가 존재한다.　　　　　(iii) $\displaystyle\lim_{x \to a}f(x)=f(a)$

(2) 함수 $f(x)$가 $x=a$에서 연속이 아닐 때, 함수 $f(x)$는 $x=a$에서 불연속이라고 한다.

(3) 함수 $f(x)$가 열린구간 $(a,\ b)$에 속하는 모든 실수에서 연속일 때, 함수 $f(x)$는 열린구간 $(a,\ b)$에서 연속 또는 연속함수라고 한다. 한편, 함수 $f(x)$가 다음 두 조건을 모두 만족시킬 때, 함수 $f(x)$는 닫힌구간 $[a,\ b]$에서 연속이라고 한다.
   (i) 함수 $f(x)$가 열린구간 $(a,\ b)$에서 연속이다.
   (ii) $\displaystyle\lim_{x \to a+}f(x)=f(a)$, $\displaystyle\lim_{x \to b-}f(x)=f(b)$

⑦ 연속함수의 성질

두 함수 $f(x)$, $g(x)$가 $x=a$에서 연속이면 다음 함수도 $x=a$에서 연속이다.

(1) $cf(x)$ (단, c는 상수)　(2) $f(x)+g(x)$, $f(x)-g(x)$　(3) $f(x)g(x)$　(4) $\dfrac{f(x)}{g(x)}$ (단, $g(a)\neq0$)

⑧ 최대 · 최소 정리

함수 $f(x)$가 닫힌구간 $[a,\ b]$에서 연속이면 함수 $f(x)$는 이 구간에서 반드시 최댓값과 최솟값을 갖는다.

⑨ 사잇값의 정리

함수 $f(x)$가 닫힌구간 $[a,\ b]$에서 연속이고 $f(a)\neq f(b)$이면 $f(a)$와 $f(b)$ 사이에 있는 임의의 값 k에 대하여
$$f(c)=k$$
인 c가 열린구간 $(a,\ b)$에 적어도 하나 존재한다.

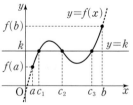

참고 사잇값의 정리에 의하여 함수 $f(x)$가 닫힌구간 $[a,\ b]$에서 연속이고 $f(a)$와 $f(b)$의 부호가 서로 다르면 $f(c)=0$인 c가 열린구간 $(a,\ b)$에 적어도 하나 존재한다. 즉, 방정식 $f(x)=0$은 열린구간 $(a,\ b)$에서 적어도 하나의 실근을 갖는다.

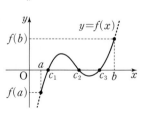

유형 1 함수의 좌극한과 우극한

출제경향 | 함수의 식과 그래프에서 좌극한과 우극한, 극한값을 구하는 문제가 출제된다.

출제유형잡기 | 구간에 따라 다르게 정의된 함수 또는 그 그래프에서 좌극한과 우극한, 극한값을 구하는 과정을 이해하여 해결한다.

01

▶ 25054-0101

함수 $y=f(x)$의 그래프가 그림과 같다.

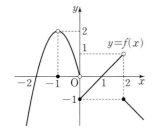

$\lim\limits_{x \to -1} f(x) + \lim\limits_{x \to 0+} f(x)$의 값은?

① -3　　　　② -1　　　　③ 0
④ 1　　　　⑤ 3

02

▶ 25054-0102

함수 $y=f(x)$의 그래프가 그림과 같다.

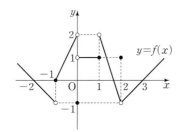

$f(2) + \lim\limits_{x \to 1+} f(x)f(-x)$의 값은?

① -2　　　　② -1　　　　③ 0
④ 1　　　　⑤ 2

03

▶ 25054-0103

함수 $f(x)=\begin{cases} x+a & (x<1) \\ -3x^2+x+2a & (x\geq1) \end{cases}$에 대하여

$\lim\limits_{x \to 1-} f(x) \times \lim\limits_{x \to 1+} f(x) = 16$이 되도록 하는 양수 a의 값은?

① 1　　　　② 2　　　　③ 3
④ 4　　　　⑤ 5

04

▶ 25054-0104

실수 전체의 집합에서 정의된 함수 $f(x)$가 다음 조건을 만족시킨다.

> (가) $f(x)=\begin{cases} a(x-1)^2 & (0\leq x<2) \\ x-3 & (2\leq x<3) \end{cases}$
> (나) 모든 실수 x에 대하여 $f(x+3)=f(x)$이다.

$\sum\limits_{k=1}^{10} \left\{ \lim\limits_{x \to 2k-} f(x) - \lim\limits_{x \to 2k+} f(x) \right\} = 9$일 때, 상수 a의 값은?

① -3　　　　② -1　　　　③ 1
④ 3　　　　⑤ 5

유형 2 함수의 극한에 대한 성질

출제경향 | 함수의 극한에 대한 성질을 이용하여 함수의 극한값을 구하는 문제가 출제된다.

출제유형잡기 | 두 함수 $f(x)$, $g(x)$에 대하여
$\lim_{x \to a} f(x) = \alpha$, $\lim_{x \to a} g(x) = \beta$ (α, β는 실수)일 때

(1) $\lim_{x \to a} \{cf(x)\} = c \lim_{x \to a} f(x) = c\alpha$ (단, c는 상수)

(2) $\lim_{x \to a} \{f(x) + g(x)\} = \lim_{x \to a} f(x) + \lim_{x \to a} g(x) = \alpha + \beta$

(3) $\lim_{x \to a} \{f(x) - g(x)\} = \lim_{x \to a} f(x) - \lim_{x \to a} g(x) = \alpha - \beta$

(4) $\lim_{x \to a} \{f(x)g(x)\} = \lim_{x \to a} f(x) \times \lim_{x \to a} g(x) = \alpha\beta$

(5) $\lim_{x \to a} \dfrac{f(x)}{g(x)} = \dfrac{\lim_{x \to a} f(x)}{\lim_{x \to a} g(x)} = \dfrac{\alpha}{\beta}$ (단, $\beta \neq 0$)

05

▶ 25054-0105

함수 $f(x)$가

$$\lim_{x \to 2} xf(x) = \frac{2}{3}$$

를 만족시킬 때, $\lim_{x \to 2} (2x^2 + 1)f(x)$의 값을 구하시오.

06

▶ 25054-0106

함수 $f(x)$가

$$\lim_{x \to 0} \frac{f(x) - x}{x} = 2$$

를 만족시킬 때, $\lim_{x \to 0} \dfrac{2x + f(x)}{f(x)}$의 값은?

① $\dfrac{1}{3}$ ② $\dfrac{2}{3}$ ③ 1

④ $\dfrac{4}{3}$ ⑤ $\dfrac{5}{3}$

07

▶ 25054-0107

두 함수 $f(x)$, $g(x)$가

$$\lim_{x \to 0} \frac{f(x)}{x^2} = \lim_{x \to 0} \frac{g(x)}{x^2 + 2x} = 3$$

을 만족시킬 때, $\lim_{x \to 0} \dfrac{f(x)g(x)}{x\{f(x) + xg(x)\}}$의 값은?

① 1 ② $\dfrac{3}{2}$ ③ 2

④ $\dfrac{5}{2}$ ⑤ 3

08

▶ 25054-0108

함수 $f(x)$가

$$f(x) = \begin{cases} -\dfrac{1}{2}x - \dfrac{3}{2} & (x < -1) \\ -x + 2 & (x \geq -1) \end{cases}$$

이다. $\lim_{x \to -1} |f(x) - k|$의 값이 존재하도록 하는 상수 k에 대하여 $\lim_{x \to a} \dfrac{f(x)}{|f(x) - k|}$의 값이 존재하지 않도록 하는 모든 실수 a의 값의 합은?

① -5 ② -3 ③ -1

④ 1 ⑤ 3

유형 3 함수의 극한값의 계산

출제경향 | $\dfrac{0}{0}$ 꼴, $\dfrac{\infty}{\infty}$ 꼴, $\infty-\infty$ 꼴의 함수의 극한값을 구하는 문제가 출제된다.

출제유형잡기 | (1) $\dfrac{0}{0}$ 꼴의 유리식은 분모, 분자를 각각 인수분해하고 약분한 후, 극한값을 구한다.

(2) $\dfrac{\infty}{\infty}$ 꼴은 분모의 최고차항으로 분모, 분자를 각각 나눈 후, 극한값을 구한다.

(3) $\infty-\infty$ 꼴의 무리식은 분모 또는 분자의 무리식을 유리화한 후, 극한값을 구한다.

09 ▸ 25054-0109

$\displaystyle\lim_{x\to\infty}\dfrac{3x}{\sqrt{x^2+2x}+\sqrt{x^2-x}}$의 값은?

① $\dfrac{1}{2}$ ② 1 ③ $\dfrac{3}{2}$

④ 2 ⑤ $\dfrac{5}{2}$

10 ▸ 25054-0110

$\displaystyle\lim_{x\to3}\dfrac{x^2-9}{x^2-5x+6}$의 값은?

① 2 ② 4 ③ 6

④ 8 ⑤ 10

11 ▸ 25054-0111

$\displaystyle\lim_{x\to2}\dfrac{\sqrt{x^3-2x}-\sqrt{x^3-4}}{x^2-4}$의 값은?

① $-\dfrac{1}{10}$ ② $-\dfrac{1}{8}$ ③ $-\dfrac{1}{6}$

④ $-\dfrac{1}{4}$ ⑤ $-\dfrac{1}{2}$

12 ▸ 25054-0112

양수 a에 대하여 함수 $f(x)=|x(x-a)|$가

$$\lim_{x\to0}\dfrac{f(x)f(-x)}{x^2}=\dfrac{1}{2}$$

을 만족시킬 때, $\displaystyle\lim_{x\to a+}\dfrac{f(x)f(-x)}{x-a}$의 값은?

① $-\sqrt{2}$ ② -1 ③ $\dfrac{\sqrt{2}}{2}$

④ 1 ⑤ $\sqrt{2}$

▶ 25054-0115

유형 4 극한을 이용한 미정계수 또는 함수의 결정

출제경향 | 함수의 극한에 대한 조건이 주어졌을 때, 미정계수를 구하거나 다항함수 또는 함숫값을 구하는 문제가 출제된다.

출제유형잡기 | 두 함수 $f(x)$, $g(x)$에 대하여

$\lim_{x \to a} \dfrac{f(x)}{g(x)} = \alpha$ (α는 실수)일 때

(1) $\lim_{x \to a} g(x) = 0$이면 $\lim_{x \to a} f(x) = 0$

(2) $\alpha \neq 0$이고 $\lim_{x \to a} f(x) = 0$이면 $\lim_{x \to a} g(x) = 0$

13

▶ 25054-0113

두 상수 a, b에 대하여

$$\lim_{x \to -2} \frac{\sqrt{2x+a}+b}{x+2} = \frac{1}{3}$$

일 때, $a+b$의 값은?

① 6　　　　② 7　　　　③ 8

④ 9　　　　⑤ 10

15

양수 a와 최고차항의 계수가 1인 이차함수 $f(x)$에 대하여

$$\lim_{x \to 2} \frac{f(x)f(x-a)}{(x-2)^2} = -9$$

일 때, $f(5)$의 값을 구하시오.

16

▶ 25054-0116

삼차함수 $f(x)$가

$$\lim_{x \to 0} \left\{ \left(x^2 - \frac{1}{x}\right) f(x) \right\} = 4, \quad \lim_{x \to 1} \left\{ \left(x^2 - \frac{1}{x}\right) \frac{1}{f(x)} \right\} = 1$$

을 만족시킬 때, $f(-1)$의 값은?

① 10　　　　② 12　　　　③ 14

④ 16　　　　⑤ 18

14

▶ 25054-0114

두 함수 $f(x)$, $g(x)$가

$$\lim_{x \to 1} \frac{f(x)-1}{x-1} = 2, \quad \lim_{x \to 1} \frac{g(x)+2}{\sqrt{x}-1} = -\frac{1}{3}$$

을 만족시킬 때, $\lim_{x \to 1} \dfrac{\{f(x)-g(x)\}\{f(x)+g(x)+1\}}{x-1}$의 값은?

① $\dfrac{3}{2}$　　　　② $\dfrac{5}{2}$　　　　③ $\dfrac{7}{2}$

④ $\dfrac{9}{2}$　　　　⑤ $\dfrac{11}{2}$

유형 5 함수의 극한의 활용

출제경향 | 주어진 조건을 활용하여 좌표평면에서 선분의 길이, 도형의 넓이, 교점의 개수 등을 함수로 나타내고 그 극한값을 구하는 문제가 출제된다.

출제유형잡기 | 함수의 그래프의 개형이나 도형의 성질 등을 활용하여 교점의 개수, 선분의 길이, 도형의 넓이 등을 한 문자에 대한 함수로 나타내고, 함수의 극한의 뜻, 좌극한과 우극한의 뜻, 함수의 극한에 대한 성질을 이용하여 극한값을 구한다.

17
▶ 25054-0117

실수 t $(0<t<1)$에 대하여 두 직선 $x=1+t$, $x=1-t$가 곡선 $y=x^2-1$과 만나는 점을 각각 A, B라 하자. 점 $C(-1, 0)$에 대하여 삼각형 ACB의 넓이를 $S(t)$라 할 때, $\lim\limits_{t \to 0+} \dfrac{S(t)}{t}$의 값은?

① 1
② $\sqrt{2}$
③ 2
④ $2\sqrt{2}$
⑤ 4

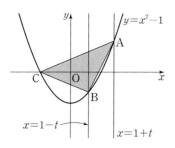

18
▶ 25054-0118

그림과 같이 양수 t에 대하여 원 $x^2+y^2=t^2$이 곡선 $y=ax^2$ $(a>0)$과 만나는 점을 각각 A, B라 하고, 원 $x^2+y^2=t^2$이 y축과 만나는 점 중 y좌표가 음수인 점을 C라 하자. $\angle ACB=\theta(t)$라 할 때, $\lim\limits_{t \to \infty} \{t \times \sin^2\theta(t)\}=\dfrac{\sqrt{3}}{6}$을 만족시킨다. 상수 a의 값은? $\left(\text{단, 점 A의 } x\text{좌표는 양수이고, } 0<\theta(t)<\dfrac{\pi}{2}\text{이다.}\right)$

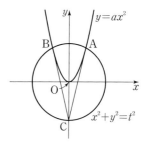

① $\sqrt{3}$
② $\sqrt{6}$
③ 3
④ $2\sqrt{3}$
⑤ $\sqrt{15}$

19
▶ 25054-0119

상수 a $(a<0)$에 대하여 함수 $f(x)$가

$$f(x)=\begin{cases} ax(x+4) & (x \le 0) \\ \dfrac{1}{2}x & (x>0) \end{cases}$$

이다. 실수 t에 대하여 x에 대한 방정식 $f(x)=f(t)$의 서로 다른 실근의 개수를 $g(t)$라 하자. $\left| \lim\limits_{t \to k+} g(t) - \lim\limits_{t \to k-} g(t) \right|=2$를 만족시키는 모든 실수 k의 값의 합이 2일 때, $f(-1) \times g(-1)$의 값은?

① $\dfrac{21}{4}$
② 6
③ $\dfrac{27}{4}$
④ $\dfrac{15}{2}$
⑤ $\dfrac{33}{4}$

유형 6 함수의 연속

출제경향 | 함수 $f(x)$가 $x=a$ (a는 실수)에서 연속이기 위한 조건을 이용하여 함수 또는 미정계수를 구하는 문제가 출제된다.

출제유형잡기 | 함수 $f(x)$가 실수 a에 대하여 다음 세 조건을 만족시킬 때, 함수 $f(x)$는 $x=a$에서 연속임을 이용하여 문제를 해결한다.

(i) 함수 $f(x)$가 $x=a$에서 정의되어 있다.

(ii) $\lim_{x \to a} f(x)$가 존재한다.

(iii) $\lim_{x \to a} f(x) = f(a)$

20

▶ 25054-0120

함수

$$f(x) = \begin{cases} \dfrac{x^2+ax+b}{x-2} & (x \ne 2) \\ 3 & (x=2) \end{cases}$$

가 $x=2$에서 연속일 때, $a-2b$의 값은? (단, a, b는 상수이다.)

① 1　　　　② 3　　　　③ 5

④ 7　　　　⑤ 9

21

▶ 25054-0121

함수

$$f(x) = \begin{cases} x^2+2x+a & (x \le 2) \\ \dfrac{3}{2}x+2a & (x>2) \end{cases}$$

에 대하여 함수 $\left| f(x) - \dfrac{1}{2} \right|$이 실수 전체의 집합에서 연속이 되도록 하는 모든 실수 a의 값의 합은?

① $\dfrac{1}{3}$　　　　② 1　　　　③ $\dfrac{5}{3}$

④ $\dfrac{7}{3}$　　　　⑤ 3

22

▶ 25054-0122

두 정수 a, b에 대하여 함수

$$f(x) = \begin{cases} \dfrac{6x+1}{2x-1} & (x<0) \\ -\dfrac{1}{2}x^2+ax+b & (x \ge 0) \end{cases}$$

이 다음 조건을 만족시킬 때, $a+b$의 값은?

(가) 함수 $|f(x)|$는 실수 전체의 집합에서 연속이다.

(나) x에 대한 방정식 $f(x)=t$의 실근이 존재하도록 하는 실수 t의 최댓값은 3이다.

① 1　　　　② 2　　　　③ 3

④ 4　　　　⑤ 5

23

▶ 25054-0123

$k>-2$인 실수 k에 대하여 함수 $f(x)$가

$$f(x) = \begin{cases} -2x^2-4x+6 & (x<1) \\ 2x+k & (x \ge 1) \end{cases}$$

이다. 실수 t에 대하여 닫힌구간 $[t, t+2]$에서 함수 $f(x)$의 최댓값을 $g(t)$라 하자. 함수 $g(t)$가 실수 전체의 집합에서 연속일 때, $g(2)$의 최댓값을 구하시오.

유형 7   연속함수의 성질과 사잇값의 정리

출제경향 | 연속 또는 불연속인 함수들의 합, 차, 곱, 몫으로 만들어진 함수의 연속성을 묻는 문제와 연속함수에서 사잇값의 정리를 이용하는 문제가 출제된다.

출제유형잡기 | (1) 두 함수 $f(x)$, $g(x)$가 $x=a$에서 연속이면 함수 $cf(x)$, $f(x)+g(x)$, $f(x)-g(x)$, $f(x)g(x)$, $\dfrac{f(x)}{g(x)}$ $(g(a)\neq 0)$도 $x=a$에서 연속임을 이용한다. (단, c는 상수)

(2) 사잇값의 정리에 의하여 함수 $f(x)$가 닫힌구간 $[a,\,b]$에서 연속이고 $f(a)f(b)<0$이면 방정식 $f(x)=0$은 열린구간 $(a,\,b)$에서 적어도 하나의 실근을 갖는다는 것을 이용한다.

24

▶ 25054-0124

다항함수 $f(x)$가 모든 실수 x에 대하여
$$f(x)=x^3-3x+2\lim_{t\to 1}f(t)$$
를 만족시킬 때, $f(2)$의 값은?

① 2   ② 4   ③ 6

④ 8   ⑤ 10

25

▶ 25054-0125

두 함수
$$f(x)=\begin{cases} -x+3 & (x<-1) \\ 3x+a & (x\geq -1) \end{cases},\ g(x)=-x^2+4x+a$$
에 대하여 함수 $f(x)g(x)$가 실수 전체의 집합에서 연속이 되도록 하는 모든 실수 a의 값의 합은?

① 11   ② 12   ③ 13

④ 14   ⑤ 15

26

▶ 25054-0126

함수 $f(x)=x(x-a)$와 실수 t에 대하여 x에 대한 방정식 $|f(x)|=t$의 서로 다른 실근의 개수를 $g(t)$라 하자. 함수 $f(x)g(x)$가 실수 전체의 집합에서 연속일 때, $f(6)$의 값을 구하시오. (단, a는 0이 아닌 상수이다.)

27

▶ 25054-0127

최고차항의 계수가 1인 삼차함수 $f(x)$에 대하여 실수 전체의 집합에서 연속인 함수 $g(x)$가 다음 조건을 만족시킨다.

> (가) $g(x)=\begin{cases} \dfrac{x}{f(x)} & (x\neq 0) \\ \dfrac{1}{3} & (x=0) \end{cases}$
>
> (나) 열린구간 $(0,\,1)$에서 방정식 $g(x)=\dfrac{1}{2}$은 오직 하나의 실근을 갖는다.

$f(1)$의 값이 자연수일 때, $g(4)$의 값은?

① 1   ② $\dfrac{1}{3}$ ③ $\dfrac{1}{5}$

④ $\dfrac{1}{7}$ ⑤ $\dfrac{1}{9}$

① 평균변화율

(1) 함수 $y=f(x)$에서 x의 값이 a에서 b까지 변할 때, 함수 $y=f(x)$의 평균변화율은

$$\frac{\Delta y}{\Delta x}=\frac{f(b)-f(a)}{b-a}=\frac{f(a+\Delta x)-f(a)}{\Delta x} \text{ (단, } \Delta x=b-a)$$

(2) 함수 $y=f(x)$에서 x의 값이 a에서 b까지 변할 때의 함수 $y=f(x)$의 평균변화율은 곡선 $y=f(x)$ 위의 두 점 $\mathrm{P}(a, f(a))$, $\mathrm{Q}(b, f(b))$를 지나는 직선 PQ의 기울기를 나타낸다.

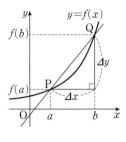

② 미분계수

(1) 함수 $y=f(x)$의 $x=a$에서의 미분계수 $f'(a)$는

$$f'(a)=\lim_{\Delta x\to 0}\frac{\Delta y}{\Delta x}=\lim_{\Delta x\to 0}\frac{f(a+\Delta x)-f(a)}{\Delta x}=\lim_{x\to a}\frac{f(x)-f(a)}{x-a}$$

(2) 함수 $y=f(x)$의 $x=a$에서의 미분계수 $f'(a)$는 곡선 $y=f(x)$ 위의 점 $\mathrm{P}(a, f(a))$에서의 접선의 기울기를 나타낸다.

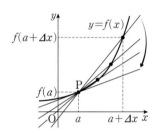

③ 미분가능과 연속

(1) 함수 $f(x)$에 대하여 $x=a$에서의 미분계수 $f'(a)$가 존재할 때, 함수 $f(x)$는 $x=a$에서 미분가능하다고 한다.

(2) 함수 $f(x)$가 어떤 열린구간에 속하는 모든 x에서 미분가능할 때, 함수 $f(x)$는 그 구간에서 미분가능하다고 한다. 또한 함수 $f(x)$를 그 구간에서 미분가능한 함수라고 한다.

(3) 함수 $f(x)$가 $x=a$에서 미분가능하면 함수 $f(x)$는 $x=a$에서 연속이다. 그러나 일반적으로 그 역은 성립하지 않는다.

④ 도함수

(1) 미분가능한 함수 $y=f(x)$의 정의역에 속하는 모든 x에 대하여 각각의 미분계수 $f'(x)$를 대응시키는 함수를 함수 $y=f(x)$의 도함수라 하고, 이것을 기호로 $f'(x)$, y', $\dfrac{dy}{dx}$, $\dfrac{d}{dx}f(x)$와 같이 나타낸다.

$$f'(x)=\lim_{\Delta x\to 0}\frac{f(x+\Delta x)-f(x)}{\Delta x}=\lim_{h\to 0}\frac{f(x+h)-f(x)}{h}$$

(2) 함수 $f(x)$의 도함수 $f'(x)$를 구하는 것을 함수 $f(x)$를 x에 대하여 미분한다고 하고, 그 계산법을 미분법이라고 한다.

⑤ 미분법의 공식

(1) 함수 $y=x^n$ (n은 양의 정수)와 상수함수의 도함수

　① $y=x^n$ (n은 양의 정수)이면 $y'=nx^{n-1}$　　② $y=c$ (c는 상수)이면 $y'=0$

(2) 두 함수 $f(x)$, $g(x)$가 미분가능할 때

　① $\{cf(x)\}'=cf'(x)$ (단, c는 상수)　　　② $\{f(x)+g(x)\}'=f'(x)+g'(x)$

　③ $\{f(x)-g(x)\}'=f'(x)-g'(x)$　　　　　④ $\{f(x)g(x)\}'=f'(x)g(x)+f(x)g'(x)$

⑥ 접선의 방정식

함수 $f(x)$가 $x=a$에서 미분가능할 때, 곡선 $y=f(x)$ 위의 점 $\mathrm{P}(a, f(a))$에서의 접선의 방정식은

　$y-f(a)=f'(a)(x-a)$

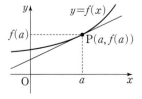

7 평균값 정리

(1) 롤의 정리

함수 $f(x)$가 닫힌구간 $[a, b]$에서 연속이고 열린구간 (a, b)에서 미분가능할 때, $f(a)=f(b)$이면 $f'(c)=0$인 c가 a와 b 사이에 적어도 하나 존재한다.

(2) 평균값 정리

함수 $f(x)$가 닫힌구간 $[a, b]$에서 연속이고 열린구간 (a, b)에서 미분가능할 때, $\dfrac{f(b)-f(a)}{b-a}=f'(c)$인 c가 a와 b 사이에 적어도 하나 존재한다.

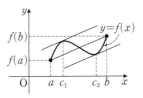

8 함수의 증가와 감소

(1) 함수 $f(x)$가 어떤 구간에 속하는 임의의 두 실수 x_1, x_2에 대하여

① $x_1<x_2$일 때 $f(x_1)<f(x_2)$이면 함수 $f(x)$는 그 구간에서 증가한다고 한다.

② $x_1<x_2$일 때 $f(x_1)>f(x_2)$이면 함수 $f(x)$는 그 구간에서 감소한다고 한다.

(2) 함수 $f(x)$가 어떤 열린구간에서 미분가능할 때, 그 구간에 속하는 모든 x에 대하여

① $f'(x)>0$이면 함수 $f(x)$는 그 구간에서 증가한다.

② $f'(x)<0$이면 함수 $f(x)$는 그 구간에서 감소한다.

9 함수의 극대와 극소

(1) 함수의 극대와 극소

① 함수 $f(x)$가 $x=a$를 포함하는 어떤 열린구간에 속하는 모든 x에 대하여 $f(x)\leq f(a)$를 만족시키면 함수 $f(x)$는 $x=a$에서 극대라고 하며, 함숫값 $f(a)$를 극댓값이라고 한다.

② 함수 $f(x)$가 $x=b$를 포함하는 어떤 열린구간에 속하는 모든 x에 대하여 $f(x)\geq f(b)$를 만족시키면 함수 $f(x)$는 $x=b$에서 극소라고 하며, 함숫값 $f(b)$를 극솟값이라고 한다.

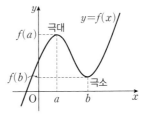

(2) 미분가능한 함수 $f(x)$에 대하여 $f'(a)=0$일 때, $x=a$의 좌우에서 $f'(x)$의 부호가

① 양에서 음으로 바뀌면 함수 $f(x)$는 $x=a$에서 극대이다.

② 음에서 양으로 바뀌면 함수 $f(x)$는 $x=a$에서 극소이다.

10 함수의 최대와 최소

함수 $f(x)$가 닫힌구간 $[a, b]$에서 연속이고 이 구간에서 극값을 가지면 함수 $f(x)$의 극댓값과 극솟값, $f(a)$, $f(b)$ 중에서 가장 큰 값이 이 구간에서 함수 $f(x)$의 최댓값이고, 가장 작은 값이 이 구간에서 함수 $f(x)$의 최솟값이다.

11 방정식에의 활용

방정식 $f(x)=0$의 실근은 함수 $y=f(x)$의 그래프와 x축이 만나는 점의 x좌표와 같다. 따라서 방정식 $f(x)=0$의 서로 다른 실근의 개수는 함수 $y=f(x)$의 그래프와 x축이 만나는 점의 개수와 같다.

12 부등식에의 활용

어떤 구간에서 부등식 $f(x)\geq 0$이 성립함을 보이려면 함수 $y=f(x)$의 그래프를 이용하여 주어진 구간에 속하는 모든 x에 대하여 $f(x)$의 값이 0보다 크거나 같음을 보이면 된다.

13 속도와 가속도

수직선 위를 움직이는 점 P의 시각 t에서의 위치가 $x=f(t)$일 때, 점 P의 시각 t에서의 속도 v와 가속도 a는

(1) $v=\displaystyle\lim_{\Delta t \to 0}\frac{\Delta x}{\Delta t}=\frac{dx}{dt}=f'(t)$

(2) $a=\displaystyle\lim_{\Delta t \to 0}\frac{\Delta v}{\Delta t}=\frac{dv}{dt}$

▶ 25054-0130

유형 1 평균변화율과 미분계수

출제경향 | 평균변화율과 미분계수의 뜻을 이해하고 이를 이용하여 해결하는 문제가 출제된다.

출제유형잡기 | (1) 함수 $y=f(x)$에서 x의 값이 a에서 b까지 변할 때, 함수 $y=f(x)$의 평균변화율은

$$\frac{\Delta y}{\Delta x}=\frac{f(b)-f(a)}{b-a}=\frac{f(a+\Delta x)-f(a)}{\Delta x}$$

(단, $\Delta x=b-a$)

(2) 함수 $y=f(x)$의 $x=a$에서의 미분계수 $f'(a)$는

$$f'(a)=\lim_{h\to 0}\frac{f(a+h)-f(a)}{h}=\lim_{x\to a}\frac{f(x)-f(a)}{x-a}$$

01

▶ 25054-0128

0이 아닌 모든 실수 h에 대하여 다항함수 $y=f(x)$에서 x의 값이 $1-h$에서 $1+h$까지 변할 때의 평균변화율이 h^2-3h+4일 때, $f'(1)$의 값은?

① 2   ② $\frac{5}{2}$ ③ 3

④ $\frac{7}{2}$ ⑤ 4

02

▶ 25054-0129

다항함수 $f(x)$에 대하여

$$\lim_{x\to 2}\frac{f(x)+3}{x^2-2x}=\{f(2)\}^2$$

일 때, $f'(2)$의 값을 구하시오.

03

▶ 25054-0130

두 다항함수 $f(x)$, $g(x)$가

$$\lim_{x\to 0}\frac{f(x)-g(x)}{x}=2,\ \lim_{x\to 0}\frac{g(2x)-x}{f(x)-2x}=4$$

를 만족시킬 때, $f'(0)+g'(0)$의 값은?

① 1   ② 2   ③ 3

④ 4   ⑤ 5

04

▶ 25054-0131

이차함수 $f(x)=ax^2+bx$와 실수 t에 대하여 함수 $y=f(x)$의 $x=t$에서 $x=t+2$까지의 평균변화율을 $g(t)$라 할 때, 함수 $g(t)$가 다음 조건을 만족시킨다.

(가) $\lim_{t\to\infty}\dfrac{g(t)}{t}=3$

(나) $g(f(t_1))=g(f(t_2))=0$이고 $t_1+t_2=4$를 만족시키는 서로 다른 두 상수 t_1, t_2가 존재한다.

$g(t_1\times t_2)$의 값은? (단, a, b는 상수이다.)

① -9 ② -7 ③ -5

④ -3 ⑤ -1

유형 2 미분가능과 연속

출제경향 | 함수 $f(x)$의 $x=a$에서의 미분가능성과 연속의 관계를 묻는 문제가 출제된다.

출제유형잡기 | 함수 $f(x)$가 $x=a$에서 미분가능할 때,

$$\lim_{x \to a-} f(x) = \lim_{x \to a+} f(x) = f(a)$$

$$\lim_{h \to 0-} \frac{f(a+h)-f(a)}{h} = \lim_{h \to 0+} \frac{f(a+h)-f(a)}{h}$$

가 성립함을 이용한다.

05
▶ 25054-0132

함수

$$f(x) = \begin{cases} x^3+ax+b & (x \le -1) \\ -2x+3 & (x > -1) \end{cases}$$

이 실수 전체의 집합에서 미분가능할 때, $a+b$의 값은?

(단, a, b는 상수이다.)

① -5 ② -4 ③ -3

④ -2 ⑤ -1

06
▶ 25054-0133

최고차항의 계수가 1인 이차함수 $f(x)$에 대하여 함수

$$g(x) = \begin{cases} f(x) & (x < 0) \\ x & (0 \le x \le 3) \\ -f(x-a)+b & (x > 3) \end{cases}$$

이 실수 전체의 집합에서 미분가능하다. $a+b$의 값은?

(단, a, b는 상수이다.)

① 6 ② 7 ③ 8

④ 9 ⑤ 10

07
▶ 25054-0134

실수 전체의 집합에서 연속인 함수

$$f(x) = \begin{cases} x^2+a & (x < 1) \\ -3x^2+bx+c & (x \ge 1) \end{cases}$$

에 대하여 함수 $|f(x)|$가 $x=3$에서만 미분가능하지 않을 때, $a+b+c$의 값은? (단, a, b, c는 상수이고, $a > 0$이다.)

① 12 ② 14 ③ 16

④ 18 ⑤ 20

08
▶ 25054-0135

함수

$$f(x) = \begin{cases} 2x-4 & (x < 3) \\ x-1 & (x \ge 3) \end{cases}$$

과 최고차항의 계수가 1인 이차함수 $g(x)$에 대하여 함수 $g(x) \times (f \circ f)(x)$가 실수 전체의 집합에서 미분가능할 때, $g(0)$의 값을 구하시오.

유형 **3** 미분법의 공식

출제경향 | 미분법을 이용하여 미분계수를 구하거나 미정계수를 구하는 문제가 출제된다.

출제유형잡기 | 두 함수 $f(x)$, $g(x)$가 미분가능할 때

(1) $y=x^n$ (n은 양의 정수)이면 $y'=nx^{n-1}$

(2) $y=c$ (c는 상수)이면 $y'=0$

(3) $\{cf(x)\}'=cf'(x)$ (단, c는 상수)

(4) $\{f(x)+g(x)\}'=f'(x)+g'(x)$

(5) $\{f(x)-g(x)\}'=f'(x)-g'(x)$

(6) $\{f(x)g(x)\}'=f'(x)g(x)+f(x)g'(x)$

09

▶ 25054-0136

함수 $f(x)=2x^3-4x^2+ax-1$이

$$\lim_{h \to 0} \frac{f(1+h)-f(1)}{h}=2$$

를 만족시킬 때, 상수 a의 값은?

① 1   ② 2   ③ 3

④ 4   ⑤ 5

10

▶ 25054-0137

다항함수 $f(x)$에 대하여 함수 $g(x)$가

$$g(x)=(x^2+3x)f(x)$$

일 때, 곡선 $y=g(x)$ 위의 점 $(-1, -8)$에서의 접선의 기울기가 3이다. $f'(-1)$의 값은?

① $\dfrac{1}{2}$ ② 1   ③ $\dfrac{3}{2}$

④ 2   ⑤ $\dfrac{5}{2}$

11

▶ 25054-0138

최고차항의 계수가 1인 이차함수 $f(x)$가

$$\lim_{x \to \infty} \frac{f(x)-x^2}{x}=\lim_{x \to \infty} x\left\{f\left(1+\frac{2}{x}\right)-f(1)\right\}$$

을 만족시킨다. $f(2)=-1$일 때, $f(5)$의 값은?

① 6   ② 8   ③ 10

④ 12   ⑤ 14

12

▶ 25054-0139

최고차항의 계수가 1인 다항함수 $f(x)$가

$$\lim_{x \to \infty} \frac{f(x)}{xf'(x)}=\lim_{x \to 0} \frac{f(x)}{xf'(x)}=\frac{1}{3}$$

을 만족시킬 때, $f(2)$의 값을 구하시오.

유형 **4** 접선의 방정식

출제경향 | 곡선 위의 점에서의 접선의 방정식을 구하는 문제가 출제된다.

출제유형잡기 | 함수 $f(x)$가 $x=a$에서 미분가능할 때, 곡선 $y=f(x)$ 위의 점 $\mathrm{P}(a, f(a))$에서의 접선의 방정식은
$$y-f(a)=f'(a)(x-a)$$

13

▶ 25054-0140

곡선 $y=x^3-4x^2+5$ 위의 점 $(1, 2)$에서의 접선의 y절편은?

① 1   ② 3   ③ 5

④ 7   ⑤ 9

14

▶ 25054-0141

점 $(2, 0)$에서 곡선 $y=\dfrac{1}{3}x^3-x+2$에 그은 두 접선의 기울기의 곱은?

① -10 ② -8 ③ -6

④ -4 ⑤ -2

15

▶ 25054-0142

$f(0)=0$인 삼차함수 $f(x)$에 대하여 곡선 $y=f(x)$ 위의 점 $(-2, 4)$에서의 접선의 방정식을 $y=g(x)$라 하자. 두 함수 $f(x)$, $g(x)$가
$$\lim_{x \to 0}\frac{f(x)}{g(x)}=6$$
을 만족시킬 때, $f'(-1)$의 값은?

① $\dfrac{1}{2}$ ② $\dfrac{3}{4}$ ③ 1

④ $\dfrac{5}{4}$ ⑤ $\dfrac{3}{2}$

16

▶ 25054-0143

최고차항의 계수가 양수인 삼차함수 $f(x)$에 대하여 그림과 같이 곡선 $y=f(x)$와 직선 $y=\dfrac{1}{2}x$가 서로 다른 세 점 O, A, B에서 만난다. 곡선 $y=f(x)$ 위의 점 A에서의 접선이 x축과 만나는 점을 C라 하자. $\overline{\mathrm{OA}}=\overline{\mathrm{AB}}$이고 $\overline{\mathrm{OC}}=\overline{\mathrm{BC}}=\dfrac{5}{2}$일 때, $f(6)$의 값을 구하시오.

(단, 점 A의 x좌표는 양수이고, O는 원점이다.)

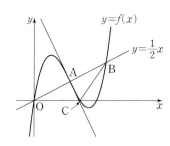

유형 5 함수의 증가와 감소

출제경향 | 함수가 증가 또는 감소하는 구간을 찾거나, 증가 또는 감소할 조건을 이용하여 미정계수를 구하는 문제가 출제된다.

출제유형잡기 | (1) 함수 $f(x)$가 어떤 구간에 속하는 임의의 두 실수 x_1, x_2에 대하여
 ① $x_1 < x_2$일 때 $f(x_1) < f(x_2)$이면 함수 $f(x)$는 그 구간에서 증가한다고 한다.
 ② $x_1 < x_2$일 때 $f(x_1) > f(x_2)$이면 함수 $f(x)$는 그 구간에서 감소한다고 한다.

(2) 함수 $f(x)$가 상수함수가 아닌 다항함수일 때
 ① $f(x)$가 어떤 열린구간에서 증가하기 위한 필요충분조건은 이 열린구간에 속하는 모든 x에 대하여 $f'(x) \geq 0$이다.
 ② $f(x)$가 어떤 열린구간에서 감소하기 위한 필요충분조건은 이 열린구간에 속하는 모든 x에 대하여 $f'(x) \leq 0$이다.

17
▶ 25054-0144

함수 $f(x) = x^3 + (a-2)x^2 - 3ax + 4$가 실수 전체의 집합에서 증가하도록 하는 실수 a의 최댓값은?

① -4 ② -3 ③ -2

④ -1 ⑤ 0

18
▶ 25054-0145

함수 $f(x) = -x^3 + ax^2 + 2ax$가 임의의 서로 다른 두 실수 x_1, x_2에 대하여
$$(x_1 - x_2)\{f(x_1) - f(x_2)\} < 0$$
을 만족시키도록 하는 모든 정수 a의 개수는?

① 5 ② 6 ③ 7

④ 8 ⑤ 9

19
▶ 25054-0146

함수
$$f(x) = \frac{1}{3}x^3 + ax^2 - 3a^2 x$$
가 열린구간 $(k, k+2)$에서 감소하도록 하는 양수 a에 대하여 a의 값이 최소일 때, $f(2k)$의 값은? (단, k는 실수이다.)

① $-\dfrac{5}{2}$ ② $-\dfrac{9}{4}$ ③ -2

④ $-\dfrac{7}{4}$ ⑤ $-\dfrac{3}{2}$

20
▶ 25054-0147

최고차항의 계수가 1인 삼차함수 $f(x)$가 다음 조건을 만족시킬 때, $f(2)$의 최댓값과 최솟값의 합을 구하시오.

(가) $\displaystyle\lim_{x \to 0} \frac{|f(x) - 3x|}{x}$의 값이 존재한다.

(나) 함수 $f(x)$는 실수 전체의 집합에서 증가한다.

유형 6 함수의 극대와 극소

출제경향 | 함수의 극값을 구하거나 극값을 가질 조건을 구하는 것과 같이 극대, 극소와 관련된 다양한 문제들이 출제된다.

출제유형잡기 | 미분가능한 함수 $f(x)$에 대하여 $f'(a)=0$일 때, $x=a$의 좌우에서 $f'(x)$의 부호가
① 양에서 음으로 바뀌면 함수 $f(x)$는 $x=a$에서 극대이다.
② 음에서 양으로 바뀌면 함수 $f(x)$는 $x=a$에서 극소이다.

21
▶ 25054-0148

함수 $f(x)=-x^3+ax^2+6x-3$이 $x=-1$에서 극소일 때, 함수 $f(x)$의 극댓값은? (단, a는 상수이다.)

① 1   ② 3   ③ 5
④ 7   ⑤ 9

22
▶ 25054-0149

함수 $f(x)=x^4-\dfrac{8}{3}x^3-2x^2+8x+k$의 모든 극값의 합이 1일 때, 상수 k의 값은?

① $\dfrac{1}{9}$ ② $\dfrac{2}{9}$ ③ $\dfrac{1}{3}$

④ $\dfrac{4}{9}$ ⑤ $\dfrac{5}{9}$

23
▶ 25054-0150

함수 $f(x)=3x^4-4ax^3-6x^2+12ax+5$가 다음 조건을 만족시킬 때, $f(2)$의 값은? (단, a는 상수이다.)

(가) 함수 $f(x)$가 극값을 갖는 실수 x의 개수는 1이다.
(나) 함수 $f(|x|)$가 극값을 갖는 실수 x의 개수는 3이다.

① 31   ② 33   ③ 35
④ 37   ⑤ 39

24
▶ 25054-0151

양수 a에 대하여 함수 $f(x)$가 다음과 같다.

$$f(x)=x^3+\dfrac{1}{2}x^2+a|x|+2$$

함수 $f(x)$가

$$\lim_{h \to 0-}\frac{f(h)-f(0)}{h}\times\lim_{h \to 0+}\frac{f(h)-f(0)}{h}=-4$$

를 만족시킬 때, 함수 $f(x)$의 모든 극값의 합은?

① 5   ② $\dfrac{11}{2}$ ③ 6

④ $\dfrac{13}{2}$ ⑤ 7

유형7 함수의 그래프

출제경향 | 함수의 그래프를 그려서 주어진 조건을 만족시키는 상수를 구하거나 함수 $y=f'(x)$의 그래프 또는 도함수 $f'(x)$의 여러 가지 성질을 이용하여 함수 $y=f(x)$의 그래프의 개형을 추론하는 문제가 출제된다.

출제유형잡기 | 함수 $f(x)$의 도함수 $f'(x)$의 부호를 조사하여 함수 $f(x)$의 증가와 감소를 파악하고, 극대와 극소를 찾아 함수 $y=f(x)$의 그래프의 개형을 그려서 문제를 해결한다.

25

▶ 25054-0152

함수 $f(x)=3x^4-8x^3-6x^2+24x$의 그래프와 직선 $y=k$가 서로 다른 세 점에서 만나도록 하는 모든 실수 k의 값의 합을 구하시오.

26

▶ 25054-0153

최고차항의 계수가 1인 삼차함수 $f(x)$에 대하여 함수 $y=f'(x)$의 그래프가 그림과 같다.

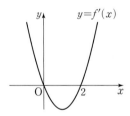

$0 \le x \le 2$인 모든 실수 x에 대하여 부등식 $f(x)f'(x) \le 0$이 성립할 때, $f(4)$의 최솟값은? (단, $f'(0)=0$, $f'(2)=0$)

① 12   ② 16   ③ 20

④ 24   ⑤ 28

27

▶ 25054-0154

함수 $f(x)=x^3-3x^2+8$과 양의 실수 a에 대하여 함수 $y=|f(x)-f(a)|$가 $x=a$에서만 미분가능하지 않다. a의 최솟값을 m이라 할 때, $m+f(m)$의 값을 구하시오.

28

▶ 25054-0155

실수 t에 대하여 닫힌구간 $[t, t+1]$에서 함수

$$f(x)=\begin{cases} -x(x+2) & (x<0) \\ x(x-2) & (x \ge 0) \end{cases}$$

의 최댓값을 $g(t)$라 하자. 함수 $g(t)$가 $t=\alpha$에서 미분가능하지 않을 때, $g(\alpha)$의 값은?

① $-\dfrac{1}{2}$ ② $-\dfrac{7}{12}$ ③ $-\dfrac{2}{3}$

④ $-\dfrac{3}{4}$ ⑤ $-\dfrac{5}{6}$

유형 8 함수의 최대와 최소

출제경향 | 주어진 구간에서 연속함수의 최댓값과 최솟값을 구하는 문제, 도형의 길이, 넓이, 부피의 최댓값과 최솟값을 구하는 문제가 출제된다.

출제유형잡기 | 함수 $f(x)$가 닫힌구간 $[a, b]$에서 연속이고 이 구간에서 극값을 가지면 함수 $f(x)$의 극댓값과 극솟값, $f(a)$, $f(b)$ 중에서 가장 큰 값이 함수 $f(x)$의 최댓값이고, 가장 작은 값이 함수 $f(x)$의 최솟값이다.

29

▶ 25054-0156

두 함수 $f(x)=x^4-2x^2$, $g(x)=-x^2+4x+k$가 있다. 임의의 두 실수 a, b에 대하여

$$f(a) \geq g(b)$$

가 성립할 때, 실수 k의 최댓값은?

① -1 ② -2 ③ -3

④ -4 ⑤ -5

30

▶ 25054-0157

곡선 $y=-x^2+4$ 위의 점 $(t, -t^2+4)$와 원점 사이의 거리의 제곱을 $f(t)$라 하자. 닫힌구간 $[0, 2]$에서 함수 $f(t)$의 최댓값과 최솟값을 각각 M, m이라 할 때, $M \times m$의 값을 구하시오.

31

▶ 25054-0158

그림과 같이 닫힌구간 $[0, 2]$에서 정의된 함수

$$f(x)=\begin{cases} x & (0 \leq x < 1) \\ \sqrt{-x+2} & (1 \leq x \leq 2) \end{cases}$$

와 실수 t $(0 < t < 1)$에 대하여 함수 $y=f(x)$의 그래프와 직선 $y=t$가 만나는 두 점을 각각 P, Q라 하고, 점 Q에서 x축에 내린 수선의 발을 H라 하자. 사각형 POHQ의 넓이를 $S(t)$라 할 때, $S(t)$의 최댓값은?

(단, O는 원점이고, 점 P의 x좌표는 점 Q의 x좌표보다 작다.)

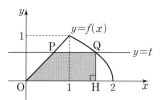

① $\dfrac{20}{27}$ ② $\dfrac{22}{27}$ ③ $\dfrac{8}{9}$

④ $\dfrac{26}{27}$ ⑤ $\dfrac{28}{27}$

05 다항함수의 미분법

유형 9 방정식의 실근의 개수

출제경향 | 함수의 그래프의 개형을 이용하여 방정식의 실근의 개수를 구하거나 실근의 개수가 주어졌을 때 미정계수의 값 또는 범위를 구하는 문제가 출제된다.

출제유형잡기 | 방정식 $f(x)=g(x)$의 서로 다른 실근의 개수는 함수 $y=f(x)$의 그래프와 함수 $y=g(x)$의 그래프의 교점의 개수와 같음을 이용하거나 함수 $y=f(x)-g(x)$의 그래프와 x축의 교점의 개수와 같음을 이용한다.

32
▸ 25054-0159

x에 대한 방정식 $x^3+3x^2-9x=k$의 서로 다른 실근의 개수가 2가 되도록 하는 모든 실수 k의 값의 합을 구하시오.

33
▸ 25054-0160

x에 대한 방정식 $-x^3+12x-11=k$가 서로 다른 양의 실근 2개와 음의 실근 1개를 갖도록 하는 모든 정수 k의 개수는?

① 11   ② 13   ③ 15

④ 17   ⑤ 19

34
▸ 25054-0161

자연수 n에 대하여 x에 대한 방정식 $x^3-3x^2+6-n=0$의 서로 다른 실근의 개수를 a_n이라 하자. $\sum\limits_{k=1}^{10} a_k$의 값을 구하시오.

35
▸ 25054-0162

양의 실수 t에 대하여 x에 대한 방정식 $x^3+3x^2-27=tx$의 서로 다른 실근의 개수를 $f(t)$라 하자.

$$\lim_{t \to a+} f(t) \neq \lim_{t \to a-} f(t)$$

를 만족시키는 양의 실수 a의 값은?

① 6   ② 7   ③ 8

④ 9   ⑤ 10

유형 10 부등식에의 활용

출제경향 | 주어진 범위에서 부등식이 항상 성립하기 위한 조건을 구하는 문제가 출제된다.

출제유형잡기 | 어떤 구간에서 부등식 $f(x) \geq 0$이 성립함을 보이려면 주어진 구간에서 함수 $f(x)$의 최솟값을 구하여 ($f(x)$의 최솟값)≥ 0임을 보이면 된다.

36

▶ 25054-0163

모든 실수 x에 대하여 부등식 $3x^4 + 4x^3 \geq 6x^2 + 12x + a$가 성립하도록 하는 실수 a의 최댓값은?

① -11 ② -12 ③ -13

④ -14 ⑤ -15

37

▶ 25054-0164

두 함수

$$f(x) = 4x^3 + 3x^2,\ g(x) = x^4 - 5x^2 + a$$

가 있다. 모든 실수 x에 대하여 부등식 $f(x) \leq g(x)$가 항상 성립하도록 하는 실수 a의 최솟값을 구하시오.

38

▶ 25054-0165

함수 $f(x) = -x^4 - 4x^2 - 5$에 대하여 실수 전체의 집합에서 부등식

$$f(x) \leq 4x^3 + a \leq -f(x)$$

가 성립하도록 하는 모든 정수 a의 개수는?

① 11   ② 12   ③ 13

④ 14   ⑤ 15

39

▶ 25054-0166

$x \geq 0$에서 부등식 $2x^3 - 3(a+1)x^2 + 6ax + a^3 - 120 \geq 0$이 항상 성립하도록 하는 자연수 a의 최솟값은?

① 4   ② 5   ③ 6

④ 7   ⑤ 8

출제경향 | 수직선 위를 움직이는 점의 시각 t에서의 위치가 주어졌을 때, 속도나 가속도를 구하는 문제가 출제된다.

출제유형잡기 | 수직선 위를 움직이는 점 P의 시각 t에서의 위치가 $x=f(t)$일 때

(1) 점 P의 시각 t에서의 속도 v는 $v=\dfrac{dx}{dt}=f'(t)$

(2) 점 P의 시각 t에서의 가속도 a는 $a=\dfrac{dv}{dt}$

40
▶ 25054-0167

수직선 위를 움직이는 점 P의 시각 t $(t \geq 0)$에서의 위치 x가

$$x=t^3-t^2-2t$$

이다. $t>0$에서 점 P가 원점을 지나는 시각이 $t=t_1$일 때, 시각 $t=t_1$에서의 점 P의 속도는?

① 6   ② 7   ③ 8

④ 9   ⑤ 10

41
▶ 25054-0168

수직선 위를 움직이는 점 P의 시각 t $(t \geq 0)$에서의 위치 x가

$$x=2t^3-3t^2-12t$$

이다. 시각 $t=t_1$ $(t_1>0)$에서 점 P가 운동 방향을 바꿀 때, 시각 $t=2t_1$에서의 점 P의 가속도는?

① 40   ② 42   ③ 44

④ 46   ⑤ 48

42
▶ 25054-0169

수직선 위를 움직이는 두 점 P, Q의 시각 t $(t \geq 0)$에서의 위치를 각각 x_1, x_2라 할 때, x_1, x_2는 등식

$$x_2=x_1+t^3-3t^2-9t$$

를 만족시킨다. 두 점 P, Q의 속도가 같아지는 순간 두 점 P, Q 사이의 거리를 구하시오.

43
▶ 25054-0170

수직선 위를 움직이는 점 P의 시각 t $(t \geq 0)$에서의 위치 x가

$$x=-t^4+4t^3+kt^2$$

이다. 점 P의 가속도의 최댓값이 48일 때, 점 P의 속도의 최댓값은? (단, k는 상수이다.)

① 102   ② 104   ③ 106

④ 108   ⑤ 110

06 다항함수의 적분법

① 부정적분

(1) 함수 $f(x)$에 대하여 $F'(x)=f(x)$를 만족시키는 함수 $F(x)$를 $f(x)$의 부정적분이라 하고, $f(x)$의 부정적분을 구하는 것을 $f(x)$를 적분한다고 한다.

(2) 함수 $f(x)$의 한 부정적분을 $F(x)$라 하면

$$\int f(x)dx=F(x)+C \text{ (단, } C\text{는 상수)}$$

로 나타내며, C를 적분상수라고 한다.

> **설명** 두 함수 $F(x)$, $G(x)$가 모두 함수 $f(x)$의 부정적분이면 $F'(x)=G'(x)=f(x)$이므로
> $$\{G(x)-F(x)\}'=f(x)-f(x)=0$$
> 이다. 그런데 도함수가 0인 함수는 상수함수이므로 그 상수를 C라 하면
> $$G(x)-F(x)=C, \text{ 즉 } G(x)=F(x)+C$$
> 따라서 함수 $f(x)$의 임의의 부정적분은 $F(x)+C$의 꼴로 나타낼 수 있다.

> **참고** 미분가능한 함수 $f(x)$에 대하여
> ① $\dfrac{d}{dx}\left\{\int f(x)\,dx\right\}=f(x)$ ② $\int\left\{\dfrac{d}{dx}f(x)\right\}dx=f(x)+C$ (단, C는 적분상수)

② 함수 $y=x^n$ (n은 양의 정수)와 함수 $y=1$의 부정적분

(1) n이 양의 정수일 때,

$$\int x^n\,dx=\frac{1}{n+1}x^{n+1}+C \text{ (단, } C\text{는 적분상수)}$$

(2) $\displaystyle\int 1\,dx=x+C$ (단, C는 적분상수)

③ 함수의 실수배, 합, 차의 부정적분

두 함수 $f(x)$, $g(x)$의 부정적분이 각각 존재할 때

(1) $\displaystyle\int kf(x)dx=k\int f(x)dx$ (단, k는 0이 아닌 상수)

(2) $\displaystyle\int\{f(x)+g(x)\}dx=\int f(x)dx+\int g(x)dx$

(3) $\displaystyle\int\{f(x)-g(x)\}dx=\int f(x)dx-\int g(x)dx$

④ 정적분

함수 $f(x)$가 두 실수 a, b를 포함하는 구간에서 연속일 때, $f(x)$의 한 부정적분을 $F(x)$라 하면 $f(x)$의 a에서 b까지의 정적분은

$$\int_a^b f(x)dx=\left[F(x)\right]_a^b=F(b)-F(a)$$

이때 정적분 $\displaystyle\int_a^b f(x)dx$의 값을 구하는 것을 함수 $f(x)$를 a에서 b까지 적분한다고 한다.

> **참고** 함수 $f(x)$가 닫힌구간 $[a, b]$에서 연속일 때
> ① $\displaystyle\int_a^a f(x)dx=0$ ② $\displaystyle\int_a^b f(x)dx=-\int_b^a f(x)dx$

⑤ 정적분과 미분의 관계

함수 $f(t)$가 닫힌구간 $[a, b]$에서 연속일 때,

$$\frac{d}{dx}\int_a^x f(t)dt=f(x) \text{ (단, } a<x<b)$$

Note

수학Ⅱ

⑥ 정적분의 성질

⑴ 두 함수 $f(x)$, $g(x)$가 닫힌구간 $[a, b]$에서 연속일 때

① $\int_a^b kf(x)dx = k\int_a^b f(x)dx$ (단, k는 상수)

② $\int_a^b \{f(x)+g(x)\}dx = \int_a^b f(x)dx + \int_a^b g(x)dx$

③ $\int_a^b \{f(x)-g(x)\}dx = \int_a^b f(x)dx - \int_a^b g(x)dx$

⑵ 함수 $f(x)$가 임의의 세 실수 a, b, c를 포함하는 닫힌구간에서 연속일 때,

$$\int_a^c f(x)dx + \int_c^b f(x)dx = \int_a^b f(x)dx$$

설명 $\int_a^c f(x)dx + \int_c^b f(x)dx = \Big[F(x)\Big]_a^c + \Big[F(x)\Big]_c^b$

$$= \{F(c)-F(a)\} + \{F(b)-F(c)\} = F(b)-F(a)$$

$$= \int_a^b f(x)dx$$

참고 함수의 성질을 이용한 정적분

① 연속함수 $y=f(x)$의 그래프가 y축에 대하여 대칭일 때, 즉 모든 실수 x에 대하여

$f(-x)=f(x)$이면 $\int_{-a}^a f(x)dx = 2\int_0^a f(x)dx$

② 연속함수 $y=f(x)$의 그래프가 원점에 대하여 대칭일 때, 즉 모든 실수 x에 대하여

$f(-x)=-f(x)$이면 $\int_{-a}^a f(x)dx = 0$

⑦ 정적분으로 나타내어진 함수의 극한

함수 $f(x)$가 실수 a를 포함하는 구간에서 연속일 때

⑴ $\displaystyle\lim_{h\to 0}\frac{1}{h}\int_a^{a+h} f(t)dt = f(a)$ ⑵ $\displaystyle\lim_{x\to a}\frac{1}{x-a}\int_a^x f(t)dt = f(a)$

⑧ 곡선과 x축 사이의 넓이

함수 $f(x)$가 닫힌구간 $[a, b]$에서 연속일 때, 곡선 $y=f(x)$와 x축 및 두 직선 $x=a$, $x=b$로 둘러싸인 부분의 넓이 S는

$$S = \int_a^b |f(x)|dx$$

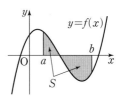

⑨ 두 곡선 사이의 넓이

두 함수 $f(x)$, $g(x)$가 닫힌구간 $[a, b]$에서 연속일 때, 두 곡선 $y=f(x)$, $y=g(x)$와 두 직선 $x=a$, $x=b$로 둘러싸인 부분의 넓이 S는

$$S = \int_a^b |f(x)-g(x)|dx$$

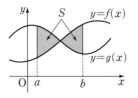

⑩ 수직선 위를 움직이는 점의 위치와 거리

수직선 위를 움직이는 점 P의 시각 t에서의 속도를 $v(t)$, 시각 t에서의 위치를 $x(t)$라 하자.

⑴ 시각 t에서의 점 P의 위치는 $x(t) = x(a) + \int_a^t v(s)ds$

⑵ 시각 $t=a$에서 $t=b$까지 점 P의 위치의 변화량은 $\int_a^b v(t)dt$

⑶ 시각 $t=a$에서 $t=b$까지 점 P가 움직인 거리 s는 $s = \int_a^b |v(t)|dt$

유형 1 부정적분의 뜻과 성질

출제경향 | 부정적분의 뜻과 부정적분의 성질을 이용하여 함숫값을 구하거나 부정적분을 활용하는 문제가 출제된다.

출제유형잡기 | (1) n이 양의 정수일 때,

$$\int x^n dx = \frac{1}{n+1}x^{n+1}+C \text{ (단, } C \text{는 적분상수)}$$

(2) 두 함수 $f(x)$, $g(x)$의 부정적분이 각각 존재할 때

① $\int kf(x)dx = k\int f(x)dx$ (단, k는 0이 아닌 상수)

② $\int \{f(x)+g(x)\}dx = \int f(x)dx + \int g(x)dx$

③ $\int \{f(x)-g(x)\}dx = \int f(x)dx - \int g(x)dx$

[참고] 미분가능한 함수 $f(x)$에 대하여

(1) $\frac{d}{dx}\left\{\int f(x)dx\right\} = f(x)$

(2) $\int \left\{\frac{d}{dx}f(x)\right\}dx = f(x)+C$ (단, C는 적분상수)

01

▶ 25054-0171

함수 $f(x)=\int (3x^2-4x)dx$에 대하여 $f(1)=2$일 때, $f(3)$의 값을 구하시오.

02

▶ 25054-0172

함수

$$f(x)=\int (x^2+x+a)dx - \int (x^2-3x)dx$$

에 대하여 $\lim\limits_{x \to 2}\dfrac{f(x)}{x-2}=3$일 때, $f(4)$의 값을 구하시오.

(단, a는 상수이다.)

03

▶ 25054-0173

곡선 $y=f(x)$ 위의 임의의 점 $(x, f(x))$에서의 접선의 기울기는 다음과 같다.

> (가) $x<1$일 때, $3x^2-4$
> (나) $x\geq 1$일 때, $-4x+3$

함수 $f(x)$가 실수 전체의 집합에서 연속이고, $f(0)=0$일 때, $f(1)+f(2)$의 값은?

① -6 ② -7 ③ -8
④ -9 ⑤ -10

04

▶ 25054-0174

다항함수 $f(x)$의 한 부정적분을 $F(x)$라 할 때, 함수 $F(x)$는 실수 전체의 집합에서

$$2F(x)=(2x+1)f(x)-3x^4-2x^3+x^2+x+4$$

를 만족시킨다. $f(0)=0$일 때, $F(2)$의 값은?

① 6 ② 7 ③ 8
④ 9 ⑤ 10

▶ 25054-0177

유형 **2** 정적분의 뜻과 성질

출제경향 | 정적분의 뜻과 성질을 이용하여 정적분의 값을 구하거나 정적분을 활용하는 문제가 출제된다.

출제유형잡기 | (1) 두 함수 $f(x)$, $g(x)$가 닫힌구간 $[a, b]$에서 연속일 때

① $\int_a^b kf(x)dx = k\int_a^b f(x)dx$ (단, k는 상수)

② $\int_a^b \{f(x)+g(x)\}dx = \int_a^b f(x)dx + \int_a^b g(x)dx$

③ $\int_a^b \{f(x)-g(x)\}dx = \int_a^b f(x)dx - \int_a^b g(x)dx$

(2) 함수 $f(x)$가 임의의 세 실수 a, b, c를 포함하는 닫힌구간에서 연속일 때,

$$\int_a^c f(x)dx + \int_c^b f(x)dx = \int_a^b f(x)dx$$

05

▶ 25054-0175

$\int_0^3 |6x(x-1)|dx$의 값을 구하시오.

06

▶ 25054-0176

$\int_{-1}^{\sqrt{2}} (x^3-2x)dx + \int_{-1}^{\sqrt{2}} (-x^3+3x^2)dx + \int_{\sqrt{2}}^{2} (3x^2-2x)dx$

의 값은?

① 5   ② 6   ③ 7

④ 8   ⑤ 9

07

최고차항의 계수가 3인 이차함수 $f(x)$에 대하여

$$\int_0^1 f(x)dx = f(1), \quad \int_0^2 f(x)dx = f(2)$$

일 때, $f(3)$의 값을 구하시오.

08

▶ 25054-0178

최고차항의 계수가 양수인 삼차함수 $f(x)$의 도함수 $y=f'(x)$의 그래프가 그림과 같고, $f'(1)=f'(2)=0$이다.

$\int_0^3 |f'(x)|dx = f(3)-f(0)+4$일 때, $f(2)-f(1)$의 값은?

① -2 ② -4 ③ -6

④ -8 ⑤ -10

▸ 25054-0181

11

일차함수 $f(x)$에 대하여

$$\int_{-1}^{1} f(x)dx=12, \quad \int_{-1}^{1} xf(x)dx=8$$

일 때, $\int_{0}^{2} x^2 f(x)dx$의 값을 구하시오.

유형 **3** 함수의 성질을 이용한 정적분

출제경향 | 함수의 그래프가 y축 또는 원점에 대하여 대칭임을 이용하거나 함수의 그래프를 평행이동하여 정적분의 값을 구하는 문제가 출제된다.

출제유형잡기 | (1) 연속함수 $y=f(x)$의 그래프가 y축에 대하여 대칭일 때, 즉 모든 실수 x에 대하여 $f(-x)=f(x)$이면

$$\int_{-a}^{a} f(x)dx=2\int_{0}^{a} f(x)dx$$

(2) 연속함수 $y=f(x)$의 그래프가 원점에 대하여 대칭일 때, 즉 모든 실수 x에 대하여 $f(-x)=-f(x)$이면

$$\int_{-a}^{a} f(x)dx=0$$

09

▸ 25054-0179

최고차항의 계수가 1인 이차함수 $f(x)$가 모든 실수 x에 대하여 $f(-x)=f(x)$를 만족시킨다. $\int_{-3}^{3} f(x)dx=60$일 때, $f(3)$의 값을 구하시오.

12

▸ 25054-0182

최고차항의 계수가 1인 삼차함수 $f(x)$가 다음 조건을 만족시킨다.

(가) 모든 실수 x에 대하여 $f(-x)=-f(x)$이다.

(나) $\int_{-1}^{1} (x+5)^2 f(x)dx=64$

$\int_{1}^{2} \dfrac{f(x)}{x}dx$의 값은?

① $\dfrac{34}{3}$ ② $\dfrac{23}{2}$ ③ $\dfrac{35}{3}$

④ $\dfrac{71}{6}$ ⑤ 12

10

▸ 25054-0180

함수 $f(x)$는 실수 전체의 집합에서 연속이고,

$\int_{1}^{3} f(x)dx=5$일 때, $\int_{0}^{2} \{3f(x+1)+4\}dx$의 값을 구하시오.

06 다항함수의 적분법

유형 4 정적분으로 나타내어진 함수

출제경향 | 정적분으로 나타내어진 함수에서 미분을 통해 함수를 구하거나 함숫값을 구하는 문제가 출제된다.

출제유형잡기 | (1) 함수 $f(x)$가

$$f(x)=g(x)+\int_a^b f(t)\,dt \ (a, b는 \ 상수)$$

로 주어지면 다음을 이용하여 문제를 해결한다.

① $\int_a^b f(t)\,dt=k \ (k는 \ 상수)$라 하면 $f(x)=g(x)+k$

② $\int_a^b \{g(t)+k\}\,dt=k$로부터 구한 k의 값에서 $f(x)$를 구한다.

(2) 함수 $f(x)$에 대하여 함수 $g(x)$가

$$g(x)=\int_a^x f(t)\,dt \ (a는 \ 상수)$$

로 주어지면 다음을 이용하여 문제를 해결한다.

① 양변에 $x=a$를 대입하면 $g(a)=0$

② 양변을 x에 대하여 미분하면 $g'(x)=f(x)$

13

▶ 25054-0183

함수 $f(x)$가 모든 실수 x에 대하여

$$f(x)=3x^2+x\int_0^2 f(t)\,dt$$

를 만족시킬 때, $f(4)$의 값은?

① 12   ② 14   ③ 16

④ 18   ⑤ 20

14

▶ 25054-0184

다항함수 $f(x)$가 모든 실수 x에 대하여

$$\int_1^x f(t)\,dt=x^3+ax^2+bx$$

를 만족시키고 $f(1)=4$일 때, $f(a+b)$의 값은?

(단, a, b는 상수이다.)

① -1 ② -2 ③ -3

④ -4 ⑤ -5

15

▶ 25054-0185

다항함수 $f(x)$가 모든 실수 x에 대하여

$$\int_{-1}^x f(t)\,dt+(x+1)\int_{-1}^2 f(t)\,dt=4x^2-4$$

를 만족시킬 때, $f(4)$의 값을 구하시오.

16

▶ 25054-0186

다항함수 $f(x)$가 모든 실수 x에 대하여

$$x^2\int_1^x f(t)\,dt=\int_1^x t^2 f(t)\,dt+x^4+ax^3+bx^2$$

을 만족시킨다. $f(a+b)$의 값은? (단, a, b는 상수이다.)

① -6 ② -7 ③ -8

④ -9 ⑤ -10

정적분으로 나타내어진 함수의 활용

출제경향 | 정적분으로 나타내어진 함수에 대하여 함수의 극댓값과 극솟값, 함수의 그래프의 개형, 방정식의 실근의 개수 등과 관련된 미분법을 활용하는 문제가 출제된다.

출제유형잡기 | 함수 $f(x)$에 대하여 함수 $g(x)$가

$$g(x)=\int_a^x f(t)dt \ (a는 상수)$$

와 같이 주어지면 다음을 이용하여 문제를 해결한다.

① 양변을 x에 대하여 미분하여 방정식 $g'(x)=0$, 즉 $f(x)=0$을 만족시키는 x의 값을 구한다.

② ①에서 구한 x의 값을 이용하여 함수 $y=g(x)$의 그래프의 개형을 그려 본다.

17

▶ 25054-0187

함수 $f(x)=x^2+ax+b$에 대하여

$$\lim_{x \to 1} \frac{1}{x-1}\int_1^x f(t)dt=3, \quad \lim_{h \to 0}\frac{1}{h}\int_{2-h}^{2+h} tf(t)dt=36$$

일 때, $f(3)$의 값을 구하시오. (단, a, b는 상수이다.)

18

▶ 25054-0188

함수 $f(x)=\int_{-1}^x (t-1)(t-2)dt$의 극솟값은?

① $\dfrac{25}{6}$ ② $\dfrac{13}{3}$ ③ $\dfrac{9}{2}$

④ $\dfrac{14}{3}$ ⑤ $\dfrac{29}{6}$

19

▶ 25054-0189

최고차항의 계수가 1인 이차함수 $f(x)$에 대하여 함수

$$g(x)=\int_0^x f(t)dt$$

가 $x=2$에서 극솟값 $-\dfrac{10}{3}$을 가질 때, $g'(4)$의 값을 구하시오.

20

▶ 25054-0190

다항함수 $f(x)$에 대하여 함수

$$g(x)=x\int_1^x f(t)dt-\int_1^x tf(t)dt$$

와 그 도함수 $g'(x)$가 다음 조건을 만족시킨다.

> (가) $\displaystyle\lim_{x \to \infty}\dfrac{g'(x)-4x^3}{x^2+x+1}=3$
>
> (나) $\displaystyle\lim_{x \to 1}\dfrac{g(x)+(x-1)f(x)}{x-1}=\int_1^3 f(x)dx$

$\displaystyle\int_0^1 f(x)dx$의 값은?

① -101 ② -103 ③ -105

④ -107 ⑤ -109

유형 6 곡선과 x축 사이의 넓이

출제경향 | 곡선과 x축 사이의 넓이를 정적분을 이용하여 구하는 문제가 출제된다.

출제유형잡기 | 함수 $f(x)$가 닫힌구간 $[a, b]$에서 연속일 때, 곡선 $y=f(x)$와 x축 및 두 직선 $x=a$, $x=b$로 둘러싸인 부분의 넓이 S는
$$S=\int_a^b |f(x)|\, dx$$

21
▶ 25054-0191

곡선 $y=(x-10)(x-13)$과 x축으로 둘러싸인 부분의 넓이는?

① $\dfrac{25}{6}$ ② $\dfrac{17}{4}$ ③ $\dfrac{13}{3}$

④ $\dfrac{53}{12}$ ⑤ $\dfrac{9}{2}$

22
▶ 25054-0192

양수 a에 대하여 함수 $f(x)=x^3-ax^2$의 그래프와 x축으로 둘러싸인 부분의 넓이가 108일 때, a의 값은?

① 2   ② 4   ③ 6

④ 8   ⑤ 10

23
▶ 25054-0193

삼차함수 $f(x)$가 다음 조건을 만족시킨다.

> (가) $\lim\limits_{x \to 0} \dfrac{f(x)}{x}=9$
>
> (나) $\lim\limits_{x \to 3} \dfrac{f(x)}{x-3}=0$

곡선 $y=f(x)$와 x축으로 둘러싸인 부분의 넓이는?

① 6   ② $\dfrac{25}{4}$ ③ $\dfrac{13}{2}$

④ $\dfrac{27}{4}$ ⑤ 7

24
▶ 25054-0194

$a<b$인 두 양수 a, b에 대하여 최고차항의 계수가 양수인 삼차함수 $f(x)$가
$$f(a)=f(-b)=f(b)=0$$
을 만족시킨다.
$$\int_{-b}^b \{f(x)+f(-x)\}\, dx=54,$$
$$\int_{-b}^b \{f(x)+|f(x)|\}\, dx=64$$
일 때, 닫힌구간 $[a, b]$에서 곡선 $y=f(x)$와 x축으로 둘러싸인 부분의 넓이를 구하시오.

유형 7 두 곡선 사이의 넓이

출제경향 | 두 곡선으로 둘러싸인 부분의 넓이를 정적분을 이용하여 구하는 문제가 출제된다.

출제유형잡기 | 두 함수 $f(x)$, $g(x)$가 닫힌구간 $[a, b]$에서 연속일 때, 두 곡선 $y=f(x)$, $y=g(x)$와 두 직선 $x=a$, $x=b$로 둘러싸인 부분의 넓이 S는

$$S=\int_a^b |f(x)-g(x)| \, dx$$

25
▶ 25054-0195

곡선 $y=ax^2$과 직선 $y=a(x+2)$로 둘러싸인 부분의 넓이가 27일 때, 양수 a의 값을 구하시오.

26
▶ 25054-0196

함수 $f(x)=x^3+x^2$에 대하여 점 $(0, -3)$에서 곡선 $y=f(x)$에 그은 접선의 방정식을 $y=g(x)$라 하자. 곡선 $y=f(x)$와 직선 $y=g(x)$로 둘러싸인 부분의 넓이는?

① $\dfrac{127}{6}$ ② $\dfrac{64}{3}$ ③ $\dfrac{43}{2}$

④ $\dfrac{65}{3}$ ⑤ $\dfrac{131}{6}$

27
▶ 25054-0197

최고차항의 계수가 1인 삼차함수 $f(x)$와 그 도함수 $f'(x)$가 다음 조건을 만족시킨다.

(가) $f(0)=f'(0)=2$
(나) $f(3)=f'(3)$

두 곡선 $y=f(x)$, $y=f'(x)$로 둘러싸인 부분의 넓이는?

① $\dfrac{37}{12}$ ② $\dfrac{19}{6}$ ③ $\dfrac{13}{4}$

④ $\dfrac{10}{3}$ ⑤ $\dfrac{41}{12}$

28
▶ 25054-0198

그림과 같이 함수 $f(x)=(x-4)^2$의 그래프와 직선 $g(x)=-2x+k$ $(7<k<16)$이 서로 다른 두 점에서 만난다. 곡선 $y=f(x)$, 직선 $y=g(x)$ 및 y축으로 둘러싸인 부분의 넓이를 S_1, 곡선 $y=f(x)$와 직선 $y=g(x)$로 둘러싸인 부분의 넓이를 S_2라 하자. $S_2=2S_1$일 때, 상수 k의 값은?

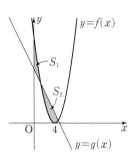

① 8   ② 9   ③ 10

④ 11   ⑤ 12

출제경향 | 주기를 갖는 함수의 성질, 함수의 그래프의 개형, 정적분의 정의와 성질 등의 여러 가지 조건이 포함된 정적분을 활용하는 문제가 출제된다.

출제유형잡기 | 함수의 성질을 이해하고 주기를 구하거나 함수의 그래프의 개형 및 여러 가지 조건을 이해하여 정적분의 정의와 넓이의 관계로부터 정적분의 값을 구한다.

29

▶ 25054-0199

$x \geq -1$에서 정의된 함수 $f(x)=a(x+1)^2+b \ (a>0)$의 역함수를 $g(x)$라 할 때, 두 곡선 $y=f(x)$, $y=g(x)$는 두 점 $(0, f(0))$, $(2, f(2))$에서 만난다. 두 곡선 $y=f(x)$, $y=g(x)$로 둘러싸인 부분의 넓이는?

① $\dfrac{1}{2}$ ② $\dfrac{7}{12}$ ③ $\dfrac{2}{3}$

④ $\dfrac{3}{4}$ ⑤ $\dfrac{5}{6}$

30

▶ 25054-0200

실수 전체의 집합에서 연속인 함수 $f(x)$가 모든 실수 x에 대하여 $f(x+3)=f(x)$를 만족시킨다.

$$\int_{-1}^{1} f(x)dx=1, \quad \int_{1}^{4} \{f(x)+1\}dx=6$$

일 때, $\displaystyle\int_{1}^{8} \{f(x)+2\}dx$의 값을 구하시오.

31

▶ 25054-0201

함수

$$f(x)=\begin{cases} 4x^2 & (x<1) \\ (x-3)^2 & (x \geq 1) \end{cases}$$

과 $0<t<1$인 실수 t에 대하여 함수 $y=f(x)$의 그래프와 x축 및 두 직선 $x=t$, $x=t+1$로 둘러싸인 부분의 넓이를 $S(t)$라 하자. 함수 $S(t)$가 최대가 되도록 하는 실수 t의 값은?

① $\dfrac{7}{12}$ ② $\dfrac{5}{8}$ ③ $\dfrac{2}{3}$

④ $\dfrac{17}{24}$ ⑤ $\dfrac{3}{4}$

유형 9 수직선 위를 움직이는 점의 속도와 거리

출제경향 | 수직선 위를 움직이는 점의 시각 t에서의 속도에 대한 식이나 그래프로부터 점의 위치, 위치의 변화량, 움직인 거리를 구하는 문제가 출제된다.

출제유형잡기 | 수직선 위를 움직이는 점 P의 시각 t에서의 속도가 $v(t)$이고, 시각 t에서의 위치가 $x(t)$일 때

(1) 시각 t에서의 점 P의 위치는
$$x(t)=x(a)+\int_a^t v(s)ds$$

(2) 시각 $t=a$에서 $t=b$까지 점 P의 위치의 변화량은
$$\int_a^b v(t)dt$$

(3) 시각 $t=a$에서 $t=b$까지 점 P가 움직인 거리 s는
$$s=\int_a^b |v(t)|dt$$

32

▶ 25054-0202

수직선 위를 움직이는 점 P의 시각 t $(t \geq 0)$에서의 속도 $v(t)$가
$$v(t)=-2t+4$$
이다. 시각 $t=0$일 때부터 운동 방향이 바뀔 때까지 점 P가 움직인 거리는?

① 2   ② 4   ③ 6

④ 8   ⑤ 10

33

▶ 25054-0203

수직선 위를 움직이는 점 P의 시각 t $(t \geq 0)$에서의 속도 $v(t)$가
$$v(t)=-2t+k \ (k는 \ 상수)$$
이다. 시각 $t=3$에서의 점 P의 속도는 2이고, 점 P의 위치는 10이다. 시각 $t=0$에서의 점 P의 위치는?

① -1 ② -2 ③ -3

④ -4 ⑤ -5

34

▶ 25054-0204

시각 $t=0$일 때 원점을 출발하여 수직선 위를 움직이는 점 P의 시각 t $(t \geq 0)$에서의 속도 $v(t)$는 다음과 같다.

$$v(t)=\begin{cases} \dfrac{1}{3}t & (0 \leq t < 6) \\ -t+8 & (t \geq 6) \end{cases}$$

$t>0$에서 점 P가 원점을 지나는 시각은 $t=k$이다. 상수 k의 값은?

① 10   ② 11   ③ 12

④ 13   ⑤ 14

35

▶ 25054-0205

시각 $t=0$일 때 동시에 원점을 출발하여 수직선 위를 움직이는 두 점 P, Q의 시각 t $(t \geq 0)$에서의 속도를 각각 $v_1(t)$, $v_2(t)$라 하면
$$v_1(t)=v_2(t)-3t^2+3t+6$$
이고, 시각 $t=k$일 때 두 점 P, Q의 속도가 같다. 시각 $t=k$에서의 두 점 P, Q의 위치를 각각 $x_1(k)$, $x_2(k)$라 할 때, $x_1(k)-x_2(k)$의 값은?

① 10   ② 12   ③ 14

④ 16   ⑤ 18

① 포물선

(1) **포물선의 정의** : 평면 위의 한 점 F와 점 F를 지나지 않는 한 직선 l이 주어질 때, 점 F와 직선 l에 이르는 거리가 같은 점들의 집합을 포물선이라고 한다. 이때 점 F를 포물선의 초점, 직선 l을 포물선의 준선, 포물선의 초점 F를 지나고 준선 l에 수직인 직선을 포물선의 축, 포물선과 축이 만나는 점을 포물선의 꼭짓점이라고 한다.

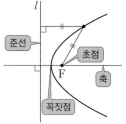

(2) **포물선의 방정식**

① 초점이 $F(p, 0)$이고 준선의 방정식이 $x=-p$인 포물선의 방정식은 $y^2=4px$ (단, $p \neq 0$)

② 초점이 $F(0, p)$이고 준선의 방정식이 $y=-p$인 포물선의 방정식은 $x^2=4py$ (단, $p \neq 0$)

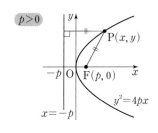
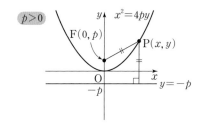

② 타원

(1) **타원의 정의** : 평면 위의 서로 다른 두 점 F, F′으로부터의 거리의 합이 일정한 점들의 집합을 타원이라 하고, 두 점 F, F′을 타원의 초점이라고 한다. 두 초점 F, F′을 지나는 직선이 타원과 만나는 두 점을 각각 A, A′이라 하고, 선분 FF′의 수직이등분선이 타원과 만나는 두 점을 각각 B, B′이라 할 때, 네 점 A, A′, B, B′을 타원의 꼭짓점, 선분 AA′을 타원의 장축, 선분 BB′을 타원의 단축이라 하고, 장축과 단축이 만나는 점을 타원의 중심이라고 한다.

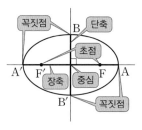

(2) **타원의 방정식**

① 두 초점 $F(c, 0)$, $F'(-c, 0)$에서의 거리의 합이 $2a$인 타원의 방정식은 $\dfrac{x^2}{a^2}+\dfrac{y^2}{b^2}=1$

(단, $a>c>0$, $b>0$, $b^2=a^2-c^2$)

② 두 초점 $F(0, c)$, $F'(0, -c)$에서의 거리의 합이 $2b$인 타원의 방정식은 $\dfrac{x^2}{a^2}+\dfrac{y^2}{b^2}=1$

(단, $b>c>0$, $a>0$, $a^2=b^2-c^2$)

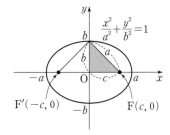
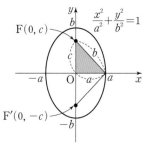

③ 쌍곡선

(1) **쌍곡선의 정의** : 평면 위의 서로 다른 두 점 F, F′으로부터의 거리의 차가 일정한 점들의 집합을 쌍곡선이라 하고, 두 점 F, F′을 쌍곡선의 초점이라고 한다. 쌍곡선이 선분 FF′과 만나는 두 점을 각각 A, A′이라 할 때, 두 점 A, A′을 쌍곡선의 꼭짓점, 선분 AA′을 쌍곡선의 주축, 선분 AA′의 중점을 쌍곡선의 중심이라고 한다.

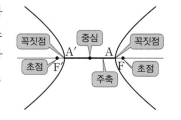

(2) 쌍곡선의 방정식

① 두 초점 $F(c, 0)$, $F'(-c, 0)$에서의 거리의 차가 $2a$인 쌍곡선의 방정식은 $\dfrac{x^2}{a^2} - \dfrac{y^2}{b^2} = 1$

(단, $c > a > 0$, $b > 0$, $b^2 = c^2 - a^2$)

② 두 초점 $F(0, c)$, $F'(0, -c)$에서의 거리의 차가 $2b$인 쌍곡선의 방정식은 $\dfrac{x^2}{a^2} - \dfrac{y^2}{b^2} = -1$

(단, $c > b > 0$, $a > 0$, $a^2 = c^2 - b^2$)

(3) 쌍곡선의 점근선 : 쌍곡선 $\dfrac{x^2}{a^2} - \dfrac{y^2}{b^2} = 1$, $\dfrac{x^2}{a^2} - \dfrac{y^2}{b^2} = -1$ $(a > 0, b > 0)$의 두 점근선의 방정식은 $y = \dfrac{b}{a}x$,

$y = -\dfrac{b}{a}x$이다.

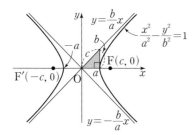 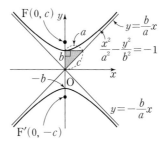

④ 이차곡선의 접선의 방정식

(1) 이차곡선과 직선의 위치 관계 : 이차곡선을 나타내는 방정식과 직선 $y = mx + n$에서 y를 소거하여 얻은 x에 대한 방정식을

$Ax^2 + Bx + C = 0$ (A, B, C는 상수) ······ ㉠

라 하자. $A \neq 0$일 때, 이차곡선과 직선의 교점의 개수는 x에 대한 이차방정식 ㉠의 서로 다른 실근의 개수와 같다. 즉, x에 대한 이차방정식 ㉠의 판별식을 D라 하면 이차곡선과 직선의 위치 관계는 다음과 같다.

① $D > 0 \iff$ 서로 다른 두 점에서 만난다.　② $D = 0 \iff$ 한 점에서 만난다. (접한다.)

③ $D < 0 \iff$ 만나지 않는다.

(2) 포물선의 접선의 방정식

① 기울기가 주어진 접선의 방정식

포물선 $y^2 = 4px$에 접하고 기울기가 m인 접선의 방정식은 $y = mx + \dfrac{p}{m}$ (단, $m \neq 0$)

② 포물선 위의 점에서의 접선의 방정식

포물선 $y^2 = 4px$ 위의 점 $P(x_1, y_1)$에서의 접선의 방정식은 $y_1 y = 2p(x + x_1)$

(3) 타원의 접선의 방정식

① 기울기가 주어진 접선의 방정식

타원 $\dfrac{x^2}{a^2} + \dfrac{y^2}{b^2} = 1$에 접하고 기울기가 m인 접선의 방정식은 $y = mx \pm \sqrt{a^2 m^2 + b^2}$

② 타원 위의 점에서의 접선의 방정식

타원 $\dfrac{x^2}{a^2} + \dfrac{y^2}{b^2} = 1$ 위의 점 $P(x_1, y_1)$에서의 접선의 방정식은 $\dfrac{x_1 x}{a^2} + \dfrac{y_1 y}{b^2} = 1$

(4) 쌍곡선의 접선의 방정식

① 기울기가 주어진 접선의 방정식

쌍곡선 $\dfrac{x^2}{a^2} - \dfrac{y^2}{b^2} = 1$에 접하고 기울기가 m인 접선의 방정식은 $y = mx \pm \sqrt{a^2 m^2 - b^2}$

(단, $a^2 m^2 - b^2 > 0$)

② 쌍곡선 위의 점에서의 접선의 방정식

쌍곡선 $\dfrac{x^2}{a^2} - \dfrac{y^2}{b^2} = 1$ 위의 점 $P(x_1, y_1)$에서의 접선의 방정식은 $\dfrac{x_1 x}{a^2} - \dfrac{y_1 y}{b^2} = 1$

기하

출제경향 | 포물선의 초점의 좌표나 준선의 방정식을 구하는 문제, 포물선의 정의를 이용하여 선분의 길이나 도형의 둘레의 길이를 구하는 문제, 포물선의 평행이동에 관한 문제 등이 출제된다.

출제유형잡기 | 포물선의 방정식으로부터 초점의 좌표, 준선의 방정식을 구하고, 포물선 위의 한 점에서 초점과 준선까지의 거리가 서로 같음을 이용하여 문제를 해결한다.

01

▶ 25056-0206

초점이 F인 포물선 $y^2=8x$ 위의 점 P에 대하여 $\overline{\mathrm{PF}}=12$일 때, 점 P와 y축 사이의 거리는?

① 7 ② 8 ③ 9

④ 10 ⑤ 11

02

▶ 25056-0207

초점이 F이고 준선이 직선 $x=1$인 포물선 $(y-2)^2=a(x+1)$과 x축이 만나는 점을 P라 할 때, 선분 PF의 길이는?

(단, a는 0이 아닌 상수이다.)

① $\dfrac{13}{6}$ ② $\dfrac{7}{3}$ ③ $\dfrac{5}{2}$

④ $\dfrac{8}{3}$ ⑤ $\dfrac{17}{6}$

03

▶ 25056-0208

포물선 $y^2=4x$의 초점 F를 지나고 기울기가 양수인 직선과 포물선이 만나는 두 점 A, B에서 x축에 내린 수선의 발을 각각 C, D라 하자. $\overline{\mathrm{AB}}=\dfrac{25}{4}$일 때, 선분 CD의 길이는?

① $\dfrac{11}{4}$ ② $\dfrac{13}{4}$ ③ $\dfrac{15}{4}$

④ $\dfrac{17}{4}$ ⑤ $\dfrac{19}{4}$

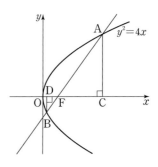

04

▶ 25056-0209

그림과 같이 초점이 F$(a, 0)$이고 준선이 직선 $x=-a$인 포물선을 C_1이라 하고, 점 $(-a, 0)$을 초점으로 하고 꼭짓점이 F인 포물선을 C_2라 하자. 포물선 C_2의 준선과 포물선 C_1이 제1사분면에서 만나는 점을 P라 하고, 포물선 C_1의 준선과 포물선 C_2가 제2사분면에서 만나는 점을 Q라 하자. $\overline{\mathrm{PF}}\times\overline{\mathrm{QF}}=98\sqrt{5}$일 때, $12a$의 값을 구하시오. (단, a는 양수이다.)

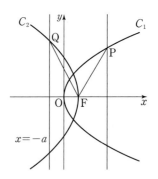

05

▶ 25056-0210

그림과 같이 초점이 F인 포물선 $y^2=4x$와 기울기가 양수인 직선 l이 제1사분면 위의 두 점 A, B에서 만난다. 두 직선 OA, OB의 기울기를 각각 m_1, m_2라 하자. $m_1 \times m_2 = \dfrac{8}{3}$이고, $\angle AFB = 90°$일 때, 삼각형 ABF의 넓이는?

(단, O는 원점이다.)

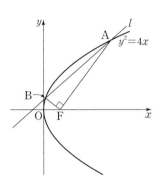

① $\dfrac{21}{4}$ ② $\dfrac{25}{4}$ ③ $\dfrac{29}{4}$

④ $\dfrac{33}{4}$ ⑤ $\dfrac{37}{4}$

유형 2 타원의 정의와 활용

출제경향 | 타원의 초점의 좌표, 두 초점 사이의 거리, 장축의 길이, 단축의 길이를 구하는 문제와 타원의 정의를 이용하여 선분의 길이, 도형의 둘레의 길이, 도형의 넓이를 구하는 문제가 출제된다.

출제유형잡기 | 타원의 방정식으로부터 초점의 좌표, 장축의 길이, 단축의 길이를 구하고, 타원 위의 한 점에서 두 초점까지의 거리의 합이 장축의 길이와 같음을 이용하여 문제를 해결한다.

06

▶ 25056-0211

타원 $\dfrac{x^2}{a^2} + \dfrac{y^2}{16} = 1$의 두 초점 사이의 거리가 $4\sqrt{5}$일 때, 타원의 장축의 길이는? (단, a는 4보다 큰 상수이다.)

① 12   ② 14   ③ 16

④ 18   ⑤ 20

07

▶ 25056-0212

단축의 길이가 8인 타원 $\dfrac{(x-5)^2}{52} + \dfrac{(y-2)^2}{a} = 1$의 두 초점의 좌표가 각각 $(b, 2)$, $(-1, 2)$일 때, $a+b$의 값은?

(단, a, b는 상수이고, $a>0$이다.)

① 23   ② 24   ③ 25

④ 26   ⑤ 27

기하

08

▶ 25056-0213

두 점 $F(0, c)$, $F'(0, -c)$ $(c>0)$을 초점으로 하는 타원 $\dfrac{x^2}{20}+\dfrac{y^2}{a^2}=1$과 직선 $x=a$가 있다. 점 F에서 직선 $x=a$에 내린 수선의 발을 H라 하고, 직선 F'H와 타원이 만나는 점 중 제1사분면 위에 점을 P라 하자. 삼각형 PFF'의 둘레의 길이가 20일 때, 삼각형 HFF'의 넓이는? (단, a는 양수이다.)

① 22   ② 23   ③ 24

④ 25   ⑤ 26

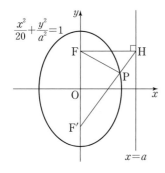

09

▶ 25056-0214

그림과 같이 두 초점이 $F(c, 0)$, $F'(-c, 0)$ $(c>0)$인 타원 $\dfrac{x^2}{25}+\dfrac{y^2}{12}=1$이 있다. 원점 O를 중심으로 하고 점 F를 지나는 원과 타원이 제1사분면에서 만나는 점을 P라 하고, 직선 PF가 타원과 만나는 점 중 P가 아닌 점을 Q라 하자. $(\overline{PF'}-\overline{PF})\times(\overline{QF'}-\overline{QF})$의 값은?

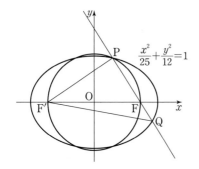

① $\dfrac{86}{7}$ ② $\dfrac{88}{7}$ ③ $\dfrac{90}{7}$

④ $\dfrac{92}{7}$ ⑤ $\dfrac{94}{7}$

10

▶ 25056-0215

그림과 같이 두 초점이 $F(c, 0)$, $F'(-c, 0)$ $(c>0)$인 타원 $\dfrac{x^2}{a^2}+\dfrac{y^2}{b^2}=1$과 초점이 F이고 꼭짓점이 원점 O인 포물선이 제1사분면에서 만나는 점을 P라 하고, 점 P에서 직선 $x=-c$에 내린 수선의 발을 H라 하자. $\overline{PF}+\overline{PH}=10$이고 $\cos(\angle PF'F)=\dfrac{5}{7}$일 때, a^2+b^2의 값을 구하시오.

(단, $\overline{PH}<\overline{FF'}$이고 a, b는 양수이다.)

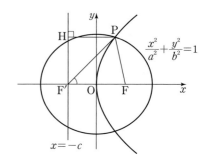

유형 **3** 쌍곡선의 정의와 활용

출제경향 | 쌍곡선의 초점의 좌표, 두 초점 사이의 거리, 주축의 길이를 구하는 문제, 쌍곡선의 정의를 이용하여 선분의 길이, 도형의 둘레의 길이, 도형의 넓이를 구하는 문제 및 쌍곡선의 점근선의 방정식을 이용하는 문제가 출제된다.

출제유형잡기 | 쌍곡선의 방정식으로부터 초점의 좌표, 주축의 길이, 점근선의 방정식을 구하고, 쌍곡선 위의 한 점에서 두 초점까지의 거리의 차가 주축의 길이와 같음을 이용하여 문제를 해결한다.

11
▸ 25056-0216

쌍곡선 $\dfrac{x^2}{a^2}-\dfrac{y^2}{20}=1$의 두 초점 사이의 거리가 $4\sqrt{21}$일 때, 쌍곡선의 주축의 길이는? (단, a는 양수이다.)

① 10   ② 12   ③ 14

④ 16   ⑤ 18

12
▸ 25056-0217

두 초점이 F, F′인 쌍곡선 $\dfrac{x^2}{a^2}-\dfrac{y^2}{b^2}=-1$ 위의 점 P에 대하여

$$|\overline{PF}-\overline{PF'}|=10$$

이고, 쌍곡선의 한 점근선의 방정식이

$$y=\dfrac{1}{2}x$$

일 때, $a+b$의 값은? (단, a, b는 양수이다.)

① 11   ② 12   ③ 13

④ 14   ⑤ 15

13
▸ 25056-0218

그림과 같이 두 초점이 F$(c,\,0)$, F′$(-c,\,0)$ $(c>0)$인 쌍곡선 $\dfrac{x^2}{a^2}-\dfrac{y^2}{12}=1$이 있다. 쌍곡선 위에 있는 제1사분면 위의 점 P에 대하여 직선 PF′과 쌍곡선이 만나는 점 중 P가 아닌 점을 Q라 하자. $\overline{FF'}=8$이고 $\overline{PF}+\overline{QF'}=\dfrac{27}{2}$일 때, $\overline{PF'}+\overline{QF}$의 값은?

(단, a는 양수이다.)

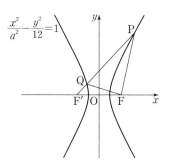

① $\dfrac{41}{2}$ ② $\dfrac{43}{2}$ ③ $\dfrac{45}{2}$

④ $\dfrac{47}{2}$ ⑤ $\dfrac{49}{2}$

14
▸ 25056-0219

두 점 F$(c,\,0)$, F′$(-c,\,0)$ $(c>0)$을 초점으로 하는 쌍곡선 $\dfrac{x^2}{a^2}-\dfrac{y^2}{16-b}=1$ $(a>0,\ 0<b<16)$과 두 점 F, F′을 초점으로 하는 타원 $\dfrac{x^2}{16+b}+\dfrac{y^2}{9}=1$이 있다. 쌍곡선과 타원이 제1사분면에서 만나는 점을 P라 하고 점 F′에서 직선 PF에 내린 수선의 발을 H라 하자. 쌍곡선의 주축의 길이가 타원의 단축의 길이와 같을 때, $\overline{F'H}^2$의 값을 구하시오. (단, a, b는 상수이다.)

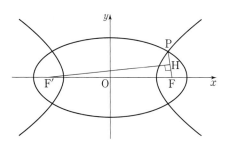

15

▶ 25056-0220

그림과 같이 양수 a에 대하여 두 점 F, F'을 초점으로 하는 쌍곡선 $\dfrac{x^2}{a^2}-\dfrac{y^2}{3a^2}=1$의 점근선 중 기울기가 음수인 직선을 l이라 하자. 점 F'을 지나고 직선 l에 수직인 직선이 쌍곡선과 만나는 점 중 제1사분면 위의 점을 P, 직선 l과 만나는 점을 Q라 하자. 삼각형 OQF'의 넓이가 $\dfrac{9\sqrt{3}}{8}$일 때, $(\overline{PF'}-\overline{PF})\times\overline{FF'}$의 값을 구하시오. (단, O는 원점이고, 점 F의 x좌표는 양수이다.)

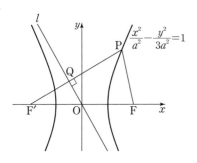

유형 4 포물선의 접선

출제경향 | 포물선 위의 점에서의 접선의 방정식을 구하는 문제, 접선의 기울기가 주어졌을 때 접선의 방정식을 구하는 문제, 포물선의 접선의 방정식을 활용하는 문제가 출제된다.

출제유형잡기 | 주어진 조건에 따라 포물선의 접선의 방정식을 구하여 문제를 해결한다.

16

▶ 25056-0221

포물선 $y^2=2x$에 접하고 기울기가 $\dfrac{1}{6}$인 직선의 y절편은?

① 1 ② 2 ③ 3
④ 4 ⑤ 5

17

▶ 25056-0222

초점이 F인 포물선 $y^2=4x$ 위의 점 P에서의 접선 l과 포물선의 준선이 만나는 점을 Q라 하고, 포물선의 준선과 x축이 만나는 점을 R이라 하자. $\overline{PF}=10$일 때, 삼각형 QRF의 넓이는? (단, 점 P의 y좌표는 양수이다.)

① $\dfrac{13}{6}$ ② $\dfrac{7}{3}$ ③ $\dfrac{5}{2}$
④ $\dfrac{8}{3}$ ⑤ $\dfrac{17}{6}$

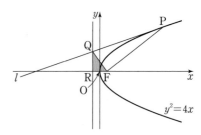

18
▸ 25056-0223

초점이 F인 포물선 $y^2=6x$ 위의 점 $\mathrm{P}(a,\,b)$에서의 접선이 x축과 만나는 점을 Q라 하고, 점 P에서 포물선의 준선에 내린 수선의 발을 H라 하자. 사각형 PHQF의 둘레의 길이가 22일 때, a^2+b^2의 값은? (단, a, b는 양수이다.)

① 24   ② 28   ③ 32

④ 36   ⑤ 40

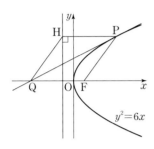

19
▸ 25056-0224

포물선 $y^2=-8x$ 위의 점 $\mathrm{P}\left(-\dfrac{1}{2},\,2\right)$에서의 접선을 l이라 하자. 접선 l과 포물선 $y^2=4(x-a)$가 점 Q에서 접한다. 점 P에서 포물선 $y^2=4(x-a)$의 준선에 내린 수선의 발을 H라 할 때, $a+\overline{\mathrm{PH}}$의 값은? (단, a는 양수이다.)

① $\dfrac{3}{4}$ ② 1   ③ $\dfrac{5}{4}$

④ $\dfrac{3}{2}$ ⑤ $\dfrac{7}{4}$

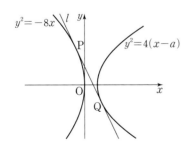

20
▸ 25056-0225

초점이 F_1인 포물선 $x^2=ay$와 초점이 F_2인 포물선 $y^2=8ax$가 제1사분면에서 만나는 점을 P라 하자. 포물선 $x^2=ay$ 위의 점 P에서의 접선의 기울기를 m_1, 포물선 $y^2=8ax$ 위의 점 P에서의 접선의 기울기를 m_2라 하자. $\overline{\mathrm{PF}_1}+\overline{\mathrm{PF}_2}=\dfrac{33}{8}$일 때, $a(m_1+m_2)$의 값은? (단, a는 양수이다.)

① $\dfrac{5}{2}$ ② 3   ③ $\dfrac{7}{2}$

④ 4   ⑤ $\dfrac{9}{2}$

기하

유형 **5** 타원의 접선

출제경향 | 타원 위의 점에서의 접선의 방정식을 구하는 문제, 접선의 기울기가 주어졌을 때 접선의 방정식을 구하는 문제, 타원의 접선의 방정식을 활용하는 문제가 출제된다.

출제유형잡기 | 주어진 조건에 따라 타원의 접선의 방정식을 구하여 문제를 해결한다.

21

▶ 25056-0226

장축의 길이가 8인 타원 $\dfrac{x^2}{a^2}+\dfrac{y^2}{4}=1$ 위의 점 $(2\sqrt{2},\ b)$에서의 접선의 기울기는? (단, a, b는 양수이다.)

① $-\dfrac{1}{4}$ ② $-\dfrac{1}{2}$ ③ -1

④ -2 ⑤ -4

22

▶ 25056-0227

두 점 $\mathrm{F}(c,\ 0)$, $\mathrm{F}'(-c,\ 0)$ $(c>0)$을 초점으로 하는 타원 $\dfrac{x^2}{a^2}+\dfrac{y^2}{b^2}=1$에 접하는 기울기가 2인 직선과 y축이 만나는 점을 A라 하자. $\overline{\mathrm{FF}'}=2\sqrt{5}$, $\overline{\mathrm{OA}}=2\sqrt{10}$일 때, $a+b$의 값은?

(단, O는 원점이고, a, b는 양수이다.)

① 4 ② 5 ③ 6

④ 7 ⑤ 8

23

▶ 25056-0228

두 점 $\mathrm{F}_1(c,\ 0)$, $\mathrm{F}_1'(-c,\ 0)$ $(c>0)$을 초점으로 하는 타원 $C_1 : \dfrac{x^2}{a^2}+\dfrac{y^2}{b^2}=1$ (a, b는 양수)의 한 꼭짓점 $\mathrm{A}(0,\ b)$에 대하여 삼각형 $\mathrm{AF}_1'\mathrm{F}_1$은 정삼각형이다. 직선 AF_1'에 평행하고 타원 C_1에 접하는 직선 중 y절편이 양수인 직선을 l이라 하자. 직선 l이 x축, y축과 만나는 점을 각각 P_1, Q_1이라 하고, 두 점 P_1, Q_1을 원점에 대하여 대칭이동시킨 점을 각각 P_2, Q_2라 하자. 네 점 P_1, Q_1, P_2, Q_2를 꼭짓점으로 하는 타원을 C_2라 하고, 타원 C_2의 두 초점을 F_2, F_2'이라 하자. $\overline{\mathrm{F}_2\mathrm{F}_2'}=10\sqrt{2}$일 때, a^2+b^2의 값은?

① 21 ② 28 ③ 35

④ 42 ⑤ 49

24

▶ 25056-0229

두 점 $\mathrm{F}(c,\ 0)$, $\mathrm{F}'(-c,\ 0)$ $(c>0)$을 초점으로 하는 타원 $\dfrac{x^2}{a^2}+\dfrac{y^2}{b^2}=1$ 위의 점 $\mathrm{A}(2,\ 3)$에서의 접선을 l이라 하고, 점 F'에서 직선 l에 내린 수선의 발을 H라 하자. $\overline{\mathrm{AF}'}+\overline{\mathrm{AF}}=8$일 때, 타원 위의 점 P에 대하여 삼각형 PHF'의 넓이의 최댓값을 M이라 하자. $(M-4)^2$의 값을 구하시오.

(단, a, b는 양수이고, 점 P는 직선 $\mathrm{F}'\mathrm{H}$ 위의 점이 아니다.)

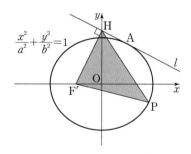

25

▶ 25056-0230

그림과 같이 두 초점이 $F(c, 0)$, $F'(-c, 0)$ $(c>0)$인 타원과 초점이 F인 포물선 $y^2=4x$가 있다. 타원과 포물선이 제1사분면에서 만나는 점을 P라 하고, 타원 위의 점 P에서의 접선과 x축이 만나는 점을 Q, 점 P에서 포물선 $y^2=4x$의 준선에 내린 수선의 발을 H라 하자. $\overline{PF}+\overline{PF'}>4$, $\overline{PH}=\dfrac{5}{7}\overline{PF'}$일 때, 선분 OQ의 길이를 구하시오. (단, O는 원점이다.)

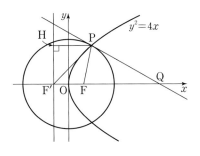

유형 **6** 쌍곡선의 접선

출제경향 | 쌍곡선 위의 점에서의 접선의 방정식을 구하는 문제, 접선의 기울기가 주어졌을 때 접선의 방정식을 구하는 문제, 쌍곡선의 접선의 방정식을 활용하는 문제가 출제된다.

출제유형잡기 | 주어진 조건에 따라 쌍곡선의 접선의 방정식을 구하여 문제를 해결한다.

26

▶ 25056-0231

주축의 길이가 4인 쌍곡선 $\dfrac{x^2}{8}-\dfrac{y^2}{a^2}=-1$ 위의 점 $(8, 3a)$에서의 접선의 y절편은? (단, a는 양수이다.)

① $\dfrac{1}{6}$　　　　② $\dfrac{1}{3}$　　　　③ $\dfrac{1}{2}$

④ $\dfrac{2}{3}$　　　　⑤ $\dfrac{5}{6}$

27

▶ 25056-0232

직선 $y=2x+5$가 쌍곡선 $\dfrac{x^2}{a^2}-\dfrac{y^2}{15}=1$에 접할 때, 쌍곡선의 두 초점 사이의 거리는? (단, a는 양수이다.)

① 10　　　　② 12　　　　③ 14

④ 16　　　　⑤ 18

28
▶ 25056-0233

두 초점이 F, F′인 쌍곡선 $\dfrac{x^2}{a^2}-\dfrac{y^2}{b^2}=1$ 위의 점 $P(6, \sqrt{21})$에서의 접선이 x축과 만나는 점을 Q라 하자. $|\overline{PF}-\overline{PF'}|=6$일 때, $\overline{QF}\times\overline{QF'}$의 값은? (단, a, b는 양수이다.)

① $\dfrac{39}{4}$　　② $\dfrac{43}{4}$　　③ $\dfrac{47}{4}$

④ $\dfrac{51}{4}$　　⑤ $\dfrac{55}{4}$

29
▶ 25056-0234

그림과 같이 두 초점이 F, F′인 쌍곡선 $x^2-\dfrac{y^2}{3}=1$ 위의 점 P가 제1사분면 위에 있다. $\overline{FF'}=\overline{FP}$일 때, 이 쌍곡선 위의 점 P에서의 접선의 기울기는? (단, 점 F의 x좌표는 양수이다.)

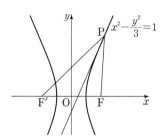

① $\dfrac{4\sqrt{7}}{7}$　　② $\dfrac{13\sqrt{7}}{21}$　　③ $\dfrac{2\sqrt{7}}{3}$

④ $\dfrac{5\sqrt{7}}{7}$　　⑤ $\dfrac{16\sqrt{7}}{21}$

30
▶ 25056-0235

두 점 $F(0, c)$, $F'(0, -c)$ $(c>0)$을 초점으로 하는 쌍곡선 $C_1: \dfrac{x^2}{a^2}-\dfrac{y^2}{4}=-1$과 두 점 F, F′을 초점으로 하는 타원 $C_2: \dfrac{x^2}{b^2}+\dfrac{y^2}{20}=1$이 있다. 쌍곡선 C_1과 타원 C_2가 만나는 점 중 제1사분면 위의 점을 P, 쌍곡선 C_1 위의 점 P에서의 접선과 x축이 만나는 점을 Q, 타원 C_2 위의 점 P에서의 접선과 x축이 만나는 점을 R이라 하자. $\overline{PF'}^2-\overline{PF}^2=2\sqrt{5}\times\overline{FF'}$일 때, 삼각형 PQR의 넓이를 S라 하자. $3S^2$의 값을 구하시오. (단, a, b는 양수이다.)

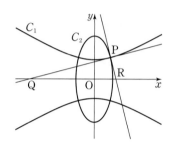

08 평면벡터

① 벡터의 뜻

(1) 방향이 점 A에서 점 B로 향하고 크기가 선분 AB의 길이와 같은 벡터를 벡터 AB라 하고, 이것을 기호로 $\overrightarrow{AB}$와 같이 나타낸다. 이때 점 A를 벡터 $\overrightarrow{AB}$의 시점, 점 B를 벡터 $\overrightarrow{AB}$의 종점이라고 한다.

(2) 선분 AB의 길이를 벡터 $\overrightarrow{AB}$의 크기라고 하며, 이것을 기호로 $|\overrightarrow{AB}|$와 같이 나타낸다. 즉, $|\overrightarrow{AB}| = \overline{AB}$이다.

(3) 두 벡터 $\vec{a}$, $\vec{b}$의 크기와 방향이 같을 때, 두 벡터는 서로 같다고 하고, 이것을 기호로 $\vec{a} = \vec{b}$와 같이 나타낸다.

② 벡터의 연산

(1) 벡터의 덧셈

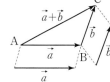

① 두 벡터 $\vec{a} = \overrightarrow{AB}$, $\vec{b} = \overrightarrow{BC}$에 대하여 벡터 $\overrightarrow{AC}$로 나타낸 벡터 $\vec{c}$를 두 벡터 $\vec{a}$, $\vec{b}$의 합이라 하고, 기호로 $\vec{c} = \vec{a} + \vec{b}$ 또는 $\overrightarrow{AC} = \overrightarrow{AB} + \overrightarrow{BC}$와 같이 나타낸다.

② 시점과 종점이 일치하는 벡터를 영벡터라 하고, 기호로 $\vec{0}$와 같이 나타낸다. 영벡터의 크기는 0이고 방향은 생각하지 않는다.

③ 벡터 $\vec{a}$와 크기가 같고 방향이 반대인 벡터를 기호로 $-\vec{a}$와 같이 나타낸다. 즉, $\vec{a} = \overrightarrow{AB}$이면 $-\vec{a} = \overrightarrow{BA}$이다.

④ 임의의 벡터 $\vec{a}$와 영벡터 $\vec{0}$에 대하여 $\vec{a} + \vec{0} = \vec{0} + \vec{a} = \vec{a}$이고 $\vec{a} + (-\vec{a}) = (-\vec{a}) + \vec{a} = \vec{0}$이다.

(2) 벡터의 뺄셈

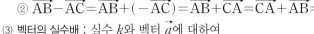

① 두 벡터 $\vec{a}$, $\vec{b}$에 대하여 $\vec{a}$와 $-\vec{b}$의 합 $\vec{a} + (-\vec{b})$를 $\vec{a}$에서 $\vec{b}$를 뺀 차라 하고, 기호로 $\vec{a} - \vec{b}$와 같이 나타낸다. 즉, $\vec{a} - \vec{b} = \vec{a} + (-\vec{b})$이다.

② $\overrightarrow{AB} - \overrightarrow{AC} = \overrightarrow{AB} + (-\overrightarrow{AC}) = \overrightarrow{AB} + \overrightarrow{CA} = \overrightarrow{CA} + \overrightarrow{AB} = \overrightarrow{CB}$

(3) 벡터의 실수배 : 실수 k와 벡터 $\vec{a}$에 대하여

① $\vec{a} \neq \vec{0}$일 때
  (i) $k > 0$이면 $k\vec{a}$는 $\vec{a}$와 방향이 같고 크기는 $k|\vec{a}|$인 벡터이다.
  (ii) $k = 0$이면 $k\vec{a} = \vec{0}$이다.
  (iii) $k < 0$이면 $k\vec{a}$는 $\vec{a}$와 방향이 반대이고 크기는 $|k||\vec{a}|$인 벡터이다.

② $\vec{a} = \vec{0}$일 때, $k\vec{a} = \vec{0}$이다.

(4) 벡터의 평행 : 영벡터가 아닌 두 벡터 $\vec{a}$, $\vec{b}$의 방향이 같거나 반대일 때, 두 벡터 $\vec{a}$, $\vec{b}$는 서로 평행하다고 하며, 기호로 $\vec{a} /\!/ \vec{b}$와 같이 나타낸다. 즉, 영벡터가 아닌 두 벡터 $\vec{a}$, $\vec{b}$에 대하여
$$\vec{a} /\!/ \vec{b} \iff \vec{a} = k\vec{b} \text{ (단, } k\text{는 0이 아닌 실수)이다.}$$

③ 위치벡터

(1) 위치벡터 : 평면에서 한 점 O를 고정시키면 임의의 벡터 $\vec{p}$에 대하여 $\vec{p} = \overrightarrow{OP}$인 점 P가 오직 하나로 정해진다. 역으로 평면 위의 임의의 점 P에 대하여 $\overrightarrow{OP}$인 벡터 $\vec{p}$가 오직 하나로 정해진다. 이와 같이 점 O를 시점으로 하는 벡터 $\overrightarrow{OP}$를 점 O에 대한 점 P의 위치벡터라고 한다.

(2) 두 점 A, B의 위치벡터를 각각 $\vec{a}$, $\vec{b}$라 하면 $\overrightarrow{AB} = \vec{b} - \vec{a}$이다.

(3) 선분의 내분점, 외분점의 위치벡터 : 두 점 A, B의 위치벡터를 각각 $\vec{a}$, $\vec{b}$라 할 때

(i) 선분 AB를 $m : n$ $(m > 0, n > 0)$으로 내분하는 점 P의 위치벡터를 $\vec{p}$라 하면
$$\vec{p} = \frac{m\vec{b} + n\vec{a}}{m + n}$$

(ii) 선분 AB를 $m : n$ $(m > 0, n > 0, m \neq n)$으로 외분하는 점 Q의 위치벡터를 $\vec{q}$라 하면
$$\vec{q} = \frac{m\vec{b} - n\vec{a}}{m - n}$$

④ 평면벡터의 성분

(1) 좌표평면에서 원점 O를 시점으로 할 때, 점 $A(a_1, a_2)$의 위치벡터 $\vec{a}=\overrightarrow{OA}$
를 $\vec{a}=(a_1, a_2)$로 나타낸다. 이때 a_1, a_2를 평면벡터 $\vec{a}$의 성분이라 하고, a_1
을 x성분, a_2를 y성분이라고 한다.

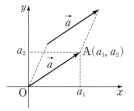

(2) 평면벡터의 크기

$\vec{a}=(a_1, a_2)$일 때, $|\vec{a}|=\sqrt{a_1{}^2+a_2{}^2}$

(3) 두 평면벡터가 서로 같을 조건

$\vec{a}=(a_1, a_2)$, $\vec{b}=(b_1, b_2)$일 때, $\vec{a}=\vec{b} \Longleftrightarrow a_1=b_1, a_2=b_2$

(4) 평면벡터의 성분에 의한 연산

두 벡터 $\vec{a}=(a_1, a_2)$, $\vec{b}=(b_1, b_2)$에 대하여

① $\vec{a}+\vec{b}=(a_1+b_1, a_2+b_2)$　　② $\vec{a}-\vec{b}=(a_1-b_1, a_2-b_2)$　　③ $k\vec{a}=(ka_1, ka_2)$ (단, k는 실수)

⑤ 평면벡터의 내적

(1) 평면벡터의 내적 : 영벡터가 아닌 두 벡터 $\vec{a}$, $\vec{b}$가 이루는 각의 크기
θ $(0°\le\theta\le180°)$에 대하여 $|\vec{a}||\vec{b}|\cos\theta$를 두 벡터 $\vec{a}$, $\vec{b}$의 내적이라 하고,
이것을 기호로 $\vec{a}\cdot\vec{b}$와 같이 나타낸다. 즉,

$$\vec{a}\cdot\vec{b}=|\vec{a}||\vec{b}|\cos\theta$$

한편, $\vec{a}=\vec{0}$ 또는 $\vec{b}=\vec{0}$일 때에는 $\vec{a}\cdot\vec{b}=0$으로 정의한다.

(2) 평면벡터의 내적과 성분

$\vec{a}=(a_1, a_2)$, $\vec{b}=(b_1, b_2)$일 때, $\vec{a}\cdot\vec{b}=a_1b_1+a_2b_2$

(3) 두 평면벡터가 이루는 각의 크기

영벡터가 아닌 두 벡터 $\vec{a}=(a_1, a_2)$, $\vec{b}=(b_1, b_2)$가 이루는 각의 크기를 θ $(0°\le\theta\le180°)$라 하면

$$\cos\theta=\frac{\vec{a}\cdot\vec{b}}{|\vec{a}||\vec{b}|}=\frac{a_1b_1+a_2b_2}{\sqrt{a_1{}^2+a_2{}^2}\sqrt{b_1{}^2+b_2{}^2}}$$

(4) 두 평면벡터의 평행 조건과 수직 조건

영벡터가 아닌 두 벡터 $\vec{a}$, $\vec{b}$에 대하여

① $\vec{a}/\!/\vec{b} \Longleftrightarrow \vec{a}\cdot\vec{b}=\pm|\vec{a}||\vec{b}|$　　　　② $\vec{a}\perp\vec{b} \Longleftrightarrow \vec{a}\cdot\vec{b}=0$

⑥ 직선의 방정식

(1) 직선의 방정식

① 점 $A(x_1, y_1)$을 지나고 방향벡터가 $\vec{u}=(a, b)$인 직선의 방정식은 $\dfrac{x-x_1}{a}=\dfrac{y-y_1}{b}$ (단, $ab\ne0$)

② 두 점 $A(x_1, y_1)$, $B(x_2, y_2)$를 지나는 직선의 방정식은 $\dfrac{x-x_1}{x_2-x_1}=\dfrac{y-y_1}{y_2-y_1}$ (단, $x_1\ne x_2$, $y_1\ne y_2$)

③ 점 $A(x_1, y_1)$을 지나고 법선벡터가 $\vec{n}=(a, b)$인 직선의 방정식은 $a(x-x_1)+b(y-y_1)=0$

(2) 두 직선이 이루는 각의 크기

두 직선 l_1, l_2의 방향벡터가 각각 $\vec{u_1}=(a_1, a_2)$, $\vec{u_2}=(b_1, b_2)$일 때,

① 두 직선 l_1, l_2가 이루는 각의 크기를 θ $(0°\le\theta\le90°)$라 하면

$$\cos\theta=\frac{|\vec{u_1}\cdot\vec{u_2}|}{|\vec{u_1}||\vec{u_2}|}=\frac{|a_1b_1+a_2b_2|}{\sqrt{a_1{}^2+a_2{}^2}\sqrt{b_1{}^2+b_2{}^2}}$$

② $l_1/\!/l_2 \Longleftrightarrow \vec{u_1}=k\vec{u_2}$ (단, k는 0이 아닌 실수)

③ $l_1\perp l_2 \Longleftrightarrow \vec{u_1}\cdot\vec{u_2}=0$

⑦ 원의 방정식

좌표평면에서 점 $C(x_1, y_1)$을 중심으로 하고 반지름의 길이가 r인 원 위의 임의의 한 점 $P(x, y)$에 대하여 두 점 C, P의 위치벡터를 각각 $\vec{c}$, $\vec{p}$라 하면

$$|\vec{p}-\vec{c}|=r \Longleftrightarrow (\vec{p}-\vec{c})\cdot(\vec{p}-\vec{c})=r^2$$

이므로 $(x-x_1, y-y_1)\cdot(x-x_1, y-y_1)=r^2$에서 $(x-x_1)^2+(y-y_1)^2=r^2$

유형 1 평면벡터의 연산

출제경향 | 벡터의 정의와 연산을 이용하여 벡터의 크기를 구하는 문제, 두 벡터가 평행할 조건을 이용하는 문제, 벡터의 연산과 도형의 성질을 이용하는 문제가 출제된다.

출제유형잡기 | 벡터의 연산 및 두 벡터가 평행할 조건을 이해하고 도형의 성질을 이용하여 문제를 해결한다.

01
▶ 25056-0236

서로 평행하지 않은 두 벡터 $\vec{a}$, $\vec{b}$에 대하여 두 벡터

$$2\vec{a}-3\vec{b},\ -4\vec{a}+k\vec{b}$$

가 서로 평행하도록 하는 실수 k의 값은? (단, $\vec{a}\neq\vec{0}$, $\vec{b}\neq\vec{0}$)

① 2 ② 4 ③ 6
④ 8 ⑤ 10

02
▶ 25056-0237

그림과 같이 한 변의 길이가 2인 정삼각형 ABC에서 세 선분 AB, BC, CA의 중점을 각각 D, E, F라 할 때, $|\overrightarrow{BF}-2\overrightarrow{DE}|$의 값은?

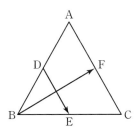

① $\sqrt{6}$ ② $\sqrt{7}$ ③ $2\sqrt{2}$
④ 3 ⑤ $\sqrt{10}$

03
▶ 25056-0238

그림과 같이 한 변의 길이가 2인 정육각형 ABCDEF에서 $|\overrightarrow{BD}+\overrightarrow{FC}|^2$의 값은?

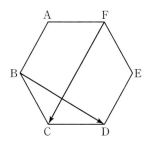

① 20 ② 22 ③ 24
④ 26 ⑤ 28

04
▶ 25056-0239

좌표평면에 한 변의 길이가 2인 정사각형 ABCD와 정삼각형 CEF가 있다. 정사각형 ABCD의 두 대각선이 만나는 점을 M, 정삼각형 CEF의 무게중심을 G라 하자. $\overrightarrow{BC}=\overrightarrow{CE}$일 때, 두 실수 k, l에 대하여 $\overrightarrow{AG}+\overrightarrow{MF}=k\overrightarrow{AB}+l\overrightarrow{AD}$이다. $k+l$의 값은? (단, 선분 AF와 선분 BE는 만나지 않는다.)

① $\dfrac{10-2\sqrt{3}}{3}$ ② $\dfrac{11-2\sqrt{3}}{3}$ ③ $\dfrac{12-2\sqrt{3}}{3}$
④ $\dfrac{13-2\sqrt{3}}{3}$ ⑤ $\dfrac{14-2\sqrt{3}}{3}$

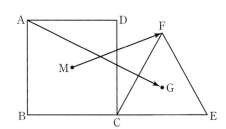

05
▶ 25056-0240

좌표평면에 $\overline{AB}=2\sqrt{2}$, $\overline{AD}=4$, $\angle ABC=\dfrac{\pi}{4}$인 평행사변형 ABCD가 있고, 두 점 P, Q가 다음 조건을 만족시킨다.

> (가) $\overrightarrow{AP}=t\overrightarrow{AC}$를 만족시키는 실수 $t\left(\dfrac{1}{2}\leq t\leq 1\right)$이 존재한다.
>
> (나) $\overrightarrow{AD}+\overrightarrow{QC}=\overrightarrow{AQ}$

$|\overrightarrow{AP}+\overrightarrow{BQ}|$의 최댓값을 M, 최솟값을 m이라 할 때, M^2-m^2의 값은?

① 10   ② 12   ③ 14

④ 16   ⑤ 20

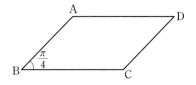

유형 2 평면에서 선분의 내분점과 외분점의 위치벡터

출제경향 | 평면에서 선분의 내분점과 외분점의 위치벡터를 이용하는 문제가 출제된다.

출제유형잡기 | 선분의 내분점과 외분점의 위치벡터를 이해한 후, 평면 도형의 정의와 성질을 이용하여 문제를 해결한다.

06
▶ 25056-0241

그림과 같이 삼각형 ABC가 있다. 선분 AC의 중점을 M이라 하고 선분 BM을 1 : 2로 내분하는 점을 P라 하자. $\overrightarrow{AP}=m\overrightarrow{AB}+n\overrightarrow{AC}$를 만족시키는 두 실수 m, n에 대하여 $m+n$의 값은?

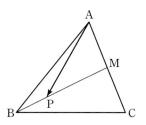

① $\dfrac{1}{2}$ ② $\dfrac{7}{12}$ ③ $\dfrac{2}{3}$

④ $\dfrac{3}{4}$ ⑤ $\dfrac{5}{6}$

07
▶ 25056-0242

그림과 같이 $\overline{AC}=3$, $\overline{BC}=2$, $\angle B=90°$인 삼각형 ABC가 있다. 점 P가 $4\overrightarrow{AP}-3\overrightarrow{AC}+\overrightarrow{AB}=\vec{0}$를 만족시킬 때, $|\overrightarrow{AP}|$의 값은?

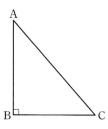

① $\dfrac{\sqrt{10}}{2}$ ② $\sqrt{3}$ ③ $\dfrac{\sqrt{14}}{2}$

④ 2   ⑤ $\dfrac{3\sqrt{2}}{2}$

08

▶ 25056-0243

직사각형 ABCD의 내부의 점 P가
$$\overrightarrow{PA}+\overrightarrow{PC}+6\overrightarrow{PD}=\vec{0}$$
를 만족시킨다. 삼각형 ACP의 넓이가 2일 때, 직사각형 ABCD의 넓이는?

① $\dfrac{14}{3}$ ② 5 ③ $\dfrac{16}{3}$

④ $\dfrac{17}{3}$ ⑤ 6

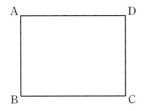

09

▶ 25056-0244

$\overline{AB}=2$, $\overline{BC}=4$, $\angle ABC=\dfrac{\pi}{3}$인 삼각형 ABC가 있다. 선분 BC 위의 점 P와 선분 AP 위의 점 Q가 다음 조건을 만족시킬 때, $|\overrightarrow{CP}+\overrightarrow{CQ}|$의 값은?

(가) $3\overrightarrow{AB}+\overrightarrow{AC}+4\overrightarrow{PA}=\vec{0}$
(나) $|\overrightarrow{AQ}|=|\overrightarrow{BQ}|$

① $\dfrac{\sqrt{327}}{3}$ ② $\dfrac{4\sqrt{21}}{3}$ ③ $\dfrac{\sqrt{345}}{3}$

④ $\dfrac{\sqrt{354}}{3}$ ⑤ $\dfrac{11\sqrt{3}}{3}$

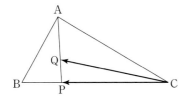

10

▶ 25056-0245

좌표평면에 한 변의 길이가 10인 정사각형 ABCD가 있다. 정사각형 내부의 점 P와 점 D를 중심으로 하는 원 위의 점 Q가 다음 조건을 만족시킨다.

(가) $4\overrightarrow{AP}+6\overrightarrow{DP}=3\overrightarrow{DB}+3\overrightarrow{DC}$
(나) $|\overrightarrow{DQ}|=4$

$|\overrightarrow{PQ}|$의 최댓값을 M, 최솟값을 m이라 할 때, $M \times m$의 값을 구하시오.

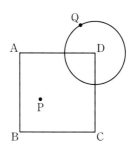

유형 3 성분으로 나타낸 평면벡터의 연산

출제경향 | 성분으로 나타낸 평면벡터의 연산을 이용하는 문제가 출제된다.

출제유형잡기 | 평면벡터와 좌표의 대응을 이해하고, 성분으로 나타낸 두 벡터의 덧셈, 뺄셈, 실수배 등의 연산을 이용하여 문제를 해결한다.

11

▶ 25056-0246

두 벡터 $\vec{a}=(3, -5), \vec{b}=(1, 4)$에 대하여 벡터 $2\vec{a}+\vec{b}$의 모든 성분의 합은?

① 1   ② 2   ③ 3

④ 4   ⑤ 5

12

▶ 25056-0247

두 벡터 $\vec{a}=(5, 3), \vec{b}=(2, -1)$이 있다. 벡터 $\vec{c}$에 대하여 두 벡터 $\vec{a}$와 $2\vec{b}+\vec{c}$가 서로 평행하고 벡터 $\vec{c}$의 모든 성분의 합이 14일 때, $|\vec{c}|$의 값은? (단, 벡터 $2\vec{b}+\vec{c}$는 영벡터가 아니다.)

① 6   ② 7   ③ 8

④ 9   ⑤ 10

13

▶ 25056-0248

두 벡터 $\vec{a}=(2, 1), \vec{b}=(-1, 2)$에 대하여 벡터 $\vec{c}$가 다음 조건을 만족시킨다.

> (가) 두 벡터 $\vec{a}+\vec{b}$와 $\vec{c}$는 서로 평행하고, 같은 방향이다.
> (나) $2\sqrt{5} \times |\vec{c}| = |3\vec{a}-\vec{b}|$

$\vec{a}=m\vec{b}+n\vec{c}$를 만족시키는 두 실수 m, n에 대하여 $m+n$의 값은?

① -2 ② -1 ③ 0

④ 1   ⑤ 2

14

▶ 25056-0249

좌표평면에서 삼각형 ABC의 무게중심을 G라 할 때, 네 점 A, B, C, G가 다음 조건을 만족시킨다.

> (가) $\overrightarrow{OA}+\overrightarrow{OB}+\overrightarrow{OC}=(15, 18)$
> (나) $\overrightarrow{GC}=(-3, -2)$

벡터 $\overrightarrow{OC}$의 모든 성분의 합을 구하시오. (단, O는 원점이다.)

▶ 25056-0252

유형 4 평면벡터의 내적의 정의와 성질

출제경향 | 평면벡터의 크기와 두 벡터가 이루는 각의 크기를 이용하여 두 벡터의 내적을 구하는 문제가 출제된다.

출제유형잡기 | 두 평면벡터의 크기와 두 평면벡터가 이루는 각의 크기 및 벡터의 내적의 성질과 두 벡터의 평행과 수직 관계 등을 이용하여 문제를 해결한다.

15

▶ 25056-0250

서로 수직인 두 벡터 $\vec{a}$, $\vec{b}$에 대하여 $|\vec{a}|=1$, $|\vec{a}+\vec{b}|=3$일 때, $|2\vec{a}-\vec{b}|^2$의 값은?

① 6   ② 8   ③ 10

④ 12   ⑤ 14

16

▶ 25056-0251

두 벡터 $\vec{a}$, $\vec{b}$에 대하여 $|\vec{a}+\vec{b}|=\sqrt{7}$, $|\vec{a}-\vec{b}|=\sqrt{3}$이고, $|\vec{a}|$, $|\vec{b}|$의 값이 모두 자연수이다. 두 벡터 $\vec{a}$, $\vec{b}$가 이루는 각의 크기를 θ라 할 때, $\cos\theta$의 값은?

① $\dfrac{1}{6}$ ② $\dfrac{1}{5}$ ③ $\dfrac{1}{4}$

④ $\dfrac{1}{3}$ ⑤ $\dfrac{1}{2}$

17

두 벡터 $\vec{a}$, $\vec{b}$에 대하여 $|\vec{a}|=2$, $|\vec{b}|=1$, $|\vec{a}-2\vec{b}|=\sqrt{6}$일 때, 두 벡터 $2\vec{a}+k\vec{b}$와 $\vec{a}-2\vec{b}$가 서로 수직이 되도록 하는 상수 k의 값은?

① 1   ② 2   ③ 3

④ 4   ⑤ 5

18

▶ 25056-0253

두 벡터 $\vec{a}$, $\vec{b}$에 대하여 $|\vec{a}|=2$, $|\vec{b}|=1$이고, $|\vec{a}+2\vec{b}|=|2\vec{a}-k\vec{b}|$일 때, $\vec{a}\cdot\vec{b}$의 최솟값은?

(단, k는 -1보다 큰 상수이다.)

① $\dfrac{1}{4}$ ② $\dfrac{1}{2}$ ③ $\dfrac{3}{4}$

④ 1   ⑤ $\dfrac{5}{4}$

유형 5 성분으로 나타낸 평면벡터의 내적

출제경향 | 성분으로 나타낸 평면벡터의 내적을 구하는 문제가 출제된다.

출제유형잡기 | 성분으로 나타낸 두 평면벡터의 내적을 구하는 방법을 이용하여 문제를 해결한다.

19

▶ 25056-0254

두 벡터 $\vec{a}=(-2,\ p)$, $\vec{b}=(2,\ 2)$에 대하여 두 벡터 $\vec{a}-\vec{b}$와 $\vec{b}$가 서로 수직일 때, $\dfrac{|\vec{a}|}{|\vec{b}|}$의 값은?

① 2   ② $\sqrt{5}$ ③ $\sqrt{6}$

④ $\sqrt{7}$ ⑤ $2\sqrt{2}$

20

▶ 25056-0255

좌표평면 위의 네 점 $O(0,\ 0)$, $A(a,\ 3)$, $B(2,\ b)$, $C(-2,\ 1)$에 대하여 $\overrightarrow{AC} \cdot \overrightarrow{OB}=-4$이고 $|\overrightarrow{AC}|=|\overrightarrow{OB}|$일 때, a^2+b^2의 값은?

① 1   ② 2   ③ 3

④ 4   ⑤ 5

21

▶ 25056-0256

그림과 같이 좌표평면 위의 삼각형 ABC에 대하여 $\overrightarrow{AB}=(5,\ 0)$, $\overrightarrow{AC}=(2,\ 2\sqrt{3})$일 때, 변 AB를 9등분한 점을 점 A에서 가까운 순서대로 각각 P_1, P_2, P_3, $\cdots$, P_8이라 하고, 변 AC를 9등분한 점을 점 A에서 가까운 순서대로 각각 Q_1, Q_2, Q_3, $\cdots$, Q_8이라 하며 점 B를 점 P_9, 점 C를 점 Q_9라 하자. $\displaystyle\sum_{i=1}^{9}\{(\overrightarrow{AP_i}+\overrightarrow{AQ_i}) \cdot \overrightarrow{P_iQ_i}\}$의 값은?

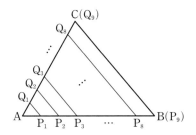

① $-\dfrac{85}{3}$ ② -30 ③ $-\dfrac{95}{3}$

④ $-\dfrac{100}{3}$ ⑤ -35

22

▶ 25056-0257

좌표평면 위의 세 점 A, B, C가 다음 조건을 만족시킨다.

(가) $\overrightarrow{AB}=(2,\ -5)$, $\overrightarrow{BC}=(-1,\ 7)$
(나) 삼각형 ABC의 무게중심을 G라 할 때, $\overrightarrow{OG}=(2,\ 2)$이다.

$|\overrightarrow{OA} \cdot \overrightarrow{OB}|$의 값은? (단, O는 원점이다.)

① 3   ② 4   ③ 5

④ 6   ⑤ 7

► 25056-0259

유형 6 도형에서의 평면벡터의 내적

출제경향 | 평면벡터의 크기와 두 벡터가 이루는 각의 크기를 이용하여 두 벡터의 내적을 구하는 문제가 출제된다.

출제유형잡기 | 두 평면벡터의 크기와 두 평면벡터가 이루는 각의 크기를 이용하여 평면벡터의 내적을 구하거나 평면벡터의 내적의 기하적 의미를 이용하여 문제를 해결한다.

23

► 25056-0258

그림과 같이 $\angle B=90°$인 직각삼각형 ABC에서 $|\overrightarrow{AC}|=2|\overrightarrow{AB}|$이고, 선분 AC 위의 점 A가 아닌 점 D에 대하여 $|\overrightarrow{AB}|=|\overrightarrow{BD}|=1$이다.
$(\overrightarrow{AD}+k\overrightarrow{BD})\boldsymbol{\cdot}(\overrightarrow{CD}+k\overrightarrow{BC})=0$을 만족시키는 모든 실수 k의 값의 합은?

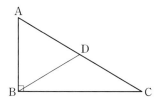

① -1 ② $-\dfrac{2}{3}$ ③ $-\dfrac{1}{3}$

④ 0 ⑤ $\dfrac{1}{3}$

24

그림과 같이 $\overline{AB}=\overline{AD}=\overline{CD}=6$, $\angle ABC=\angle DCB=60°$인 사다리꼴 ABCD가 있다. 삼각형 ACD의 무게중심을 G, 선분 AB를 $2:1$로 내분하는 점을 P라 하자. $\overrightarrow{PG}\boldsymbol{\cdot}\overrightarrow{PC}$의 값은?

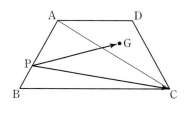

① 70 ② 74 ③ 78

④ 82 ⑤ 86

25

► 25056-0260

그림과 같이 반지름의 길이가 3이고 중심각의 크기가 90°인 부채꼴 OAB에서 호 AB 위의 두 점 A, B가 아닌 점 P를 지나고 직선 OA에 평행한 직선을 l, 직선 l이 선분 OB와 만나는 점을 H라 하자. 직선 l 위의 점 Q가 다음 조건을 만족시킬 때, $\overrightarrow{AP}\boldsymbol{\cdot}\overrightarrow{AQ}$의 값은? (단, $\overline{HP}<\overline{HQ}$)

(가) $|\overrightarrow{HP}| : |\overrightarrow{PQ}|=1 : 2$
(나) $\overrightarrow{OP}\boldsymbol{\cdot}\overrightarrow{AQ}=11$

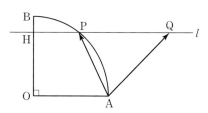

① 1 ② $\dfrac{3}{2}$ ③ 2

④ $\dfrac{5}{2}$ ⑤ 3

26

▶ 25056-0261

그림과 같이 평면에서 정삼각형 ABC와 $\overline{CD}=\overline{DE}=\overline{EA}=2$ 인 사각형 ACDE가 다음 조건을 만족시킨다.

> (가) $\overrightarrow{AB}/\!/\overrightarrow{DC}$
>
> (나) $\overrightarrow{AE}=\dfrac{1}{2}\overrightarrow{BC}$

두 선분 AB, BC의 중점을 각각 M, N이라 하고, 두 선분 AN, CM의 교점을 P라 할 때, $\overrightarrow{PD}\cdot\overrightarrow{CE}$의 값은?

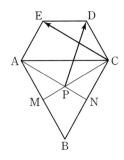

① 1
② $\dfrac{3}{2}$
③ 2

④ $\dfrac{5}{2}$
⑤ 3

27

▶ 25056-0262

그림과 같이 $\angle C=90°$, $\overline{AC}=2$, $\overline{BC}=6$인 직각삼각형 ABC에서 선분 BC를 삼등분한 두 점을 각각 D, E $(\overline{CD}<\overline{CE})$라 하자. $\overrightarrow{AD}\cdot\overrightarrow{AE}$의 값은?

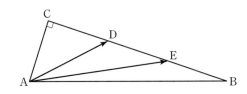

① 6
② 8
③ 10
④ 12
⑤ 14

유형 7 도형에서의 평면벡터의 내적의 최대, 최소

출제경향 | 주어진 도형의 기하적 성질을 이용하여 평면벡터의 내적의 최댓값 또는 최솟값을 구하는 문제와 도형의 꼭짓점을 좌표로 설정하고 두 벡터의 내적을 이용하여 해결하는 문제가 출제된다.

출제유형잡기 | 다음 성질을 이용하여 문제를 해결한다.

(1) $\vec{a}\cdot(\vec{b}+\vec{c})=\vec{a}\cdot\vec{b}+\vec{a}\cdot\vec{c}$

(2) 그림에서
$\overrightarrow{AB}\cdot\overrightarrow{AC}=|\overrightarrow{AB}|^2$
$\overrightarrow{CA}\cdot\overrightarrow{CB}=|\overrightarrow{CB}|^2$

(3) $\overrightarrow{AB}=\overrightarrow{OB}-\overrightarrow{OA}$

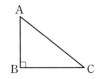

28

▶ 25056-0263

그림과 같이 평면 위에 길이가 8인 선분 AB를 지름으로 하는 반원이 있다. 선분 AB의 중점을 O라 하고 두 선분 AO, OB의 중점을 각각 C, D라 할 때, 이 평면 위에 선분 CD를 한 변으로 하는 정사각형 CDEF를 그린다. 호 AB 위의 점 P에 대하여 $\overrightarrow{EP}\cdot\overrightarrow{AP}$의 최댓값은?

(단, 정사각형 CDEF는 호 AB와 만나지 않는다.)

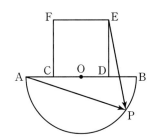

① $6\left(\dfrac{1}{2}+\sqrt{5}\right)$
② $6(1+\sqrt{5})$
③ $8\left(\dfrac{1}{2}+\sqrt{5}\right)$

④ $8(1+\sqrt{5})$
⑤ $8\left(\dfrac{3}{2}+\sqrt{5}\right)$

29

▶ 25056-0264

평면에서 $\overline{AB}=4$, $\overline{BC}=6$, $\overline{CA}=2\sqrt{7}$인 삼각형 ABC와 점 P에 대하여 $\overrightarrow{PA} \cdot \overrightarrow{PB}=0$이다. $\overrightarrow{PC} \cdot \overrightarrow{AB}$의 최댓값을 M, 최솟값을 m이라 할 때, $M+m$의 값은?

① -8 ② -6 ③ -4

④ -2 ⑤ 0

30

▶ 25056-0265

그림과 같이 좌표평면 위의 세 점 $A(1, 1)$, $B(2, 0)$, $C(-4, 0)$에 대하여 선분 OB를 지름으로 하고 점 A를 지나는 반원의 호 OB 위를 움직이는 점을 P라 하고, 선분 OC를 지름으로 하는 원 위를 움직이는 점을 Q라 하자. 두 선분 OB, OC의 중점을 각각 C_1, C_2라 할 때, 두 점 P, Q가 다음 조건을 만족시킨다.

> (가) $\overrightarrow{C_2C_1} \cdot \overrightarrow{C_1P} \geq \dfrac{3}{2}$
>
> (나) $\overrightarrow{C_2C_1} \cdot \overrightarrow{C_2Q} \leq -3$

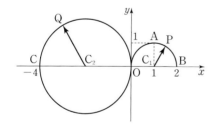

$\overrightarrow{C_1P} \cdot \overrightarrow{C_2Q}$의 최댓값을 M, 최솟값을 m이라 할 때, M^2+m^2의 값은? (단, O는 원점이다.)

① 1 ② 2 ③ 3

④ 4 ⑤ 5

31

▶ 25056-0266

그림과 같이 좌표평면에 중심이 원점 O이고 반지름의 길이가 1인 원 C와 한 변의 길이가 $\dfrac{3\sqrt{2}}{2}$인 정사각형 ABCD가 있다. 점 B는 원 C 위에 있고, 세 점 O, B, D는 직선 $y=x$ 위에 있다. 원 C 위를 움직이는 점 P에 대하여 $\overrightarrow{DA} \cdot \overrightarrow{DP}$의 최댓값을 M, 최솟값을 m이라 할 때, $M \times m$의 값은?

(단, 두 점 B, D는 제1사분면에 있다.)

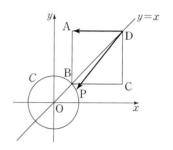

① $\dfrac{63}{2}$ ② 32 ③ $\dfrac{65}{2}$

④ 33 ⑤ $\dfrac{67}{2}$

32

▶ 25056-0267

그림과 같이 좌표평면에 점 $A(1, 1)$과 중심이 원점 O이고 반지름의 길이가 1인 원 C 위를 움직이는 점 P가 있다. 원 C와 직선 $y=\dfrac{\sqrt{3}}{3}x$가 만나는 점 중 제1사분면 위의 점을 B라 하자. 두 벡터 $\overrightarrow{AP}$, $\overrightarrow{BP}$에 대하여 $\overrightarrow{AP} \cdot \overrightarrow{BP}$의 값이 최대가 되도록 하는 점 P를 Q라 할 때, 직선 OQ의 기울기는?

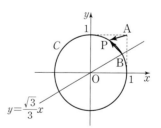

① $2(2-\sqrt{3})$ ② $\dfrac{5(2-\sqrt{3})}{2}$ ③ $3(2-\sqrt{3})$

④ $\dfrac{7(2-\sqrt{3})}{2}$ ⑤ $4(2-\sqrt{3})$

▶ 25056-0270

유형 8 벡터로 나타낸 직선의 방정식과 원의 방정식

출제경향 | 좌표평면에서 벡터로 나타낸 직선의 방정식 또는 원의 방정식을 구하는 문제가 출제된다.

출제유형잡기 | 좌표평면에서 벡터로 나타낸 직선의 방정식 또는 원의 방정식을 구하는 방법을 이용하여 문제를 해결한다.

33

▶ 25056-0268

좌표평면에서 두 점 $A(1, a)$, $B(a, 4)$를 지나는 직선 l_1과 직선 $l_2 : x-1=2(1-y)$가 서로 수직이 되도록 하는 a의 값은?

① 1   ② 2   ③ 3

④ 4   ⑤ 5

35

좌표평면에서 두 점 $A(1, 2)$, P의 위치벡터를 각각 $\vec{a}$, $\vec{p}$라 할 때, $|\vec{p}-\vec{a}|=2$를 만족시키는 점 P가 나타내는 도형을 C라 하자. 두 점 $B(2, 4)$, $C(4, 2)$를 지나는 직선 BC와 도형 C 위를 움직이는 점 P 사이의 거리의 최댓값을 M, 최솟값을 m이라 할 때, $M \times m$의 값은?

① $\dfrac{1}{4}$ ② $\dfrac{1}{2}$ ③ $\dfrac{3}{4}$

④ 1 ⑤ $\dfrac{5}{4}$

34

▶ 25056-0269

좌표평면에서 방향벡터가 $\vec{d}=(2, 1)$인 직선과 직선 $3x+4y=6$이 이루는 예각의 크기를 θ라 할 때, $\cos \theta$의 값은?

① $\dfrac{\sqrt{5}}{20}$ ② $\dfrac{\sqrt{5}}{10}$ ③ $\dfrac{3\sqrt{5}}{20}$

④ $\dfrac{\sqrt{5}}{5}$ ⑤ $\dfrac{\sqrt{5}}{4}$

36

▶ 25056-0271

좌표평면에서 원점 O와 두 점 A, P에 대하여 $\overrightarrow{OA}=\vec{a}$, $\overrightarrow{OP}=\vec{p}$라 하고, 등식 $|\vec{p}-\vec{a}|^2=\vec{a} \cdot \vec{a}$를 만족시키는 점 P가 나타내는 도형을 C라 하자. 직선 OA가 도형 C와 만나는 점 중 원점이 아닌 점을 B라 하고, 두 점 A, B에서 x축에 내린 수선의 발을 각각 H_1, H_2라 하자. $\overrightarrow{AH_2}=(3, -4)$일 때, 사각형 AH_1H_2B의 넓이는? (단, 점 A는 x축 위의 점이 아니다.)

① 10   ② 12   ③ 14

④ 16   ⑤ 18

09 공간도형과 공간좌표

① 직선과 평면의 위치 관계

(1) 평면의 결정 조건

   ① 한 직선 위에 있지 않은 서로 다른 세 점   ② 한 직선과 그 직선 위에 있지 않은 한 점

   ③ 한 점에서 만나는 두 직선   ④ 평행한 두 직선

(2) 공간에서 서로 다른 두 직선의 위치 관계

   ① 한 점에서 만난다.   ② 평행하다.   ③ 꼬인 위치에 있다.

(3) 직선과 평면의 위치 관계

   ① 직선이 평면에 포함된다.   ② 한 점에서 만난다.   ③ 평행하다.

(4) 서로 다른 두 평면의 위치 관계

   ① 만난다.   ② 평행하다.

② 공간에서 꼬인 위치에 있는 두 직선이 이루는 각

두 직선 l, m이 꼬인 위치에 있을 때, 직선 m 위의 한 점 O를 지나고 직선 l에 평행한 직선을 l'이라 하면 두 직선 l', m은 점 O에서 만나고 한 평면을 결정한다. 이때 두 직선 l', m이 이루는 각 중 크지 않은 것을 두 직선 l, m이 이루는 각이라고 한다.

③ 공간에서 직선과 평면이 이루는 각 및 직선과 평면의 수직 관계

(1) 직선 l이 평면 α와 점 O에서 만날 때, 점 O가 아닌 직선 l 위의 한 점 P에서 평면 α에 내린 수선의 발을 H라 하자. 이때 $\angle$POH를 직선 l과 평면 α가 이루는 각이라고 한다.

(2) 공간에서 직선 l이 평면 α와 한 점 O에서 만나고 평면 α 위의 모든 직선과 수직일 때, 직선 l과 평면 α는 서로 수직이라 하고, 기호로 $l \perp \alpha$와 같이 나타낸다. 이때 직선 l을 평면 α의 수선, 점 O를 수선의 발이라고 한다. 일반적으로 직선 l이 평면 α 위의 평행하지 않은 두 직선과 각각 수직이면 $l \perp \alpha$이다.

④ 삼수선의 정리

평면 α 위에 있지 않은 한 점 P, 평면 α 위의 한 점 O, 점 O를 지나지 않고 평면 α 위에 있는 직선 l, 직선 l 위의 한 점 H에 대하여 다음이 성립하고 이를 삼수선의 정리라고 한다.

(1) $\overline{PO} \perp \alpha$, $\overline{OH} \perp l$이면   (2) $\overline{PO} \perp \alpha$, $\overline{PH} \perp l$이면   (3) $\overline{PH} \perp l$, $\overline{OH} \perp l$, $\overline{PO} \perp \overline{OH}$이면

   $\overline{PH} \perp l$ $\overline{OH} \perp l$ $\overline{PO} \perp \alpha$

⑤ 이면각

한 직선 l에서 만나는 두 반평면 α, β로 이루어진 도형을 이면각이라고 한다. 두 반평면 α, β의 교선 l 위의 한 점 O를 지나고 직선 l에 수직인 두 반직선 OA, OB를 두 반평면 α, β에 각각 그으면 점 O의 위치에 관계없이 $\angle$AOB의 크기는 일정하다. 이 일정한 각의 크기를 이면각의 크기라고 한다. 서로 다른 두 평면이 만나면 네 개의 이면각이 생기는데, 이 중에서 크기가 크지 않은 한 이면각의 크기를 두 평면이 이루는 각의 크기라고 한다.

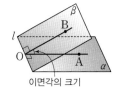

이면각의 크기

기하

⑥ 정사영

(1) **정사영** : 평면 α 위에 있지 않은 한 점 P에서 평면 α에 내린 수선의 발 P'을 점 P의 평면 α 위로의 정사영이라고 한다. 또 도형 F에 속하는 각 점의 평면 α 위로의 정사영 전체로 이루어진 도형 F'을 도형 F의 평면 α 위로의 정사영이라고 한다.

(2) **정사영의 길이** : 선분 AB의 평면 α 위로의 정사영을 선분 A'B', 직선 AB와 평면 α가 이루는 각의 크기를 θ $(0° \le \theta \le 90°)$라 하면

$$\overline{A'B'} = \overline{AB} \cos \theta$$

(3) **정사영의 넓이** : 평면 α 위의 도형 F의 평면 β 위로의 정사영을 F'이라 하고, 두 도형 F, F'의 넓이를 각각 S, S'이라 할 때, 두 평면 α와 β가 이루는 각의 크기를 θ $(0° \le \theta \le 90°)$라 하면

$$S' = S \cos \theta$$

⑦ 공간좌표

(1) 공간의 한 점 O에서 서로 직교하는 세 수직선을 각각 x축, y축, z축이라 하고, 이 세 축을 통틀어 좌표축이라고 한다. 이와 같이 좌표축이 정해진 공간을 좌표공간이라 하고, 세 좌표축이 만나는 점 O를 좌표공간의 원점이라고 한다. 또 x축과 y축, y축과 z축, z축과 x축으로 결정되는 평면을 각각 xy평면, yz평면, zx평면이라고 한다.

(2) 좌표공간의 한 점 P에 대하여 점 P를 지나면서 x축, y축, z축에 수직인 평면이 각각 x축, y축, z축과 만나는 점의 x축, y축, z축 위에서의 좌표를 각각 a, b, c라 할 때, 좌표공간의 점 P와 세 실수 a, b, c의 순서쌍 (a, b, c)는 일대일대응이 된다. 이 순서쌍 (a, b, c)를 점 P의 공간좌표 또는 좌표라 하고, 기호로 P(a, b, c)와 같이 나타낸다. 이때 세 실수 a, b, c를 각각 점 P의 x좌표, y좌표, z좌표라고 한다.

⑧ 두 점 사이의 거리

좌표공간에서 두 점 A(x_1, y_1, z_1), B(x_2, y_2, z_2) 사이의 거리는

$$\overline{AB} = \sqrt{(x_2-x_1)^2 + (y_2-y_1)^2 + (z_2-z_1)^2}$$

특히 원점 O$(0, 0, 0)$과 점 A(x_1, y_1, z_1) 사이의 거리는 $\overline{OA} = \sqrt{x_1^2 + y_1^2 + z_1^2}$

⑨ 선분의 내분점과 외분점

좌표공간의 두 점 A(x_1, y_1, z_1), B(x_2, y_2, z_2)에 대하여

(1) 선분 AB를 $m : n$ $(m > 0, n > 0)$으로 내분하는 점 P의 좌표는

$$\left(\frac{mx_2 + nx_1}{m+n}, \frac{my_2 + ny_1}{m+n}, \frac{mz_2 + nz_1}{m+n} \right)$$

(2) 선분 AB를 $m : n$ $(m > 0, n > 0, m \ne n)$으로 외분하는 점 Q의 좌표는

$$\left(\frac{mx_2 - nx_1}{m-n}, \frac{my_2 - ny_1}{m-n}, \frac{mz_2 - nz_1}{m-n} \right)$$

(3) 선분 AB의 중점 M의 좌표는 $\left(\dfrac{x_1+x_2}{2}, \dfrac{y_1+y_2}{2}, \dfrac{z_1+z_2}{2} \right)$

(4) 세 점 A(x_1, y_1, z_1), B(x_2, y_2, z_2), C(x_3, y_3, z_3)을 꼭짓점으로 하는 삼각형 ABC의 무게중심 G의 좌표는 $\left(\dfrac{x_1+x_2+x_3}{3}, \dfrac{y_1+y_2+y_3}{3}, \dfrac{z_1+z_2+z_3}{3} \right)$

⑩ 구의 방정식

(1) 중심의 좌표가 (a, b, c)이고 반지름의 길이가 r인 구의 방정식은 $(x-a)^2 + (y-b)^2 + (z-c)^2 = r^2$
특히 중심이 원점이고 반지름의 길이가 r인 구의 방정식은 $x^2 + y^2 + z^2 = r^2$

(2) x, y, z에 대한 이차방정식 $x^2 + y^2 + z^2 + Ax + By + Cz + D = 0$은 중심의 좌표가 $\left(-\dfrac{A}{2}, -\dfrac{B}{2}, -\dfrac{C}{2} \right)$이고 반지름의 길이가 $\dfrac{\sqrt{A^2 + B^2 + C^2 - 4D}}{2}$인 구의 방정식이다.

(단, $A^2 + B^2 + C^2 - 4D > 0$)

Note

유형 1 직선과 직선, 직선과 평면의 위치 관계

출제경향 | 입체도형에서 직선과 직선, 직선과 평면의 위치 관계를 파악하는 문제가 출제된다.

출제유형잡기 | 입체도형에서 꼭짓점, 모서리, 면이 어떤 위치 관계인지를 파악한다.

01

▶ 25056-0272

그림과 같은 전개도로 만들어지는 정오각기둥 ABCDE—FGHIJ의 모든 모서리를 연장한 직선 중에서 직선 AB와 꼬인 위치에 있는 직선의 개수는?

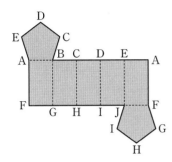

① 6   ② 7   ③ 8
④ 9   ⑤ 10

02

▶ 25056-0273

그림과 같이 정육각기둥 ABCDEF—GHIJKL의 모든 모서리를 연장한 직선 중에서 직선 AB와 평행하고 점 G를 지나는 직선을 l_1이라 하고, 직선 AB와 꼬인 위치에 있는 직선 중 점 K를 지나는 직선을 l_2라 하자. 두 직선 l_1, l_2가 이루는 각의 크기를 θ라 할 때, $\cos \theta$의 최댓값은?

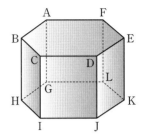

① $\dfrac{\sqrt{2}}{4}$ ② $\dfrac{\sqrt{3}}{4}$ ③ $\dfrac{1}{2}$

④ $\dfrac{\sqrt{2}}{2}$ ⑤ $\dfrac{\sqrt{3}}{2}$

03

▶ 25056-0274

그림과 같이 한 모서리의 길이가 2인 정육면체 ABCD—EFGH가 있다. 두 선분 BH, DF의 교점을 P라 할 때, 정육면체의 모든 모서리와 삼각형 AFH의 모든 변을 연장한 직선에 대하여 **보기**에서 옳은 것만을 있는 대로 고른 것은?

보기

ㄱ. 직선 AB와 꼬인 위치에 있는 직선의 개수는 5이다.

ㄴ. 평면 AFH와 만나는 직선 중 직선 AP와 꼬인 위치에 있는 직선의 개수는 6이다.

ㄷ. 세 직선 BP, CP, DP와 정육면체 ABCD—EFGH의 모서리 또는 꼭짓점이 만나는 점 중 B, C, D가 아닌 점을 각각 Q, R, S라 할 때, 삼각형 QRS의 넓이는 2이다.

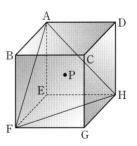

① ㄱ   ② ㄱ, ㄴ   ③ ㄱ, ㄷ
④ ㄴ, ㄷ   ⑤ ㄱ, ㄴ, ㄷ

유형 2 두 직선이 이루는 각, 직선과 평면이 이루는 각

출제경향 | 공간에서 도형의 성질을 이용하여 두 직선이 이루는 각의 크기를 구하거나 직선과 평면이 이루는 각의 크기를 구하는 문제가 출제된다.

출제유형잡기 | 두 직선이 이루는 각, 직선과 평면의 수직의 정의를 이용할 수 있도록 직선 또는 평면을 적절히 나타내고 구하는 각이 포함되는 직각삼각형을 만들어 각의 크기를 구한다.

04

▶ 25056-0275

그림과 같이 정육면체 ABCD−EFGH에서 두 직선 DG, CE가 이루는 각의 크기를 θ라 할 때, $\cos\theta$의 값은?

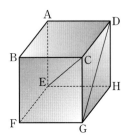

① 0　　② $\dfrac{1}{8}$　　③ $\dfrac{1}{4}$

④ $\dfrac{3}{8}$　　⑤ $\dfrac{1}{2}$

05

▶ 25056-0276

그림과 같이 모든 모서리의 길이가 3인 정사각뿔 A−BCDE에서 두 선분 BC, CD를 2 : 1로 내분하는 점을 각각 P, Q라 하고 선분 DE의 중점을 R이라 하자. 두 직선 PQ, AR이 이루는 각의 크기를 θ라 할 때, $\cos\theta$의 값은?

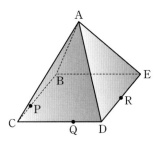

① $\dfrac{2\sqrt{15}}{15}$　　② $\dfrac{3\sqrt{15}}{20}$　　③ $\dfrac{\sqrt{15}}{6}$

④ $\dfrac{11\sqrt{15}}{60}$　　⑤ $\dfrac{\sqrt{15}}{5}$

06

▶ 25056-0277

그림과 같이 한 변의 길이가 2인 정육각형 ABCDEF를 밑면으로 하고 높이가 2인 정육각뿔 V−ABCDEF가 있다. 선분 BC의 중점을 M이라 할 때, 직선 VM과 평면 VAD가 이루는 각의 크기를 θ라 하자. $\cos\theta$의 값은?

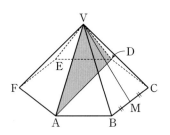

① $\dfrac{\sqrt{7}}{14}$　　② $\dfrac{\sqrt{7}}{7}$　　③ $\dfrac{3\sqrt{7}}{14}$

④ $\dfrac{2\sqrt{7}}{7}$　　⑤ $\dfrac{5\sqrt{7}}{14}$

유형 3 삼수선의 정리

출제경향 | 공간도형에서 삼수선의 정리를 이용하여 직선의 위치 관계를 파악하고 선분의 길이, 도형의 넓이 등을 구하는 문제가 출제된다.

출제유형잡기 | 입체도형의 성질과 모서리, 면이 어떤 위치 관계에 있는지 파악하고 이를 바탕으로 삼수선의 정리를 이용하여 수직인 두 직선 또는 직각삼각형을 찾아 문제를 해결한다.

07

▶ 25056-0278

그림과 같이 서로 수직인 두 평면 α, β의 교선 위에 서로 다른 두 점 A, B가 있다. 평면 α 위의 점 C와 평면 β 위의 점 D에 대하여 $\angle BAC = \angle BAD = 60°$일 때, 각 CAD의 크기를 θ $(0° < \theta < 90°)$라 하자. $\sin^2\theta$의 값은?

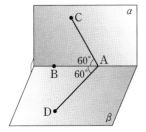

① $\dfrac{3}{16}$ ② $\dfrac{3}{8}$ ③ $\dfrac{9}{16}$

④ $\dfrac{3}{4}$ ⑤ $\dfrac{15}{16}$

08

▶ 25056-0279

그림과 같이 한 모서리의 길이가 4인 정육면체 ABCD−EFGH에서 밑면의 대각선 EG 위의 점 P에 대하여 선분 DP의 길이가 자연수일 때, 삼각형 DHP의 넓이는?

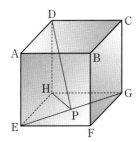

① 4 ② 5 ③ 6

④ 7 ⑤ 8

09

▶ 25056-0280

그림과 같이 $\overline{AB}=4$, $\overline{AD}=3$인 직사각형 ABCD 모양의 종이가 있다. 선분 BD의 중점을 M이라 할 때, 점 M을 지나고 선분 BD에 수직인 직선 l이 변 AB와 만나는 점을 E, 변 CD와 만나는 점을 F라 하자. 직선 l을 접는 선으로 하여 선분 DM과 평면 EFCB가 서로 수직이 되도록 접을 때, 각 CFD의 크기를 θ라 하자. $\cos\theta$의 값은? (단, 종이의 두께는 고려하지 않는다.)

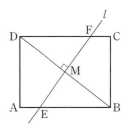

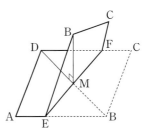

① $-\dfrac{6}{25}$ ② $-\dfrac{7}{25}$ ③ $-\dfrac{8}{25}$

④ $-\dfrac{9}{25}$ ⑤ $-\dfrac{2}{5}$

10

▶ 25056-0281

그림과 같이 한 모서리의 길이가 2인 정팔면체 ABCDEF에서 두 정삼각형 ABC, FED의 무게중심을 각각 G_1, G_2라 할 때, 선분 G_1G_2의 길이는?

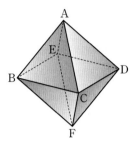

① $\dfrac{\sqrt{6}}{6}$ ② $\dfrac{\sqrt{6}}{3}$ ③ $\dfrac{\sqrt{6}}{2}$

④ $\dfrac{2\sqrt{6}}{3}$ ⑤ $\dfrac{5\sqrt{6}}{6}$

11

▶ 25056-0282

그림과 같이 평면 α 위에 직선 l이 있다. 평면 α 위에 있지 않은 두 점 P, Q에서 평면 α에 내린 수선의 발을 각각 H_1, H_2라 하고, 두 점 H_1, H_2에서 직선 l에 내린 수선의 발을 각각 A, B라 할 때, $\overline{AB}=6$, $\overline{AH_1}=3$, $\overline{PH_1}=4$, $\overline{BH_2}=5$, $\overline{QH_2}=12$이다. $\overline{PA}+\overline{QB}+\overline{H_1H_2}$의 값은?

(단, 선분 PQ는 평면 α와 한 점에서 만나고, 선분 H_1H_2는 직선 l과 한 점에서 만난다.)

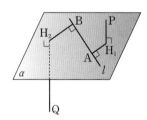

① 26   ② 28   ③ 30

④ 32   ⑤ 34

유형 **4** 이면각

출제경향 | 공간에서 두 평면이 이루는 각의 크기를 구하는 문제가 출제된다.

출제유형잡기 | 두 평면의 교선 위의 한 점에서 교선에 수직인 두 직선을 각 평면에 그어 두 평면이 이루는 각의 크기를 구한다.

12

▶ 25056-0283

그림과 같이 모든 모서리의 길이가 같은 정사각뿔 A−BCDE에 대하여 두 평면 ADE와 BCDE가 이루는 각의 크기를 θ라 할 때, $\sin^2\theta$의 값은?

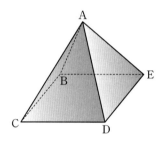

① $\dfrac{1}{6}$ ② $\dfrac{1}{3}$ ③ $\dfrac{1}{2}$

④ $\dfrac{2}{3}$ ⑤ $\dfrac{5}{6}$

13

▶ 25056-0284

그림과 같이 $\overline{AB}=4$, $\overline{AD}=3$, $\overline{AE}=1$인 직육면체 ABCD−EFGH에서 두 평면 AFH와 EFGH가 이루는 각의 크기를 θ라 할 때, $\cos\theta$의 값은?

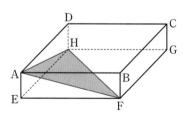

① $\dfrac{8}{13}$ ② $\dfrac{9}{13}$ ③ $\dfrac{10}{13}$

④ $\dfrac{11}{13}$ ⑤ $\dfrac{12}{13}$

14

▶ 25056-0285

그림은 한 모서리의 길이가 2인 정육면체 ABCD−EFGH의 전개도이다. 이 전개도를 이용하여 만든 정육면체 ABCD−EFGH에서 6개의 선분 AB, BF, FG, GH, HD, DA의 중점을 각각 P, Q, R, S, T, U라 할 때, 평면 PQRSTU와 평면 EFGH가 이루는 각의 크기를 θ라 하자. $\cos\theta$의 값은?

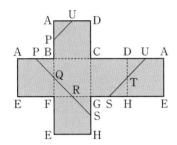

① $\dfrac{\sqrt{3}}{12}$ ② $\dfrac{\sqrt{3}}{6}$ ③ $\dfrac{\sqrt{3}}{4}$

④ $\dfrac{\sqrt{3}}{3}$ ⑤ $\dfrac{5\sqrt{3}}{12}$

15

▶ 25056-0286

그림과 같이 $\overline{OA}=\overline{OB}=\overline{OC}=\overline{OD}=2\sqrt{3}$이고 밑면의 한 변의 길이가 4인 정사각뿔 O−ABCD와 $\overline{EF}=\overline{FG}=4$, $\overline{FJ}=2\sqrt{2}$인 직육면체 EFGH−IJKL이 있다. 두 평면 OCD, ABCD가 이루는 예각의 크기를 θ_1이라 하고, 두 평면 GHIJ, EFGH가 이루는 예각의 크기를 θ_2라 할 때, $\cos^2\theta_1+\cos^2\theta_2$의 값은?

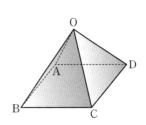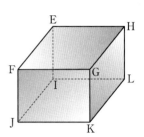

① $\dfrac{5}{6}$ ② 1 ③ $\dfrac{7}{6}$

④ $\dfrac{4}{3}$ ⑤ $\dfrac{3}{2}$

16

▶ 25056-0287

그림과 같이 꼭짓점이 O이고 밑면의 반지름의 길이가 4, 모선의 길이가 8인 원뿔이 있다. 밑면의 한 지름의 양 끝점을 각각 A, B라 할 때, 지름 AB의 수직이등분선이 밑면과 만나는 두 점을 각각 C, D라 하자. 모선 OB의 중점을 M이라 할 때, 두 점 A, M을 지나고 직선 CD와 평행한 평면을 α라 하고, 세 점 C, D, M을 지나는 평면을 β라 하자. 두 평면 α, β가 이루는 각의 크기를 θ라 할 때, $\cos\theta$의 값은?

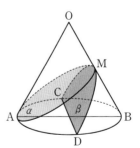

① $\dfrac{\sqrt{6}}{4}$ ② $\dfrac{\sqrt{2}}{2}$ ③ $\dfrac{\sqrt{10}}{4}$

④ $\dfrac{\sqrt{3}}{2}$ ⑤ $\dfrac{\sqrt{14}}{4}$

유형 5 정사영의 길이와 넓이

출제경향 | 주어진 도형의 정사영의 길이 또는 넓이를 구하는 문제, 정사영의 넓이를 이용하여 두 평면이 이루는 각의 크기를 구하는 문제가 출제된다.

출제유형잡기 | 직선과 평면이 이루는 각, 평면과 평면이 이루는 각의 크기를 이용하여 주어진 도형의 정사영의 길이 또는 넓이를 구한다.

17

▸ 25056-0288

그림과 같이 한 모서리의 길이가 4인 정육면체 ABCD−EFGH에서 변 AB의 중점을 M이라 하자. 두 평면 DEM, EFGH가 이루는 각의 크기를 θ라 할 때, $\cos^2\theta$의 값은?

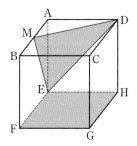

① $\dfrac{1}{12}$　　② $\dfrac{1}{6}$　　③ $\dfrac{1}{4}$

④ $\dfrac{1}{3}$　　⑤ $\dfrac{5}{12}$

18

▸ 25056-0289

그림과 같이 정사각뿔 A−BCDE는 $\overline{AB}=\overline{AC}=\overline{AD}=\overline{AE}=3$이고 밑면은 한 변의 길이가 2인 정사각형이다. 밑면의 두 대각선 BD, CE의 교점을 H라 하자. 삼각형 ABC 위의 도형 S의 평면 BCDE 위로의 정사영은 삼각형 HBC에 내접하는 원이다. 도형 S가 삼각형 ABC의 한 변 AB와 만나는 점을 P라 할 때, $\overline{PB}^2$의 값은?

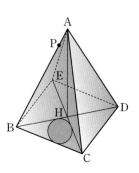

① 3　　② $\dfrac{7}{2}$　　③ 4

④ $\dfrac{9}{2}$　　⑤ 5

19

▸ 25056-0290

그림과 같이 한 모서리의 길이가 4인 정사면체 ABCD에서 두 모서리 AC, AD의 중점을 각각 M, N이라 하자. 삼각형 BMN의 평면 BCD 위로의 정사영의 넓이는?

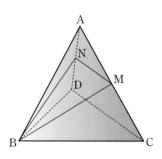

① $\dfrac{4\sqrt{3}}{3}$　　② $\dfrac{5\sqrt{3}}{3}$　　③ $2\sqrt{3}$

④ $\dfrac{7\sqrt{3}}{3}$　　⑤ $\dfrac{8\sqrt{3}}{3}$

20

▶ 25056-0291

그림과 같이 한 모서리의 길이가 12인 정사면체 ABCD에 대하여 선분 AD를 1 : 2로 내분하는 점을 E, 2 : 1로 내분하는 점을 F라 하자. 삼각형 BCE의 평면 BCD 위로의 정사영의 넓이를 S_1이라 하고, 삼각형 BCF의 평면 BCD 위로의 정사영의 넓이를 S_2라 할 때, S_1+S_2의 값은?

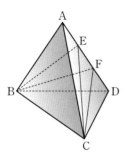

① $32\sqrt{3}$　　② $36\sqrt{3}$　　③ $40\sqrt{3}$
④ $44\sqrt{3}$　　⑤ $48\sqrt{3}$

21

▶ 25056-0292

그림과 같이 밑면의 지름의 길이가 6인 원기둥을 밑면과 θ의 각을 이루는 평면으로 자른 단면은 두 초점 사이의 거리가 8인 타원이다. $\cos\theta$의 값은? (단, 원기둥의 높이는 충분히 크다.)

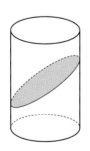

① $\dfrac{3}{10}$　　② $\dfrac{2}{5}$　　③ $\dfrac{1}{2}$
④ $\dfrac{3}{5}$　　⑤ $\dfrac{7}{10}$

22

▶ 25056-0293

좌표공간의 점 $A(1, 2, -3)$을 y축에 대하여 대칭이동한 점을 B, 점 A를 원점에 대하여 대칭이동한 점을 C라 할 때, 선분 BC의 길이는?

① $\sqrt{2}$　　② 2　　③ $2\sqrt{2}$
④ 4　　⑤ $4\sqrt{2}$

23

▶ 25056-0294

좌표공간의 점 $P(1, 2, a)$를 yz평면에 대하여 대칭이동한 점을 Q, 점 P를 x축에 대하여 대칭이동한 점을 R이라 하자. 선분 QR의 길이가 6일 때, 양수 a의 값은?

① 1　　② 2　　③ 3
④ 4　　⑤ 5

24

▶ 25056-0295

좌표공간에 두 점 $A(2, 4, 4)$, $B(a, 2, 3)$이 있다. xy평면 위의 점 P와 zx평면 위의 점 Q에 대하여 $\overline{AP}+\overline{PQ}+\overline{QB}$의 최솟값이 11일 때, 양수 a의 값은?

① 7   ② 8   ③ 9

④ 10   ⑤ 11

25

▶ 25056-0296

15 이하의 두 자연수 a, b에 대하여 좌표공간의 두 점 $A(a, 3, a)$, $B(b, 1, b)$가 $\overline{OA} : \overline{OB} = \sqrt{3} : 1$을 만족시킨다. 선분 AB의 길이의 최댓값을 M, 최솟값을 m이라 할 때, $M+m$의 값은? (단, O는 원점이다.)

① $2\sqrt{22}$ ② $2\sqrt{23}$ ③ $4\sqrt{6}$

④ 10   ⑤ $2\sqrt{26}$

유형 7 선분의 내분점과 외분점

출제경향 | 좌표공간에서 주어진 선분의 내분점, 외분점 또는 삼각형의 무게중심의 좌표를 구하는 문제가 출제된다.

출제유형잡기 | 선분의 내분점, 외분점의 좌표를 구하여 문제를 해결한다. 또 삼각형의 무게중심이 중선을 꼭짓점으로부터 2 : 1로 내분함을 이용하여 삼각형의 무게중심의 좌표를 구한다.

26

▶ 25056-0297

좌표공간의 두 점 $A(0, a, -2)$, $B(3, -1, b)$에 대하여 선분 AB를 2 : 1로 내분하는 점의 좌표가 $(2, 1, 2)$일 때, $a+b$의 값은?

① 3   ② 5   ③ 7

④ 9   ⑤ 11

27

▶ 25056-0298

좌표공간의 두 점 $A(-3, 2, 3)$, $B(3, 2, 6)$에서 xy평면에 내린 수선의 발을 각각 A', B'이라 하고, 두 점 A, B에서 zx평면에 내린 수선의 발을 각각 A'', B''이라 하자. 선분 $A'B'$을 2 : 1로 내분하는 점을 P, 선분 $A''B''$을 2 : 1로 외분하는 점을 Q라 할 때, $\overline{PQ}^2$의 값은?

① 143   ② 145   ③ 147

④ 149   ⑤ 151

28

▶ 25056-0299

좌표공간의 세 점 $A(a, -3, 1)$, $B(-3, b, 5)$, $C(4, 7, c)$를 꼭짓점으로 하는 삼각형 ABC의 무게중심이 $G(1, 2, 3)$이다. 삼각형 ABC의 xy평면 위로의 정사영의 넓이는?

① 30   ② 32   ③ 34

④ 36   ⑤ 38

29

▶ 25056-0300

그림과 같이 밑면의 한 변의 길이가 2이고, 높이가 4인 정육각기둥 ABCDEF-GHIJKL이 있다. 두 선분 AB, KJ의 중점을 각각 M, N이라 하고, 삼각형 FHI의 무게중심을 P라 하자. 점 P와 선분 MN의 중점 사이의 거리는?

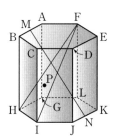

① $\dfrac{2}{3}$ ② $\dfrac{\sqrt{5}}{3}$ ③ $\dfrac{\sqrt{6}}{3}$

④ $\dfrac{\sqrt{7}}{3}$ ⑤ $\dfrac{2\sqrt{2}}{3}$

유형 8 구의 방정식

출제경향 | 좌표공간에서 구의 방정식, 구와 좌표축 또는 좌표평면과의 관계를 묻는 문제가 출제된다.

출제유형잡기 | 좌표공간에서 구와 관련된 문제는 좌표평면에서의 원의 성질을 확장하여 해결한다. 즉, 구와 직선이 만나서 생기는 선분의 중점과 구의 중심을 지나는 직선은 선분에 수직이고, 구와 평면이 만나서 생기는 원의 중심과 구의 중심을 지나는 직선은 원을 포함하는 평면에 수직임을 이용한다.

30

▶ 25056-0301

좌표공간에서 두 점 $A(a, 1, -1)$, $B(-3, 5, b)$를 지름의 양 끝 점으로 하는 구 S가 xy평면과 zx평면에 동시에 접할 때, ab의 값은? (단, $b < a < 0$)

① 1   ② 3   ③ 5

④ 7   ⑤ 9

31

▶ 25056-0302

좌표공간에서 구 $(x-1)^2+(y-3)^2+z^2=k\,(k>1)$과 yz평면이 만나서 생기는 도형의 둘레의 길이가 $4\sqrt{2}\pi$일 때, 상수 k의 값은?

① 8   ② 9   ③ 10

④ 11   ⑤ 12

32

▶ 25056-0303

그림과 같이 좌표공간에서 xy평면 위의 원 $x^2+y^2=1$ 위의 점 P와 구 $(x-2\sqrt{2})^2+(y-2\sqrt{2})^2+(z-3)^2=1$ 위의 점 Q에 대하여 선분 PQ의 길이의 최솟값은?

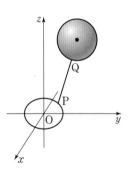

① $\sqrt{6}-1$ ② $2\sqrt{3}-1$ ③ 3

④ $3\sqrt{2}-1$ ⑤ $\sqrt{30}-1$

33

▶ 25056-0304

좌표공간에서 구 $(x-1)^2+(y-2)^2+(z+1)^2=5$가 xy평면과 만나서 생기는 도형 위의 점 P와 점 Q$(4, 5, 3)$ 사이의 거리를 l이라 하자. l^2의 최댓값을 M, 최솟값을 m이라 할 때, $M+m$의 값은?

① 58   ② 60   ③ 62

④ 64   ⑤ 66

34

▶ 25056-0305

그림과 같이 좌표공간에서 중심이 원점 O이고, 반지름의 길이가 $r\,(r>0)$인 구 S가 x축, y축, z축의 양의 방향과 만나는 점을 각각 A, B, C라 하자. 세 선분 AB, BC, CA의 중점을 각각 M_1, M_2, M_3이라 하고 선분 OD의 중점이 M_1, 선분 OE의 중점이 M_2, 선분 OF의 중점이 M_3이 되도록 세 점 D, E, F를 잡는다. 삼각뿔 O−DEF의 부피가 9일 때, 상수 r의 값은?

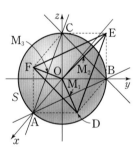

① $\dfrac{5}{2}$ ② $\dfrac{11}{4}$ ③ 3

④ $\dfrac{13}{4}$ ⑤ $\dfrac{7}{2}$

이 책의 **차례** CONTENTS

실전편

회차	페이지
실전 모의고사 1회	106
실전 모의고사 2회	118
실전 모의고사 3회	130
실전 모의고사 4회	142
실전 모의고사 5회	154

5지선다형

01
▶ 25054-1001

$54^{\frac{1}{3}} \times \sqrt{\sqrt[3]{16}}$ 의 값은? [2점]

① 3   ② 6   ③ 9

④ 12   ⑤ 15

02
▶ 25054-1002

함수 $f(x)=x^3+x^2-2$에 대하여 $\lim\limits_{x \to -1} \dfrac{f(x)-f(-1)}{x+1}$의 값은? [2점]

① 1   ② 2   ③ 3

④ 4   ⑤ 5

03
▶ 25054-1003

$\pi < \theta < \dfrac{3}{2}\pi$인 θ에 대하여 $\cos^2\left(\theta - \dfrac{\pi}{2}\right) = \dfrac{1}{4}$일 때, $\sin\theta$의 값은? [3점]

① $-\dfrac{\sqrt{3}}{2}$ ② $-\dfrac{\sqrt{2}}{2}$ ③ $-\dfrac{1}{2}$

④ $\dfrac{1}{2}$ ⑤ $\dfrac{\sqrt{2}}{2}$

04
▶ 25054-1004

함수

$$f(x) = \begin{cases} \dfrac{x^2+3x-a}{x-1} & (x \neq 1) \\ b & (x=1) \end{cases}$$

이 실수 전체의 집합에서 연속일 때, 두 상수 a, b에 대하여 $a+b$의 값은? [3점]

① 7   ② 8   ③ 9

④ 10   ⑤ 11

05

▸ 25054-1005

다항함수 $f(x)$가
$$f'(x)=3x^2+a,\ f(3)-f(1)=30$$
을 만족시킬 때, $f'(1)$의 값은? (단, a는 상수이다.) [3점]

① 3   ② 4   ③ 5

④ 6   ⑤ 7

06

▸ 25054-1006

수열 $\{a_n\}$에 대하여
$$\sum_{k=1}^{10} 2a_k=14,\ \sum_{k=1}^{10}(a_k+a_{k+1})=23$$
일 때, $a_{11}-a_1$의 값은? [3점]

① 9   ② 10   ③ 11

④ 12   ⑤ 13

07

▸ 25054-1007

함수 $f(x)=x^3-9x^2+24x+6$이 $x=a$에서 극대일 때, $a+f(a)$의 값은? (단, a는 상수이다.) [3점]

① 28   ② 29   ③ 30

④ 31   ⑤ 32

08

▶ 25054-1008

다항함수 $f(x)$가 모든 실수 x에 대하여

$$\int_0^x tf(t)dt = x^4 + 2x^3 - x^2$$

을 만족시킬 때, $f(2)$의 값은? [3점]

① 24   ② 26   ③ 28

④ 30   ⑤ 32

09

▶ 25054-1009

함수 $f(x) = \sin x \ (0 \leq x \leq 4\pi)$의 그래프와 직선 $y=k$가 서로 다른 네 점 A, B, C, D에서만 만나고 이 네 점의 x좌표를 각각 $x_1, x_2, x_3, x_4 \ (x_1 < x_2 < x_3 < x_4)$라 할 때,

$$x_1 + x_2 + x_3 + x_4 = 6\pi, \ \sin(x_4 - x_1) = \frac{\sqrt{3}}{2}$$

을 만족시키는 모든 x_1의 값의 합은? (단, k는 상수이다.) [4점]

① $\dfrac{\pi}{6}$ ② $\dfrac{\pi}{4}$ ③ $\dfrac{\pi}{3}$

④ $\dfrac{5}{12}\pi$ ⑤ $\dfrac{\pi}{2}$

10

▶ 25054-1010

양수 a와 실수 b에 대하여 수직선 위를 움직이는 두 점 P, Q의 시각 $t \ (t \geq 0)$에서의 속도가 각각

$$v_1(t) = t^2 - 4t + a, \ v_2(t) = 2t - b$$

이다. 시각 $t=a$에서 두 점 P, Q의 속도가 같고, 시각 $t=0$에서 $t=a$까지 두 점 P, Q의 위치의 변화량이 같을 때, $a+b$의 값은? [4점]

① $\dfrac{13}{2}$ ② $\dfrac{27}{4}$ ③ 7

④ $\dfrac{29}{4}$ ⑤ $\dfrac{15}{2}$

11

▶ 25054-1011

모든 항이 자연수인 수열 $\{a_n\}$이 모든 자연수 n에 대하여 다음 조건을 만족시킨다.

(가) $a_{2n-1}=n^2+2n$

(나) $a_n<a_{n+1}$이고 $a_{2n+1}-a_{2n}$의 값이 일정하다.

$\sum\limits_{n=1}^{16} a_n$의 최솟값은? [4점]

① 568   ② 580   ③ 592

④ 604   ⑤ 616

12

▶ 25054-1012

함수 $f(x)=x(x-2)(x-3)$과 실수 t에 대하여 함수 $g(x)$가

$$g(x)=\begin{cases} f(x) & (x<t) \\ -f(x) & (x\geq t) \end{cases}$$

일 때, 함수 $g(x)$는 다음 조건을 만족시킨다.

(가) 함수 $g(x)$는 실수 전체의 집합에서 연속이다.

(나) $0<a<2$인 모든 실수 a에 대하여 $\displaystyle\int_a^3 g(x)dx>0$이다.

$\displaystyle\int_1^3 g(x)dx$의 값은? [4점]

① $\dfrac{1}{2}$ ② $\dfrac{3}{4}$ ③ 1

④ $\dfrac{5}{4}$ ⑤ $\dfrac{3}{2}$

13

▶ 25054-1013

그림과 같이 길이가 8인 선분 AB를 지름으로 하는 원 위의
점 C에 대하여 $\cos(\angle CBA) = \dfrac{3}{4}$이다. 선분 AB를 $1:3$으로
외분하는 점을 D, 선분 CD와 원이 만나는 점 중 C가 아닌 점
을 E라 하자. 직선 BC 위의 점 F가 $\angle CDF = \angle CBA$를 만족
시킬 때, 삼각형 CEF의 넓이는? (단, $\overline{BF} > \overline{CF}$) [4점]

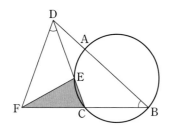

① $2\sqrt{7}$ ② $3\sqrt{7}$ ③ $4\sqrt{7}$

④ $5\sqrt{7}$ ⑤ $6\sqrt{7}$

14

▶ 25054-1014

실수 t에 대하여 최고차항의 계수가 1인 삼차함수 $y = f(x)$의
그래프 위의 점 $(t, f(t))$에서의 접선이 y축과 만나는 점을
$(0, g(t))$라 할 때, 함수 $g(t)$는 다음 조건을 만족시킨다.

> (가) 함수 $g(t)$의 극댓값은 $\dfrac{35}{27}$이다.
>
> (나) 함수 $|g(t) - g(0)|$은 $t = 1$에서만 미분가능하지 않다.

$g(-2)$의 값은? [4점]

① 23   ② 24   ③ 25

④ 26   ⑤ 27

15

▶ 25054-1015

수열 $\{a_n\}$이 다음 조건을 만족시킨다.

> (가) a_1은 자연수이다.
> (나) 모든 자연수 n에 대하여
> $$a_{n+1}=\begin{cases} \dfrac{24}{a_n}+2 & (a_n\text{이 24의 약수인 경우}) \\ a_n+5 & (a_n\text{이 24의 약수가 아닌 경우}) \end{cases}$$
> 이다.

$a_{k+1}-a_k=5$이고 $a_{k+2}-a_{k+1}\neq5$를 만족시키는 자연수 k가 존재할 때, k의 최댓값은? [4점]

① 3   ② 5   ③ 7
④ 9   ⑤ 11

단답형

16

▶ 25054-1016

방정식
$$\log_{\sqrt{2}}(3x+1)=\log_2(6x+10)$$
을 만족시키는 실수 x의 값을 구하시오. [3점]

17

▶ 25054-1017

함수 $f(x)=(x-1)(x^3+3)$에 대하여 $f'(1)$의 값을 구하시오.

[3점]

18

▸ 25054-1018

등차수열 $\{a_n\}$의 첫째항부터 제n항까지의 합을 S_n이라 하자.

$$S_5 - 5a_1 = 10, \; S_3 = a_2 + 6$$

일 때, a_5의 값을 구하시오. [3점]

19

▸ 25054-1019

2 이상의 자연수 n에 대하여 $2^{n^2-5n-2}-16$의 n제곱근 중 실수인 것의 개수를 $f(n)$이라 하자. 2 이상의 자연수 k에 대하여 $f(k)f(k+1)f(k+2)=0$인 k의 최댓값을 M, $f(k)f(k+1)f(k+2)=4$인 k의 최솟값을 m이라 할 때, $M+m$의 값을 구하시오. [3점]

20

▸ 25054-1020

최고차항의 계수가 $\dfrac{1}{2}$인 사차함수 $f(x)$에 대하여

$$\lim_{x \to 0} \frac{f(x)-2}{x} = 0$$

이 성립한다. 실수 t에 대하여 방정식 $|f(x)|=t$의 서로 다른 실근의 개수를 $g(t)$라 할 때, 함수 $y=g(t)$의 그래프는 그림과 같다.

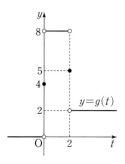

$f(2)=p-q\sqrt{2}$일 때, 두 자연수 p, q에 대하여 $p \times q$의 값을 구하시오. [4점]

21

▶ 25054-1021

그림과 같이 1보다 큰 두 상수 a, b에 대하여 직선 $x+2y=0$이 곡선 $y=a^x$과 만나는 점을 P, 곡선 $y=-b^x$과 만나는 두 점 중 x좌표가 작은 점을 Q라 하자. 곡선 $y=a^x$ 위에 있는 제1사분면 위의 점 R에 대하여 세 점 P, Q, R이 다음 조건을 만족시킬 때, $a^3 \times b^4$의 값을 구하시오. (단, O는 원점이다.) [4점]

(가) $\overline{OP} : \overline{OR} = \overline{OR} : \overline{OQ} = 1 : 2$

(나) $\angle RPO = \angle QRO$

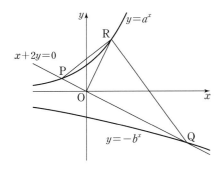

22

▶ 25054-1022

실수 t에 대하여 $x \le t$에서 다항함수 $f(x)$의 최댓값을 $g(t)$라 할 때, 두 함수 $f(x)$, $g(t)$는 다음 조건을 만족시킨다.

(가) $f'(x)=3(x-1)(x-k)$ (단, k는 $k>1$인 상수이다.)

(나) 실수 a에 대하여 집합
$$A=\left\{ a \,\middle|\, \lim_{t \to a-} \frac{g(t)-g(a)}{t-a} \times \lim_{t \to a+} \frac{g(t)-g(a)}{t-a} = 0 \right\}$$
의 원소 중 정수인 것의 개수가 4이다.

$f(0)=0$일 때, $f(6)$의 최댓값을 구하시오. [4점]

기하

23

▶ 25056-1023

좌표공간의 점 $A(a, 2, -1)$을 xy평면에 대하여 대칭이동한 점 B의 좌표가 $(3, 2, b)$일 때, $a+b$의 값은? [2점]

① 1   ② 2   ③ 3

④ 4   ⑤ 5

24

▶ 25056-1024

타원 $\dfrac{x^2}{3}+y^2=1$ 위에 있는 제1사분면 위의 점 (x_1, y_1)에서의 접선의 x절편이 2일 때, x_1+y_1의 값은? [3점]

① $\dfrac{3}{2}$ ② 2   ③ $\dfrac{5}{2}$

④ 3   ⑤ $\dfrac{7}{2}$

25

▸ 25056-1025

그림과 같이 정사각형 ABCD에서 $|\overrightarrow{BD}|=3\sqrt{2}$이다. $\overrightarrow{AB}\cdot\overrightarrow{AC}$의 값은? [3점]

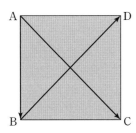

① 9

② $\dfrac{19}{2}$

③ 10

④ $\dfrac{21}{2}$

⑤ 11

26

▸ 25056-1026

그림과 같이 $\overline{AB}=\overline{BC}=1$, $\overline{AE}=2$인 직육면체 ABCD−EFGH가 있다. 삼각형 DEG의 평면 AEFB 위로의 정사영을 D_1, 도형 D_1의 평면 DEG 위로의 정사영을 D_2라 하자. 두 도형 D_1, D_2의 넓이를 각각 S_1, S_2라 할 때, S_1+S_2의 값은? [3점]

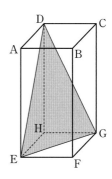

① 1

② $\dfrac{7}{6}$

③ $\dfrac{4}{3}$

④ $\dfrac{3}{2}$

⑤ $\dfrac{5}{3}$

27

▶ 25056-1027

양수 c에 대하여 두 초점이 $F(c, 0)$, $F'(-c, 0)$인 쌍곡선 $\dfrac{x^2}{a^2}-\dfrac{y^2}{3}=1$이 있다. 점 F를 지나고 x축에 수직인 직선이 이 쌍곡선과 만나는 점 중 제1사분면 위의 점을 P라 하자. $\overline{PF}+\overline{PF'}=8$일 때, 선분 FF'의 길이는? (단, $0<a<2$) [3점]

① $2\sqrt{3}$ ② $\sqrt{13}$ ③ $\sqrt{14}$

④ $\sqrt{15}$ ⑤ 4

28

▶ 25056-1028

평면에서 모든 변의 길이가 2인 사각형 ABCD와 두 점 P, Q가 다음 조건을 만족시킨다.

(가) $\overrightarrow{PA}/\!/\overrightarrow{BC}$, $|\overrightarrow{PA}|=|\overrightarrow{PB}|=|\overrightarrow{PQ}|$
(나) $\overrightarrow{PA}+\overrightarrow{PB}=k\overrightarrow{PC}+(1-k)\overrightarrow{PD}$를 만족시키는 실수 k가 존재한다.

$|\overrightarrow{AD}+\overrightarrow{CP}+\overrightarrow{AQ}|$의 최댓값은? [4점]

① $\sqrt{3}+1$ ② $\sqrt{3}+2$ ③ $2\sqrt{3}+1$

④ $2\sqrt{3}+2$ ⑤ $3\sqrt{3}+1$

단답형

29

▶ 25056-1029

양수 p에 대하여 포물선 $y^2=4px$ 위에 있는 제1사분면 위의 점 P에서 직선 $x=-p$에 내린 수선의 발을 H라 하고, 직선 $x=-p$가 x축과 만나는 점을 Q라 하자. 점 $A(p, 0)$에 대하여 $\cos(\angle PAH)=\dfrac{2}{3}$이고 삼각형 PAH의 넓이가 $8\sqrt{5}$일 때, 삼각형 PAQ의 넓이는 $\dfrac{b}{a}\sqrt{5}$이다. $a+b$의 값을 구하시오.

(단, a와 b는 서로소인 자연수이다.) [4점]

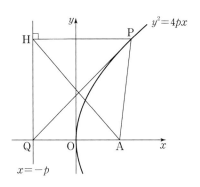

30

▶ 25056-1030

그림과 같이 세 점 $A(6, 0, 0)$, $B(0, 6, 0)$, $C(0, 0, 6)$에 대하여 사면체 OABC가 있다. 삼각형 OAC의 무게중심을 P, 평면 PAB와 z축이 만나는 점을 Q, 점 Q에서 평면 ABC에 내린 수선의 발을 R이라 하자. 두 평면 PQR과 PQB가 이루는 각의 크기를 θ라 할 때, $\cos^2\theta=\dfrac{q}{p}$이다. $p+q$의 값을 구하시오.

(단, O는 원점이고, p와 q는 서로소인 자연수이다.) [4점]

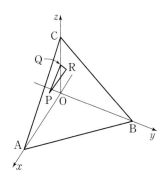

5지선다형

01
▶ 25054-1031

$\sqrt[4]{\dfrac{1}{8}} \times \sqrt[8]{\dfrac{1}{4}}$의 값은? [2점]

① $\dfrac{\sqrt{2}}{8}$ ② $\dfrac{1}{4}$ ③ $\dfrac{\sqrt{2}}{4}$

④ $\dfrac{1}{2}$ ⑤ $\dfrac{\sqrt{2}}{2}$

02
▶ 25054-1032

함수 $f(x)=x^4-5x^2+3$에 대하여

$\displaystyle\lim_{h \to 0}\dfrac{f(-1+h)-f(-1)}{h}$의 값은? [2점]

① 2   ② 4   ③ 6

④ 8   ⑤ 10

03
▶ 25054-1033

$\dfrac{\pi}{2}<\theta<\pi$인 θ에 대하여 $\sin\theta+2\cos\theta=0$일 때,

$\sin\theta-\cos\theta$의 값은? [3점]

① $\dfrac{7\sqrt{5}}{15}$ ② $\dfrac{\sqrt{5}}{2}$ ③ $\dfrac{8\sqrt{5}}{15}$

④ $\dfrac{17\sqrt{5}}{30}$ ⑤ $\dfrac{3\sqrt{5}}{5}$

04
▶ 25054-1034

함수

$$f(x)=\begin{cases} 2x-3 & (x<a) \\ x^2-3x+a & (x\geq a) \end{cases}$$

가 실수 전체의 집합에서 연속이 되도록 하는 모든 실수 a의 값의 합은? [3점]

① 1   ② 2   ③ 3

④ 4   ⑤ 5

05

▶ 25054-1035

함수 $f(x)=\displaystyle\int(2x+a)dx$에 대하여 $f'(0)=f(0)$이고

$f(2)=-5$일 때, $f(4)$의 값은? (단, a는 상수이다.) [3점]

① 1   ② 2   ③ 3

④ 4   ⑤ 5

06

▶ 25054-1036

첫째항과 공비가 모두 0이 아닌 등비수열 $\{a_n\}$의 첫째항부터 제 n항까지의 합을 S_n이라 하자.

$$\frac{S_2}{a_2}-\frac{S_4}{a_4}=4,\ a_5=\frac{5}{4}$$

일 때, a_1+a_2의 값은? [3점]

① 10   ② 12   ③ 14

④ 16   ⑤ 18

07

▶ 25054-1037

최고차항의 계수가 1인 삼차함수 $f(x)$가 $x=-1$에서 극댓값을 갖고, $x=2$에서 극솟값을 갖는다. $f(2)=4$일 때, $f(4)$의 값은? [3점]

① 22   ② 24   ③ 26

④ 28   ⑤ 30

08

▶ 25054-1038

함수 $f(x)=(x+a)\,|x^2+2x|$ 가 $x=0$ 에서만 미분가능하지 않을 때, $\int_{-1}^{1} f(x)\,dx$ 의 값은? (단, a 는 상수이다.) [3점]

① $\dfrac{13}{3}$ ② $\dfrac{9}{2}$ ③ $\dfrac{14}{3}$

④ $\dfrac{29}{6}$ ⑤ 5

09

▶ 25054-1039

1보다 큰 두 실수 a, b 가 다음 조건을 만족시킨다.

> (가) $\dfrac{\log ab}{5}=\dfrac{\log a-\log b}{3}$
>
> (나) $a^{-1+\log b}=1000$

$\log a+2\log b$ 의 값은? [4점]

① 6 ② 7 ③ 8

④ 9 ⑤ 10

10

▶ 25054-1040

시각 $t=0$ 일 때 동시에 원점을 출발하여 수직선 위를 움직이는 두 점 P, Q의 시각 $t\,(t\geq 0)$ 에서의 속도가 각각

$$v_1(t)=3t^2+4at+10,\quad v_2(t)=4t+a$$

이고, 시각 t 에서의 두 점 P, Q 사이의 거리를 $f(t)$ 라 하자. $t\geq 0$ 에서 함수 $f(t)$ 가 증가할 때, $f(2)$ 의 최댓값과 최솟값의 합은? (단, a 는 실수이다.) [4점]

① 80 ② 82 ③ 84

④ 86 ⑤ 88

11

25054-1041

모든 항이 양수인 등차수열 $\{a_n\}$의 첫째항부터 제n항까지의 합을 S_n이라 하자. $a_2=2a_1$이고 $\sum_{k=1}^{5} \dfrac{1}{S_k}=5$일 때, $\sum_{k=1}^{14} \dfrac{a_{k+1}}{S_k S_{k+1}}$의 값은? [4점]

① $\dfrac{115}{40}$　　　② $\dfrac{29}{10}$　　　③ $\dfrac{117}{40}$

④ $\dfrac{59}{20}$　　　⑤ $\dfrac{119}{40}$

12

25054-1042

최고차항의 계수가 양수인 삼차함수 $f(x)$가 다음 조건을 만족시킨다.

(가) $f'(0)=f'(2)=0$

(나) 방정식 $f(f'(x))=0$의 서로 다른 실근의 개수는 3이다.

$f(5)$의 값은? [4점]

① 18　　　② 21　　　③ 24

④ 27　　　⑤ 30

13

▶ 25054-1043

그림과 같이 선분 AB를 지름으로 하는 반원의 호 위에 두 점 C, D가 있다.

$$\overline{AC}=3, \ \overline{AD}=5, \ \tan(\angle CAD)=\frac{3}{4}$$

일 때, 사각형 ABDC의 넓이는? [4점]

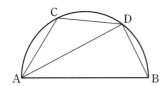

① $\dfrac{49}{6}$ ② $\dfrac{25}{3}$ ③ $\dfrac{17}{2}$

④ $\dfrac{26}{3}$ ⑤ $\dfrac{53}{6}$

14

▶ 25054-1044

최고차항의 계수가 1인 이차함수 $f(x)$에 대하여 함수 $g(x)$는

$$g(x)=\int_{x}^{x+3} f(|t|)dt$$

이다. 함수 $g(x)$가 $x=\dfrac{1}{2}$에서 극소이고 $g(1)=0$일 때, 함수 $g(x)$의 극댓값은? [4점]

① $\dfrac{5}{4}$ ② $\dfrac{3}{2}$ ③ $\dfrac{7}{4}$

④ 2   ⑤ $\dfrac{9}{4}$

15

▶ 25054-1045

모든 항이 자연수인 수열 $\{a_n\}$이 모든 자연수 n에 대하여

$$a_{n+1}=\begin{cases} \dfrac{a_n}{3} & (a_n \text{이 3의 배수인 경우}) \\ a_n+2 & (a_n \text{이 3의 배수가 아닌 경우}) \end{cases}$$

를 만족시킬 때, a_1은 3의 배수가 아니고 $a_5+a_6=16$이 되도록 하는 모든 a_1의 값의 합은? [4점]

① 1011　　　② 1013　　　③ 1015

④ 1017　　　⑤ 1019

정답과 풀이 86쪽

16

▶ 25054-1046

부등식 $\log_3(x+4)<1+\log_3(1-x)$를 만족시키는 정수 x의 개수를 구하시오. [3점]

17

▶ 25054-1047

다항함수 $f(x)$에 대하여 함수 $g(x)$를 $g(x)=(x+1)f(x)$라 하자.

$$\lim_{x \to 3}\frac{g(x)-8}{x-3}=30$$

일 때, $f(3) \times f'(3)$의 값을 구하시오. [3점]

18

▶ 25054-1048

수열 $\{a_n\}$이 모든 자연수 n에 대하여

$$\sum_{k=1}^{n}(a_k+a_{k+1})=\frac{1}{n}+\frac{1}{n+1}$$

을 만족시킨다. $a_5=\frac{1}{4}$일 때, $a_1=\frac{q}{p}$이다. $p+q$의 값을 구하시오. (단, p와 q는 서로소인 자연수이다.) [3점]

19

▶ 25054-1049

함수 $f(x)=2\sin\frac{\pi x}{6}$에 대하여 부등식

$$f(x+3)f(x-3)\geq-1$$

을 만족시키는 12 이하의 모든 자연수 x의 값의 합을 구하시오. [3점]

20

▶ 25054-1050

상수 k와 함수 $f(x)=a(x^3-4x)$ $(a>0)$에 대하여 실수 전체의 집합에서 연속인 함수 $g(x)$가

$$g(x)=\begin{cases} f(x) & (x\leq k) \\ -f(x) & (x>k) \end{cases}$$

이다. 열린구간 $(-2, 2)$에서 정의된 함수

$$h(x)=\int_{-2}^{x}g(t)dt-\int_{x}^{2}g(t)dt$$

가 $x=0$에서 최댓값 2를 가질 때, $\left|\int_{0}^{4}g(x)dx\right|$의 값을 구하시오. (단, a는 상수이다.) [4점]

21

▶ 25054-1051

자연수 k에 대하여 양의 실수 전체의 집합에서 정의된 함수

$$f(x)=\begin{cases} -\log_2(k+1)x & (0<x<1) \\ \log_2 \dfrac{x}{k+1} & (x\geq 1) \end{cases}$$

의 그래프와 직선 $y=\log_2(k+2)$가 만나는 서로 다른 두 점 사이의 거리를 $g(k)$라 하자. $\dfrac{18}{7}\times \displaystyle\sum_{k=1}^{7} g(k)$의 값을 구하시오.

[4점]

22

▶ 25054-1052

최고차항의 계수가 음수인 사차함수 $f(x)$에 대하여 함수

$$g(x)=\begin{cases} (x+2)^2 & (x<1) \\ f(x) & (x\geq 1) \end{cases}$$

이 다음 조건을 만족시킨다.

$$\left\{a \,\middle|\, \lim_{x\to a+}\frac{g(x)-g(a)}{x-a}\times \lim_{x\to (a+4)+}\frac{g(x)-g(a+4)}{x-(a+4)}\leq 0\right\}$$
$$=\{a\,|\,-6\leq a\leq 2\}\cup \{5\}$$

$g(5)=0$이고 방정식 $g(x)=9$의 서로 다른 실근의 개수가 2일 때, $g(3)=\dfrac{q}{p}$이다. $p+q$의 값을 구하시오.

(단, p와 q는 서로소인 자연수이다.) [4점]

5지선다형

23

▸ 25056-1053

좌표공간의 두 점 $A(-1, a, 6)$, $B(4, -3, b)$에 대하여 선분 AB를 $2 : 1$로 내분하는 점이 x축 위에 있을 때, $a+b$의 값은? [2점]

① 1   ② 2   ③ 3

④ 4   ⑤ 5

24

▸ 25056-1054

두 초점이 $F(c, 0)$, $F'(-c, 0)$ $(c>0)$인 타원 $\dfrac{x^2}{a^2}+\dfrac{y^2}{6}=1$에 접하고 기울기가 $-\dfrac{\sqrt{3}}{3}$인 직선이 y축과 만나는 점 중 y좌표가 양수인 점을 A라 하자. 삼각형 $AF'F$가 정삼각형일 때, a^2+c^2의 값은? (단, a는 양수이다.) [3점]

① 9   ② 12   ③ 15

④ 18   ⑤ 21

25

▶ 25056-1055

좌표평면에서 두 벡터 $\vec{a}=(-1,1)$, $\vec{b}=(4,0)$에 대하여 두 벡터 $\vec{p}, \vec{q}$가

$$|\vec{p}-\vec{a}|=|\vec{a}|, \quad \vec{q}=\vec{b}+t\vec{a} \ (t\text{는 실수})$$

를 만족시킬 때, $|\vec{p}-\vec{q}|$의 최솟값은? [3점]

① $\sqrt{2}$ ② $\dfrac{3\sqrt{2}}{2}$ ③ $2\sqrt{2}$

④ $\dfrac{5\sqrt{2}}{2}$ ⑤ $3\sqrt{2}$

26

▶ 25056-1056

좌표공간에 서로 수직인 두 평면 α, β가 있다. 두 평면 α, β의 교선을 l이라 할 때, 평면 α 위의 점 A와 평면 β 위의 점 B, 직선 l 위의 점 O가 다음 조건을 만족시킨다.

> (가) $\overline{OA}=\overline{OB}=8$
>
> (나) 직선 OA와 직선 l이 이루는 각의 크기는 $\dfrac{\pi}{3}$이다.
>
> (다) 삼각형 OAB의 평면 α 위로의 정사영의 넓이는 $4\sqrt{3}$이다.

평면 OAB와 평면 β가 이루는 각의 크기를 θ라 할 때, $\cos^2\theta$의 값은? $\left(\text{단, } 0<\angle\text{AOB}<\dfrac{\pi}{2}\right)$ [3점]

① $\dfrac{1}{7}$ ② $\dfrac{4}{21}$ ③ $\dfrac{5}{21}$

④ $\dfrac{2}{7}$ ⑤ $\dfrac{1}{3}$

27

초점이 F인 포물선 $y^2=4p(x+1)$ $(p>1)$이 y축과 만나는 점 중 y좌표가 음수인 점을 A라 하고, 직선 AF가 포물선과 만나는 점 중 A가 아닌 점을 B라 하자. 점 F가 선분 AB를 $1:4$로 내분하는 점일 때, 삼각형 OAB의 넓이는?

(단, O는 원점이다.) [3점]

① 24   ② 26   ③ 28

④ 30   ⑤ 32

28

> 25056-1058

좌표평면 위의 두 점 A$(2,\ 0)$, B$(5,\ 0)$과 벡터 $\vec{v}=(0,\ 1)$에 대하여

$$|\overrightarrow{OP}|=2,\ |\overrightarrow{BQ}|=6,\ \overrightarrow{OP}\cdot\vec{v}\geq0,\ \overrightarrow{OQ}\cdot\vec{v}>0$$

인 두 점 P, Q가

$$-4\leq\overrightarrow{OA}\cdot\overrightarrow{OP}\leq-2,\ \overrightarrow{OP}\cdot(\overrightarrow{QA}+\overrightarrow{QP})=0$$

을 만족시킨다. $|\overrightarrow{OQ}|$의 값이 최대가 되도록 하는 점 P에 대하여 $\overrightarrow{BP}\cdot\overrightarrow{BQ}$의 값을 k_1, $|\overrightarrow{OQ}|$의 값이 최소가 되도록 하는 점 P에 대하여 $\overrightarrow{BP}\cdot\overrightarrow{BQ}$의 값을 k_2라 할 때, k_1+k_2의 값은?

(단, O는 원점이다.) [4점]

① 23   ② 26   ③ 29

④ 32   ⑤ 35

128 EBS 수능완성 수학영역

단답형

29

▶ 25056-1059

양수 c에 대하여 두 점 $F(c, 0)$, $F'(-c, 0)$을 초점으로 하고 주축의 길이가 4인 쌍곡선이 있다. 양수 k에 대하여 직선 $y=k$와 이 쌍곡선이 만나는 점 중 제2사분면 위의 점을 A, 직선 $y=3k$와 이 쌍곡선이 만나는 점 중 제1사분면 위의 점을 B라 하자. 세 점 F', A, B가 한 직선 위에 있고, $\angle F'BF=\dfrac{\pi}{3}$일 때, $(c \times k)^2$의 값을 구하시오. [4점]

30

▶ 25056-1060

좌표공간에 중심이 $A(0, 0, 2\sqrt{3})$이고 반지름의 길이가 6인 구 S가 있다. 구 S가 xy평면과 만나서 생기는 원을 C_1이라 하고, 점 A에서 선분 PQ까지의 거리가 4가 되도록 원 C_1 위의 두 점 P, Q를 잡는다. 선분 PQ를 포함하고 점 A를 지나는 평면을 α라 하고, 구 S가 평면 α와 만나서 생기는 원을 C_2라 하자.

선분 PQ의 중점 M에 대하여 직선 MA가 원 C_2와 만나서 생기는 두 점 중 점 M에서 더 먼 점을 B라 하자. 선분 BM을 장축으로 하고 두 초점이 F, F'인 타원 E에 대하여 $\overline{MF}<\overline{MF'}$이고, 점 F를 지나고 평면 α에 수직인 직선이 원 C_1의 중심을 지난다. 평면 α 위의 직선 중 점 A를 지나고 직선 PQ에 평행한 직선이 타원 E와 만나는 두 점을 C, D라 할 때, 삼각형 CDF'의 xy평면 위로의 정사영의 넓이를 T라 하자. T^2의 값을 구하시오. [4점]

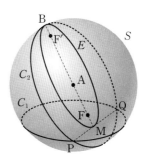

5지선다형

01

▶ 25054-1061

$\left(\dfrac{\sqrt[3]{16}}{4}\right)^{\frac{3}{2}}$의 값은? [2점]

① $\dfrac{1}{4}$ ② $\dfrac{1}{2}$ ③ 1

④ 2   ⑤ 4

02

▶ 25054-1062

함수 $f(x)=x^2+2x+5$에 대하여 $\displaystyle\lim_{h\to 0}\dfrac{f(2+h)-f(2)}{h}$의 값은? [2점]

① 6   ② 7   ③ 8

④ 9   ⑤ 10

03

▶ 25054-1063

이차방정식 $9x^2-3x-1=0$의 두 실근이 $\cos\alpha$, $\cos\beta$일 때, $\sin^2\alpha+\sin^2\beta$의 값은? [3점]

① $\dfrac{7}{6}$ ② $\dfrac{4}{3}$ ③ $\dfrac{3}{2}$

④ $\dfrac{5}{3}$ ⑤ $\dfrac{11}{6}$

04

▶ 25054-1064

함수 $y=f(x)$의 그래프가 그림과 같다.

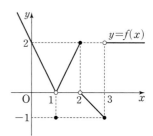

$\displaystyle\lim_{x\to 1-}f(x)+\lim_{x\to 2+}f(x)+\lim_{x\to 3-}f(x)$의 값은? [3점]

① -2 ② -1 ③ 0

④ 1   ⑤ 2

05

▶ 25054-1065

등비수열 $\{a_n\}$의 첫째항부터 제n항까지의 합을 S_n이라 하자. $S_{10}=8$, $S_{20}=40$일 때, S_{30}의 값은? [3점]

① 160　　　　　② 164　　　　　③ 168

④ 172　　　　　⑤ 176

06

▶ 25054-1066

다항함수 $f(x)$에 대하여 $f'(x)=12x^2-8x$이고, 곡선 $y=f(x)$ 위의 점 $(1, f(1))$에서의 접선의 y절편이 3일 때, $f(-1)$의 값은? [3점]

① -2　　　　　② -1　　　　　③ 0

④ 1　　　　　⑤ 2

07

▶ 25054-1067

1이 아닌 세 양수 a, b, c에 대하여

$$\log_c a=2\log_b a,\ \log_a b+\log_a c=2$$

일 때, $\log_a b-\log_a c$의 값은? [3점]

① $\dfrac{1}{6}$　　　　　② $\dfrac{1}{3}$　　　　　③ $\dfrac{1}{2}$

④ $\dfrac{2}{3}$　　　　　⑤ $\dfrac{5}{6}$

▶ 25054-1068

08

함수 $f(x)=2x^3-3x^2-12x+a$에 대하여 함수 $|f(x)|$가 $x=p$, $x=q$ $(p<q)$에서 극대이고, $|f(p)|>|f(q)|$를 만족시키는 모든 정수 a의 개수는? (단, p, q는 상수이다.) [3점]

① 11   ② 12   ③ 13
④ 14   ⑤ 15

09

▶ 25054-1069

$0 \leq x < 2\pi$에서 부등식

$$2\sin^2 \frac{x-\pi}{3} - 3\cos \frac{2x+\pi}{6} \leq 2$$

의 해가 $\alpha \leq x \leq \beta$일 때, $\cos \dfrac{\beta-\alpha}{2}$의 값은? [4점]

① $-\dfrac{\sqrt{2}}{2}$ ② $-\dfrac{1}{2}$ ③ $\dfrac{1}{2}$
④ $\dfrac{\sqrt{2}}{2}$ ⑤ $\dfrac{\sqrt{3}}{2}$

10

▶ 25054-1070

최고차항의 계수가 1인 삼차함수 $f(x)$가 다음 조건을 만족시킬 때, $f(1)-f(-1)$의 최댓값은? [4점]

> (가) 모든 실수 x에 대하여 $f'(x) \geq f'(-1)$이다.
> (나) 열린구간 $(-2, 2)$에서 함수 $f(x)$는 감소한다.

① -50 ② -48 ③ -46
④ -44 ⑤ -42

11

▶ 25054-1071

수직선 위를 움직이는 두 점 P, Q의 시각 t $(t \geq 0)$에서의 위치를 각각 $x_1(t)$, $x_2(t)$라 하면 $x_1(0)=1$, $x_2(0)=5$이고, 두 점 P, Q의 시각 t $(t \geq 0)$에서의 속도는 각각

$$v_1(t)=4t^2-9t+3, \quad v_2(t)=t^2-3t+12$$

이다. $x_1(t) \leq x_2(t)$인 시각 t에 대하여 두 점 P, Q 사이의 거리는 시각 $t=a$ $(a \geq 0)$일 때 최댓값 M을 갖는다. $a+M$의 값은? [4점]

① 30   ② 32   ③ 34

④ 36   ⑤ 38

12

▶ 25054-1072

모든 항이 자연수인 수열 $\{a_n\}$이 모든 자연수 n에 대하여

$$a_{n+1}= \begin{cases} a_n+3 & (a_n \text{이 홀수인 경우}) \\ \dfrac{a_n}{2}+5 & (a_n \text{이 짝수인 경우}) \end{cases}$$

를 만족시킬 때, $a_{30}=10$이 되도록 하는 모든 a_1의 값의 합은? [4점]

① 21   ② 22   ③ 23

④ 24   ⑤ 25

13

▶ 25054-1073

실수 a에 대하여 닫힌구간 $[-1, 1]$에서 함수
$f(x)=x^3+3x^2-6ax+2$의 최솟값을 $g(a)$라 할 때,
$g(-1)+g(1)$의 값은? [4점]

① $6-6\sqrt{3}$　　　② $8-6\sqrt{3}$　　　③ $8-4\sqrt{3}$

④ $10-4\sqrt{3}$　　　⑤ $10-2\sqrt{3}$

14

▶ 25054-1074

그림과 같이 1보다 큰 상수 a에 대하여 곡선 $y=\log_4 x$가 세 직선 $x=\dfrac{1}{a}$, $x=a$, $x=2a$와 만나는 점을 각각 A, B, C라 하고, 곡선 $y=\log_{\frac{1}{2}} x$가 세 직선 $x=\dfrac{1}{a}$, $x=a$, $x=2a$와 만나는 점을 각각 D, E, F라 하자. 사각형 BEFC의 넓이가 $3a$일 때, 사각형 AEBD의 넓이는 $p\times\left(a-\dfrac{1}{a}\right)$이다. 상수 p의 값은? [4점]

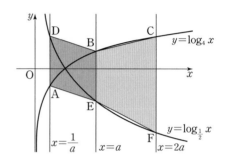

① $\dfrac{3}{4}$　　　② $\dfrac{3}{2}$　　　③ $\dfrac{9}{4}$

④ 3　　　⑤ $\dfrac{15}{4}$

15

▶ 25054-1075

두 함수

$$f(x)=x^3-x^2+3x-k, \quad g(x)=\frac{2}{3}x^3+x^2-x+4|x-1|$$

에 대하여 방정식 $f(x)=g(x)$의 서로 다른 실근의 개수가 3이 되도록 하는 정수 k의 최댓값을 M, 최솟값을 m이라 하자. $M-m$의 값은? [4점]

① 6 　　　　　　② 7 　　　　　　③ 8

④ 9 　　　　　　⑤ 10

▶ 정답과 풀이 97쪽

단답형

16

▶ 25054-1076

방정식 $2\log_3(x+1)=\log_3(2x+7)-1$을 만족시키는 실수 x의 값을 α라 할 때, 60α의 값을 구하시오. [3점]

17

▶ 25054-1077

수열 $\{a_n\}$에 대하여

$$\sum_{k=1}^{10}(a_k+3)(a_k-2)=8, \quad \sum_{k=1}^{10}(a_k+1)(a_k-1)=48$$

일 때, $\displaystyle\sum_{k=1}^{10}a_k$의 값을 구하시오. [3점]

18

▶ 25054-1078

$\lim\limits_{x \to \infty} (a\sqrt{2x^2+x+1} - bx) = 1$을 만족시키는 두 실수 a, b에 대하여 $a^2 \times b^2$의 값을 구하시오. [3점]

19

▶ 25054-1079

그림과 같이 두 곡선 $y = x^3 - 8x - 2$, $y = x^2 + 4x - 2$로 둘러싸인 두 부분의 넓이를 각각 S_1, S_2라 할 때,

$|S_1 - S_2| = \dfrac{q}{p}$이다. $p+q$의 값을 구하시오.

(단, p와 q는 서로소인 자연수이다.) [3점]

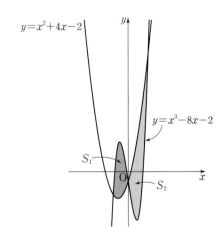

20

▶ 25054-1080

두 자연수 a, b에 대하여 열린구간 $(0, 2\pi)$에서 정의된 함수 $f(x) = a \sin 2x + b$가 있다. 자연수 n에 대하여 함수 $y = f(x)$의 그래프와 직선 $y = n$이 만나는 서로 다른 점의 개수를 $g(n)$이라 하자.

$$g(1) + g(2) + g(3) + g(4) + g(5) = 17$$

이 되도록 하는 두 수 a, b의 모든 순서쌍 (a, b)에 대하여 $a^2 + b^2$의 최댓값을 M, 최솟값을 m이라 할 때, $M+m$의 값을 구하시오. [4점]

21

▶ 25054-1081

수열 $\{a_n\}$이 다음 조건을 만족시킨다.

(가) $a_1 > 0$

(나) 모든 자연수 n에 대하여 $a_{n+1} \neq a_n$이고

$$\sum_{k=1}^{n} a_k = a_n^2 + na_n - 4$$

이다.

$\displaystyle\sum_{k=1}^{49} (-a_k)$의 값을 구하시오. [4점]

22

▶ 25054-1082

두 다항함수 $f(x)$, $g(x)$에 대하여 $f(x)$의 한 부정적분을 $F(x)$라 하고 $g(x)$의 한 부정적분을 $G(x)$라 하자. 네 함수 $f(x)$, $g(x)$, $F(x)$, $G(x)$가 모든 실수 x에 대하여 다음 조건을 만족시킨다.

(가) $\displaystyle\int_{1}^{x} f(t)dt = xg(x) + ax + 2$

(나) $g(x) = x\displaystyle\int_{0}^{1} f(t)dt + b$

(다) $f(x)G(x) + F(x)g(x) = 8x^3 + 3x^2 + 4$

두 상수 a, b에 대하여 $120 \times \displaystyle\int_{b}^{a} f(x)g(x)dx$의 값을 구하시오. [4점]

5지선다형

23

▸ 25056-1083

서로 평행하지 않은 두 벡터 $\vec{a}$, $\vec{b}$에 대하여 두 벡터

$$2\vec{a}+6\vec{b},\ 3\vec{a}+k\vec{b}$$

가 서로 평행하도록 하는 실수 k의 값은? (단, $\vec{a}\neq\vec{0}$, $\vec{b}\neq\vec{0}$)

[2점]

① 6   ② 7   ③ 8

④ 9   ⑤ 10

24

▸ 25056-1084

쌍곡선 $\dfrac{x^2}{a^2}-\dfrac{y^2}{2a^2}=1$ 위의 점 $(3,\sqrt{6})$에서의 접선의 x절편은?

(단, a는 양수이다.) [3점]

① $\dfrac{2}{3}$ ② 1   ③ $\dfrac{4}{3}$

④ $\dfrac{5}{3}$ ⑤ 2

25

▶ 25056-1085

좌표공간에 구

$$S:\ x^2+y^2+z^2-2x+6y-8z+22=0$$

과 점 $P(4, -1, 2)$가 있다. 구 S 위를 움직이는 점 Q와 xy평면 위의 점 R에 대하여 $\overline{PR}+\overline{QR}$의 최솟값은? [3점]

① 3   ② 4   ③ 5

④ 6   ⑤ 7

26

▶ 25056-1086

그림과 같이 초점이 F인 포물선 $y^2=4px$ 위에 있는 제1사분면 위의 점 P에서 x축, y축에 내린 수선의 발을 각각 H, I라 하고, 삼각형 PFH의 넓이를 S_1, 사각형 OFPI의 넓이를 S_2라 하자. $S_1:S_2=3:4$이고 $\overline{PF}=12$일 때, 선분 PH의 길이는?

(단, O는 원점이고, p는 양수이다.) [3점]

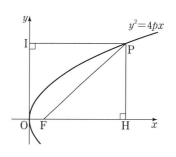

① $2\sqrt{15}$ ② $3\sqrt{7}$ ③ $\sqrt{66}$

④ $\sqrt{69}$ ⑤ $6\sqrt{2}$

27

▶ 25056-1087

그림과 같이 두 초점이 F, F′인 타원 $\dfrac{x^2}{64}+\dfrac{y^2}{28}=1$ 위에 있는 제1사분면 위의 점 A에 대하여 $\angle$AFF′의 이등분선이 선분 AF′과 만나는 점을 B라 하자. $\overline{\text{AF}}+\overline{\text{AB}}=\overline{\text{BF}′}-2$일 때, 선분 BF의 길이는? (단, $\overline{\text{AF}′}>\overline{\text{AF}}$) [3점]

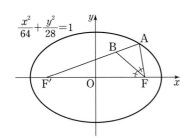

① $\sqrt{21}$ ② $\sqrt{22}$ ③ $\sqrt{23}$

④ $2\sqrt{6}$ ⑤ 5

28

▶ 25056-1088

좌표평면에서 한 변의 길이가 6인 마름모 ABCD와 점 P가
$$\overrightarrow{\text{PA}}+\overrightarrow{\text{PB}}+\overrightarrow{\text{PC}}=\overrightarrow{\text{DB}}+2\overrightarrow{\text{DC}}$$
를 만족시키고 $|\overrightarrow{\text{BP}}|=8$일 때, $|\overrightarrow{\text{PC}}|$의 값은?

$$\left(\text{단, } 0<\angle\text{BAD}<\dfrac{\pi}{2}\right) \text{[4점]}$$

① $2\sqrt{17}$ ② $6\sqrt{2}$ ③ $2\sqrt{19}$

④ $4\sqrt{5}$ ⑤ $2\sqrt{21}$

단답형

29

▶ 25056-1089

직선 $x=-5$를 준선으로 하고 초점이 x축 위의 점 F인 포물선 위의 점 P가 다음 조건을 만족시킨다.

점 A$(5, 0)$에 대하여 점 P에서 직선 $x=-5$에 내린 수선의 발을 H라 할 때, $|\overrightarrow{PA}|=|\overrightarrow{PH}|$이고 $\overrightarrow{PA} \cdot \overrightarrow{PH}=-16$이다.

타원 $\dfrac{x^2}{25}+\dfrac{y^2}{9}=1$의 두 초점 중 x좌표가 음수인 점을 Q라 할 때, $\overrightarrow{PF} \cdot \overrightarrow{PQ}$의 값을 구하시오. (단, 점 F의 x좌표는 -5보다 크고 5보다 작으며, 점 P의 y좌표는 양수이다.) [4점]

30

▶ 25056-1090

좌표공간에 원점 O와 세 점 A$(2, 4, 0)$, B(x_1, y_1, z_1), C(x_2, y_2, z_2)가 있다. 두 점 B, C에서 xy평면에 내린 수선의 발을 각각 B′, C′이라 하고, 직선 BC와 xy평면이 이루는 예각의 크기를 θ라 할 때, 네 점 O, A, B, C가 다음 조건을 만족시킨다.

(가) 사각형 OB′AC′은 넓이가 20인 마름모이다.

(나) $\cos \theta=\dfrac{2\sqrt{5}}{5}$

(다) 삼각형 OAB의 넓이는 삼각형 OAC의 평면 OAB 위로의 정사영의 넓이의 2배이다.

직선 BC와 yz평면이 이루는 예각의 크기를 α라 할 때, $\cos \alpha=\dfrac{q}{p}$이다. $p+q$의 값을 구하시오.

(단, $x_1>x_2$, $0<z_1<z_2$이고, p와 q는 서로소인 자연수이다.) [4점]

5지선다형

01

▶ 25054-1091

$\sqrt[5]{\left(\dfrac{\sqrt[3]{3}}{9}\right)^{-6}}$ 의 값은? [2점]

① $\dfrac{1}{9}$ ② $\dfrac{1}{3}$ ③ 1

④ 3   ⑤ 9

02

▶ 25054-1092

함수 $f(x)=2x^3-x+3$에 대하여 $\lim\limits_{x \to 1}\dfrac{2f(x)-8}{x-1}$의 값은?

[2점]

① 8   ② 9   ③ 10

④ 11   ⑤ 12

03

▶ 25054-1093

두 수열 $\{a_n\}$, $\{b_n\}$에 대하여

$$\sum_{k=1}^{10}(a_k+b_k+2)=35, \ \sum_{k=1}^{5}b_{2k-1}=\sum_{k=1}^{5}b_{2k}=5$$

일 때, $\sum\limits_{k=1}^{10} a_k$의 값은? [3점]

① -10 ② -5 ③ 0

④ 5   ⑤ 10

04

▶ 25054-1094

함수 $y=f(x)$의 그래프가 그림과 같다.

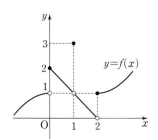

$\lim\limits_{x \to 0+} f(x)+\lim\limits_{x \to 0-} f(x+2)$의 값은? [3점]

① 1   ② 2   ③ 3

④ 4   ⑤ 5

05

▸ 25054-1095

다항함수 $f(x)$에 대하여 함수 $g(x)$를
$$g(x)=(x^3-1)f(x)$$
라 하자. 곡선 $y=f(x)$ 위의 점 $(2, 0)$에서의 접선의 기울기가 1일 때, $g'(2)$의 값은? [3점]

① 7   ② 9   ③ 11

④ 13   ⑤ 15

06

▸ 25054-1096

$\dfrac{3}{2}\pi<\theta<2\pi$인 θ에 대하여 $\tan\left(\theta-\dfrac{3}{2}\pi\right)=\dfrac{3}{4}$일 때, $\sin\theta$의 값은? [3점]

① $-\dfrac{4}{5}$ ② $-\dfrac{3}{4}$ ③ $-\dfrac{3}{5}$

④ $\dfrac{3}{5}$ ⑤ $\dfrac{4}{5}$

07

▸ 25054-1097

방정식 $x^4-\dfrac{20}{3}x^3+12x^2-k=0$의 서로 다른 실근의 개수가 3이 되도록 하는 모든 실수 k의 값의 합은? [3점]

① $\dfrac{56}{3}$ ② 19   ③ $\dfrac{58}{3}$

④ $\dfrac{59}{3}$ ⑤ 20

08

▶ 25054-1098

두 상수 a, b에 대하여 함수

$$f(x)=\begin{cases} x & (x<b-2 \text{ 또는 } x>b+2) \\ x^2-5x+a & (b-2\le x\le b+2) \end{cases}$$

가 실수 전체의 집합에서 연속일 때, $a+b$의 값은? [3점]

① 6   ② 8   ③ 10

④ 12   ⑤ 14

09

▶ 25054-1099

다음 조건을 만족시키는 삼각형 ABC의 외접원의 넓이가 4π일 때, 삼각형 ABC의 넓이는? [4점]

(가) $\sin A=\sin C$

(나) $\sin A \sin B=\cos C \cos\left(\dfrac{\pi}{2}-B\right)$

---

① $2\sqrt{2}$ ② $\sqrt{10}$ ③ $2\sqrt{3}$

④ $\sqrt{14}$ ⑤ 4

10

▶ 25054-1100

함수 $f(x)=x^2-8x+k$에 대하여 다음 조건을 만족시키는 모든 자연수 k의 값의 합은? [4점]

$1\le t\le 10$인 실수 t에 대하여 $2^{f(t)}$의 세제곱근 중 실수인 값 전체의 집합을 A라 할 때, $8\in A$이다.

---

① 225   ② 250   ③ 275

④ 300   ⑤ 325

11

▸ 25054-1101

최고차항의 계수가 1인 사차함수 $f(x)$가 다음 조건을 만족시킬 때, $f(2)$의 값은? [4점]

> (가) 모든 실수 t에 대하여 $\displaystyle\lim_{x \to t} \dfrac{f(x)-f(-x)}{x-t}$의 값이 존재한다.
>
> (나) 곡선 $y=f(x)$ 위의 점 $(1,\ 7)$에서의 접선의 y절편이 -1이다.

① 28 ② 30 ③ 32
④ 34 ⑤ 36

12

▸ 25054-1102

$a_1 = -9$이고 공차가 d인 등차수열 $\{a_n\}$의 첫째항부터 제n항까지의 합을 S_n이라 하자. $S_p = S_q$를 만족시키는 서로 다른 두 자연수 p, $q\ (p<q)$의 모든 순서쌍 $(p,\ q)$의 개수가 4가 되도록 하는 모든 실수 d의 값의 합은? [4점]

① $\dfrac{15}{4}$ ② 4 ③ $\dfrac{17}{4}$
④ $\dfrac{9}{2}$ ⑤ $\dfrac{19}{4}$

13

▶ 25054-1103

두 자연수 a, b에 대하여 함수

$$f(x)=\begin{cases} |3^{x+2}-5| & (x \le 0) \\ 2^{-x+a}-b & (x>0) \end{cases}$$

이 다음 조건을 만족시킨다.

> 두 집합 $A=\{f(x)|x \le k\}$, $B=\{a|a \in A,\ a$는 정수$\}$에 대하여 $n(B)=5$가 되도록 하는 모든 실수 k의 값의 범위는 $\log_3 \dfrac{5}{9} \le k < 1$이다.

$a+b$의 최댓값을 M, 최솟값을 m이라 할 때, $M \times m$의 값은?

[4점]

① 21   ② 24   ③ 27

④ 30   ⑤ 33

14

▶ 25054-1104

실수 전체의 집합에서 연속인 함수 $f(x)$가 양수 a에 대하여 $0 \le x < 2$일 때

$$f(x)=\begin{cases} ax^2 & (0 \le x < 1) \\ -a(x-2)^2+2a & (1 \le x < 2) \end{cases}$$

이고, 모든 실수 x에 대하여 $f(x+2)=f(x)+b$를 만족시킨다. 함수 $y=f(x)$의 그래프와 x축 및 직선 $x=7$로 둘러싸인 부분의 넓이가 73일 때, $a+b$의 값은? (단, a, b는 상수이다.) [4점]

① 6   ② 7   ③ 8

④ 9   ⑤ 10

15

▸ 25054-1105

최고차항의 계수가 1이고 $f(-1)=0$인 삼차함수 $f(x)$와 최고차항의 계수가 1이고 $g(\alpha)=0\ (\alpha<-1)$인 이차함수 $g(x)$가 다음 조건을 만족시킨다.

(가) 함수 $|f(x)|$는 $x=\alpha$에서만 <u>미분가능하지 않다</u>.

(나) 모든 실수 x에 대하여 $\displaystyle\int_{\alpha}^{x} f(t)g(t)dt \geq 0$이다.

(다) 다항함수 $h(x)$가 모든 실수 x에 대하여
$$(x+1)h(x)=f(x)g(x)$$
일 때, 함수 $h(x)$의 극솟값은 -27이다.

방정식 $h'(x)=0$을 만족시키는 서로 다른 모든 실수 x의 값의 합은? [4점]

① -9 ② -8 ③ -7

④ -6 ⑤ -5

단답형

16

▸ 25054-1106

함수 $f(x)$에 대하여 $f'(x)=3x^2+2x+1$일 때, $f(2)-f(1)$의 값을 구하시오. [3점]

17

▸ 25054-1107

부등식 $x\log_2 x-2\log_2 x-3x+6 \leq 0$을 만족시키는 모든 정수 x의 값의 합을 구하시오. [3점]

▸ 25054-1108

수열 $\{a_n\}$에 대하여
$$\sum_{n=1}^{20} a_n = 30, \quad \sum_{n=1}^{18} a_{n+1} = 22$$
일 때, $a_1 + a_{20}$의 값을 구하시오. [3점]

19

▸ 25054-1109

수직선 위를 움직이는 점 P의 시각 t $(t \geq 0)$에서의 위치 x가
$$x = t^4 + pt^3 + qt^2$$
이다. 점 P가 시각 $t=1$과 $t=2$에서 운동 방향을 바꿀 때, 시각 $t=3$에서의 점 P의 가속도를 구하시오. (단, p, q는 상수이다.)
[3점]

▸ 25054-1110

양수 a와 $0 \leq t \leq 1$인 실수 t에 대하여 x에 대한 방정식
$$\left(\sin\frac{2x}{a} - t\right)\left(\cos\frac{2x}{a} - t\right) = 0$$
의 실근 중에서 집합 $\{x \mid 0 \leq x \leq 2a\pi\}$에 속하는 모든 값을 작은 수부터 크기순으로 나열한 것을 a_1, a_2, a_3, $\cdots$, a_n (n은 자연수)라 할 때, a_n이 다음 조건을 만족시킨다.

$d \neq 3$인 자연수 d에 대하여
$$a_3 - a_1 = d\pi, \quad a_4 - a_2 = 6\pi - d\pi$$
이다.

$t \times (10a + d)$의 값을 구하시오. [4점]

21

▶ 25054-1111

삼차함수 $f(x)$가 다음 조건을 만족시킨다.

> (가) 방정식 $f(x)=0$의 서로 다른 실근의 개수는 2이다.
> (나) 방정식 $f(x-f(x))=0$의 서로 다른 실근의 개수는 5이다.

$f(0)=\dfrac{4}{9}$, $f'(0)=0$일 때, $f(4)=\dfrac{q}{p}$이다. $p+q$의 값을 구하시오. (단, p와 q는 서로소인 자연수이다.) [4점]

22

▶ 25054-1112

수열 $\{a_n\}$이 모든 자연수 n에 대하여

$$a_{n+1}=\begin{cases} a_n+3 & (|a_n|<8) \\ -\dfrac{1}{3}a_n & (|a_n|\geq 8) \end{cases}$$

을 만족시킨다. 모든 자연수 k에 대하여

$$a_{3+5k}=a_3\times\left(-\frac{1}{3}\right)^k$$

이고, 부등식 $|a_m|\geq 8$을 만족시키는 100 이하의 자연수 m의 개수가 20 이상이 되도록 하는 모든 정수 a_1의 값의 합을 구하시오. [4점]

5지선다형

23

▶ 25056-1113

구 $x^2+y^2+z^2=2x+4y-6z$의 반지름의 길이는? [2점]

① $\sqrt{11}$　　　　② $2\sqrt{3}$　　　　③ $\sqrt{13}$

④ $\sqrt{14}$　　　　⑤ $\sqrt{15}$

24

▶ 25056-1114

타원 $\dfrac{x^2}{4}+y^2=1$ 위의 두 점 $A(2,\ 0)$, $B(0,\ 1)$에 대하여 직선 AB에 수직이고 타원에 접하는 서로 다른 두 직선의 y절편을 각각 y_1, y_2라 하자. $|y_1-y_2|$의 값은? [3점]

① $2\sqrt{15}$　　　　② 8　　　　③ $2\sqrt{17}$

④ $6\sqrt{2}$　　　　⑤ $2\sqrt{19}$

25

▶ 25056-1115

평면 α 위에 넓이가 20인 삼각형 ABC가 있다. 삼각형 ABC의 무게중심 G와 평면 α 위의 점 P가

$$2\overrightarrow{PA}+\overrightarrow{BP}+3\overrightarrow{CP}=6\overrightarrow{PG}$$

를 만족시킨다. 삼각형 AGP의 넓이는? [3점]

① $\dfrac{5}{3}$　　　② 2　　　③ $\dfrac{7}{3}$

④ $\dfrac{8}{3}$　　　⑤ 3

26

▶ 25056-1116

그림과 같이 초점이 F인 포물선 $y^2=8x$ 위에 있는 제1사분면 위의 점 P에서 포물선의 준선 l에 내린 수선의 발을 Q라 하자. 세 점 P, Q, F를 지나는 원이 원점 O를 지날 때, 이 원의 넓이는? [3점]

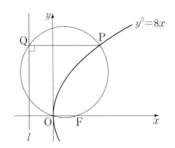

① 13π　　　② $\dfrac{27}{2}\pi$　　　③ 14π

④ $\dfrac{29}{2}\pi$　　　⑤ 15π

27

▸ 25056-1117

크기가 각각 $2\sqrt{2}$, 3인 두 벡터 $\vec{a}$, $\vec{b}$가 모든 실수 k에 대하여

$$|\vec{a}+k\vec{b}| \geq 2$$

를 만족시킨다. 두 벡터 $\vec{a}$, $\vec{b}$가 이루는 각의 크기를 θ $(0 \leq \theta \leq \pi)$라 할 때, $\cos\theta$의 최댓값은? [3점]

① $\dfrac{\sqrt{2}}{4}$ 　　② $\dfrac{1}{2}$ 　　③ $\dfrac{\sqrt{6}}{4}$

④ $\dfrac{\sqrt{2}}{2}$ 　　⑤ $\dfrac{\sqrt{10}}{4}$

28

▸ 25056-1118

그림과 같이 삼각형 ABC의 세 꼭짓점 A, B, C의 평면 α 위로의 정사영을 각각 A′, B′, C′이라 할 때, 세 점 A′, B′, C′이 다음 조건을 만족시킨다.

(가) 삼각형 A′B′C′은 한 변의 길이가 4인 정삼각형이다.
(나) 세 삼각형 AB′C′, BC′A′, CA′B′의 넓이는 각각 8, $2\sqrt{13}$, $2\sqrt{21}$이다.

삼각형 ABC의 넓이는?

(단, 삼각형 ABC의 세 변은 평면 α와 만나지 않는다.) [4점]

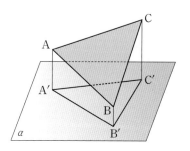

① $2\sqrt{11}$ 　　② $4\sqrt{3}$ 　　③ $2\sqrt{13}$

④ $2\sqrt{14}$ 　　⑤ $2\sqrt{15}$

▶ 25056-1119

▶ 25056-1120

단답형

29

양수 c에 대하여 두 점 $F(c, 0)$, $F'(-c, 0)$을 초점으로 하고 주축의 길이가 4인 쌍곡선이 있다. 이 쌍곡선 위의 서로 다른 두 점 P, Q가 다음 조건을 만족시킨다.

(가) 두 점 P, Q는 제1사분면에 있다.

(나) 두 삼각형 PF'F, QF'F는 직각삼각형이다.

(다) 두 삼각형 PF'F, QF'F의 둘레의 길이의 차는 2이다.

c^2의 값을 구하시오. [4점]

30

좌표평면에서 한 변의 길이가 4인 정삼각형 ABC와 네 점 P, Q, R, X가 다음 조건을 만족시킨다.

(가) $|\overrightarrow{AP}| = |\overrightarrow{BQ}| = 2$

(나) $\overrightarrow{AP} \cdot \overrightarrow{AB} \geq 4$, $\overrightarrow{AP} \cdot \overrightarrow{AC} \geq 4$
$\overrightarrow{BQ} \cdot \overrightarrow{BA} \geq 4$, $\overrightarrow{BQ} \cdot \overrightarrow{BC} \geq 4$

(다) $\overrightarrow{CR} = k\overrightarrow{AC}$, $-\dfrac{1}{2} \leq k \leq 0$

(라) $\overrightarrow{CX} = \overrightarrow{AP} + \overrightarrow{BQ} + \overrightarrow{CR}$

$\overrightarrow{AB} \cdot \overrightarrow{AX}$의 최댓값을 M이라 하고, $\overrightarrow{AB} \cdot \overrightarrow{AX} = M$일 때 삼각형 PQR의 넓이를 S라 하자. $M \times S^2$의 값을 구하시오. [4점]

5지선다형

01

▶ 25054-1121

$\sqrt[3]{4} \times 8^{-\frac{5}{9}}$의 값은? [2점]

① $\dfrac{1}{4}$　　　② $\dfrac{1}{2}$　　　③ 1

④ 2　　　⑤ 4

02

▶ 25054-1122

함수 $f(x) = 3x^2 - 3x$에 대하여 $\lim\limits_{x \to 2} \dfrac{f(x) - 6}{x - 2}$의 값은? [2점]

① 3　　　② 6　　　③ 9

④ 12　　　⑤ 15

03

▶ 25054-1123

모든 항이 양수인 등비수열 $\{a_n\}$에 대하여

$$\frac{a_1 \times a_4}{a_2} = 3,\ a_3 + a_5 = 15$$

일 때, a_6의 값은? [3점]

① 12　　　② 16　　　③ 20

④ 24　　　⑤ 28

04

▶ 25054-1124

함수 $y = f(x)$의 그래프가 그림과 같다.

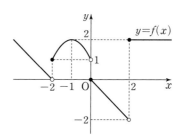

$\lim\limits_{x \to -2-} f(x) + \lim\limits_{x \to 1+} f(x+1)$의 값은? [3점]

① 1　　　② 2　　　③ 3

④ 4　　　⑤ 5

05

▸ 25054-1125

$\pi < \theta < \dfrac{3}{2}\pi$인 θ에 대하여 $\cos\theta - \dfrac{1}{\cos\theta} = \dfrac{\tan\theta}{3}$일 때,

$\cos(\pi-\theta)$의 값은? [3점]

① $-\dfrac{2\sqrt{2}}{3}$　　② $-\dfrac{\sqrt{5}}{3}$　　③ $-\dfrac{1}{3}$

④ $\dfrac{1}{3}$　　⑤ $\dfrac{2\sqrt{2}}{3}$

06

▸ 25054-1126

함수 $f(x) = x^3 + ax^2 + bx + 2$는 $x=1$, $x=3$에서 각각 극값을 갖는다. 함수 $f(x)$의 극솟값은? (단, a, b는 상수이다.) [3점]

① 1　　② 2　　③ 3

④ 4　　⑤ 5

07

▸ 25054-1127

다항함수 $f(x)$가 모든 실수 x에 대하여

$$\int_{-1}^{x} f(t)\,dt = 2x^3 + ax^2 + bx + 2$$

를 만족시킨다. $f(1)=0$일 때, $a+b$의 값은?

(단, a, b는 상수이다.) [3점]

① -4　　② -2　　③ 0

④ 2　　⑤ 4

08

▶ 25054-1128

두 양수 a, b가

$$\log_2 a - \log_4 b = \frac{1}{2},\ a+b = 6\log_3 2 \times \log_2 9$$

를 만족시킬 때, $b-a$의 값은? [3점]

① 4　　　　　② 6　　　　　③ 8
④ 10　　　　 ⑤ 12

▶ 25054-1129

시각 $t=0$일 때 동시에 원점을 출발하여 수직선 위를 움직이는 두 점 P, Q의 시각 t ($t \geq 0$)에서의 속도가 각각

$$v_1(t) = 3t^2 - 2t,\ v_2(t) = 2t$$

이다. 시각 $t=a$에서의 두 점 P, Q의 위치가 서로 같을 때, 점 P가 시각 $t=0$에서 $t=a$까지 움직인 거리는?

(단, a는 양수이다.) [4점]

① $\dfrac{104}{27}$　　　　② $\dfrac{107}{27}$　　　　③ $\dfrac{110}{27}$
④ $\dfrac{113}{27}$　　　　⑤ $\dfrac{116}{27}$

▶ 25054-1130

최고차항의 계수가 1인 삼차함수 $f(x)$에 대하여 곡선 $y=f(x)$ 위의 점 $(1, 0)$에서의 접선의 기울기가 1이고, 곡선 $y=(x-2)f(x)$ 위의 점 $(2, 0)$에서의 접선의 기울기가 4일 때, $f(-1)$의 값은? [4점]

① -5　　　　② -4　　　　③ -3
④ -2　　　　⑤ -1

11
▶ 25054-1131

최고차항의 계수가 1인 사차함수 $f(x)$에 대하여

$$\lim_{x \to 0} \frac{f(x)}{x} = 2$$

이다. 상수 k에 대하여 함수 $g(x)$가

$$g(x) = \begin{cases} \dfrac{x(x+1)}{f(x)} & (f(x) \neq 0) \\ k & (f(x) = 0) \end{cases}$$

이고 함수 $g(x)$가 실수 전체의 집합에서 연속일 때, $f(1)$의 값은? [4점]

① 4   ② 5   ③ 6

④ 7   ⑤ 8

12
▶ 25054-1132

모든 항이 정수인 수열 $\{a_n\}$이 모든 자연수 n에 대하여

$$a_{n+1} = \begin{cases} a_n - 8 & (a_n \geq 0) \\ a_n^{\,2} & (a_n < 0) \end{cases}$$

을 만족시킬 때, $a_6 + a_8 = 0$이 되도록 하는 모든 a_1의 값의 합은? [4점]

① 74   ② 78   ③ 82

④ 86   ⑤ 90

13

▶ 25054-1133

함수 $f(x)=3\sin \pi x+2$가 있다. $0\leq x\leq 3$일 때, 양수 t에 대하여 x에 대한 방정식 $\{f(x)-t\}\{2f(x)+t\}=0$의 서로 다른 실근의 개수를 $g(t)$, 서로 다른 모든 실근의 합을 $h(t)$라 하자. $h(t)-g(t)$의 최댓값은?

(단, $g(t)=0$이면 $h(t)=0$으로 한다.) [4점]

① $\dfrac{3}{2}$ ② 2 ③ $\dfrac{5}{2}$

④ 3 ⑤ $\dfrac{7}{2}$

14

▶ 25054-1134

최고차항의 계수가 1인 삼차함수 $f(x)$가 다음 조건을 만족시킨다.

(가) 함수 $|f(x)|$는 $x=-1$에서만 미분가능하지 않다.

(나) 방정식 $|f(x)|=f(-1)$은 서로 다른 두 실근을 갖고, 이 두 실근의 합은 1보다 크다.

(다) 방정식 $|f(x)|=f(2)$의 서로 다른 실근의 개수는 3이다.

0이 아닌 두 상수 m, n에 대하여 함수 $g(x)$가
$$g(x)=\begin{cases} f(x-m)+n & (x<2) \\ f(x) & (x\geq 2) \end{cases}$$
이다. 함수 $g(x)$가 실수 전체의 집합에서 미분가능하도록 하는 m, n에 대하여 $m+n$의 값은? [4점]

① 84 ② 90 ③ 96
④ 102 ⑤ 108

15

▶ 25054-1135

자연수 a $(a>1)$과 정수 b에 대하여 두 함수

$f(x)=\log_2(x+a)$, $g(x)=4^x+\dfrac{b}{8}$가 다음 조건을 만족시킨다.

> (가) 곡선 $y=f(x)$를 직선 $y=x$에 대하여 대칭이동한 곡선 $y=h(x)$에 대하여 두 곡선 $y=g(x)$, $y=h(x)$는 서로 다른 두 점에서 만난다.
>
> (나) 곡선 $y=f(x)$와 x축 및 y축으로 둘러싸인 영역의 내부 또는 그 경계에 포함되고 x좌표와 y좌표가 모두 정수인 점의 개수가 8이다.

$a+b$의 값은? [4점]

① -28 ② -27 ③ -26

④ -25 ⑤ -24

단답형

16

▶ 25054-1136

방정식 $\log_3(x-2)=\log_9(x+10)$을 만족시키는 실수 x의 값을 구하시오. [3점]

17

▶ 25054-1137

두 수열 $\{a_n\}$, $\{b_n\}$에 대하여

$$\sum_{k=1}^{10}(1+2a_k)=48,\ \sum_{k=1}^{10}(k+b_k)=60$$

일 때, $\sum_{k=1}^{10}(a_k-b_k)$의 값을 구하시오. [3점]

18

▸ 25054-1138

함수 $f(x)=(x^2-1)(x^2+ax+a)$에 대하여 $f'(-2)=0$일 때, 상수 a의 값을 구하시오. [3점]

19

▸ 25054-1139

$a>2$인 실수 a에 대하여 곡선 $y=x^2-4$와 직선 $y=a^2-4$로 둘러싸인 부분의 넓이가 x축에 의하여 이등분될 때, a^3의 값을 구하시오. [3점]

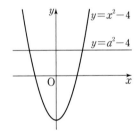

20

▸ 25054-1140

그림과 같이 $\overline{AB}=1$, $\overline{BC}=x$, $\overline{CA}=3-x$인 삼각형 ABC의 변 BC 위에 $\overline{AB}=\overline{BD}$인 점 D를 잡는다. $\cos(\angle ABC)=\dfrac{1}{3}$일 때, $\sin^2(\angle BAD)+\sin^2(\angle CAD)=k$이다. $81k$의 값을 구하시오. (단, $1<x<2$) [4점]

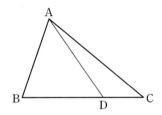

21

▸ 25054-1141

모든 항이 정수이고 다음 조건을 만족시키는 모든 등차수열 $\{a_n\}$에 대하여 $|a_1|$의 최댓값을 구하시오. [4점]

(가) 모든 자연수 n에 대하여 $a_6 a_8 < a_n a_{n+1}$이다.

(나) $\displaystyle\sum_{k=1}^{10}(|a_k|+a_k)=30$

22

▸ 25054-1142

상수함수가 아닌 두 다항함수 $f(x)$, $g(x)$에 대하여 $g(x)$의 한 부정적분을 $G(x)$라 할 때, 세 함수 $f(x)$, $g(x)$, $G(x)$가 다음 조건을 만족시킨다.

(가) 모든 실수 x에 대하여
$$\{f(x)g(x)\}' = 18\{G(x)+2f'(x)+22\}$$이다.

(나) 모든 실수 x에 대하여
$$f(x) = \int_1^x g(t)dt + 6(3x-2)$$이다.

(다) $g(1)<0$이고 $G(0)=1$이다.

닫힌구간 $[0, 2]$에서 함수 $h(x)$가
$$h(x) = \begin{cases} -f(x)+12 & (0 \le x < 1) \\ f(x) & (1 \le x \le 2) \end{cases}$$
이고, 모든 실수 x에 대하여 $h(x)=h(x-2)+6$을 만족시킬 때, $\displaystyle\int_{g(4)}^{g(6)} h(x)dx$의 값을 구하시오. [4점]

5지선다형

23
▶ 25056-1143

좌표공간의 두 점 $A(4, 2, 3)$, $B(1, -4, 0)$에 대하여 선분 AB를 $2:1$로 내분하는 점을 P라 할 때, 선분 OP의 길이는? (단, O는 원점이다.) [2점]

① 3 ② 4 ③ 5
④ 6 ⑤ 7

24
▶ 25056-1144

쌍곡선 $\dfrac{x^2}{16} - \dfrac{y^2}{9} = 1$ 위의 점 $(8, 3\sqrt{3})$에서의 접선과 x축 및 y축으로 둘러싸인 부분의 넓이는? [3점]

① 1 ② $\sqrt{2}$ ③ $\sqrt{3}$
④ 2 ⑤ $\sqrt{5}$

25

▶ 25056-1145

좌표평면 위에 두 점 A(8, 0), B(0, 6)과 점 P가 있다. 점 P가

$$|\overrightarrow{OP}| = |\overrightarrow{AB}|$$

를 만족시킬 때, $|\overrightarrow{PA} + \overrightarrow{PB}|$의 최댓값은? (단, O는 원점이다.)

[3점]

① 22
② 24
③ 26
④ 28
⑤ 30

26

▶ 25056-1146

그림과 같이 모든 모서리의 길이가 4인 정사각뿔 O−ABCD에 대하여 꼭짓점 O에서 선분 BC에 내린 수선의 발을 M이라 하고, 선분 AD의 중점을 N이라 할 때, 두 직선 OM, NC가 이루는 예각의 크기를 θ라 하자. $\cos^2 \theta$의 값은? [3점]

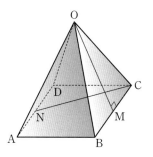

① $\dfrac{1}{15}$
② $\dfrac{2}{15}$
③ $\dfrac{1}{5}$
④ $\dfrac{4}{15}$
⑤ $\dfrac{1}{3}$

27

▸ 25056-1147

포물선 $y^2=4x$의 초점 F를 지나고 기울기가 양수인 직선과 포물선이 만나는 두 점 A, B에서 y축에 내린 수선의 발을 각각 C, D라 하자. $\overline{AB}=5$일 때, 사각형 ACDB의 넓이는? [3점]

① $\sqrt{42}$ ② $3\sqrt{5}$ ③ $4\sqrt{3}$
④ $\sqrt{51}$ ⑤ $3\sqrt{6}$

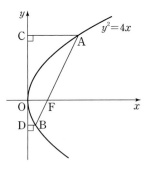

28

▸ 25056-1148

그림과 같이 한 모서리의 길이가 12인 정사면체 ABCD가 있다. 좌표공간에 놓인 정사면체 ABCD는 다음 조건을 만족시킨다.

(가) 점 D의 좌표는 $(4\sqrt{3},\ 0,\ 0)$이다.

(나) 삼각형 BCD는 xy평면 위에 있고, 꼭짓점 A에서 xy평면에 내린 수선의 발은 원점 O이다.

정사면체 ABCD에 내접하는 구 S에 대하여 태양광선이 평면 ABC에 수직인 방향으로 비출 때, 구 S에 의해 만들어지는 xy평면 위의 그림자의 경계는 타원이다. 이 타원 위의 점 $P(\sqrt{3},\ \sqrt{3},\ 0)$에서의 접선과 x축 및 y축으로 둘러싸인 부분의 넓이는? (단, 점 A의 z좌표는 양수이다.) [4점]

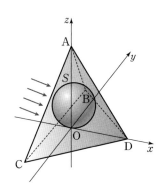

① 1   ② $\dfrac{4}{3}$ ③ $\dfrac{5}{3}$
④ 2   ⑤ $\dfrac{7}{3}$

단답형

29

▶ 25056-1149

두 초점이 $F(c, 0)$, $F'(-c, 0)(c>0)$인 타원 $\dfrac{x^2}{16}+\dfrac{y^2}{a^2}=1$이 있다. 이 타원 위에 있는 제1사분면 위의 점 P에 대하여 점 F에서 직선 PF′에 내린 수선의 발을 H라 할 때, 네 점 F, F′, P, H가 다음 조건을 만족시킨다.

> (가) 삼각형 PF′F의 둘레의 길이가 12이다.
> (나) $\overline{FH}=\sqrt{7}$

타원 위의 점 P에서의 접선의 기울기가 m일 때, $\dfrac{1}{m^2}$의 값을 구하시오. (단, a는 양수이다.) [4점]

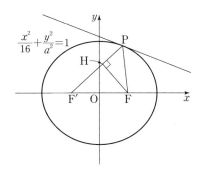

30

▶ 25056-1150

그림과 같이 한 변의 길이가 2인 정육각형 ABCDEF에서 두 선분 AD, BE의 교점을 O라 하자. 점 F를 중심으로 하는 부채꼴 FOE의 호 OE 위를 움직이는 점 P, 점 B를 중심으로 하는 부채꼴 BOA의 호 OA 위를 움직이는 점 Q, 점 D를 중심으로 하는 부채꼴 DOC의 호 OC 위를 움직이는 점 R에 대하여 두 점 P′, R′이 $\overrightarrow{FP}=\overrightarrow{BP'}$, $\overrightarrow{DR}=\overrightarrow{BR'}$을 만족시킬 때, $\overrightarrow{P'Q} \cdot \overrightarrow{P'R'}$의 최댓값은 $p+q\sqrt{3}$이다. $p \times q$의 값을 구하시오.

(단, p와 q는 유리수이다.) [4점]

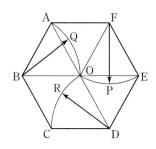

한눈에 보는 정답

유형편

01 지수함수와 로그함수
본문 6~13쪽

01 ③	02 ②	03 ⑤	04 ①	05 ①
06 ④	07 ②	08 30	09 ④	10 ⑤
11 12	12 ④	13 ①	14 ②	15 ①
16 ③	17 ④	18 ②	19 6	20 ②
21 15	22 7	23 ①	24 5	25 ③
26 ②	27 ②	28 1	29 ⑤	30 ②
31 ③	32 ④			

03 수열
본문 25~36쪽

01 ⑤	02 ②	03 ③	04 9	05 54
06 ④	07 ②	08 ③	09 ③	10 64
11 ③	12 18	13 ③	14 ①	15 85
16 ①	17 ②	18 34	19 16	20 ③
21 ⑤	22 ④	23 103	24 ⑤	25 ①
26 ②	27 ④	28 110	29 ①	30 ②
31 ④	32 ③	33 ⑤	34 ④	35 ①
36 ②	37 ⑤	38 ①	39 ②	40 12
41 ④	42 ⑤			

02 삼각함수
본문 16~22쪽

01 ④	02 ②	03 ①	04 151	05 ⑤
06 ④	07 ①	08 ①	09 ④	10 ②
11 ⑤	12 ③	13 ⑤	14 ②	15 ⑤
16 ③	17 ③	18 23	19 ④	20 ④
21 ②	22 ③	23 ②	24 4	25 ④
26 4				

04 함수의 극한과 연속
본문 39~45쪽

01 ④	02 ②	03 ③	04 ⑤	05 3
06 ⑤	07 ③	08 ①	09 ③	10 ③
11 ②	12 ③	13 ⑤	14 ⑤	15 18
16 ①	17 ⑤	18 ④	19 ③	20 ②
21 ③	22 ③	23 14	24 ③	25 ②
26 12	27 ④			

05 다항함수의 미분법
본문 48~58쪽

01 ⑤	02 18	03 ①	04 ③	05 ②
06 ②	07 ④	08 12	09 ④	10 ①
11 ②	12 8	13 ④	14 ②	15 ①
16 33	17 ④	18 ③	19 ②	20 28
21 ④	22 ①	23 ④	24 ②	25 21
26 ③	27 11	28 ④	29 ⑤	30 60
31 ②	32 22	33 ③	34 18	35 ④
36 ①	37 128	38 ①	39 ④	40 ①
41 ②	42 27	43 ④		

08 평면벡터
본문 83~92쪽

01 ③	02 ②	03 ⑤	04 ③	05 ③
06 ⑤	07 ③	08 ③	09 ①	10 69
11 ①	12 ⑤	13 ④	14 6	15 ④
16 ⑤	17 ④	18 ④	19 ②	20 ②
21 ③	22 ①	23 ②	24 ②	25 ③
26 ③	27 ④	28 ④	29 ①	30 ⑤
31 ①	32 ③	33 ②	34 ④	35 ②
36 ⑤				

06 다항함수의 적분법
본문 61~69쪽

01 12	02 14	03 ④	04 ③	05 29
06 ②	07 19	08 ①	09 16	10 23
11 64	12 ①	13 ③	14 ④	15 29
16 ②	17 17	18 ③	19 10	20 ②
21 ⑤	22 ③	23 ④	24 5	25 6
26 ②	27 ①	28 ③	29 ③	30 22
31 ③	32 ②	33 ⑤	34 ③	35 ①

09 공간도형과 공간좌표
본문 95~104쪽

01 ②	02 ③	03 ③	04 ①	05 ①
06 ④	07 ⑤	08 ③	09 ④	10 ④
11 ②	12 ④	13 ⑤	14 ④	15 ③
16 ④	17 ②	18 ④	19 ②	20 ⑤
21 ④	22 ④	23 ②	24 ②	25 ③
26 ④	27 ④	28 ①	29 ⑤	30 ③
31 ②	32 ④	33 ③	34 ③	

07 이차곡선
본문 72~80쪽

01 ④	02 ③	03 ③	04 42	05 ②
06 ①	07 ⑤	08 ③	09 ④	10 63
11 ④	12 ⑤	13 ②	14 63	15 18
16 ③	17 ④	18 ⑤	19 ②	20 ①
21 ②	22 ②	23 ③	24 76	25 6
26 ④	27 ①	28 ⑤	29 ④	30 320

실전편

실전 모의고사 1회
본문 106~117쪽

01 ②	02 ①	03 ③	04 ③	05 ③
06 ①	07 ①	08 ②	09 ⑤	10 ②
11 ⑤	12 ⑤	13 ②	14 ③	15 ①
16 1	17 4	18 6	19 12	20 80
21 16	22 54	23 ④	24 ②	25 ①
26 ⑤	27 ⑤	28 ④	29 73	30 22

실전 모의고사 4회
본문 142~153쪽

01 ⑤	02 ③	03 ④	04 ②	05 ①
06 ①	07 ④	08 ②	09 ⑤	10 ⑤
11 ①	12 ③	13 ②	14 ④	15 ③
16 11	17 35	18 8	19 44	20 31
21 29	22 50	23 ④	24 ③	25 ①
26 ②	27 ④	28 ⑤	29 10	30 36

실전 모의고사 2회
본문 118~129쪽

01 ④	02 ③	03 ⑤	04 ④	05 ①
06 ①	07 ⑤	08 ②	09 ④	10 ⑤
11 ⑤	12 ①	13 ④	14 ⑤	15 ④
16 3	17 14	18 33	19 36	20 10
21 611	22 19	23 ③	24 ②	25 ①
26 ③	27 ④	28 ②	29 192	30 54

실전 모의고사 5회
본문 154~165쪽

01 ②	02 ③	03 ④	04 ②	05 ⑤
06 ②	07 ①	08 ①	09 ⑤	10 ④
11 ⑤	12 ①	13 ③	14 ④	15 ②
16 6	17 14	18 4	19 16	20 60
21 27	22 252	23 ①	24 ③	25 ⑤
26 ④	27 ②	28 ④	29 7	30 24

실전 모의고사 3회
본문 130~141쪽

01 ②	02 ①	03 ④	04 ②	05 ③
06 ②	07 ④	08 ③	09 ①	10 ③
11 ③	12 ②	13 ②	14 ③	15 ③
16 40	17 10	18 128	19 355	20 54
21 598	22 80	23 ④	24 ⑤	25 ③
26 ②	27 ①	28 ③	29 74	30 8

2026학년도 수능 연계교재

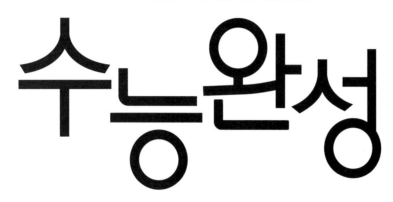

수학영역 | **수학Ⅰ·수학Ⅱ·기하**

정답과 풀이

01 지수함수와 로그함수

본문 6~13쪽

01 ③	**02** ②	**03** ⑤	**04** ①	**05** ①
06 ④	**07** ②	**08** 30	**09** ④	**10** ⑤
11 12	**12** ④	**13** ①	**14** ②	**15** ①
16 ③	**17** ④	**18** ②	**19** 6	**20** ②
21 15	**22** 7	**23** ①	**24** 5	**25** ③
26 ②	**27** ②	**28** 1	**29** ⑤	**30** ②
31 ③	**32** ④			

01

$$\sqrt[3]{9} \times \sqrt{3\sqrt[3]{3}} \div \sqrt[3]{9^2} = \sqrt[3]{9} \times \sqrt{\sqrt[3]{3^3 \times \sqrt[3]{3}}} \times \frac{1}{(\sqrt[3]{9})^2}$$

$$= \sqrt{\sqrt[3]{3^3 \times 3}} \times \frac{1}{\sqrt[3]{9}}$$

$$= \sqrt{\sqrt[3]{3^4}} \times \frac{1}{\sqrt[3]{9}}$$

$$= \sqrt[3]{3^2} \times \frac{1}{\sqrt[3]{3^2}} = 1$$

답 ③

02

$\sqrt[3]{m} = 2^n$ ...... ㉠

$\sqrt[4]{4^n} = k$ ...... ㉡

$\sqrt[4]{(2^n)^2} = \sqrt[4]{4^n}$ 이므로 ㉡에 ㉠을 대입하면

$\sqrt[4]{(\sqrt[3]{m})^2} = k$

$k = \sqrt{2m}$ 이고, $\sqrt[3]{m} > 0$ 이므로

$\sqrt[4]{(\sqrt[3]{m})^2} = \sqrt{2m}$

$\sqrt{\sqrt[3]{m}} = \sqrt{2m}$

$\sqrt[3]{m} = 2m$

양변을 세제곱하면 $m = 8m^3$

$m > 0$ 이므로 $m^2 = \frac{1}{8}$

따라서 $m = \frac{1}{\sqrt{8}} = \frac{\sqrt{2}}{4}$

답 ②

03

$\sqrt[4n]{8^n} = \sqrt[4n]{2^{3n}} = \sqrt[4]{2^3}$

$\sqrt[4n+2]{2 \times 4^n} = \sqrt[4n+2]{2 \times 2^{2n}} = \sqrt[4n+2]{2^{2n+1}} = \sqrt[2n+1]{2^{2n+1}} = \sqrt{2}$

계수가 실수인 이차방정식 $x^2 - ax + b = 0$의 한 근이 $\sqrt[4]{2^3} + \sqrt{2}i$ 이므로 나머지 한 근은 $\sqrt[4]{2^3} - \sqrt{2}i$ 이다.

이차방정식의 근과 계수의 관계에 의하여

$a = (\sqrt[4]{2^3} + \sqrt{2}i) + (\sqrt[4]{2^3} - \sqrt{2}i) = 2\sqrt[4]{2^3}$

$b = (\sqrt[4]{2^3} + \sqrt{2}i)(\sqrt[4]{2^3} - \sqrt{2}i) = (\sqrt[4]{2^3})^2 + (\sqrt{2})^2 = \sqrt[4]{2^6} + 2 = \sqrt{2^3} + 2$

$a^2 = (2\sqrt[4]{2^3})^2 = 4\sqrt{2^3}$

$b^2 = (\sqrt{2^3} + 2)^2 = 12 + 4\sqrt{2^3}$

따라서 $a^2 - b^2 = -12$

답 ⑤

04

$|x + 3| \leq n - k$ 에서

$-n + k \leq x + 3 \leq n - k$

$-n + k - 3 \leq x \leq n - k - 3$

n, k가 자연수이므로 조건을 만족시키는 정수 x의 최댓값 m은

$m = n - k - 3$

$2 \leq k \leq n \leq 6$인 두 자연수 n, k에 대하여 m의 n제곱근 중 음수인 것이 존재하려면 n이 홀수이고 m이 음수이거나, n이 짝수이고 m이 양수인 경우이다.

(i) n이 홀수이고 m이 음수인 경우

$m = n - k - 3 < 0$ 에서 $k > n - 3$

$n = 3$인 경우 $k > 0$이고 $2 \leq k \leq n$이므로 $k = 2$, 3

$n = 5$인 경우 $k > 2$이고 $2 \leq k \leq n$이므로 $k = 3$, 4, 5

(ii) n이 짝수이고 m이 양수인 경우

$m = n - k - 3 > 0$ 에서 $k < n - 3$

$n = 2$ 또는 $n = 4$인 경우 조건을 만족시키는 자연수 k는 존재하지 않는다.

$n = 6$인 경우 $k < 3$이고 $2 \leq k \leq n$이므로 $k = 2$

(i), (ii)에 의하여 조건을 만족시키는 순서쌍 (n, k)는

$(3, 2)$, $(3, 3)$, $(5, 3)$, $(5, 4)$, $(5, 5)$, $(6, 2)$

이므로 그 개수는 6이다.

답 ①

05

$$3^{\sqrt{2}-1} \times \left(\frac{1}{27}\right)^{\frac{\sqrt{2}+1}{3}} = 3^{\sqrt{2}-1} \times (3^{-3})^{\frac{\sqrt{2}+1}{3}}$$

$$= 3^{\sqrt{2}-1} \times 3^{-\sqrt{2}-1}$$

$$= 3^{\sqrt{2}-1-\sqrt{2}-1} = 3^{-2} = \frac{1}{9}$$

답 ①

06

$5^x \div 5^{\frac{4}{x}} = 5^{x - \frac{4}{x}}$, $5^0 = 1$ 이므로

$x - \frac{4}{x} = 0$

양변에 0이 아닌 실수 x를 곱하면

$x^2 - 4 = 0$, $(x + 2)(x - 2) = 0$

$x = -2$ 또는 $x = 2$

따라서 구하는 모든 실수 x의 값의 곱은

$(-2) \times 2 = -4$

답 ④

07

$$\sqrt[6]{10^{n^2}} \times (64^6)^{\frac{1}{n}} = 10^{\frac{n^2}{6}} \times 2^{6 \times 6 \times \frac{1}{n}} = 5^{\frac{n^2}{6}} \times 2^{\frac{n^2}{6}} \times 2^{\frac{36}{n}} = 5^{\frac{n^2}{6}} \times 2^{\frac{n^2}{6} + \frac{36}{n}}$$

$5^{\frac{n^2}{6}} \times 2^{\frac{n^2}{6} + \frac{36}{n}}$ 이 자연수가 되기 위해서는 $\frac{n^2}{6}$, $\frac{n^2}{6} + \frac{36}{n}$ 이 모두 음이 아닌 정수이어야 한다.

$\frac{n^2}{6}$ 이 음이 아닌 정수가 되기 위해서는 n^2이 6의 배수이어야 하므로 자연수 n도 6의 배수이다. $\frac{n^2}{6} + \frac{36}{n}$ 이 음이 아닌 정수가 되기 위해서는 n이 6의 배수인 동시에 36의 약수이어야 한다.

36의 약수는 1, 2, 3, 4, 6, 9, 12, 18, 36이고,
이 중 6의 배수는 6, 12, 18, 36이므로 구하는 자연수 n의 개수는 4이다. **目 ②**

08

$a \times (\sqrt[4]{18})^b \times 256^{\frac{1}{c}} = 72$에서 a가 자연수이므로

$(\sqrt[4]{18})^b \times 256^{\frac{1}{c}}$은 72의 약수이다.

$(\sqrt[4]{18})^b \times 256^{\frac{1}{c}} = (2^{\frac{1}{4}} \times 3^{\frac{1}{2}})^b \times (2^8)^{\frac{1}{c}} = 2^{\frac{b}{4}+\frac{8}{c}} \times 3^{\frac{b}{2}}$

$72 = 2^3 \times 3^2$이고 $b > 0$, $c > 0$이므로

$\frac{b}{4} + \frac{8}{c}$은 3 이하의 자연수이고

$\frac{b}{2}$는 2 이하의 자연수이다.

이때 b는 자연수이므로 $b = 2$ 또는 $b = 4$

(ⅰ) $b = 2$인 경우

 $\frac{b}{4} + \frac{8}{c} = \frac{1}{2} + \frac{8}{c}$이 3 이하의 자연수이다.

 $\frac{1}{2} + \frac{8}{c} = 1$이면 $c = 16$이고, $2^{\frac{b}{4}+\frac{8}{c}} \times 3^{\frac{b}{2}} = 6$이므로 $a = 12$

 $\frac{1}{2} + \frac{8}{c} = 2$ 또는 $\frac{1}{2} + \frac{8}{c} = 3$인 자연수 c는 존재하지 않는다.

(ⅱ) $b = 4$인 경우

 $\frac{b}{4} + \frac{8}{c} = 1 + \frac{8}{c}$이 3 이하의 자연수이다.

 $1 + \frac{8}{c} = 1$인 자연수 c는 존재하지 않는다.

 $1 + \frac{8}{c} = 2$이면 $c = 8$이고, $2^{\frac{b}{4}+\frac{8}{c}} \times 3^{\frac{b}{2}} = 36$이므로 $a = 2$

 $1 + \frac{8}{c} = 3$이면 $c = 4$이고, $2^{\frac{b}{4}+\frac{8}{c}} \times 3^{\frac{b}{2}} = 72$이므로 $a = 1$

(ⅰ), (ⅱ)에 의하여 순서쌍 (a, b, c)는

$(1, 4, 4)$, $(2, 4, 8)$, $(12, 2, 16)$

이므로 $a + b + c$의 최댓값은

$12 + 2 + 16 = 30$ **目 30**

09

$\log_3 36 - \log_3 \frac{4}{9} = \log_3 \left(36 \times \frac{9}{4}\right) = \log_3 81$
$\qquad\qquad = \log_3 3^4 = 4$ **目 ④**

10

$\log_3 \frac{36}{5} + \log_3 \frac{15}{4} = \log_3 \left(\frac{36}{5} \times \frac{15}{4}\right)$
$\qquad\qquad = \log_3 27 = 3$

점 $(3, \log_2 a)$가 원 $x^2 + y^2 = 25$ 위의 점이므로

$3^2 + (\log_2 a)^2 = 25$

$(\log_2 a)^2 = 16$

$\log_2 a = -4$ 또는 $\log_2 a = 4$

$a = \frac{1}{16}$ 또는 $a = 16$

따라서 모든 양수 a의 값의 합은

$\frac{1}{16} + 16 = \frac{1 + 256}{16} = \frac{257}{16}$ **目 ⑤**

11

$\log_2 \frac{36}{n+6}$이 자연수가 되기 위해서는 $\frac{36}{n+6} = 2^k$ (k는 자연수)이어야 한다.

$36 = 2^2 \times 3^2$이므로

$n+6$은 36의 약수 중에서 36이 아닌 3^2의 배수이어야 한다.

이때 $n+6$이 될 수 있는 수는 9, 18이므로

n이 될 수 있는 수는 3, 12이다.

$n = 3$이면 $\log_2 \frac{n}{3} = \log_2 1 = 0$

$n = 12$이면 $\log_2 \frac{n}{3} = \log_2 4 = 2$

따라서 $\log_2 \frac{36}{n+6}$, $\log_2 \frac{n}{3}$이 모두 자연수가 되도록 하는 n의 값은 12이다. **目 12**

12

이차방정식 $3x^2 - (\log_6 \sqrt{n^m})x - \log_6 n + 12 = 0$의 한 실근이 2이므로

$12 - 2\log_6 \sqrt{n^m} - \log_6 n + 12 = 0$

$24 - \log_6 (\sqrt{n^m})^2 - \log_6 n = 0$

$24 - (\log_6 n^m + \log_6 n) = 0$

$24 - \log_6 n^{m+1} = 0$

$\log_6 n^{m+1} = 24$에서 $n^{m+1} = 6^{24}$

$(6^1)^{24} = (6^2)^{12} = (6^3)^8 = (6^4)^6 = (6^6)^4 = (6^8)^3 = (6^{12})^2 = (6^{24})^1$

$m+1 \geq 2$이므로 순서쌍 (m, n)은

$(23, 6)$, $(11, 6^2)$, $(7, 6^3)$, $(5, 6^4)$, $(3, 6^6)$, $(2, 6^8)$, $(1, 6^{12})$

이고 그 개수는 7이다. **目 ④**

13

$\log_2 60 + \log_{\frac{1}{4}} 36 - \frac{1}{\log_{25} 4} = \log_2 60 - \frac{1}{2}\log_2 36 - \log_4 25$
$\qquad = \log_2 60 - \log_2 \sqrt{36} - \frac{2}{2}\log_2 5$
$\qquad = \log_2 60 - \log_2 6 - \log_2 5$
$\qquad = \log_2 \frac{60}{6 \times 5} = \log_2 2 = 1$ **目 ①**

14

$a\log_b 49 = \log_7 16 \times \log_4 49 = \log_7 4^2 \times \frac{1}{7}\log_4 7^2$
$\qquad = \frac{4}{7}\log_7 4 \times \log_4 7 = \frac{4}{7}\log_7 4 \times \frac{1}{\log_7 4} = \frac{4}{7}$ **目 ②**

15

$6^{\log_3 4} \div n^{\log_3 2} = 4^{\log_3 6} \div 2^{\log_3 n} = 2^{2\log_3 6} \div 2^{\log_3 n} = 2^{\log_3 36} \div 2^{\log_3 n}$
$\qquad = 2^{\log_3 36 - \log_3 n} = 2^{\log_3 \frac{36}{n}}$

$2^{\log_3 \frac{36}{n}} = 2^k$에서 $\log_3 \frac{36}{n} = k$, $\frac{36}{n} = 3^k$

$n = \frac{36}{3^k} = \frac{4 \times 3^2}{3^k}$

n, k가 자연수이므로

$k=1$일 때 $n=12$, $k=2$일 때 $n=4$
따라서 순서쌍 (n, k)는 $(12, 1)$, $(4, 2)$이므로 $n+k$의 최솟값은
$4+2=6$ **탑 ①**

16

$8a^3-b^3=\log_{16} n^3-\dfrac{1}{2}$ ······ ㉠

$6ab^2-12a^2b=\log_{16}\dfrac{1}{9}\times\log_3 3\sqrt{n}$ ······ ㉡

㉠, ㉡을 변끼리 더하면

(좌변)$=(8a^3-b^3)+(6ab^2-12a^2b)=8a^3-12a^2b+6ab^2-b^3$
$\qquad=(2a-b)^3$

(우변)$=\left(\log_{16} n^3-\dfrac{1}{2}\right)+\log_{16}\dfrac{1}{9}\times\log_3 3\sqrt{n}$

$\qquad=\dfrac{1}{4}\log_2 n^3-\log_2 2^{\frac{1}{2}}-\dfrac{1}{2}\log_2 3\times\log_3 3\sqrt{n}$

$\qquad=\log_2 n^{\frac{3}{4}}-\log_2 2^{\frac{1}{2}}-\dfrac{1}{2}\log_2 3\sqrt{n}$

$\qquad=\log_2 n^{\frac{3}{4}}-\log_2 2^{\frac{1}{2}}-\log_2 3^{\frac{1}{2}}n^{\frac{1}{4}}$

$\qquad=\log_2 \dfrac{n^{\frac{3}{4}}}{2^{\frac{1}{2}}\times 3^{\frac{1}{2}}\times n^{\frac{1}{4}}}$

$\qquad=\log_2\left(\dfrac{n}{6}\right)^{\frac{1}{2}}$

$2a-b=k$ (k는 자연수)라 하면

$k^3=\log_2\left(\dfrac{n}{6}\right)^{\frac{1}{2}}$, $\left(\dfrac{n}{6}\right)^{\frac{1}{2}}=2^{k^3}$, $\dfrac{n}{6}=2^{2k^3}$

$n=6\times 2^{2k^3}$

$k=1$일 때 자연수 n의 값이 최소이므로 n의 최솟값은

$6\times 2^2=24$

$2a-b=1$, $n=24$가 ㉠, ㉡을 만족시키는지 확인해 보자.

$2a-b=1$에서 $b=2a-1$ ······ ㉢

㉠에서 $8a^3-(2a-1)^3=\log_{16} 24^3-\dfrac{1}{2}$

$8a^3-(8a^3-12a^2+6a-1)=\log_{2^4}(2^9\times 3^3)-\dfrac{1}{2}$

$12a^2-6a+1=\dfrac{9}{4}+\dfrac{3}{4}\log_2 3-\dfrac{1}{2}$

$12a^2-6a-\dfrac{3}{4}(1+\log_2 3)=0$ ······ ㉣

이 이차방정식의 판별식을 D라 하면

$\dfrac{D}{4}=9+12\times\dfrac{3}{4}(1+\log_2 3)>0$에서 조건을 만족시키는 실수 a의 값
이 존재하고 ㉢에서 실수 b의 값이 존재하므로 ㉠을 만족시킨다.

$n=24$와 ㉢을 ㉡에 대입하여 정리하면 ㉣이므로 이 a, b의 값은 ㉡도 만
족시킨다.

따라서 n의 최솟값은 24이다. **탑 ③**

17

곡선 $y=2^{x-3}+a$와 직선 $y=3$이 만나는 점의 x좌표가 5이므로
$3=2^{5-3}+a$, $a=3-2^2=-1$
따라서 곡선 $y=2^{x-3}-1$이 y축과 만나는 점의 y좌표는
$2^{0-3}-1=-\dfrac{7}{8}$ **탑 ④**

18

$y=\log_3(ax+b)$에 $y=0$을 대입하면
$0=\log_3(ax+b)$, $ax+b=1$
$x=\dfrac{1-b}{a}$이므로 점 A의 좌표는 $\left(\dfrac{1-b}{a}, 0\right)$
$y=\log_3(ax+b)$에 $x=0$을 대입하면
$y=\log_3 b$이므로 점 B의 좌표는 $(0, \log_3 b)$
함수 $y=f(x)$의 그래프의 점근선의 방정식은
$x=-\dfrac{b}{a}$이므로 점 H의 좌표는 $\left(-\dfrac{b}{a}, 0\right)$
점 A는 선분 OH의 중점이므로

$\dfrac{0+\left(-\dfrac{b}{a}\right)}{2}=\dfrac{1-b}{a}$

$-\dfrac{b}{2}=1-b$에서 $b=2$

$\overline{OA}=\overline{OB}$이므로 $\dfrac{b-1}{a}=\log_3 b$에서 $\dfrac{1}{a}=\log_3 2$

$a=\dfrac{1}{\log_3 2}=\log_2 3$

따라서 $b^a=2^{\log_2 3}=3^{\log_2 2}=3$ **탑 ②**

19

함수 $f(x)=\log_2(x+2)+a$의 그래프의 점근선 l은 직선 $x=-2$이
고 함수 $g(x)=\log_2(-x+6)+b$의 그래프의 점근선 m은 직선 $x=6$
이다. 곡선 $y=f(x)$와 직선 m이 만나는 점이 A이므로 $A(6, a+3)$
곡선 $y=g(x)$와 직선 l이 만나는 점이 B이므로 $B(-2, b+3)$
$\overline{AB}=\sqrt{(-2-6)^2+\{(b+3)-(a+3)\}^2}=\sqrt{64+(b-a)^2}$
$\overline{AB}=10$이므로
$64+(b-a)^2=100$, $(b-a)^2=36$
따라서 $|a-b|=6$ **탑 6**

20

$g(-x)=-\left(\dfrac{1}{4}\right)^{-x}+b=-4^x+b$

x의 값이 증가하면 $g(x)=-\left(\dfrac{1}{4}\right)^x+b$의 값은 증가하고, $g(-x)$의
값은 감소하며, $f(x)=a^{x+1}$의 값은 증가한다.
$h(0)=g(-0)=g(0)$, $h(p)=f(p)=g(-p)$이므로 함수 $y=h(x)$
의 그래프는 그림과 같다.

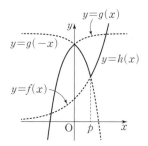

곡선 $y=h(x)$와 직선 $y=k$가 만나는 점의 개수가 2인 경우는
$k=g(0)$인 경우와 $k=f(p)=g(-p)$인 경우이다.
조건을 만족시키는 모든 실수 k의 값의 합이 11이므로
$g(0)+f(p)=11$

$-1+b+a^{p+1}=11$

$a^{p+1}=12-b$ $\qquad$ ㉠

$a^{p+1}>0$이므로 $b<12$ $\qquad$ ㉡

$f(p)=g(-p)$이므로

$a^{p+1}=-4^p+b$ $\qquad$ ㉢

㉠, ㉢에서

$12-b=-4^p+b$

$4^p=2(b-6)$ $\qquad$ ㉣

$4^p>0$이므로 $b>6$ $\qquad$ ㉤

㉡, ㉤에서 자연수 b는 $7\le b\le 11$

p가 자연수이므로 ㉣을 만족시키는 두 자연수 b, p의 값은

$b=8$, $p=1$

$b=8$, $p=1$을 ㉠에 대입하면 $a^2=4$에서 자연수 a의 값은 2이다.

따라서 $a+b=2+8=10$ $\qquad$ 답 ②

21

$3^{1-3x}\ge\left(\dfrac{1}{9}\right)^{x+7}$에서 $3^{1-3x}\ge 3^{-2x-14}$

밑 3이 1보다 크므로

$1-3x\ge -2x-14$

$-x\ge -15$, $x\le 15$

따라서 실수 x의 최댓값은 15이다. $\qquad$ 답 15

22

로그의 진수의 조건에 의하여

$x^2-9>0$, $x+3>0$, $x-5>0$이므로

$x>5$ $\qquad$ ㉠

$\log_2(x^2-9)-\log_2(x+3)=\log_{\sqrt{2}}(x-5)$에서

$\log_2\dfrac{x^2-9}{x+3}=2\log_2(x-5)$

$\log_2(x-3)=\log_2(x-5)^2$

$x-3=(x-5)^2$

$x^2-11x+28=0$

$(x-4)(x-7)=0$

$x=4$ 또는 $x=7$

따라서 ㉠을 만족시키는 실수 x의 값은 7이다. $\qquad$ 답 7

23

$x=2$가 부등식 $2^{-x}(32-2^{x+a})+2^x\le 0$의 해이므로

$2^{-2}(32-2^{2+a})+2^2\le 0$

$8-2^a+4\le 0$, $2^a\ge 12=2^{\log_2 12}$

밑 2가 1보다 크므로 $a\ge\log_2 12$

이때 실수 a의 최솟값은 $k=\log_2 12$이므로 $2^k=12$

$2^{-x}(32-2^{x+k})+2^x=0$에서

$2^{-x}(32-12\times 2^x)+2^x=0$

양변에 2^x을 곱하면

$(2^x)^2-12\times 2^x+32=0$

$2^x=t$ $(t>0)$이라 하면

$t^2-12t+32=0$, $(t-4)(t-8)=0$

$t=4$ 또는 $t=8$

즉, $2^x=4$에서 $x=2$, $2^x=8$에서 $x=3$

따라서 조건을 만족시키는 실수 x의 최댓값은 3이다. $\qquad$ 답 ①

24

곡선 $y=\dfrac{3}{2}\log_3 x$와 x축이 만나는 점 P의 좌표는 $(1, 0)$이다.

$\overline{PQ}=\dfrac{20}{3}$이고 점 Q의 x좌표가 음수이므로 점 Q의 좌표는 $\left(-\dfrac{17}{3}, 0\right)$이다.

점 Q가 곡선 $y=\log_9(x+a)+b$ 위의 점이므로

$\log_9\left(a-\dfrac{17}{3}\right)+b=0$ $\qquad$ ㉠

곡선 $y=\log_9(x+a)+b$와 y축이 만나는 점의 y좌표가 $\log_9 18$이므로

$\log_9 a+b=\log_9 18$ $\qquad$ ㉡

㉠, ㉡에서

$\log_9\left(a-\dfrac{17}{3}\right)=\log_9 a-\log_9 18$

$\log_9\left(a-\dfrac{17}{3}\right)=\log_9\dfrac{a}{18}$

$a-\dfrac{17}{3}=\dfrac{a}{18}$

$a=6$

이 값을 ㉠에 대입하면 $\log_9\dfrac{1}{3}+b=0$

$b=-\log_9\dfrac{1}{3}=-\log_{3^2}3^{-1}=\dfrac{1}{2}$

두 곡선 $y=\dfrac{3}{2}\log_3 x$, $y=\log_9(x+6)+\dfrac{1}{2}$이 만나는 점 R의 x좌표는

$\dfrac{3}{2}\log_3 x=\log_9(x+6)+\dfrac{1}{2}$에서

$\log_9 x^3=\log_9(x+6)+\log_9 3$

$\log_9 x^3=\log_9 3(x+6)$

$x^3=3(x+6)$

$x^3-3x-18=0$

$(x-3)(x^2+3x+6)=0$

$x^2+3x+6=\left(x+\dfrac{3}{2}\right)^2+\dfrac{15}{4}>0$이므로 $x=3$

따라서 점 R의 y좌표는 $\dfrac{3}{2}\log_3 3=\dfrac{3}{2}$이므로

삼각형 QPR의 넓이는

$\dfrac{1}{2}\times\dfrac{20}{3}\times\dfrac{3}{2}=5$ $\qquad$ 답 5

25

함수 $y=3^{x-1}+2$의 역함수는

$x=3^{y-1}+2$, $3^{y-1}=x-2$, $y-1=\log_3(x-2)$

$y=\log_3(x-2)+1$이므로 $a=1$

함수 $g(x)=\log_3(x-2)+1$의 그래프의 점근선의 방정식은 $x=2$이므로 $b=2$

따라서 $a+b=1+2=3$ $\qquad$ 답 ③

26

직선 $x=k$와 함수 $y=g(x)$의 그래프가 만나도록 하는 모든 실수 k의 값의 범위는 $k>1$이므로 함수 $y=g(x)$의 그래프의 점근선은 직선 $x=1$이다. 즉, $b=1$

$f(1)=\dfrac{1}{2}+a$이므로 $P\left(1,\ a+\dfrac{1}{2}\right)$이고 $\overline{AP}=a-\dfrac{1}{2}$

$\angle PAQ=\dfrac{\pi}{2}$, $\overline{AP}=\overline{AQ}$에서

점 Q는 직선 $y=1$ 위의 점이고 $\overline{AQ}=\overline{AP}=a-\dfrac{1}{2}$이므로

$Q\left(a+\dfrac{1}{2},\ 1\right)$

점 Q가 함수 $y=g(x)$의 그래프 위의 점이므로

$1=-\log_2\left(a+\dfrac{1}{2}-1\right)$, $\log_2\left(a-\dfrac{1}{2}\right)=-1$

$a-\dfrac{1}{2}=\dfrac{1}{2}$이므로 $a=1$

따라서 $a+b=1+1=2$ 답 ②

27

두 함수 $y=f(x)$, $y=g(x)$의 그래프는 직선 $y=x$에 대하여 대칭이므로 함수 $y=g(x)$의 그래프와 직선 $y=x$가 만나는 점과 함수 $y=f(x)$의 그래프와 직선 $y=x$가 만나는 점이 같다.

$x_1=k$라 하면 $x_2=k+1$이고

$f(k)=k$, $f(k+1)=k+1$

$\log_2(k-a)+2a^2=k$ ······ ㉠

$\log_2(k+1-a)+2a^2=k+1$ ······ ㉡

㉡-㉠을 하면

$\log_2(k+1-a)-\log_2(k-a)=1$

$\log_2\dfrac{k+1-a}{k-a}=1$

$\dfrac{k+1-a}{k-a}=2$, $k+1-a=2k-2a$, $k=a+1$

$k=a+1$을 ㉠에 대입하면

$\log_2(a+1-a)+2a^2=a+1$

$2a^2-a-1=0$, $(2a+1)(a-1)=0$

$a=-\dfrac{1}{2}$ 또는 $a=1$

따라서 실수 a의 최솟값은 $-\dfrac{1}{2}$이다.   답 ②

28

점 $(-3,\ f(-3))$은 직선 $y=-x$ 위의 점이므로 $f(-3)=3$

즉, $\log_2(3+a)+b=3$ ······ ㉠

점 $(2+2a,\ g(2+2a))$는 직선 $y=x-2a$ 위의 점이므로

$g(2+2a)=(2+2a)-2a$

즉, $\log_2(2+a)+b=2$ ······ ㉡

㉠-㉡을 하면

$\log_2(3+a)-\log_2(2+a)=1$

$\log_2\dfrac{3+a}{2+a}=1$, $\dfrac{3+a}{2+a}=2$, $3+a=4+2a$, $a=-1$

이 값을 ㉡에 대입하면 $\log_2(2-1)+b=2$, $b=2$

즉, $f(x)=\log_2(-x-1)+2$, $g(x)=\log_2(x+1)+2$

곡선 $y=f(x)$를 y축에 대하여 대칭이동한 곡선은 $y=\log_2(x-1)+2$이고, 이 곡선을 x축의 방향으로 -2만큼 평행이동한 곡선은 $y=\log_2(x+1)+2$, 즉 $y=g(x)$이다.

그러므로 곡선 $y=f(x)$ 위의 점 $(-3,\ 3)$을 y축에 대하여 대칭이동한 후 x축의 방향으로 -2만큼 평행이동한 점 $(1,\ 3)$은 곡선 $y=g(x)$ 위의 점이다.   ······ ㉢

점 $(2+2a,\ 2)$, 즉 점 $(0,\ 2)$는 곡선 $y=g(x)$ 위의 점이다.   ······ ㉣

직선 $y=x-2$를 직선 $y=x$에 대하여 대칭이동한 직선은 $y=x+2$이므로 곡선 $y=h(x)$와 직선 $y=x-2$가 만나는 점의 y좌표는 곡선 $y=g(x)$와 직선 $y=x+2$가 만나는 점의 x좌표와 같다.

㉢, ㉣에서 곡선 $y=g(x)$ 위의 두 점 $(1,\ 3)$, $(0,\ 2)$는 직선 $y=x+2$ 위에 있으므로 이 두 점의 x좌표의 합은 $1+0=1$

따라서 곡선 $y=h(x)$와 직선 $y=x-2$가 만나는 서로 다른 두 점의 y좌표의 합은 1이다.   답 1

29

함수 $f(x)=\left(\dfrac{1}{2}\right)^{x-2}+a$에서 밑 $\dfrac{1}{2}$이 1보다 작으므로

닫힌구간 $[1,\ 3]$에서 함수 $f(x)$의

최댓값은 $f(1)=\left(\dfrac{1}{2}\right)^{-1}+a=2+a$, 최솟값은 $f(3)=\dfrac{1}{2}+a$이다.

이때 최댓값이 5이므로 $2+a=5$에서 $a=3$

따라서 $m=\dfrac{1}{2}+a=\dfrac{1}{2}+3=\dfrac{7}{2}$ 답 ⑤

30

$\log_3 x=t$라 하면 $1\le x\le 27$일 때, $0\le t\le 3$이므로

닫힌구간 $[1,\ 27]$에서 함수 $y=(\log_3 x)^2-a\log_3 x$의 최솟값은 닫힌구간 $[0,\ 3]$에서 함수 $y=t^2-at$의 최솟값과 같다.

$y=t^2-at=\left(t-\dfrac{a}{2}\right)^2-\dfrac{a^2}{4}$

(i) $\dfrac{a}{2}\ge 3$, 즉 $a\ge 6$인 경우

함수 $y=t^2-at$는 $t=3$일 때 최소이고 최솟값은

$9-3a=-1$

$a=\dfrac{10}{3}$이므로 $a\ge 6$을 만족시키지 않는다.

(ii) $0<\dfrac{a}{2}<3$, 즉 $0<a<6$인 경우

함수 $y=t^2-at$는 $t=\dfrac{a}{2}$일 때 최소이고 최솟값은

$-\dfrac{a^2}{4}=-1$, $a^2=4$

$0<a<6$이므로 $a=2$

(i), (ii)에서 구하는 a의 값은 2이다.   답 ②

31

함수 $f(x)=\log_a x+1$이 $x=k$에서 최댓값 M을 갖고 $x=k+2$에서 최솟값 m을 가지므로 $0<a<1$이고

$M=f(k)=\log_a k+1$

$m=f(k+2)=\log_a(k+2)+1$

$Mm=0$에서 $M=0$ 또는 $m=0$

(i) $M=0$일 때, $\log_a k=-1$, $k=\dfrac{1}{a}$

$M-m=-\log_a 2$이므로 $m=\log_a 2$

즉, $\log_a(k+2)+1=\log_a 2$

$\log_a\left(\dfrac{1}{a}+2\right)+\log_a a=\log_a 2$, $\log_a(1+2a)=\log_a 2$

$1+2a=2$, $a=\dfrac{1}{2}$

(ii) $m=0$일 때, $\log_a(k+2)=-1$, $k=\dfrac{1}{a}-2$

$M-m=-\log_a 2$이므로 $M=-\log_a 2$

즉, $\log_a k+1=-\log_a 2$

$\log_a\left(\dfrac{1}{a}-2\right)+\log_a a=\log_a \dfrac{1}{2}$, $\log_a(1-2a)=\log_a \dfrac{1}{2}$

$1-2a=\dfrac{1}{2}$, $a=\dfrac{1}{4}$

(i), (ii)에서 모든 실수 a의 값의 합은

$\dfrac{1}{2}+\dfrac{1}{4}=\dfrac{3}{4}$

답 ③

32

$g(x)=\log_{\frac{1}{3}}(-x+a)+2$, $h(x)=\left(\dfrac{1}{9}\right)^{x+b}+1$이라 하자.

함수 $g(x)$의 밑 $\dfrac{1}{3}$이 1보다 작으므로 함수 $g(x)$는 x의 값이 증가할 때, y의 값도 증가한다.

함수 $h(x)$의 밑 $\dfrac{1}{9}$은 1보다 작으므로 함수 $h(x)$는 x의 값이 증가할 때, y의 값은 감소한다.

$a>3$이므로 닫힌구간 $[1, 5]$에서 함수 $f(x)$의 그래프는 그림과 같다.

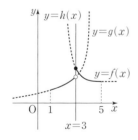

$g(3)>h(3)$이면 닫힌구간 $[1, 5]$에서 함수 $f(x)$의 최댓값이 존재하지 않으므로 $g(3)\leq h(3)$이고, 닫힌구간 $[1, 5]$에서 함수 $f(x)$의 최댓값은 $h(3)$이다.

$h(3)=\left(\dfrac{1}{9}\right)^{3+b}+1=2$에서 $\left(\dfrac{1}{9}\right)^{3+b}=1$

$3+b=\log_{\frac{1}{9}}1=0$, $b=-3$

닫힌구간 $[1, 5]$에서 함수 $f(x)$의 최솟값은 $g(1)$ 또는 $h(5)$이다.

$h(5)=\left(\dfrac{1}{9}\right)^{5+b}+1>1$이므로 함수 $f(x)$의 최솟값이 1이 되기 위해서는 $g(1)=1$

$\log_{\frac{1}{3}}(a-1)+2=1$에서 $\log_{\frac{1}{3}}(a-1)=-1$

$a-1=\left(\dfrac{1}{3}\right)^{-1}=3$, $a=4$

따라서 $a-b=4-(-3)=7$

답 ④

02 삼각함수

01 ④	02 ②	03 ①	04 151	05 ⑤
06 ④	07 ①	08 ①	09 ④	10 ②
11 ⑤	12 ③	13 ⑤	14 ②	15 ⑤
16 ③	17 ③	18 23	19 ④	20 ④
21 ②	22 ③	23 ②	24 4	25 ④
26 4				

01

반지름의 길이가 2, 중심각의 크기가 $\dfrac{\pi}{3}$이므로 구하는 부채꼴의 넓이는

$\dfrac{1}{2}\times 2^2 \times \dfrac{\pi}{3}=\dfrac{2}{3}\pi$

답 ④

02

$S_1=\dfrac{1}{2}\times(4\sqrt{3})^2\times\theta=24\theta$

$S_2=\dfrac{1}{2}\times r^2\times 3\theta=\dfrac{3}{2}r^2\theta$

$S_1=4S_2$에서

$24\theta=4\times\dfrac{3}{2}r^2\theta$, $r^2=4$

$r>0$이므로 $r=2$

답 ②

03

부채꼴 OAB의 반지름의 길이가 2이므로

부채꼴 OAP의 넓이는 $\dfrac{1}{2}\times 2^2\times\theta=2\theta$

부채꼴 OAQ의 넓이는 $\dfrac{1}{2}\times 2^2\times 4\theta=8\theta$

부채꼴 OAQ의 넓이와 부채꼴 OAP의 넓이의 차가 $\dfrac{2}{3}\pi$이므로

$8\theta-2\theta=6\theta=\dfrac{2}{3}\pi$에서 $\theta=\dfrac{\pi}{9}$

따라서 부채꼴 OQB의 넓이는

$\dfrac{1}{2}\times 2^2\times\left(\dfrac{\pi}{2}-4\theta\right)=\dfrac{1}{2}\times 4\times\dfrac{\pi}{18}=\dfrac{\pi}{9}$

답 ①

다른 풀이

부채꼴 OAQ의 넓이와 부채꼴 OAP의 넓이의 차는 부채꼴 OPQ의 넓이이고, 부채꼴 OPQ의 중심각의 크기는 $4\theta-\theta=3\theta$이므로

$\dfrac{1}{2}\times 2^2\times 3\theta=\dfrac{2}{3}\pi$에서 $\theta=\dfrac{\pi}{9}$

$\dfrac{\pi}{2}=\dfrac{9}{2}\theta$이므로 부채꼴 OQB의 중심각의 크기는

$\dfrac{9}{2}\theta-4\theta=\dfrac{\theta}{2}$

반지름의 길이가 같은 두 부채꼴 OQB, OPQ의 넓이를 각각 S_1, S_2라 하면

$S_1 : S_2=\dfrac{\theta}{2} : 3\theta=1 : 6$

따라서 $S_1=\dfrac{1}{6}S_2=\dfrac{1}{6}\times\dfrac{2}{3}\pi=\dfrac{\pi}{9}$

04

부채꼴 OEF의 내부와 부채꼴 OCD의 외부의 공통부분의 넓이는 부채꼴 OEF의 넓이에서 부채꼴 OCD의 넓이를 뺀 것과 같다.

이때 $\overline{OC}=r$이라 하면 $\overline{OE}=r+1$이므로

$\dfrac{1}{2}\times(r+1)^2\times\dfrac{6}{7}\pi-\dfrac{1}{2}\times r^2\times\dfrac{6}{7}\pi$

$=\dfrac{3}{7}\pi\times\{(r+1)^2-r^2\}=\dfrac{3}{7}(2r+1)\pi$

$\dfrac{3}{7}(2r+1)\pi=3\pi$에서 $2r+1=7$, $r=3$

부채꼴 OAB의 내부와 부채꼴 OEF의 외부의 공통부분의 넓이가 부채꼴 OAB의 넓이의 $\dfrac{2}{3}$이므로 부채꼴 OEF의 넓이는 부채꼴 OAB의 넓이의 $\dfrac{1}{3}$이다.

부채꼴 OAB의 넓이를 S라 하면

$\dfrac{1}{2}\times4^2\times\dfrac{6}{7}\pi=\dfrac{1}{3}S$

$S=\dfrac{144}{7}\pi$

따라서 $p=7$, $q=144$이므로 $p+q=151$　　　답 151

05

$\sin^2\theta+\cos^2\theta=1$에서

$\dfrac{1}{9}+\cos^2\theta=1$이므로 $\cos^2\theta=\dfrac{8}{9}$　　　답 ⑤

06

$\tan\theta=-\dfrac{1}{2}$에서 $\dfrac{\sin\theta}{\cos\theta}=-\dfrac{1}{2}$이므로

$\cos\theta=-2\sin\theta$ ······ ㉠

㉠을 $\sin^2\theta+\cos^2\theta=1$에 대입하면 $5\sin^2\theta=1$, $\sin^2\theta=\dfrac{1}{5}$

$\dfrac{\pi}{2}<\theta<\pi$일 때, $\sin\theta>0$이므로 $\sin\theta=\dfrac{1}{\sqrt5}$

이것을 ㉠에 대입하면 $\cos\theta=-\dfrac{2}{\sqrt5}$

따라서 $\sin\theta+\cos\theta=\dfrac{1}{\sqrt5}+\left(-\dfrac{2}{\sqrt5}\right)=-\dfrac{1}{\sqrt5}=-\dfrac{\sqrt5}{5}$　　　답 ④

07

그림과 같이 원 $x^2+y^2=1$과 직선 $x=\dfrac{1}{2}$은 서로 다른 두 점에서 만난다.

이 중 제1사분면 위의 점을 P_1이라 하고 동경 OP_1이 나타내는 각을 $\theta_1\left(0<\theta_1<\dfrac{\pi}{2}\right)$, 제4사분면 위의 점을 P_2라 하고 동경 OP_2가 나타내는 각을 $\theta_2\left(\dfrac{3}{2}\pi<\theta_2<2\pi\right)$라 하자.

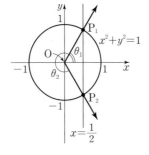

$\sin\theta_1>0$이고 $\sin\theta_2<0$이므로 $\theta=\theta_2$

원의 반지름의 길이가 1이므로

$\cos\theta=\dfrac{1}{2}$, $\sin\theta=-\dfrac{\sqrt3}{2}$

따라서 $\tan\theta=\dfrac{\sin\theta}{\cos\theta}=-\sqrt3$　　　답 ①

08

$\dfrac{3}{2}\pi<\theta<2\pi$이므로 $\sin\theta<0$에서

$|\sin\theta|=-\sin\theta$ ······ ㉠

또 $\cos\theta>0$에서 $\sin\theta-\cos\theta<0$이므로

$\sqrt{(\sin\theta-\cos\theta)^2}=|\sin\theta-\cos\theta|$

$\qquad\qquad=-\sin\theta+\cos\theta$ ······ ㉡

또 $\sqrt[3]{(\sin\theta-\cos\theta)^3}=\sin\theta-\cos\theta$ ······ ㉢

이고 ㉠, ㉡, ㉢에 의하여 주어진 식을 정리하면

$-\sin\theta+\cos\theta+\sin\theta=\sin\theta-\cos\theta-2\sin\theta$에서

$2\cos\theta=-\sin\theta$, $\cos\theta=-\dfrac{1}{2}\sin\theta$ ······ ㉣

㉣을 $\sin^2\theta+\cos^2\theta=1$에 대입하면

$\sin^2\theta+\left(-\dfrac{1}{2}\sin\theta\right)^2=\dfrac{5}{4}\sin^2\theta=1$에서 $\sin^2\theta=\dfrac{4}{5}$

따라서 $\sin\theta<0$이므로

$\sin\theta=-\dfrac{2}{\sqrt5}=-\dfrac{2\sqrt5}{5}$　　　답 ①

09

함수 $f(x)=a\cos bx$에서 $f(0)=a\cos0=a$이므로

$a=2$

한편, 주어진 함수의 주기가 3이고 $b>0$이므로 $\dfrac{2\pi}{b}=3$에서

$b=\dfrac{2}{3}\pi$

따라서 $a\times b=2\times\dfrac{2}{3}\pi=\dfrac{4}{3}\pi$　　　답 ④

10

함수 $f(x)$의 최댓값은 $|a|+1$이고 최솟값은 $-|a|+1$이므로

$(|a|+1)-(-|a|+1)=2|a|=10$에서

$a=-5$ 또는 $a=5$

한편, 함수 $y=\cos2x$의 주기는 $\dfrac{2\pi}{2}=\pi$이므로 두 함수 $y=\cos2x$, $y=|\cos2x|$의 그래프는 그림과 같다.

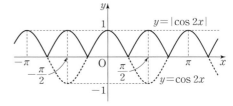

즉, 함수 $g(x)$의 주기는 $\dfrac{\pi}{2}$이다.

이때 함수 $f(x)=a\sin bx+1$의 주기도 $\dfrac{\pi}{2}$이므로

$\dfrac{2\pi}{|b|}=\dfrac{\pi}{2}$에서 $|b|=4$

$b=-4$ 또는 $b=4$

따라서 $a \times b$의 값은 -20 또는 20이므로 $a \times b$의 최솟값은 -20이다.

답 ②

11

점 $\mathrm{P}(1,\ 0)$을 지나고 기울기가 2인 직선의 방정식은 $y=2x-2$

두 점 A, B는 점 $\mathrm{P}(1,\ 0)$에 대하여 대칭이고 직선 $y=2x-2$ 위의 점

이므로 양수 k에 대하여

$\mathrm{A}(1-k,\ -2k)$, $\mathrm{B}(1+k,\ 2k)$이다.

삼각형 OAB의 넓이는 두 삼각형 OPA, OPB의 넓이의 합과 같다.

이때 두 삼각형 OPA, OPB의 밑변을 $\overline{\mathrm{OP}}$라 하면 높이는 모두 $2k$이므로 삼각형 OAB의 넓이는

$2 \times \left(\dfrac{1}{2} \times 1 \times 2k \right)=2k=\dfrac{2}{3}$에서 $k=\dfrac{1}{3}$

즉, $\mathrm{B}\left(\dfrac{4}{3},\ \dfrac{2}{3} \right)$

점 B는 함수 $y=a \tan \pi x$의 그래프 위의 점이므로

$\dfrac{2}{3}=a \times \tan \dfrac{4}{3}\pi$

한편, 함수 $y=\tan x$의 주기는 π이므로

$\tan \dfrac{4}{3}\pi=\tan\left(\pi+\dfrac{\pi}{3} \right)=\tan \dfrac{\pi}{3}=\sqrt{3}$

$\sqrt{3}a=\dfrac{2}{3}$

따라서 $a=\dfrac{2}{3\sqrt{3}}=\dfrac{2\sqrt{3}}{9}$

답 ⑤

12

$\sin \dfrac{13}{6}\pi=\sin\left(2\pi+\dfrac{\pi}{6} \right)=\sin \dfrac{\pi}{6}=\dfrac{1}{2}$

$\tan \dfrac{5}{4}\pi=\tan\left(\pi+\dfrac{\pi}{4} \right)=\tan \dfrac{\pi}{4}=1$

따라서 $\sin \dfrac{13}{6}\pi+\tan \dfrac{5}{4}\pi=\dfrac{1}{2}+1=\dfrac{3}{2}$

답 ③

13

$\overline{\mathrm{AD}}=\overline{\mathrm{BD}}$이므로 $\angle \mathrm{ABD}=\angle \mathrm{BAD}=\theta$

$\overline{\mathrm{AB}}=\overline{\mathrm{AC}}$이므로 $\angle \mathrm{ABD}=\angle \mathrm{ACD}=\theta$

또 $\angle \mathrm{ADC}=\angle \mathrm{ABD}+\angle \mathrm{BAD}=2\theta$

삼각형 ADC의 세 내각의 크기의 합은 π이므로

$2\theta+\theta+\angle \mathrm{DAC}=\pi$에서 $\angle \mathrm{DAC}=\pi-3\theta$

따라서 $\sin(\angle \mathrm{DAC})=\sin(\pi-3\theta)=\sin 3\theta$이고

$\dfrac{\pi}{2}<3\theta<\pi$이므로

$\sin 3\theta=\sqrt{1-\cos^2 3\theta}=\sqrt{1-\left(-\dfrac{1}{3} \right)^2}=\dfrac{2\sqrt{2}}{3}$

답 ⑤

14

$(\sin \alpha-\cos \beta)(\sin \alpha+\cos \beta)=0$에서

$\sin \alpha=\cos \beta$ 또는 $\sin \alpha=-\cos \beta$

(i) $\sin \alpha=\cos \beta$일 때

$0<\alpha<\dfrac{\pi}{2}$이면 그림과 같이 $\alpha=\dfrac{\pi}{2}-\beta$이므로

$\alpha+\beta=\dfrac{\pi}{2}$

또 $\alpha-\beta=\dfrac{\pi}{8}$이므로 $2\alpha=\dfrac{5}{8}\pi$, $\alpha=\dfrac{5}{16}\pi$

이것은 $0<\alpha<\dfrac{\pi}{2}$를 만족시킨다.

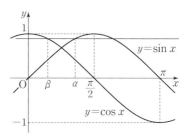

$\dfrac{\pi}{2}\leq\alpha<\pi$이면 그림과 같이 $\alpha=\dfrac{\pi}{2}+\beta$에서 $\alpha-\beta=\dfrac{\pi}{2}$이므로

이것은 $\alpha-\beta=\dfrac{\pi}{8}$를 만족시키지 않는다.

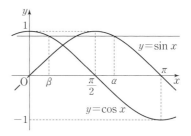

(ii) $\sin \alpha=-\cos \beta$일 때

$0<\alpha<\dfrac{\pi}{2}$이면 그림과 같이 $\alpha=\beta-\dfrac{\pi}{2}$에서 $\beta-\alpha=\dfrac{\pi}{2}$이므로

이것은 $\alpha-\beta=\dfrac{\pi}{8}$를 만족시키지 않는다.

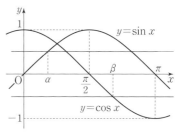

$\dfrac{\pi}{2}\leq\alpha<\pi$이면 그림과 같이 $\beta-\dfrac{\pi}{2}=\pi-\alpha$이므로

$\alpha+\beta=\dfrac{3}{2}\pi$

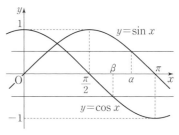

또 $\alpha-\beta=\dfrac{\pi}{8}$이므로 $2\alpha=\dfrac{13}{8}\pi$, $\alpha=\dfrac{13}{16}\pi$

이것은 $\dfrac{\pi}{2}\leq\alpha<\pi$를 만족시킨다.

(i), (ii)에 의하여 모든 α의 값의 합은

$\dfrac{5}{16}\pi+\dfrac{13}{16}\pi=\dfrac{9}{8}\pi$

답 ②

15

함수 $f(x)=3\sin\dfrac{x}{2}$의 최댓값은 3이므로 $a=3$

또 함수 $g(x)=-2\cos 2x$의 최댓값은 $|-2|=2$이므로 $b=2$

따라서 $a+b=3+2=5$

답 ⑤

16

$a>0$에서 함수 $f(x)$의 최댓값은 $a+b$이므로

$a+b=3$ ······ ㉠

$f\left(\dfrac{1}{6}\right)=a\sin\dfrac{\pi}{6}+b=\dfrac{1}{2}a+b$에서

$\dfrac{1}{2}a+b=1$ ······ ㉡

㉠, ㉡을 연립하여 풀면

$a=4$, $b=-1$

따라서 함수 $f(x)$의 최솟값은

$-a+b=-4+(-1)=-5$

답 ③

17

(i) $n=1$일 때

$f(x)=\begin{cases} \sin\pi x & (0\le x<1) \\ \dfrac{1}{2}\sin\pi x & (1\le x<2) \end{cases}$에서

최댓값은 $x=\dfrac{1}{2}$일 때 $f\left(\dfrac{1}{2}\right)=\sin\dfrac{\pi}{2}=1$이고

최솟값은 $x=\dfrac{3}{2}$일 때 $f\left(\dfrac{3}{2}\right)=\dfrac{1}{2}\sin\dfrac{3}{2}\pi=-\dfrac{1}{2}$이므로

$g(1)=1+\left(-\dfrac{1}{2}\right)=\dfrac{1}{2}$

(ii) $n=2$일 때

$f(x)=\begin{cases} 2\sin\pi x & (2\le x<3) \\ \dfrac{1}{4}\sin\pi x & (3\le x<4) \end{cases}$에서

최댓값은 $x=\dfrac{5}{2}$일 때 $f\left(\dfrac{5}{2}\right)=2\sin\dfrac{5}{2}\pi=2$이고

최솟값은 $x=\dfrac{7}{2}$일 때 $f\left(\dfrac{7}{2}\right)=\dfrac{1}{4}\sin\dfrac{7}{2}\pi=-\dfrac{1}{4}$이므로

$g(2)=2+\left(-\dfrac{1}{4}\right)=\dfrac{7}{4}$

(i), (ii)에서

$g(1)+g(2)=\dfrac{1}{2}+\dfrac{7}{4}=\dfrac{9}{4}$

답 ③

[참고]

$0\le x<4$일 때, 함수 $y=f(x)$의 그래프는 그림과 같다.

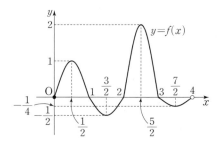

18

a가 양수이므로 함수 $f(x)=a\sin bx+c\left(0\le x\le\dfrac{2\pi}{b}\right)$의 최댓값은

$a+c$이고 최솟값은 $-a+c$이다.

즉, $M=a+c$, $m=-a+c$

조건 (가)에 의하여

$a+c=5(-a+c)$, $3a=2c$ ······ ㉠

b가 양수이므로 함수 $f(x)$의 주기는 $\dfrac{2\pi}{b}$이고

$x=\alpha$일 때 최대, $x=\beta$일 때 최소이므로 $\beta-\alpha=\dfrac{\pi}{b}$

조건 (나)에 의하여

$\dfrac{\pi}{b}=2\pi$에서 $b=\dfrac{1}{2}$

사다리꼴 $AA'B'B$의 넓이는

$\dfrac{1}{2}\times\{(a+c)+(-a+c)\}\times(\beta-\alpha)$

$=\dfrac{1}{2}\times 2c\times 2\pi=2c\pi$

조건 (다)에 의하여 $2c\pi=12\pi$, $c=6$

이것을 ㉠에 대입하면 $3a=12$, $a=4$

따라서 $a+2b+3c=4+1+18=23$

답 23

19

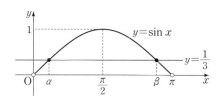

$0<x<\pi$일 때, 함수 $y=\sin x$의 그래프와 직선 $y=\dfrac{1}{3}$이 만나는 점의

x좌표를 각각 α, β $(\alpha<\beta)$라 하면

$\dfrac{\alpha+\beta}{2}=\dfrac{\pi}{2}$에서 $\alpha+\beta=\pi$

따라서 방정식 $\sin x=\dfrac{1}{3}$의 모든 해의 합은 π이다.

답 ④

[다른 풀이]

방정식 $\sin x=\dfrac{1}{3}$의 한 해를 $\alpha\left(0<\alpha<\dfrac{\pi}{2}\right)$라 하면

$\sin(\pi-\alpha)=\sin\alpha$이므로 $\beta=\pi-\alpha$

따라서 $\alpha+\beta=\pi$

20

$\cos^2\left(\dfrac{\pi}{2}-x\right)=\sin^2 x$, $\sin\left(\dfrac{\pi}{2}-x\right)=\cos x$이고

$\sin^2 x=1-\cos^2 x$이므로

이것을 주어진 부등식에 대입하면

$2(1-\cos^2 x)-3\cos x-3\ge 0$

$2\cos^2 x+3\cos x+1\le 0$

$(2\cos x+1)(\cos x+1)\le 0$

$-1\le\cos x\le-\dfrac{1}{2}$

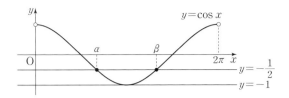

함수 $y=\cos x$의 그래프와 직선 $y=-\dfrac{1}{2}$이 만나는 점의 x좌표는

$\dfrac{2}{3}\pi$, $\dfrac{4}{3}\pi$이므로 주어진 부등식을 만족시키는 모든 x의 값의 범위는

$\dfrac{2}{3}\pi\le x\le\dfrac{4}{3}\pi$이다.

따라서 $\alpha=\dfrac{2}{3}\pi$, $\beta=\dfrac{4}{3}\pi$이므로 $\beta-\alpha=\dfrac{4}{3}\pi-\dfrac{2}{3}\pi=\dfrac{2}{3}\pi$ **답 ④**

21

$6\cos^2 x-\cos x-1\le 0$에서

$(3\cos x+1)(2\cos x-1)\le 0$이므로

$-\dfrac{1}{3}\le\cos x\le\dfrac{1}{2}$

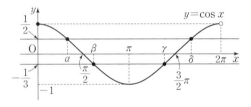

$0<\alpha<\dfrac{\pi}{2}$이고 $\cos\alpha=\dfrac{1}{2}$이므로 $\alpha=\dfrac{\pi}{3}$

$\dfrac{3}{2}\pi<\delta<2\pi$이고 $\cos\delta=\dfrac{1}{2}$이므로 $\delta=\dfrac{5}{3}\pi$

한편, $\cos\beta=\cos\gamma=-\dfrac{1}{3}$이고

함수 $y=\cos x$의 그래프는 직선 $x=\pi$에 대하여 대칭이므로

$\dfrac{\beta+\gamma}{2}=\pi$에서 $\beta+\gamma=2\pi$

따라서

$$\begin{aligned}\sin(-\alpha+\beta+\gamma+\delta)&=\sin\left(-\dfrac{\pi}{3}+2\pi+\dfrac{5}{3}\pi\right)\\&=\sin\left(3\pi+\dfrac{\pi}{3}\right)\\&=-\sin\dfrac{\pi}{3}=-\dfrac{\sqrt{3}}{2}\end{aligned}$$

  답 ②

22

함수 $y=f(x)$의 그래프는 그림과 같다.

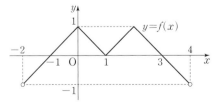

$f(x)=1-|x|=0$에서 $|x|=1$이므로 $x=-1$ 또는 $x=1$

조건 (나)에서 $f(-1)=f(3)=0$

즉, $f(-1)=f(1)=f(3)=0$이므로 방정식 $f(g(x))=0$의 서로 다른 실근의 개수는 세 방정식 $g(x)=-1$, $g(x)=1$, $g(x)=3$의 서로 다른 실근의 개수와 같다.

(ⅰ) $g(x)=-1$일 때,

$g(x)=2\sin\pi x+1=-1$에서 $\sin\pi x=-1$이므로

방정식 $g(x)=-1$의 서로 다른 실근의 개수는 그림과 같이 함수 $y=\sin\pi x\ (-2<x<4)$의 그래프와 직선 $y=-1$의 교점의 개수와 같다.

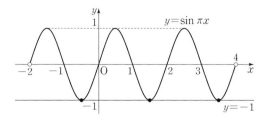

즉, $g(x)=-1$의 서로 다른 실근의 개수는 3이다.

(ⅱ) $g(x)=1$일 때,

$g(x)=2\sin\pi x+1=1$에서 $\sin\pi x=0$이므로

방정식 $g(x)=1$의 서로 다른 실근의 개수는 그림과 같이 함수 $y=\sin\pi x\ (-2<x<4)$의 그래프와 x축의 교점의 개수와 같다.

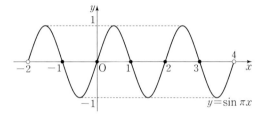

즉, $g(x)=1$의 서로 다른 실근의 개수는 5이다.

(ⅲ) $g(x)=3$일 때,

$g(x)=2\sin\pi x+1=3$에서 $\sin\pi x=1$이므로

방정식 $g(x)=3$의 서로 다른 실근의 개수는 그림과 같이 함수 $y=\sin\pi x\ (-2<x<4)$의 그래프와 직선 $y=1$의 교점의 개수와 같다.

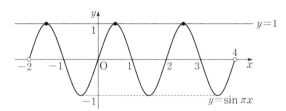

즉, $g(x)=3$의 서로 다른 실근의 개수는 3이다.

(ⅰ), (ⅱ), (ⅲ)에서 구한 실근은 모두 서로 다른 실근이므로 방정식 $f(g(x))=0$의 서로 다른 실근의 개수는

$3+5+3=11$ **답 ③**

23

$\overline{AB}=c$, $\overline{BC}=a$, $\overline{CA}=b$라 하면 코사인법칙에 의하여

$\cos C=\dfrac{a^2+b^2-c^2}{2ab}$이므로

$\cos C=\dfrac{3^2+2^2-(\sqrt{7})^2}{2\times 3\times 2}=\dfrac{1}{2}$ **답 ②**

24

삼각형 ABC에서 $\overline{AB}=c$, $\overline{BC}=a$, $\overline{CA}=b$라 하고

삼각형 ABC의 외접원의 반지름의 길이를 R이라 하면

사인법칙에 의하여

$\sin A = \dfrac{a}{2R}$, $\sin B = \dfrac{b}{2R}$, $\sin C = \dfrac{c}{2R}$

조건 (가)에서 $\sin^2 A = \sin^2 B + \sin^2 C$이므로

$\left(\dfrac{a}{2R}\right)^2 = \left(\dfrac{b}{2R}\right)^2 + \left(\dfrac{c}{2R}\right)^2$

$a^2 = b^2 + c^2$ ······ ㉠

조건 (나)에서 $\sin B = 2\sin C$이므로

$\dfrac{b}{2R} = 2 \times \dfrac{c}{2R}$

$b = 2c$ ······ ㉡

㉡을 ㉠에 대입하면 $a^2 = 5c^2$

$a = 2\sqrt{5}$이므로 $5c^2 = 20$에서 $c = 2$

㉡에서 $b = 4$

따라서 선분 CA의 길이는 4이다.   답 4

25

삼각형 ABC에서 $\overline{AB} = c$, $\overline{BC} = a$, $\overline{CA} = b$라 하고
삼각형 ABC의 외접원의 반지름의 길이를 R이라 하면
사인법칙에 의하여

$\sin A = \dfrac{a}{2R}$, $\sin B = \dfrac{b}{2R}$, $\sin C = \dfrac{c}{2R}$

이때 $\sin A : \sin B : \sin C = 4 : 5 : 6$이므로

$\dfrac{a}{2R} : \dfrac{b}{2R} : \dfrac{c}{2R} = 4 : 5 : 6$에서 $a : b : c = 4 : 5 : 6$

양의 실수 k에 대하여

$a = 4k$, $b = 5k$, $c = 6k$라 하면

삼각형 ABC의 둘레의 길이가 30이므로

$4k + 5k + 6k = 30$에서 $15k = 30$, $k = 2$

즉, $a = 8$, $b = 10$, $c = 12$이므로 코사인법칙에 의하여

$\cos A = \dfrac{10^2 + 12^2 - 8^2}{2 \times 10 \times 12} = \dfrac{3}{4}$

$\sin^2 A = 1 - \cos^2 A$

$\qquad = 1 - \left(\dfrac{3}{4}\right)^2 = \dfrac{7}{16}$

$0 < A < \pi$이므로 $\sin A = \dfrac{\sqrt{7}}{4}$

따라서 삼각형 ABC의 넓이는

$\dfrac{1}{2}bc\sin A = \dfrac{1}{2} \times 10 \times 12 \times \dfrac{\sqrt{7}}{4} = 15\sqrt{7}$ 답 ④

26

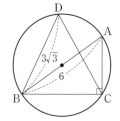

선분 AB가 원의 지름이므로 삼각형 ABC는 $C = \dfrac{\pi}{2}$인 직각삼각형이다.

$\angle ABC = \theta \left(0 < \theta < \dfrac{\pi}{2}\right)$라 하면

조건 (가)에서 $\cos\theta = \dfrac{\overline{BC}}{\overline{AB}} = \dfrac{\overline{BC}}{6} = \dfrac{\sqrt{6}}{3}$이므로 $\overline{BC} = 2\sqrt{6}$

또한 $\angle BDC = \angle BAC = \dfrac{\pi}{2} - \theta$이므로

$\sin(\angle BDC) = \sin\left(\dfrac{\pi}{2} - \theta\right) = \cos\theta = \dfrac{\sqrt{6}}{3}$

$0 < \angle BDC < \dfrac{\pi}{2}$이므로

$\cos(\angle BDC) = \sqrt{1 - \sin^2(\angle BDC)} = \sqrt{1 - \left(\dfrac{\sqrt{6}}{3}\right)^2} = \dfrac{\sqrt{3}}{3}$

$\overline{CD} = x\ (x > 0)$이라 하면 삼각형 DBC에서 코사인법칙에 의하여

$\cos(\angle BDC) = \dfrac{(3\sqrt{3})^2 + x^2 - (2\sqrt{6})^2}{2 \times 3\sqrt{3} \times x} = \dfrac{\sqrt{3}}{3}$

$x^2 - 6x + 3 = 0$, $x = 3 \pm \sqrt{6}$

$\overline{CD} > \overline{BC}$이므로 $\overline{CD} = 3 + \sqrt{6}$

따라서 $p = 3$, $q = 1$이므로 $p + q = 4$ 답 4

03 수열

01 ⑤	**02** ②	**03** ③	**04** 9	**05** 54
06 ④	**07** ②	**08** ③	**09** ③	**10** 64
11 ③	**12** 18	**13** ③	**14** ①	**15** 85
16 ①	**17** ②	**18** 34	**19** 16	**20** ③
21 ⑤	**22** ④	**23** 103	**24** ⑤	**25** ①
26 ②	**27** ④	**28** 110	**29** ①	**30** ②
31 ④	**32** ③	**33** ⑤	**34** ④	**35** ①
36 ②	**37** ⑤	**38** ①	**39** ②	**40** 12
41 ④	**42** ⑤			

01

등차수열 $\{a_n\}$의 첫째항이 1이고 공차가 3이므로

$a_5 = 1 + (5-1) \times 3 = 13$

閏 ⑤

02

이차방정식의 근과 계수의 관계에 의하여

$p + q = -\dfrac{3}{2}$, $pq = -\dfrac{15}{2}$이므로

$a_2 = -\dfrac{3}{2}$, $a_4 = -\dfrac{15}{2}$

수열 $\{a_n\}$의 공차가 d이므로

$a_4 - a_2 = 2d$

$-\dfrac{15}{2} - \left(-\dfrac{3}{2}\right) = -6 = 2d$

따라서 $d = -3$

閏 ②

03

등차수열 $\{a_n\}$의 공차를 d (d는 자연수)라 하면

조건 (가)에서 $a_1 + a_4 = a + (a+3d) = 2a + 3d$이고

$a_8 = a + 7d$이므로

$2a + 3d = a + 7d$, $a = 4d$

등차수열 $\{a_n\}$의 일반항은

$a_n = a + (n-1)d = 4d + (n-1)d = (n+3)d$

조건 (나)에서 $(m+3)d = 12$ ······ ㉠

m, d가 모두 자연수이고 $m+3 \geq 4$이므로

㉠을 만족시키는 자연수 d를 구하면

(ⅰ) $m+3 = 4$일 때, $d=3$이고 $a = 4 \times 3 = 12$

(ⅱ) $m+3 = 6$일 때, $d=2$이고 $a = 4 \times 2 = 8$

(ⅲ) $m+3 = 12$일 때, $d=1$이고 $a = 4 \times 1 = 4$

(ⅰ), (ⅱ), (ⅲ)에 의하여 모든 자연수 a의 값의 합은

$12 + 8 + 4 = 24$

閏 ③

04

집합 A를 원소나열법으로 나타내면

$\{2, 4, 6, 8, 10, 12, 14, 16, 18, \cdots\}$이고

집합 B를 원소나열법으로 나타내면

$\{3, 6, 9, 12, 15, 18, \cdots\}$이다.

집합 $A-B$를 원소나열법으로 나타내면

$A - B = \{2, 4, 8, 10, 14, 16, \cdots\}$이다.

이때 수열 $\{a_n\}$의 짝수번째 항들을 작은 수부터 크기순으로 나열하면

4, 10, 16, $\cdots$이고, 모든 자연수 n에 대하여 $b_n = a_{2n}$이므로 수열 $\{b_n\}$

은 첫째항이 4이고 공차가 6인 등차수열이다.

즉, $b_n = 4 + (n-1) \times 6 = 6n - 2$이므로 $b_n > 50$에서

$6n - 2 > 50$, $n > \dfrac{26}{3}$

따라서 구하는 자연수 n의 최솟값은 9이다.

閏 9

05

등차수열 $\{a_n\}$의 공차를 d라 하면 $a_2 = a_1 + d$이므로

$d = a_2 - a_1 = 3 - (-1) = 4$

즉, 수열 $\{a_n\}$은 첫째항이 -1이고 공차가 4인 등차수열이다.

이 등차수열의 첫째항부터 제6항까지의 합은

$\dfrac{6 \times \{2 \times (-1) + (6-1) \times 4\}}{2} = 54$

閏 54

06

첫째항이 1인 등차수열 $\{a_n\}$의 공차를 d라 하면

$S_6 = \dfrac{6 \times (2 \times 1 + 5d)}{2} = 6 + 15d$

$S_3 = \dfrac{3 \times (2 \times 1 + 2d)}{2} = 3 + 3d$

$S_6 - S_3 = (6+15d) - (3+3d) = 3 + 12d$이므로

$3 + 12d = 15$에서 $d = 1$

따라서 $S_9 = \dfrac{9 \times (2 \times 1 + 8 \times 1)}{2} = 45$

閏 ④

다른 풀이

$S_6 - S_3 = a_4 + a_5 + a_6 = 15$에서

a_5는 a_4와 a_6의 등차중항이므로

$3a_5 = 15$, $a_5 = 5$

따라서

$S_9 = a_1 + a_2 + a_3 + a_4 + a_5 + a_6 + a_7 + a_8 + a_9$

$= (a_1 + a_9) + (a_2 + a_8) + (a_3 + a_7) + (a_4 + a_6) + a_5$

$= 2a_5 + 2a_5 + 2a_5 + 2a_5 + a_5$

$= 9a_5 = 9 \times 5 = 45$

07

첫째항이 1인 등차수열 $\{a_n\}$의 공차를 d라 하면

$a_n = 1 + (n-1)d = dn - d + 1$이므로

$b_n = a_{2n-1} + a_{2n} = \{d(2n-1) - d + 1\} + (d \times 2n - d + 1)$

$= 4dn - 3d + 2$

즉, 수열 $\{b_n\}$은 첫째항이 $d+2$이고 공차가 $4d$인 등차수열이므로

$S_5 = \dfrac{5\{2(d+2) + 4 \times 4d\}}{2} = 5(9d + 2) = 25$에서

$9d+2=5, d=\dfrac{1}{3}$

따라서 $a_4=1+3\times\dfrac{1}{3}=2$　　　　　　　　　　답 ②

다른 풀이

$S_5=b_1+b_2+b_3+b_4+b_5$

$\quad=(a_1+a_2)+(a_3+a_4)+(a_5+a_6)+(a_7+a_8)+(a_9+a_{10})$

이므로 S_5의 값은 등차수열 $\{a_n\}$의 첫째항부터 제10항까지의 합과 같다.

즉, 첫째항이 1인 등차수열 $\{a_n\}$의 공차를 d라 하면

$S_5=\dfrac{10\times(2\times1+9d)}{2}=5(2+9d)=25$에서

$2+9d=5, d=\dfrac{1}{3}$

따라서 $a_4=1+3\times\dfrac{1}{3}=2$

08

등차수열 $\{a_n\}$의 공차를 d라 하면 $a_{12}=a_{10}+2d$이므로 조건 (가)에서

$a_1+a_{12}=a_1+a_{10}+2d=18, a_1+a_{10}=18-2d$

조건 (나)에서 $S_{10}=\dfrac{10(a_1+a_{10})}{2}=5\times(18-2d)=120$

$18-2d=24, d=-3$

한편, 조건 (가)에서 $a_1+a_{12}=2a_1+11d=2a_1-33=18, a_1=\dfrac{51}{2}$

즉, $S_n=\dfrac{n\{51+(n-1)\times(-3)\}}{2}=\dfrac{3}{2}n(18-n)$이므로

$S_n<0$에서 $n>18$

따라서 구하는 자연수 n의 최솟값은 19이다.　　　　　답 ③

09

첫째항이 a이고 공비가 2인 등비수열 $\{a_n\}$의 일반항은

$a_n=a\times2^{n-1}$

$a_4=a\times2^3=24$에서 $8a=24$

따라서 $a=3$　　　　　　　　　　　　　　　　　답 ③

10

등비수열 $\{a_n\}$의 첫째항을 a, 공비를 r이라 하면 $a_n=ar^{n-1}$

$a_2=ar=\dfrac{1}{4}$　　　　　　　　　　　　…… ㉠

$a_3+a_4=ar^2+ar^3=ar(r+r^2)=5$　　…… ㉡

㉠을 ㉡에 대입하면

$\dfrac{1}{4}(r+r^2)=5, r^2+r-20=0, (r+5)(r-4)=0$

이때 모든 항이 양수이므로 $r>0$

따라서 $r=4$이므로

$a_6=a_2\times r^4=\dfrac{1}{4}\times4^4=64$　　　　　　답 64

11

등비수열 $\{a_n\}$의 첫째항을 a, 공비를 r이라 하면 $a_n=ar^{n-1}$

$a_9=1$에서 $ar^8=1$　　　　　　　　　　…… ㉠

$\dfrac{a_6a_{12}}{a_7}-\dfrac{a_2a_{10}}{a_3}=-\dfrac{2}{3}$에서

$\dfrac{ar^5\times ar^{11}}{ar^6}-\dfrac{ar\times ar^9}{ar^2}=ar^{10}-ar^8=ar^8(r^2-1)=-\dfrac{2}{3}$　　…… ㉡

㉠을 ㉡에 대입하면

$r^2-1=-\dfrac{2}{3}, r^2=\dfrac{1}{3}$

$r^2=\dfrac{1}{3}$을 ㉠에 대입하면 $ar^8=a\times(r^2)^4=\dfrac{1}{81}a=1$이므로

$a=81$

따라서 $a_3=ar^2=81\times\dfrac{1}{3}=27$　　　　　답 ③

12

등차수열 $\{a_n\}$의 공차를 d라 하면 수열 $\{a_n\}$의 모든 항이 자연수이므로 d는 0 또는 자연수이다.

또 등비수열 $\{b_n\}$의 첫째항을 b, 공비를 r이라 하면 수열 $\{b_n\}$의 모든 항이 자연수이므로 r은 자연수이다.

$d=0$이면 $a_2=a_3=4$이므로 조건 (나)에서

$4r^2+4r^3=16$

즉, $r^2+r^3=4$이고 이를 만족시키는 자연수 r은 존재하지 않는다.

따라서 공차 d는 자연수이다.

조건 (가)에서 $b_2=br=4$이므로 b, r은 모두 4의 약수이다.

(i) $b=1$일 때

　$r=4$이므로 모든 자연수 n에 대하여 $b_n=4^{n-1}$

　조건 (나)에서

　$4^3+4^4=(4+d)(4+2d)$

　$d^2+6d-152=0$이고 이를 만족시키는 자연수 d는 존재하지 않는다.

(ii) $b=2$일 때

　$r=2$이므로 모든 자연수 n에 대하여 $b_n=2\times2^{n-1}=2^n$

　조건 (나)에서

　$2^4+2^5=(4+d)(4+2d)$

　$d^2+6d-16=0$

　$(d+8)(d-2)=0$

　d는 자연수이므로 $d=2$

　조건 (가)에서 $a_n=4+(n-1)\times2=2n+2$

(iii) $b=4$일 때

　$r=1$이므로 모든 자연수 n에 대하여 $b_n=4$

　조건 (나)에서 $4+4=(4+d)(4+2d)$

　$d^2+6d+4=0$이고 이를 만족시키는 자연수 d는 존재하지 않는다.

(i), (ii), (iii)에 의하여 $a_n=2n+2$, $b_n=2^n$이므로

$a_4+b_3=(2\times4+2)+2^3=18$　　　　　答 18

13

첫째항이 a이고 공비가 $\dfrac{1}{2}$이므로

$S_4=\dfrac{a\times\left\{1-\left(\dfrac{1}{2}\right)^4\right\}}{1-\dfrac{1}{2}}=\dfrac{a\times\dfrac{15}{16}}{\dfrac{1}{2}}=a\times\dfrac{15}{8}=1$

따라서 $a=\dfrac{8}{15}$　　　　　　　　　　　　답 ③

14

등비수열 $\{a_n\}$의 첫째항을 a, 공비를 r이라 하면 등비수열 $\{a_n\}$의 모든 항이 서로 다른 양수이므로 $a>0$이고 r은 1이 아닌 양수이다.

$$S_8=\frac{a(1-r^8)}{1-r}$$

또 수열 $\{b_n\}$은 첫째항이 $a_2=ar$이고 공비가 r^2인 등비수열이므로

$$T_4=\frac{ar\{1-(r^2)^4\}}{1-r^2}$$

$2S_8=3T_4$에서

$$2\times\frac{a(1-r^8)}{1-r}=3\times\frac{ar\{1-(r^2)^4\}}{1-r^2}$$

$$\frac{2a(1-r^8)}{1-r}=\frac{3ar(1-r^8)}{(1-r)(1+r)}$$

즉, $2=\frac{3r}{1+r}$에서 $2+2r=3r$, $r=2$

따라서 $\dfrac{a_2}{b_2}=\dfrac{a_2}{a_4}=\dfrac{ar}{ar^3}=\dfrac{1}{r^2}=\dfrac{1}{4}$　　　답 ①

15

자연수 n에 대하여 직선 $x=n$이 두 함수 $y=\left(\dfrac{1}{2}\right)^x$, $y=-\left(\dfrac{1}{4}\right)^x+2$

의 그래프와 만나는 점의 좌표를 각각 구하면

$P_n\left(n,\left(\dfrac{1}{2}\right)^n\right)$, $Q_n\left(n,-\left(\dfrac{1}{4}\right)^n+2\right)$이므로

$$\overline{P_nQ_n}=-\left(\dfrac{1}{4}\right)^n+2-\left(\dfrac{1}{2}\right)^n=2-\left(\dfrac{1}{4}\right)^n-\left(\dfrac{1}{2}\right)^n$$

점 R_n은 직선 $x=n-1$ 위의 점이므로

삼각형 $P_nQ_nR_n$의 넓이는

$$a_n=\frac{1}{2}\times\left\{2-\left(\frac{1}{4}\right)^n-\left(\frac{1}{2}\right)^n\right\}\times1=1-\frac{1}{2}\times\left(\frac{1}{4}\right)^n-\left(\frac{1}{2}\right)^{n+1}$$

$a_n+b_n=1-\left(\dfrac{1}{2}\right)^{n+1}$에서

$$b_n=1-\left(\frac{1}{2}\right)^{n+1}-\left\{1-\frac{1}{2}\times\left(\frac{1}{4}\right)^n-\left(\frac{1}{2}\right)^{n+1}\right\}=\frac{1}{2}\times\left(\frac{1}{4}\right)^n$$

즉, 수열 $\{b_n\}$은 첫째항이 $\dfrac{1}{8}$이고 공비가 $\dfrac{1}{4}$인 등비수열이므로

$$S_4=\frac{\frac{1}{8}\left\{1-\left(\frac{1}{4}\right)^4\right\}}{1-\frac{1}{4}}=\frac{1}{6}\times\left(1-\frac{1}{256}\right)=\frac{85}{512}$$

따라서 $512S_4=85$　　　답 85

16

$a^2=2\times18=36$에서 공비가 양수이므로 $a>0$

따라서 $a=6$　　　답 ①

17

$a_3+a_5=2a_4$이므로 $2a_4=-6$에서

$a_4=-3$

a_7, a_8, a_9는 이 순서대로 등차수열을 이루므로

$a_7+a_8+a_9=3a_8$

등차수열 $\{a_n\}$의 공차를 d라 하면

$3a_8=a_{10}$에서 $3(a_1+7d)=a_1+9d$, $a_1+6d=0$

즉, $a_7=0$

a_1, a_4, a_7은 이 순서대로 등차수열을 이루므로

$a_1+a_7=2a_4$

따라서 $a_1=2a_4-a_7=2\times(-3)-0=-6$　　　답 ②

18

세 실수 a^2, $4a$, 15가 이 순서대로 등차수열을 이루므로

$2\times4a=a^2+15$, $a^2-8a+15=0$

$(a-3)(a-5)=0$

$a=3$ 또는 $a=5$

(ⅰ) $a=3$일 때

　$a^2=9$이고 세 실수 9, 15, b가 이 순서대로 등비수열을 이루므로

　$15^2=9b$에서 $b=25$

(ⅱ) $a=5$일 때

　$a^2=25$이고 세 실수 25, 15, b가 이 순서대로 등비수열을 이루므로

　$15^2=25b$에서 $b=9$

(ⅰ), (ⅱ)에 의하여 모든 b의 값의 합은 $25+9=34$　　　답 34

19

등차수열 $\{a_n\}$의 첫째항과 공차가 모두 $\dfrac{2}{3}$이므로

$$a_n=\frac{2}{3}+(n-1)\times\frac{2}{3}=\frac{2}{3}n$$

$a_3=2$, $a_4+a_8=\dfrac{8}{3}+\dfrac{16}{3}=8$이고

세 수 2, 8, $a_{2m-2}+a_{2m}+a_{2m+2}$는 이 순서대로 등비수열을 이루므로

$8^2=2(a_{2m-2}+a_{2m}+a_{2m+2})$

$32=a_{2m-2}+a_{2m}+a_{2m+2}$

한편, a_{2m-2}, a_{2m}, a_{2m+2}는 이 순서대로 등차수열을 이루므로

$a_{2m-2}+a_{2m}+a_{2m+2}=3a_{2m}$

즉, $32=3a_{2m}$이므로 $32=3\times\dfrac{2}{3}\times2m$

$4m=32$, $m=8$

따라서 $3a_m=3a_8=3\times\dfrac{2}{3}\times8=16$　　　답 16

20

수열의 합과 일반항 사이의 관계에 의하여

$a_4=S_4-S_3$이므로

$a_4=(4^2+4)-(3^2+3)=20-12=8$　　　답 ③

21

수열의 합과 일반항 사이의 관계에 의하여

$a_3=S_3-S_2$이므로 $a_3=6$

또 $a_5=S_5-S_4$이므로 $a_5=14$

수열 $\{a_n\}$이 등차수열이므로 a_3, a_5, a_7은 이 순서대로 등차수열을 이룬다.

따라서 $a_3+a_7=2a_5$이므로 $6+a_7=28$에서

$a_7=22$　　　답 ⑤

22

수열 $\{a_n\}$의 첫째항부터 제n항까지의 합이 S_n이므로 수열의 합과 일반항 사이의 관계에 의하여

$a_1=S_1=2^1+1=3$

$S_{2m}-S_m=(2^{2m}+1)-(2^m+1)=2^{2m}-2^m=56$에서

$2^m=t$라 하면

$t^2-t-56=0$

$(t+7)(t-8)=0$

$t>0$이므로 $t=8$

즉, $2^m=8$이므로 $m=3$

따라서 $a_m=a_3=S_3-S_2=(2^3+1)-(2^2+1)=4$이므로

$a_1+a_m=3+4=7$

답 ④

23

수열 $\{a_n\}$의 첫째항이 1이고 이 수열의 첫째항부터 제n항까지의 합이 S_n이므로

$S_1=a_1=1$

조건 (가)에서

$S_4-S_3=a_4=0$

조건 (나)에서

$S_{2n}-S_{n-1}=a_n+a_{n+1}+a_{n+2}+\cdots+a_{2n}$이므로

$T_n=a_n+a_{n+1}+a_{n+2}+\cdots+a_{2n}$이라 하면

$T_n=3(n+1)^2$ (단, $n\geq2$)

$T_2=a_2+a_3+a_4$, $T_4=a_4+a_5+a_6+a_7+a_8$이고

조건 (가)에서 $a_4=0$이므로

$S_8=a_1+a_2+a_3+\cdots+a_8$

$\quad=a_1+(a_2+a_3+a_4)+(a_5+a_6+a_7+a_8)$

$\quad=a_1+(a_2+a_3+a_4)+(a_4+a_5+a_6+a_7+a_8)$

$\quad=1+T_2+T_4$

$\quad=1+3\times3^2+3\times5^2$

$\quad=103$

답 103

다른 풀이

조건 (나)에서 $n=4$일 때 $S_8-S_3=3\times5^2=75$

조건 (가)에서 $S_4=S_3$이므로

$S_8-S_3=S_8-S_4=75$

즉, $S_8=S_4+75$ ······ ㉠

조건 (나)에서 $n=2$일 때

$S_4-S_1=3\times3^2=27$이므로

$S_4=S_1+27=1+27=28$

$S_4=28$을 ㉠에 대입하면

$S_8=28+75=103$

24

$\sum\limits_{k=1}^{10}3a_k=3\sum\limits_{k=1}^{10}a_k=15$이므로 $\sum\limits_{k=1}^{10}a_k=5$

$\sum\limits_{k=1}^{10}(a_k+2b_k)=\sum\limits_{k=1}^{10}a_k+2\sum\limits_{k=1}^{10}b_k=5+2\sum\limits_{k=1}^{10}b_k=23$이므로

$\sum\limits_{k=1}^{10}b_k=\dfrac{1}{2}\times(23-5)=9$

따라서 $\sum\limits_{k=1}^{10}(b_k+1)=\sum\limits_{k=1}^{10}b_k+\sum\limits_{k=1}^{10}1=9+10=19$

답 ⑤

25

$\sum\limits_{k=1}^{20}(a_k+a_{k+1})=a_1+2(a_2+a_3+\cdots+a_{20})+a_{21}$

$\qquad\qquad\qquad=2(a_1+a_2+a_3+\cdots+a_{20})+a_{21}-a_1$

$\qquad\qquad\qquad=2\sum\limits_{k=1}^{20}a_k+a_{21}-2=a_{21}$

이므로 $\sum\limits_{k=1}^{20}a_k=1$

즉, $\sum\limits_{k=1}^{20}a_k=\sum\limits_{k=1}^{10}(a_{2k-1}+a_{2k})=\sum\limits_{k=1}^{10}a_{2k-1}+\sum\limits_{k=1}^{10}a_{2k}=\sum\limits_{k=1}^{10}a_{2k-1}+15=1$

이므로 $\sum\limits_{k=1}^{10}a_{2k-1}=1-15=-14$

답 ①

26

조건 (가)에서 모든 자연수 n에 대하여

$b_n=a_n+a_{n+1}+a_{n+2}$이므로

$b_{3k}=a_{3k}+a_{3k+1}+a_{3k+2}$

조건 (나)에서 모든 자연수 n에 대하여

$\sum\limits_{k=1}^{n}a_{3k}=\sum\limits_{k=1}^{n}b_{3k}-\sum\limits_{k=3}^{3n+3}a_k$

$\qquad\quad=\sum\limits_{k=1}^{n}(a_{3k}+a_{3k+1}+a_{3k+2})-\sum\limits_{k=3}^{3n+3}a_k$

$\qquad\quad=\sum\limits_{k=3}^{3n+2}a_k-\sum\limits_{k=3}^{3n+3}a_k$

$\qquad\quad=-a_{3n+3}$ ······ ㉠

즉, $\sum\limits_{k=1}^{n}a_{3k}+a_{3n+3}=0$이므로 모든 자연수 n에 대하여

$\sum\limits_{k=1}^{n+1}a_{3k}=0$

이때 $a_{3n+6}=\sum\limits_{k=1}^{n+2}a_{3k}-\sum\limits_{k=1}^{n+1}a_{3k}=0$이므로

$a_9=a_{12}=a_{15}=\cdots=0$

$a_3=3$이고 ㉠에서 $n=1$일 때 $a_3=-a_6$이므로

$a_6=-a_3=-3$

따라서

$\sum\limits_{k=1}^{5}|a_{3k}|=|a_3|+|a_6|+|a_9|+|a_{12}|+|a_{15}|$

$\qquad\quad=3+3+0+0+0=6$

답 ②

27

$\sum\limits_{k=1}^{10}(k-1)(k+2)+\sum\limits_{k=1}^{10}(k+1)(k-2)$

$=\sum\limits_{k=1}^{10}(k^2+k-2)+\sum\limits_{k=1}^{10}(k^2-k-2)$

$=\sum\limits_{k=1}^{10}\{(k^2+k-2)+(k^2-k-2)\}$

$=\sum\limits_{k=1}^{10}(2k^2-4)=2\sum\limits_{k=1}^{10}k^2-\sum\limits_{k=1}^{10}4$

$=2\times\dfrac{10\times11\times21}{6}-4\times10$

$=730$

답 ④

28

$$\sum_{k=1}^{10}\{2a_k-k(k-3)\}=\sum_{k=1}^{10}(2a_k-k^2+3k)=2\sum_{k=1}^{10}a_k-\sum_{k=1}^{10}k^2+3\sum_{k=1}^{10}k$$

$$=2\sum_{k=1}^{10}a_k-\frac{10\times11\times21}{6}+3\times\frac{10\times11}{2}$$

$$=2\sum_{k=1}^{10}a_k-220=0$$

이므로

$$\sum_{k=1}^{10}a_k=\frac{1}{2}\times220=110$$

답 110

29

$$\sum_{k=1}^{m}\frac{k^3+1}{(k-1)k+1}=\sum_{k=1}^{m}\frac{(k+1)(k^2-k+1)}{k^2-k+1}=\sum_{k=1}^{m}(k+1)$$

$$=\sum_{k=1}^{m}k+\sum_{k=1}^{m}1=\frac{m(m+1)}{2}+m=44$$

이므로

$$m^2+3m-88=0,\ (m-8)(m+11)=0$$

m은 자연수이므로 $m=8$

답 ①

30

$x^2-(n^2+3n+4)x+3n^3+4n^2=(x-n^2)(x-3n-4)$이므로
x에 대한 이차부등식 $x^2-(n^2+3n+4)x+3n^3+4n^2\leq0$을 만족시키
는 모든 자연수 x의 개수 a_n은 다음과 같다.

(i) $n^2\leq3n+4$, 즉 $1\leq n\leq4$일 때
 이차부등식의 실근은 $n^2\leq x\leq3n+4$이므로
 $a_n=(3n+4)-n^2+1=-n^2+3n+5$

(ii) $n^2>3n+4$, 즉 $n\geq5$일 때
 이차부등식의 실근은 $3n+4\leq x\leq n^2$이므로
 $a_n=n^2-(3n+4)+1=n^2-3n-3$

따라서

$$\sum_{k=1}^{8}a_k=\sum_{k=1}^{4}(-k^2+3k+5)+\sum_{k=5}^{8}(k^2-3k-3)$$

$$=\sum_{k=1}^{4}(-k^2+3k+5)+\sum_{k=1}^{4}\{(k+4)^2-3(k+4)-3\}$$

$$=\sum_{k=1}^{4}(-k^2+3k+5)+\sum_{k=1}^{4}(k^2+5k+1)$$

$$=\sum_{k=1}^{4}(8k+6)=8\sum_{k=1}^{4}k+\sum_{k=1}^{4}6$$

$$=8\times\frac{4\times5}{2}+6\times4=104$$

답 ②

31

$$\sum_{k=3}^{10}\frac{1}{2k^2-6k+4}=\sum_{k=3}^{10}\frac{1}{2(k-1)(k-2)}$$

$$=\frac{1}{2}\sum_{k=3}^{10}\left(\frac{1}{k-2}-\frac{1}{k-1}\right)$$

$$=\frac{1}{2}\left\{\left(1-\frac{1}{2}\right)+\left(\frac{1}{2}-\frac{1}{3}\right)+\cdots+\left(\frac{1}{8}-\frac{1}{9}\right)\right\}$$

$$=\frac{1}{2}\times\left(1-\frac{1}{9}\right)=\frac{4}{9}$$

답 ④

32

등차수열 $\{a_n\}$의 공차를 d라 하면

$$\sum_{k=1}^{4}a_k=\frac{4(4+3d)}{2}=8+6d=14$$

이므로 $d=1$

즉, 등차수열 $\{a_n\}$의 첫째항이 2, 공차가 1이므로

$$a_n=2+(n-1)\times1=n+1$$

따라서

$$\sum_{k=1}^{6}\frac{1}{a_ka_{k+1}}=\sum_{k=1}^{6}\frac{1}{(k+1)(k+2)}$$

$$=\sum_{k=1}^{6}\left(\frac{1}{k+1}-\frac{1}{k+2}\right)$$

$$=\left(\frac{1}{2}-\frac{1}{3}\right)+\left(\frac{1}{3}-\frac{1}{4}\right)+\cdots+\left(\frac{1}{7}-\frac{1}{8}\right)$$

$$=\frac{1}{2}-\frac{1}{8}=\frac{3}{8}$$

답 ③

33

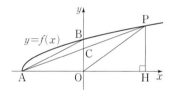

$f(-4)=0$, $f(0)=2$이므로 함수 $y=f(x)$의 그래프가 x축, y축과 만
나는 점은 각각

A$(-4,0)$, B$(0,2)$

직선 PA와 y축이 만나는 점을 C, 점 P$(n,\sqrt{n+4})$에서 x축에 내린
수선의 발을 H라 하면 두 삼각형 PAH, CAO는 서로 닮음이고 닮음
비는 $\overline{AH}:\overline{AO}=(n+4):4$이므로

$$\overline{OC}=\frac{4}{n+4}\times\overline{PH}=\frac{4\sqrt{n+4}}{n+4}$$

두 삼각형 PBO, PBA의 넓이의 차는 두 삼각형 PCO, BAC의 넓이
의 차와 같다.

이때 삼각형 PCO의 넓이는

$$\frac{1}{2}\times\overline{OC}\times\overline{OH}=\frac{1}{2}\times\frac{4\sqrt{n+4}}{n+4}\times n=\frac{2n\sqrt{n+4}}{n+4}.$$

삼각형 BAC의 넓이는

$$\frac{1}{2}\times(\overline{OB}-\overline{OC})\times\overline{OA}=\frac{1}{2}\times\left(2-\frac{4\sqrt{n+4}}{n+4}\right)\times4=4-\frac{8\sqrt{n+4}}{n+4}$$

이므로

$$S_n=\left|\frac{2n\sqrt{n+4}}{n+4}-\left(4-\frac{8\sqrt{n+4}}{n+4}\right)\right|=\left|\frac{2\sqrt{n+4}}{n+4}(n+4)-4\right|$$

$$=2\sqrt{n+4}-4$$

따라서

$$\sum_{n=1}^{11}\frac{1}{S_{n+1}+S_n+8}$$

$$=\sum_{n=1}^{11}\frac{1}{(2\sqrt{n+5}-4)+(2\sqrt{n+4}-4)+8}$$

$$=\frac{1}{2}\sum_{n=1}^{11}\frac{1}{\sqrt{n+5}+\sqrt{n+4}}$$

$$=\frac{1}{2}\sum_{n=1}^{11}\frac{\sqrt{n+5}-\sqrt{n+4}}{(\sqrt{n+5}+\sqrt{n+4})(\sqrt{n+5}-\sqrt{n+4})}$$

$$=\frac{1}{2}\sum_{n=1}^{11}(\sqrt{n+5}-\sqrt{n+4})$$

$$=\frac{1}{2}\{(\sqrt{6}-\sqrt{5})+(\sqrt{7}-\sqrt{6})+\cdots+(\sqrt{16}-\sqrt{15})\}$$

$$=\frac{1}{2}\times(4-\sqrt{5})=2-\frac{\sqrt{5}}{2}$$ 　　　　🅰 ⑤

34

수열 $\{a_n\}$이 모든 자연수 n에 대하여 $2a_{n+1}=a_n+a_{n+2}$를 만족시키므로 수열 $\{a_n\}$은 등차수열이다.

수열 $\{a_n\}$의 공차를 d라 하면

$a_7-a_4=3d=15$

이므로 $d=5$

따라서 $a_3-a_1=2d=2\times5=10$ 　　　　🅰 ④

35

$a_5=2$이므로

$a_4>a_3$이면 $2=a_3-a_4>0$이 되어 모순이다.

그러므로 $a_4\leq a_3$이고 $a_5=3-a_3$에서 $2=3-a_3$

즉, $a_3=1$, $a_4\leq1$ 　　…… ㉠

$a_2>a_1$이면 $1=a_1-a_2>0$이 되어 모순이므로

$a_2\leq a_1$이고 $a_3=1-a_1$에서 $1=1-a_1$

즉, $a_1=0$, $a_2\leq0$ 　　…… ㉡

㉠, ㉡에서 $a_3>a_2$이므로

$a_4=a_2-a_3=a_2-1$

$$\sum_{k=1}^{5}a_k=a_1+a_2+a_3+a_4+a_5$$

$$=0+a_2+1+(a_2-1)+2$$

$$=2a_2+2=-2$$

이므로

$2a_2=-4$, $a_2=-2$

따라서 $a_4=-2-1=-3$ 　　　　🅰 ①

36

조건 (가)에서

$a_1<0$이므로 $a_2=a_1{}^2$

$a_2>0$이므로 $a_3=\frac{1}{2}a_2-2=\frac{1}{2}a_1{}^2-2$

(ⅰ) $a_3>0$이면

$\frac{1}{2}a_1{}^2-2>0$에서 $a_1{}^2>4$이므로

$-20\leq a_1<-2$이고,

$a_4=\frac{1}{2}a_3-2=\frac{1}{2}\left(\frac{1}{2}a_1{}^2-2\right)-2=\frac{1}{4}a_1{}^2-3$ 　…… ㉠

조건 (나)에서 a_4는 정수이므로 $\frac{1}{4}a_1{}^2-3$이 정수가 되려면

$a_1=-2m$ (m은 2 이상 10 이하의 자연수) 　…… ㉡

즉, $a_1\leq-4$이므로 ㉠에서 $a_4\geq1>0$

$a_5=\frac{1}{2}a_4-2=\frac{1}{2}\left(\frac{1}{4}a_1{}^2-3\right)-2=\frac{1}{8}\times(-2m)^2-\frac{7}{2}=\frac{m^2-7}{2}$

조건 (나)에서 a_5는 정수가 아닌 유리수이므로

$m^2-7=2l-1$ (l은 정수)이다.

$m^2=2l+6=2(l+3)$에서 자연수 m은 짝수이므로

㉡에서 a_1의 값이 될 수 있는 것은

-4, -8, -12, -16, -20

(ⅱ) $a_3\leq0$이면

$\frac{1}{2}a_1{}^2-2\leq0$에서 $a_1{}^2\leq4$이므로

$-2\leq a_1\leq-1$

$a_1=-2$ 또는 $a_1=-1$

즉, $a_1=-2$인 경우 $a_2=4$, $a_3=0$, $a_4=0$, $a_5=0$이므로 조건 (나)를 만족시키지 않는다.

$a_1=-1$인 경우 $a_2=1$, $a_3=-\frac{3}{2}$이므로 조건 (나)를 만족시키지 않는다.

(ⅰ), (ⅱ)에 의하여 조건을 만족시키는 모든 a_1의 값의 합은

$-4+(-8)+(-12)+(-16)+(-20)=-60$ 　　🅰 ②

37

$a_1=1$에서

$a_2=a_1+(-1)\times1=1-1=0$

$a_3=a_2+(-1)^2\times2=0+2=2$

$a_4=a_3+(-1)^3\times3=2-3=-1$ 　　🅰 ⑤

38

모든 자연수 n에 대하여

$a_{2n+2}=a_{2n}+3$

이므로 수열 $\{a_{2n}\}$은 공차가 3인 등차수열이다. 　…… ㉠

$a_{2n}=a_{2n-1}+1$ 　　…… ㉡

㉡에 $n=6$을 대입하면

$a_{12}=a_{11}+1$

$a_{11}=a_{12}-1$을 $a_8+a_{11}=31$에 대입하면

$a_8+a_{12}-1=31$

$a_8+a_{12}=32$

㉠에 의하여

$(a_2+3\times3)+(a_2+5\times3)=32$

$2a_2=8$

$a_2=4$

㉡에 $n=1$을 대입하면

$a_2=a_1+1$

따라서 $a_1=a_2-1=4-1=3$ 　　🅰 ①

39

$a_n<0$이면 $a_{n+1}=a_n+2$

즉, $a_n=a_{n+1}-2$이고 $a_{n+1}<2$ 　…… ㉠

$a_n\geq0$이면 $a_{n+1}=a_n-1$

즉, $a_n=a_{n+1}+1$이고 $a_{n+1}\geq-1$ 　…… ㉡

㉠, ㉡에서

$a_{n+1}<-1$이면 $a_n=a_{n+1}-2$ $\qquad$ …… ㉢

$a_{n+1}\geq2$이면 $a_n=a_{n+1}+1$ $\qquad$ …… ㉣

$-1\leq a_{n+1}<2$이면 $a_n=a_{n+1}-2$ 또는 $a_n=a_{n+1}+1$ …… ㉤

$a_5=1$이므로 ㉤에서 $a_4=1-2=-1$ 또는 $a_4=1+1=2$

$a_4=2$인 경우

㉣에서 $a_3=3$, $a_2=4$, $a_1=5$

$a_4=-1$인 경우

㉤에서 $a_3=-1-2=-3$ 또는 $a_3=-1+1=0$

$a_3=-3$인 경우

㉢에서 $a_2=-5$, $a_1=-7$

$a_3=0$인 경우

㉤에서 $a_2=0-2=-2$ 또는 $a_2=0+1=1$

$a_2=-2$인 경우

㉢에서 $a_1=-4$

$a_2=1$인 경우

㉤에서 $a_1=1-2=-1$ 또는 $a_1=1+1=2$

따라서 조건을 만족시키는 모든 a_1의 값의 합은

$5+(-7)+(-4)+(-1)+2=-5$ $\qquad$ 답 ②

40

$a_1>0$이고 $a_n>0$일 때, $a_{n+1}=a_n-3$이므로

a_1의 값을 자연수 l에 대하여 $a_1=3l$, $a_1=3l-1$, $a_1=3l-2$로 경우를 나눌 수 있다.

(i) $a_1=3l$인 경우

$a_2=3l-3$, $\cdots$, $a_l=3$, $a_{l+1}=0$

$a_{l+2}=|a_{l+1}|=0$이므로

$n\geq l+1$일 때, $a_n=0$

$l+1$ 이상의 자연수 n과 모든 자연수 k에 대하여 $a_{n+k}=a_n$이므로 조건 (나)를 만족시키지 않는다.

(ii) $a_1=3l-1$인 경우

$a_2=3l-4$, $\cdots$, $a_{l-1}=5$, $a_l=2$, $a_{l+1}=-1$

$a_{l+2}=|a_{l+1}|=1$

$a_{l+3}=1-3=-2$

$a_{l+4}=|a_{l+3}|=2$

이므로 l 이상의 모든 자연수 n에 대하여 $a_{n+4}=a_n$이고 $k=1$, 2, 3일 때 $a_{n+k}\neq a_n$이다.

즉, l 이상의 모든 자연수 n에 대하여 $a_{n+k}=a_n$을 만족시키는 자연수 k의 최솟값은 4이다.

조건 (나)에서 2 이상의 모든 자연수 n에 대하여 $a_{n+4}=a_n$이므로

$l=1$ 또는 $l=2$

$l=1$인 경우 $a_1=2$이고, $l=2$인 경우 $a_1=5$이다.

(iii) $a_1=3l-2$인 경우

$a_2=3l-5$, $\cdots$, $a_{l-1}=4$, $a_l=1$, $a_{l+1}=-2$

$a_{l+2}=|a_{l+1}|=2$

$a_{l+3}=2-3=-1$

$a_{l+4}=|a_{l+3}|=1$

이므로 l 이상의 모든 자연수 n에 대하여 $a_{n+4}=a_n$이고 $k=1$, 2, 3일 때 $a_{n+k}\neq a_n$이다.

즉, l 이상의 모든 자연수 n에 대하여 $a_{n+k}=a_n$을 만족시키는 자연수 k의 최솟값은 4이다.

조건 (나)에서 2 이상의 모든 자연수 n에 대하여 $a_{n+4}=a_n$이므로

$l=1$ 또는 $l=2$

$l=1$인 경우 $a_1=1$이고

$l=2$인 경우 $a_1=4$이다.

(i), (ii), (iii)에 의하여 조건을 만족시키는 모든 수열 $\{a_n\}$에 대하여 a_1의 값의 합은

$2+5+1+4=12$ $\qquad$ 답 12

41

(i) $n=1$일 때,

(좌변)$=12$, (우변)$=12$이므로 (＊)이 성립한다.

(ii) $n=m$일 때 (＊)이 성립한다고 가정하면

$$\sum_{k=1}^{m}(2^k+m)(2k+2)=m(m^2+3m+2^{m+2})$$

이다. $n=m+1$일 때,

$$\sum_{k=1}^{m+1}(2^k+m+1)(2k+2)$$

$$=\sum_{k=1}^{m}(2^k+m+1)(2k+2)+\boxed{(2^{m+1}+m+1)(2m+4)}$$

$$=\sum_{k=1}^{m}(2^k+m)(2k+2)+\sum_{k=1}^{m}(2k+2)$$
$$\qquad\qquad\qquad\quad +2^{m+2}(m+2)+(m+1)(2m+4)$$

$$=\sum_{k=1}^{m}(2^k+m)(2k+2)+m(m+1)+2m$$
$$\qquad\qquad\qquad\quad +2^{m+2}(m+2)+(2m^2+6m+4)$$

$$=\sum_{k=1}^{m}(2^k+m)(2k+2)+\boxed{3m^2+9m+4+2^{m+2}(m+2)}$$

$$=m(m^2+3m+2^{m+2})+\boxed{3m^2+9m+4+2^{m+2}(m+2)}$$

$$=m^3+6m^2+9m+4+2^{m+2}(2m+2)$$

$$=(m+1)^3+3(m+1)^2+2^{m+3}(m+1)$$

$$=(m+1)\{(m+1)^2+3(m+1)+2^{m+3}\}$$

이다. 따라서 $n=m+1$일 때도 (＊)이 성립한다.

(i), (ii)에 의하여 모든 자연수 n에 대하여

$$\sum_{k=1}^{n}(2^k+n)(2k+2)=n(n^2+3n+2^{n+2})$$

이 성립한다.

따라서

$f(m)=(2^{m+1}+m+1)(2m+4)$,

$g(m)=3m^2+9m+4+2^{m+2}(m+2)$

이므로

$f(3)+g(2)=20\times10+(34+16\times4)=298$ $\qquad$ 답 ④

42

(i) $n=1$일 때,

(좌변)$=-4$, (우변)$=-4$이므로 (＊)이 성립한다.

(ii) $n=m$일 때 (＊)이 성립한다고 가정하면

$$\sum_{k=1}^{m}(-1)^k a_k=\frac{(-1)^m(2m^2+3m+1)}{(m+1)!}-1$$

이다. $n=m+1$일 때,

$$\sum_{k=1}^{m+1}(-1)^k a_k$$

$$=\sum_{k=1}^{m}(-1)^k a_k+(-1)^{m+1}a_{m+1}$$

$$=\frac{(-1)^m(2m^2+3m+1)}{(m+1)!}-1$$

$$\quad+\boxed{\frac{(-1)^{m+1}\{2(m+1)^2+(m+1)+1\}}{(m+1)!}}$$

$$=\frac{(-1)^m\{(2m^2+3m+1)-(2m^2+5m+4)\}}{(m+1)!}-1$$

$$=\frac{(-1)^m\times(\boxed{-2m-3})}{(m+1)!}-1$$

$$=\frac{(-1)^{m+1}\times(\boxed{-2m-3})\times(\boxed{-m-2})}{(m+2)!}-1$$

$$=\frac{(-1)^{m+1}(2m^2+7m+6)}{(m+2)!}-1$$

$$=\frac{(-1)^{m+1}\{2(m+1)^2+3(m+1)+1\}}{(m+2)!}-1$$

이다. 따라서 $n=m+1$일 때도 (＊)이 성립한다.

(ⅰ), (ⅱ)에 의하여 모든 자연수 n에 대하여

$$\sum_{k=1}^{n}(-1)^k a_k=\frac{(-1)^n(2n^2+3n+1)}{(n+1)!}-1$$

이 성립한다.

따라서

$$f(m)=\frac{(-1)^{m+1}\{2(m+1)^2+(m+1)+1\}}{(m+1)!},$$

$g(m)=-2m-3,\ h(m)=-m-2$

이므로

$$\frac{g(4)\times h(1)}{f(2)}=\frac{-11\times(-3)}{-\dfrac{22}{6}}=-9$$

답 ⑤

01 ④	**02** ②	**03** ③	**04** ⑤	**05** 3
06 ⑤	**07** ③	**08** ①	**09** ③	**10** ③
11 ②	**12** ③	**13** ⑤	**14** ⑤	**15** 18
16 ①	**17** ⑤	**18** ④	**19** ③	**20** ②
21 ③	**22** ③	**23** 14	**24** ③	**25** ②
26 12	**27** ④			

01

주어진 그래프에서

$$\lim_{x\to-1}f(x)=2,\ \lim_{x\to0+}f(x)=-1$$

따라서 $\displaystyle\lim_{x\to-1}f(x)+\lim_{x\to0+}f(x)=2+(-1)=1$

답 ④

02

주어진 그래프에서 $f(2)=1,\ \displaystyle\lim_{x\to1+}f(x)=2$

$\displaystyle\lim_{x\to1+}f(-x)$에서 $t=-x$라 하면

$x\to1+$일 때, $t\to-1-$이므로

$$\lim_{x\to1+}f(-x)=\lim_{t\to-1-}f(t)=-1$$

따라서 $f(2)+\displaystyle\lim_{x\to1+}f(x)f(-x)=1+2\times(-1)=-1$

답 ②

다른 풀이

$\displaystyle\lim_{x\to1+}f(-x)$의 값은 다음과 같이 구할 수도 있다.

함수 $y=f(-x)$의 그래프는 함수 $y=f(x)$의 그래프를 y축에 대하여 대칭이동한 것과 같으므로

$$\lim_{x\to1+}f(-x)=\lim_{x\to-1-}f(x)=-1$$

03

$$\lim_{x\to1-}f(x)=\lim_{x\to1-}(x+a)=a+1,$$

$$\lim_{x\to1+}f(x)=\lim_{x\to1+}(-3x^2+x+2a)=2a-2=2(a-1)$$

이므로

$$\lim_{x\to1-}f(x)\times\lim_{x\to1+}f(x)=(a+1)\times2(a-1)=2a^2-2$$

즉, $2a^2-2=16$에서 $a^2=9$

$a=-3$ 또는 $a=3$

따라서 양수 a의 값은 3이다.

답 ③

04

정수 m에 대하여

$$\lim_{x\to(3m+1)-}f(x)-\lim_{x\to(3m+1)+}f(x)$$

$$=\lim_{x\to1-}f(x)-\lim_{x\to1+}f(x)=0-0=0$$

$$\lim_{x\to(3m+2)-}f(x)-\lim_{x\to(3m+2)+}f(x)$$

$$=\lim_{x\to2-}f(x)-\lim_{x\to2+}f(x)=a-(-1)=a+1$$

$$\lim_{x \to 3m-} f(x) - \lim_{x \to 3m+} f(x)$$
$$= \lim_{x \to 3-} f(x) - \lim_{x \to 0+} f(x) = 0 - a = -a$$

이므로

$$\sum_{k=1}^{10} \{ \lim_{x \to 2k-} f(x) - \lim_{x \to 2k+} f(x) \}$$
$$= 3\{(a+1) + 0 + (-a)\} + (a+1)$$
$$= a + 4$$

따라서 $a + 4 = 9$에서 $a = 5$ 답 ⑤

05

$\lim\limits_{x \to 2} x f(x) = \dfrac{2}{3}$이므로

$$\lim_{x \to 2} (2x^2 + 1) f(x) = \lim_{x \to 2} \left\{ \frac{2x^2 + 1}{x} \times x f(x) \right\}$$
$$= \lim_{x \to 2} \frac{2x^2 + 1}{x} \times \lim_{x \to 2} x f(x)$$
$$= \frac{9}{2} \times \frac{2}{3} = 3$$ 답 3

06

$x \neq 0$일 때, $\dfrac{f(x) - x}{x} = \dfrac{f(x)}{x} - 1$이므로

$$\lim_{x \to 0} \frac{f(x)}{x} = \lim_{x \to 0} \left[\left\{ \frac{f(x)}{x} - 1 \right\} + 1 \right]$$
$$= \lim_{x \to 0} \left\{ \frac{f(x)}{x} - 1 \right\} + \lim_{x \to 0} 1$$
$$= 2 + 1 = 3$$

따라서

$$\lim_{x \to 0} \frac{2x + f(x)}{f(x)} = \lim_{x \to 0} \frac{2 + \dfrac{f(x)}{x}}{\dfrac{f(x)}{x}} = \frac{2 + 3}{3} = \frac{5}{3}$$ 답 ⑤

07

$\lim\limits_{x \to 0} \dfrac{g(x)}{x^2 + 2x} = 3$이므로

$$\lim_{x \to 0} \frac{g(x)}{x} = \lim_{x \to 0} \left\{ \frac{g(x)}{x^2 + 2x} \times (x + 2) \right\}$$
$$= \lim_{x \to 0} \frac{g(x)}{x^2 + 2x} \times \lim_{x \to 0} (x + 2)$$
$$= 3 \times 2 = 6$$

따라서

$$\lim_{x \to 0} \frac{f(x)g(x)}{x\{f(x) + xg(x)\}} = \lim_{x \to 0} \frac{\dfrac{f(x)g(x)}{x^3}}{\dfrac{x\{f(x) + xg(x)\}}{x^3}}$$
$$= \lim_{x \to 0} \frac{\dfrac{f(x)}{x^2} \times \dfrac{g(x)}{x}}{\dfrac{f(x)}{x^2} + \dfrac{g(x)}{x}}$$
$$= \frac{3 \times 6}{3 + 6} = \frac{18}{9} = 2$$ 답 ③

08

$\lim\limits_{x \to -1} |f(x) - k|$의 값이 존재하므로

$\lim\limits_{x \to -1-} |f(x) - k| = \lim\limits_{x \to -1+} |f(x) - k|$이어야 한다.

$$\lim_{x \to -1-} |f(x) - k| = \lim_{x \to -1-} \left| -\frac{1}{2}x - \frac{3}{2} - k \right| = |k + 1|,$$
$$\lim_{x \to -1+} |f(x) - k| = \lim_{x \to -1+} |-x + 2 - k| = |k - 3|$$

이므로 $|k + 1| = |k - 3|$에서

$k + 1 = k - 3$ 또는 $k + 1 = -(k - 3)$

그런데 $k + 1 = k - 3$을 만족시키는 k의 값은 존재하지 않으므로

$k + 1 = -(k - 3)$에서 $2k = 2$, $k = 1$

한편, 함수 $f(x)$는 $x = -1$에서만 극한값이 존재하지 않으므로

$\lim\limits_{x \to a} \dfrac{f(x)}{|f(x) - 1|}$의 값이 존재하지 않는 경우는 다음 두 가지이다.

(i) $\lim\limits_{x \to a} |f(x) - 1| = 0$일 때

   $a < -1$, $a > -1$일 때로 경우를 나눌 수 있다.

   ① $a < -1$일 때

      $x < -1$에서 $f(x) - 1 = -\dfrac{1}{2}x - \dfrac{5}{2}$이므로

      $\lim\limits_{x \to a} |f(x) - 1| = \lim\limits_{x \to a} \left| -\dfrac{1}{2}x - \dfrac{5}{2} \right| = \left| -\dfrac{1}{2}a - \dfrac{5}{2} \right| = 0$에서

      $a = -5$

   ② $a > -1$일 때

      $x \geq -1$에서 $f(x) - 1 = -x + 1$이므로

      $\lim\limits_{x \to a} |f(x) - 1| = \lim\limits_{x \to a} |-x + 1| = |-a + 1| = 0$에서

      $a = 1$

   그런데 $\lim\limits_{x \to -5} f(x) \neq 0$, $\lim\limits_{x \to 1} f(x) \neq 0$이므로 $\lim\limits_{x \to a} \dfrac{f(x)}{|f(x) - 1|}$의

   값이 존재하지 않도록 하는 실수 a의 값은

   $a = -5$ 또는 $a = 1$이다.

(ii) $\lim\limits_{x \to a} |f(x) - 1| = a$ (a는 $a \neq 0$인 실수)일 때

   $\lim\limits_{x \to a} f(x)$의 값이 존재하지 않는 경우이므로 실수 a의 값은 -1이다.

(i), (ii)에 의하여 구하는 실수 a의 값은 -5, -1, 1이므로 그 합은 -5이다.   답 ①

09

$$\lim_{x \to \infty} \frac{3x}{\sqrt{x^2 + 2x} + \sqrt{x^2 - x}} = \lim_{x \to \infty} \frac{3}{\sqrt{1 + \dfrac{2}{x}} + \sqrt{1 - \dfrac{1}{x}}}$$
$$= \frac{3}{1 + 1} = \frac{3}{2}$$ 답 ③

10

$$\lim_{x \to 3} \frac{x^2 - 9}{x^2 - 5x + 6} = \lim_{x \to 3} \frac{(x - 3)(x + 3)}{(x - 2)(x - 3)}$$
$$= \lim_{x \to 3} \frac{x + 3}{x - 2} = \frac{3 + 3}{3 - 2} = 6$$ 답 ③

11

$$\lim_{x \to 2} \frac{\sqrt{x^3-2x}-\sqrt{x^3-4}}{x^2-4}$$

$$=\lim_{x \to 2} \frac{(\sqrt{x^3-2x}-\sqrt{x^3-4})(\sqrt{x^3-2x}+\sqrt{x^3-4})}{(x-2)(x+2)(\sqrt{x^3-2x}+\sqrt{x^3-4})}$$

$$=\lim_{x \to 2} \frac{(x^3-2x)-(x^3-4)}{(x-2)(x+2)(\sqrt{x^3-2x}+\sqrt{x^3-4})}$$

$$=\lim_{x \to 2} \frac{-2(x-2)}{(x-2)(x+2)(\sqrt{x^3-2x}+\sqrt{x^3-4})}$$

$$=\lim_{x \to 2} \frac{-2}{(x+2)(\sqrt{x^3-2x}+\sqrt{x^3-4})}$$

$$=\frac{-2}{4 \times (2+2)}=-\frac{1}{8}$$ **답 ②**

12

$f(x)=|x(x-a)|$에서

$$f(x)f(-x)=|x(x-a)| \times |-x(-x-a)|$$
$$=|x(x-a)| \times |x(x+a)|$$
$$=|x^2(x-a)(x+a)|$$
$$=x^2|(x-a)(x+a)|$$

이므로

$$\lim_{x \to 0} \frac{f(x)f(-x)}{x^2}=\lim_{x \to 0} \frac{x^2|(x-a)(x+a)|}{x^2}$$
$$=\lim_{x \to 0} |(x-a)(x+a)|$$
$$=|-a^2|=a^2$$

즉, $a^2=\frac{1}{2}$에서 $a>0$이므로 $a=\frac{1}{\sqrt{2}}$

$x>\frac{1}{\sqrt{2}}$일 때 $f(x)f(-x)=x^2\left(x-\frac{1}{\sqrt{2}}\right)\left(x+\frac{1}{\sqrt{2}}\right)$이므로

$$\lim_{x \to a+} \frac{f(x)f(-x)}{x-a}=\lim_{x \to \frac{1}{\sqrt{2}}+} \frac{x^2\left(x-\frac{1}{\sqrt{2}}\right)\left(x+\frac{1}{\sqrt{2}}\right)}{x-\frac{1}{\sqrt{2}}}$$
$$=\lim_{x \to \frac{1}{\sqrt{2}}+} x^2\left(x+\frac{1}{\sqrt{2}}\right)=\frac{1}{2} \times \frac{2}{\sqrt{2}}=\frac{\sqrt{2}}{2}$$ **답 ③**

13

$$\lim_{x \to -2} \frac{\sqrt{2x+a}+b}{x+2}=\frac{1}{3}$$ ...... ㉠

㉠에서 $x \to -2$일 때 (분모) $\to 0$이고 극한값이 존재하므로
(분자) $\to 0$이어야 한다.

즉, $\lim_{x \to -2}(\sqrt{2x+a}+b)=\sqrt{a-4}+b=0$에서

$b=-\sqrt{a-4}$ ...... ㉡

㉡을 ㉠에 대입하면

$$\lim_{x \to -2} \frac{\sqrt{2x+a}-\sqrt{a-4}}{x+2}$$

$$=\lim_{x \to -2} \frac{(\sqrt{2x+a}-\sqrt{a-4})(\sqrt{2x+a}+\sqrt{a-4})}{(x+2)(\sqrt{2x+a}+\sqrt{a-4})}$$

$$=\lim_{x \to -2} \frac{2(x+2)}{(x+2)(\sqrt{2x+a}+\sqrt{a-4})}$$

$$=\lim_{x \to -2} \frac{2}{\sqrt{2x+a}+\sqrt{a-4}}$$

$$=\frac{2}{2\sqrt{a-4}}=\frac{1}{\sqrt{a-4}}$$

즉, $\frac{1}{\sqrt{a-4}}=\frac{1}{3}$에서 $\sqrt{a-4}=3$

$a-4=9$이므로 $a=13$

㉡에서 $b=-3$

따라서 $a+b=13+(-3)=10$ **답 ⑤**

14

$$\lim_{x \to 1} \frac{f(x)-1}{x-1}=2$$ ...... ㉠

㉠에서 $x \to 1$일 때 (분모) $\to 0$이고 극한값이 존재하므로 (분자) $\to 0$
이어야 한다.

즉, $\lim_{x \to 1}\{f(x)-1\}=0$에서

$$\lim_{x \to 1}f(x)=1$$ ...... ㉡

또 $\lim_{x \to 1} \frac{g(x)+2}{\sqrt{x}-1}=-\frac{1}{3}$에서 $x \to 1$일 때 (분모) $\to 0$이고 극한값이
존재하므로 (분자) $\to 0$이어야 한다.

즉, $\lim_{x \to 1}\{g(x)+2\}=0$에서

$$\lim_{x \to 1}g(x)=-2$$ ...... ㉢

$\lim_{x \to 1} \frac{g(x)+2}{\sqrt{x}-1}=-\frac{1}{3}$이므로

$$\lim_{x \to 1} \frac{g(x)+2}{x-1}=\lim_{x \to 1} \frac{g(x)+2}{(\sqrt{x}-1)(\sqrt{x}+1)}$$
$$=\lim_{x \to 1} \frac{g(x)+2}{\sqrt{x}-1} \times \lim_{x \to 1} \frac{1}{\sqrt{x}+1}$$
$$=-\frac{1}{3} \times \frac{1}{2}=-\frac{1}{6}$$ ...... ㉣

㉠~㉣에 의해

$$\lim_{x \to 1} \frac{\{f(x)-g(x)\}\{f(x)+g(x)+1\}}{x-1}$$

$$=\lim_{x \to 1} \left[\{f(x)-g(x)\} \times \frac{\{f(x)-1\}+\{g(x)+2\}}{x-1}\right]$$

$$=\left\{\lim_{x \to 1}f(x)-\lim_{x \to 1}g(x)\right\} \times \left\{\lim_{x \to 1}\frac{f(x)-1}{x-1}+\lim_{x \to 1}\frac{g(x)+2}{x-1}\right\}$$

$$=\{1-(-2)\} \times \left\{2+\left(-\frac{1}{6}\right)\right\}$$

$$=3 \times \frac{11}{6}=\frac{11}{2}$$ **답 ⑤**

15

$$\lim_{x \to 2} \frac{f(x)f(x-a)}{(x-2)^2}=-9$$ ...... ㉠

㉠에서 $x \to 2$일 때 (분모) $\to 0$이고 극한값이 존재하므로
(분자) $\to 0$이어야 한다.

즉, $\lim_{x \to 2}f(x)f(x-a)=0$에서 $f(2)f(2-a)=0$

이때 ㉠에서 $f(x)f(x-a)$는 $(x-2)^2$을 인수로 가져야 하므로 다음
두 가지 경우가 가능하다.

(i) $f(x)$가 $(x-2)^2$을 인수로 가지거나 $f(x-a)$가 $(x-2)^2$을 인수
로 가지는 경우

$f(x)=(x-2)^2$일 때

$f(x)f(x-a)=(x-2)^2(x-a-2)^2$이므로

$$\lim_{x\to 2}\frac{f(x)f(x-a)}{(x-2)^2}=\lim_{x\to 2}\frac{(x-2)^2(x-a-2)^2}{(x-2)^2}$$
$$=\lim_{x\to 2}(x-a-2)^2$$
$$=a^2$$

이때 $a^2>0$이므로 ㉠을 만족시키지 않는다.

마찬가지로 $f(x)=(x-2+a)^2$일 때에도

$f(x)f(x-a)=(x-2+a)^2(x-2)^2$

이므로 ㉠을 만족시키지 않는다.

(ii) $f(x)$가 $(x-2)$를 인수로 가지고 $f(x-a)$도 $(x-2)$를 인수로 가지는 경우

$f(x)f(x-a)=(x-2+a)(x-2)^2(x-a-2)$

이므로

$$\lim_{x\to 2}\frac{f(x)f(x-a)}{(x-2)^2}$$
$$=\lim_{x\to 2}\frac{(x-2+a)(x-2)^2(x-a-2)}{(x-2)^2}$$
$$=\lim_{x\to 2}(x-2+a)(x-a-2)$$
$$=a\times(-a)=-a^2$$

즉, $-a^2=-9$이고 $a>0$이므로 $a=3$

(i), (ii)에서 $f(x)=(x+1)(x-2)$이므로

$f(5)=6\times 3=18$　　　　　目 18

16

$$\lim_{x\to 0}\left\{\left(x^2-\frac{1}{x}\right)f(x)\right\}=\lim_{x\to 0}\left\{\frac{x^3-1}{x}\times f(x)\right\}$$
$$=\lim_{x\to 0}\frac{(x^3-1)f(x)}{x}$$

즉, $\displaystyle\lim_{x\to 0}\frac{(x^3-1)f(x)}{x}=4$　　　……㉠

㉠에서 $x\to 0$일 때 (분모)$\to 0$이고 극한값이 존재하므로 (분자)$\to 0$이어야 한다.

즉, $\displaystyle\lim_{x\to 0}(x^3-1)f(x)=-f(0)=0$에서

$f(0)=0$　　　　　……㉡

$$\lim_{x\to 1}\left\{\left(x^2-\frac{1}{x}\right)\frac{1}{f(x)}\right\}=\lim_{x\to 1}\left\{\frac{x^3-1}{x}\times\frac{1}{f(x)}\right\}$$
$$=\lim_{x\to 1}\frac{x^3-1}{xf(x)}$$
$$=\lim_{x\to 1}\frac{(x-1)(x^2+x+1)}{xf(x)}$$

즉, $\displaystyle\lim_{x\to 1}\frac{(x-1)(x^2+x+1)}{xf(x)}=1$　　……㉢

㉢에서 $x\to 1$일 때 (분자)$\to 0$이고 0이 아닌 극한값이 존재하므로 (분모)$\to 0$이어야 한다.

즉, $\displaystyle\lim_{x\to 1}xf(x)=f(1)=0$　　　　……㉣

㉡, ㉣에 의하여

$f(x)=x(x-1)(ax+b)$ (a,b는 상수, $a\neq 0$)

으로 놓을 수 있다.

㉠에서

$$\lim_{x\to 0}\frac{(x^3-1)f(x)}{x}=\lim_{x\to 0}\frac{(x^3-1)\times x(x-1)(ax+b)}{x}$$
$$=\lim_{x\to 0}(x^3-1)(x-1)(ax+b)=b$$

즉, $b=4$

$f(x)=x(x-1)(ax+4)$이므로 ㉢에서

$$\lim_{x\to 1}\frac{(x-1)(x^2+x+1)}{xf(x)}=\lim_{x\to 1}\frac{(x-1)(x^2+x+1)}{x^2(x-1)(ax+4)}$$
$$=\lim_{x\to 1}\frac{x^2+x+1}{x^2(ax+4)}$$
$$=\frac{3}{a+4}$$

즉, $\dfrac{3}{a+4}=1$에서 $a+4=3$이므로 $a=-1$

따라서 $f(x)=-x(x-1)(x-4)$이므로

$f(-1)=-(-1)\times(-2)\times(-5)=10$　　　目 ①

17

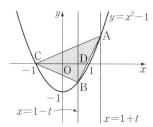

두 점 A, B의 좌표는

A$(1+t,\ t^2+2t)$, B$(1-t,\ t^2-2t)$

직선 AB의 기울기는

$$\frac{(t^2+2t)-(t^2-2t)}{(1+t)-(1-t)}=\frac{4t}{2t}=2$$

이므로 직선 AB의 방정식은

$y=2\{x-(1+t)\}+t^2+2t$

즉, $y=2x+t^2-2$

직선 AB가 x축과 만나는 점을 D라 하면

$2x+t^2-2=0$에서 $x=1-\dfrac{t^2}{2}$

즉, D$\left(1-\dfrac{t^2}{2},\ 0\right)$

삼각형 ACB의 넓이는 삼각형 ACD와 삼각형 BDC의 넓이의 합이고,

$\overline{\text{CD}}=\left(1-\dfrac{t^2}{2}\right)-(-1)=2-\dfrac{t^2}{2}$

이므로

$S(t)=$(삼각형 ACD의 넓이)$+$(삼각형 BDC의 넓이)

$$=\frac{1}{2}\times\left(2-\frac{t^2}{2}\right)\times(t^2+2t)+\frac{1}{2}\times\left(2-\frac{t^2}{2}\right)\times(2t-t^2)$$
$$=\frac{1}{2}\times\left(2-\frac{t^2}{2}\right)\times\{(t^2+2t)+(2t-t^2)\}$$
$$=\frac{1}{2}\times\left(2-\frac{t^2}{2}\right)\times 4t$$
$$=4t-t^3$$

따라서

$$\lim_{t\to 0+}\frac{S(t)}{t}=\lim_{t\to 0+}\frac{4t-t^3}{t}=\lim_{t\to 0+}(4-t^2)=4$$　　目 ⑤

18

점 A의 x좌표를 $k\,(k>0)$이라 하자.

$y=ax^2$을 $x^2+y^2=t^2$에 대입하면

$a^2x^4+x^2-t^2=0$ ...... ㉠

$x^2=s$로 놓으면 방정식 ㉠은

$a^2s^2+s-t^2=0$

이때 $s\geq0$이므로 $s=\dfrac{-1+\sqrt{1+4a^2t^2}}{2a^2}$

그러므로 $k^2=\dfrac{-1+\sqrt{1+4a^2t^2}}{2a^2}$

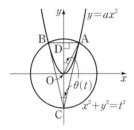

한편, 곡선 $y=ax^2$이 y축에 대하여 대칭이므로 두 점 A, B도 y축에 대하여 대칭이다. 선분 AB가 y축과 만나는 점을 D라 하면 같은 호에 대한 원주각과 중심각의 크기의 관계에 의하여

$\angle \text{AOD}=\theta(t)$ (단, O는 원점)

직각삼각형 OAD에서

$\sin\theta(t)=\dfrac{\overline{\text{AD}}}{\overline{\text{OA}}}=\dfrac{k}{t}$

이므로

$\sin^2\theta(t)=\dfrac{k^2}{t^2}=\dfrac{-1+\sqrt{1+4a^2t^2}}{2a^2t^2}$

이때

$\displaystyle\lim_{t\to\infty}\{t\times\sin^2\theta(t)\}=\lim_{t\to\infty}\left(t\times\dfrac{-1+\sqrt{1+4a^2t^2}}{2a^2t^2}\right)$

$\displaystyle=\lim_{t\to\infty}\dfrac{-1+\sqrt{1+4a^2t^2}}{2a^2t}$

$\displaystyle=\lim_{t\to\infty}\dfrac{-\dfrac{1}{t}+\sqrt{\dfrac{1}{t^2}+4a^2}}{2a^2}$

$=\dfrac{2a}{2a^2}=\dfrac{1}{a}$

따라서 $\dfrac{1}{a}=\dfrac{\sqrt3}{6}$이므로 $a=2\sqrt3$ **답 ④**

19

$x>0$에서 방정식 $f(x)=f(-2)$의 해는

$\dfrac{1}{2}x=-4a$, $x=-8a$

함수 $y=f(x)$의 그래프는 그림과 같다.

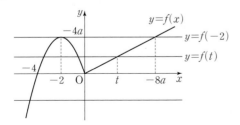

함수 $g(t)$는 다음과 같다.

$g(t)=\begin{cases}1 & (t<-4)\\2 & (t=-4)\\3 & (-4<t<-2)\\2 & (t=-2)\\3 & (-2<t<0)\\2 & (t=0)\\3 & (0<t<-8a)\\2 & (t=-8a)\\1 & (t>-8a)\end{cases}$

이때 $\displaystyle\lim_{t\to-4+}g(t)-\lim_{t\to-4-}g(t)=3-1=2$,

$\displaystyle\lim_{t\to-8a+}g(t)-\lim_{t\to-8a-}g(t)=1-3=-2$

즉, $\left|\displaystyle\lim_{t\to k+}g(t)-\lim_{t\to k-}g(t)\right|=2$를 만족시키는 실수 k의 값은

-4 또는 $-8a$이고, 그 합이 2이므로

$-4+(-8a)=2$, $a=-\dfrac{3}{4}$

따라서 $f(x)=\begin{cases}-\dfrac{3}{4}x(x+4) & (x\leq0)\\[2mm]\dfrac{1}{2}x & (x>0)\end{cases}$ 이므로

$f(-1)\times g(-1)=\dfrac{9}{4}\times3=\dfrac{27}{4}$ **답 ③**

20

함수 $f(x)$가 $x=2$에서 연속이므로 $\displaystyle\lim_{x\to2}f(x)=f(2)$이다.

즉, $\displaystyle\lim_{x\to2}\dfrac{x^2+ax+b}{x-2}=3$ ...... ㉠

㉠에서 $x\to2$일 때 (분모)$\to0$이고 극한값이 존재하므로

(분자)$\to0$이어야 한다.

즉, $\displaystyle\lim_{x\to2}(x^2+ax+b)=4+2a+b=0$에서

$b=-2a-4$ ...... ㉡

㉡을 ㉠에 대입하면

$\displaystyle\lim_{x\to2}\dfrac{x^2+ax+b}{x-2}=\lim_{x\to2}\dfrac{x^2+ax-2a-4}{x-2}$

$\displaystyle=\lim_{x\to2}\dfrac{(x-2)(x+2+a)}{x-2}$

$\displaystyle=\lim_{x\to2}(x+2+a)$

$=4+a$

즉, $4+a=3$에서 $a=-1$

㉡에서 $b=-2$

따라서 $a-2b=-1-2\times(-2)=3$ **답 ②**

21

함수 $\left|f(x)-\dfrac{1}{2}\right|$이 실수 전체의 집합에서 연속이므로 $x=2$에서 연속이다.

즉, $\displaystyle\lim_{x\to2-}\left|f(x)-\dfrac{1}{2}\right|=\lim_{x\to2+}\left|f(x)-\dfrac{1}{2}\right|=\left|f(2)-\dfrac{1}{2}\right|$이어야 한다.

이때

$\displaystyle\lim_{x\to2-}\left|f(x)-\dfrac{1}{2}\right|=\lim_{x\to2-}\left|x^2+2x+a-\dfrac{1}{2}\right|=\left|a+\dfrac{15}{2}\right|$,

$$\lim_{x \to 2+} \left| f(x) - \frac{1}{2} \right| = \lim_{x \to 2+} \left| \frac{3}{2}x + 2a - \frac{1}{2} \right| = \left| 2a + \frac{5}{2} \right|,$$

$$\left| f(2) - \frac{1}{2} \right| = \left| (8+a) - \frac{1}{2} \right| = \left| a + \frac{15}{2} \right|$$

이므로

$$\left| a + \frac{15}{2} \right| = \left| 2a + \frac{5}{2} \right|$$

$a + \dfrac{15}{2} = 2a + \dfrac{5}{2}$ 에서 $a = 5$

$a + \dfrac{15}{2} = -\left(2a + \dfrac{5}{2} \right)$ 에서 $a = -\dfrac{10}{3}$

따라서 모든 실수 a의 값의 합은

$$5 + \left(-\frac{10}{3} \right) = \frac{5}{3}$$

답 ③

22

조건 (가)에서 함수 $|f(x)|$가 실수 전체의 집합에서 연속이므로 함수 $|f(x)|$는 $x=0$에서 연속이다.

즉, $\lim\limits_{x \to 0-} |f(x)| = \lim\limits_{x \to 0+} |f(x)| = |f(0)|$ 이어야 한다.

이때 $\lim\limits_{x \to 0-} |f(x)| = \lim\limits_{x \to 0-} \left| \dfrac{6x+1}{2x-1} \right| = |-1| = 1$,

$\lim\limits_{x \to 0+} |f(x)| = \lim\limits_{x \to 0+} \left| -\dfrac{1}{2}x^2 + ax + b \right| = |b|$,

$|f(0)| = |b|$

이므로

$|b| = 1$에서 $b = -1$ 또는 $b = 1$

한편, $x < 0$에서

$$f(x) = \frac{6x+1}{2x-1} = \frac{6\left(x - \frac{1}{2} \right) + 4}{2\left(x - \frac{1}{2} \right)} = 3 + \frac{2}{x - \frac{1}{2}}$$

$x \ge 0$에서

$$f(x) = -\frac{1}{2}x^2 + ax + b$$

$$= -\frac{1}{2}(x-a)^2 + \frac{1}{2}a^2 + b \quad \cdots\cdots \ ㉠$$

이때 $x < 0$에서 함수 $y = f(x)$의 그래프의 점근선이 직선 $y = 3$이므로

$f(x) < 3$

그러므로 조건 (나)를 만족시키려면 $x \ge 0$에서 함수 $f(x)$의 최댓값이 3이어야 한다.

즉, ㉠에서 $a > 0$이고

$$\frac{1}{2}a^2 + b = 3 \quad \cdots\cdots \ ㉡$$

(i) $b = -1$일 때

㉡에서 $\dfrac{1}{2}a^2 - 1 = 3$, $a^2 = 8$

$a > 0$이므로 $a = 2\sqrt{2}$

그런데 a가 정수이므로 조건을 만족시키지 않는다.

(ii) $b = 1$일 때

㉡에서 $\dfrac{1}{2}a^2 + 1 = 3$, $a^2 = 4$

$a > 0$이므로 $a = 2$

이때 a가 정수이므로 조건을 만족시킨다.

(i), (ii)에 의하여 $a = 2$, $b = 1$

따라서 $a + b = 3$

답 ③

참고

조건을 만족시키는 함수 $y = f(x)$의 그래프는 그림과 같다.

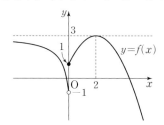

23

$x < 1$에서 $f(x) = -2x^2 - 4x + 6 = -2(x+1)^2 + 8$이므로 함수 $f(x)$의 최댓값이 $f(-1) = 8$이고, $f(1) = k+2$이므로 k의 값을 기준으로 경우를 나누면 다음과 같다.

(i) $k > 6$일 때, 함수 $y = f(x)$의 그래프는 그림과 같다.

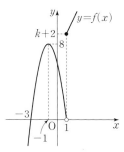

함수 $g(t)$는 다음과 같다.

$$g(t) = \begin{cases} f(t+2) & (t \le -3) \\ f(-1) & (-3 < t < -1) \\ f(t+2) & (t \ge -1) \end{cases}$$

이때 $\lim\limits_{t \to -1-} g(t) = 8$

$\lim\limits_{t \to -1+} g(t) = \lim\limits_{t \to -1+} f(t+2) = \lim\limits_{t \to -1+} (2t+4+k) = k+2$

$k > 6$일 때 $k+2 > 8$이므로

$$\lim_{t \to -1-} g(t) \ne \lim_{t \to -1+} g(t)$$

즉, 함수 $g(t)$는 $t = -1$에서 불연속이다.

(ii) $k = 6$일 때, 함수 $y = f(x)$의 그래프는 그림과 같다.

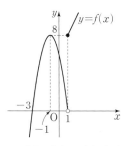

$f(-1) = f(1)$이므로 함수 $g(t)$는 다음과 같다.

$$g(t) = \begin{cases} f(t+2) & (t \le -3) \\ f(-1) & (-3 < t < -1) \\ f(t+2) & (t \ge -1) \end{cases}$$

함수 $g(t)$는 $t = -3$, $t = -1$에서 연속이므로 실수 전체의 집합에서 연속이다.

(iii) $-2<k<6$일 때, 함수 $y=f(x)$의 그래프는 그림과 같다.

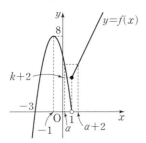

$-1<x<1$에서 $f(x)=f(x+2)$를 만족시키는 x가 존재하고 그 값을 α라 하면 함수 $g(t)$는 다음과 같다.

$$g(t)=\begin{cases} f(t+2) & (t\le -3) \\ f(-1) & (-3<t<-1) \\ f(t) & (-1\le t<\alpha) \\ f(t+2) & (t\ge \alpha) \end{cases}$$

이때 함수 $g(t)$는 $t=-3$, $t=-1$, $t=\alpha$에서 연속이므로 실수 전체의 집합에서 연속이다.

(i), (ii), (iii)에 의하여 함수 $g(t)$가 실수 전체의 집합에서 연속이 되도록 하는 실수 k의 값의 범위는 $-2<k\le 6$이다.

따라서 $g(2)=f(4)=8+k$이고

$6<8+k\le 14$

이므로 $g(2)$의 최댓값은 14이다. 답 14

참고

(iii)의 경우, $-1<x<1$에서 $f(x)=f(x+2)$를 만족시키는 x가 존재함은 다음과 같이 보일 수 있다.

$h(x)=f(x+2)-f(x)$라 하면

$h(x)=f(x+2)-f(x)=2(x+2)+k-(-2x^2-4x+6)$

$\qquad =2x^2+6x+k-2$

이차방정식 $h(x)=0$의 판별식을 D라 하면

$\dfrac{D}{4}=9-2(k-2)=13-2k$

$-2<k<6$에서 $1<13-2k<17$이므로

이차방정식 $h(x)=0$은 서로 다른 두 실근

$x=\dfrac{-3-\sqrt{13-2k}}{2}$ 또는 $x=\dfrac{-3+\sqrt{13-2k}}{2}$

를 갖는다.

이때 $\dfrac{-3-\sqrt{17}}{2}<\dfrac{-3-\sqrt{13-2k}}{2}<-2$,

$-1<\dfrac{-3+\sqrt{13-2k}}{2}<\dfrac{-3+\sqrt{17}}{2}<1$

이므로 $-1<x<1$에서 방정식 $h(x)=0$의 실근이 존재한다. 즉, $-1<x<1$에서 $f(x)=f(x+2)$를 만족시키는 x가 존재한다.

24

$f(x)=x^3-3x+2\lim\limits_{t\to 1}f(t)$ ······ ㉠

다항함수 $f(x)$는 실수 전체의 집합에서 연속이므로

$\lim\limits_{t\to 1}f(t)=f(1)$

그러므로 ㉠에서

$f(x)=x^3-3x+2f(1)$ ······ ㉡

㉡의 양변에 $x=1$을 대입하면

$f(1)=1-3+2f(1)$, $f(1)=2$

따라서 ㉠에서 $f(x)=x^3-3x+4$이므로

$f(2)=8-6+4=6$ 답 ③

25

함수 $f(x)g(x)$가 실수 전체의 집합에서 연속이므로 $x=-1$에서 연속이다. 즉,

$\lim\limits_{x\to -1-}f(x)g(x)=\lim\limits_{x\to -1+}f(x)g(x)=f(-1)g(-1)$이어야 한다.

이때

$\lim\limits_{x\to -1-}f(x)g(x)=\lim\limits_{x\to -1-}(-x+3)(-x^2+4x+a)=4(a-5)$,

$\lim\limits_{x\to -1+}f(x)g(x)=\lim\limits_{x\to -1+}(3x+a)(-x^2+4x+a)=(a-3)(a-5)$,

$f(-1)g(-1)=(a-3)(a-5)$

이므로 $4(a-5)=(a-3)(a-5)$에서

$(a-5)(a-7)=0$

$a=5$ 또는 $a=7$

따라서 모든 실수 a의 값의 합은

$5+7=12$ 답 ②

다른 풀이

함수 $f(x)$의 $x=-1$에서의 연속의 여부에 따라 조건을 만족시키는 a의 값을 구하면 다음과 같다.

(i) 함수 $f(x)$가 $x=-1$에서 연속일 때

$\lim\limits_{x\to -1-}f(x)=\lim\limits_{x\to -1+}f(x)=f(-1)$이어야 한다.

이때

$\lim\limits_{x\to -1-}f(x)=\lim\limits_{x\to -1-}(-x+3)=4$,

$\lim\limits_{x\to -1+}f(x)=\lim\limits_{x\to -1+}(3x+a)=-3+a$,

$f(-1)=-3+a$

이므로 $4=-3+a$에서 $a=7$

연속함수의 성질에 의하여 함수 $f(x)g(x)$가 $x=-1$에서 연속이므로 함수 $f(x)g(x)$는 실수 전체의 집합에서 연속이다.

(ii) 함수 $f(x)$가 $x=-1$에서 불연속일 때

(i)에 의하여 $a\ne 7$

함수 $f(x)g(x)$가 실수 전체의 집합에서 연속이려면 $x=-1$에서 연속이어야 한다. 즉,

$\lim\limits_{x\to -1-}f(x)g(x)=\lim\limits_{x\to -1+}f(x)g(x)=f(-1)g(-1)$이어야 한다.

이때

$\lim\limits_{x\to -1-}f(x)g(x)=4(a-5)$,

$\lim\limits_{x\to -1+}f(x)g(x)=(a-3)(a-5)$,

$f(-1)g(-1)=(a-3)(a-5)$

이므로 $4(a-5)=(a-3)(a-5)$에서

$(a-5)(a-7)=0$

$a\ne 7$이므로 $a=5$

(i), (ii)에서 $a=5$ 또는 $a=7$

따라서 모든 실수 a의 값의 합은

$5+7=12$

26

$a>0$, $a<0$일 때, 두 함수 $y=f(x)$, $y=|f(x)|$의 그래프는 그림과 같다.

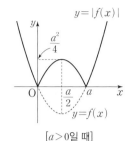
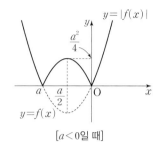

[$a>0$일 때]　　　　　　[$a<0$일 때]

이때 함수 $g(t)$는 다음과 같다.

$$g(t)=\begin{cases} 0 & (t<0) \\ 2 & (t=0) \\ 4 & \left(0<t<\dfrac{a^2}{4}\right) \\ 3 & \left(t=\dfrac{a^2}{4}\right) \\ 2 & \left(t>\dfrac{a^2}{4}\right) \end{cases}$$

$\lim\limits_{t\to 0-} g(t)\ne \lim\limits_{t\to 0+} g(t)$, $\lim\limits_{t\to \frac{a^2}{4}-} g(t)\ne \lim\limits_{t\to \frac{a^2}{4}+} g(t)$이므로 함수 $g(t)$는

$t=0$, $t=\dfrac{a^2}{4}$에서 불연속이다.

$h(x)=f(x)g(x)$라 하면 함수 $h(x)$가 실수 전체의 집합에서 연속이므로 $x=0$, $x=\dfrac{a^2}{4}$에서 연속이어야 한다.

함수 $h(x)$가 $x=0$에서 연속이려면

$\lim\limits_{x\to 0-} h(x)=\lim\limits_{x\to 0+} h(x)=h(0)$이어야 한다.

이때

$\lim\limits_{x\to 0-} h(x)=\lim\limits_{x\to 0-} f(x)g(x)=f(0)\times 0=0$

$\lim\limits_{x\to 0+} h(x)=\lim\limits_{x\to 0+} f(x)g(x)=f(0)\times 4=0$

$h(0)=f(0)g(0)=0\times 2=0$

이므로

$\lim\limits_{x\to 0-} h(x)=\lim\limits_{x\to 0+} h(x)=h(0)$

즉, 함수 $h(x)$는 $x=0$에서 연속이다.

또 함수 $h(x)$가 $x=\dfrac{a^2}{4}$에서 연속이려면

$\lim\limits_{x\to \frac{a^2}{4}-} h(x)=\lim\limits_{x\to \frac{a^2}{4}+} h(x)=h\left(\dfrac{a^2}{4}\right)$이어야 한다.

이때

$\lim\limits_{x\to \frac{a^2}{4}-} h(x)=\lim\limits_{x\to \frac{a^2}{4}-} f(x)g(x)=f\left(\dfrac{a^2}{4}\right)\times 4=\dfrac{a^3(a-4)}{4}$,

$\lim\limits_{x\to \frac{a^2}{4}+} h(x)=\lim\limits_{x\to \frac{a^2}{4}+} f(x)g(x)=f\left(\dfrac{a^2}{4}\right)\times 2=\dfrac{a^3(a-4)}{8}$

$h\left(\dfrac{a^2}{4}\right)=f\left(\dfrac{a^2}{4}\right)\times 3=\dfrac{3a^3(a-4)}{16}$

이므로

$\dfrac{a^3(a-4)}{4}=\dfrac{a^3(a-4)}{8}=\dfrac{3a^3(a-4)}{16}$

이때 $a\ne 0$이므로 $a=4$

따라서 $f(x)=x(x-4)$이므로

$f(6)=6\times 2=12$　　　　　　　　　　　　**답** 12

27

함수 $g(x)$가 실수 전체의 집합에서 연속이므로 $x=0$에서 연속이다.

즉, $\lim\limits_{x\to 0} g(x)=g(0)$이므로 조건 (가)에 의하여

$\lim\limits_{x\to 0} \dfrac{x}{f(x)}=\dfrac{1}{3}$　　　　　…… ㉠

㉠에서 $x\to 0$일 때 (분자)$\to 0$이고 0이 아닌 극한값이 존재하므로 (분모)$\to 0$이어야 한다.

즉, $\lim\limits_{x\to 0} f(x)=0$에서 $f(0)=0$

함수 $f(x)$는 최고차항의 계수가 1인 삼차함수이므로

$f(x)=x(x^2+ax+b)$ (a, b는 상수)

로 놓을 수 있다.

㉠에서

$\lim\limits_{x\to 0} \dfrac{x}{f(x)}=\lim\limits_{x\to 0} \dfrac{x}{x(x^2+ax+b)}=\lim\limits_{x\to 0} \dfrac{1}{x^2+ax+b}=\dfrac{1}{b}$

즉, $\dfrac{1}{b}=\dfrac{1}{3}$에서 $b=3$

$f(x)=x(x^2+ax+3)$이므로 함수 $g(x)$는 다음과 같다.

$$g(x)=\begin{cases} \dfrac{1}{x^2+ax+3} & (x\ne 0) \\ \dfrac{1}{3} & (x=0) \end{cases}$$

함수 $g(x)$가 실수 전체의 집합에서 연속이므로 모든 실수 x에 대하여 $x^2+ax+3>0$이어야 한다.

이차방정식 $x^2+ax+3=0$의 판별식을 D_1이라 하면

$D_1=a^2-12<0$

즉, $-2\sqrt{3}<a<2\sqrt{3}$　　　　　…… ㉡

한편, 방정식 $g(x)=\dfrac{1}{2}$에서

$\dfrac{1}{x^2+ax+3}=\dfrac{1}{2}$

$x^2+ax+1=0$　　　　　　　　…… ㉢

즉, 방정식 $g(x)=\dfrac{1}{2}$의 실근은 방정식 ㉢의 0이 아닌 실근과 같다.

이때 함수 $h(x)$를

$h(x)=x^2+ax+1$

로 놓으면 함수 $h(x)$는 실수 전체의 집합에서 연속이다.

조건 (나)에서 방정식 $h(x)=0$의 실근이 열린구간 $(0, 1)$에 오직 하나 존재하고,

$h(0)=1>0$

이므로 $h(1)$의 값의 부호에 따라 다음과 같이 경우를 나눌 수 있다.

(i) $h(1)>0$, 즉 $a>-2$일 때

이차방정식 $h(x)=0$의 판별식을 D_2라 할 때, 이차방정식 $h(x)=0$이 열린구간 $(0, 1)$에서 오직 하나의 실근을 가지려면

$0<-\dfrac{a}{2}<1$이고, $D_2=0$이어야 한다.

$0<-\dfrac{a}{2}<1$에서 $-2<a<0$　　　…… ㉣

$D_2=a^2-4=0$에서

$a=-2$ 또는 $a=2$　　　　　…… ㉤

이때 $a>-2$이면서 ㉣, ㉤을 동시에 만족시키는 실수 a는 존재하지 않는다.

(ii) $h(1)<0$, 즉 $a<-2$일 때

$-\dfrac{a}{2}>1$이므로 함수 $y=h(x)$는 열린구간 $(0,\ 1)$에서 감소하고, 사잇값의 정리에 의하여 방정식 $h(x)=0$은 열린구간 $(0,\ 1)$에서 오직 하나의 실근을 갖는다.

(iii) $h(1)=0$, 즉 $a=-2$일 때

$h(x)=x^2-2x+1=(x-1)^2$에서 함수 $y=h(x)$는 열린구간 $(0,\ 1)$에서 감소하고, $h(1)=0$이므로 방정식 $h(x)=0$은 열린구간 $(0,\ 1)$에서 실근이 존재하지 않는다.

(i), (ii), (iii)에서 $a<-2$ ...... ㉥

이때 $f(1)=a+4$가 자연수이므로 a는 $a>-4$인 정수이고, ㉡, ㉥에 의하여

$a=-3$

따라서 $g(4)=\dfrac{1}{16-12+3}=\dfrac{1}{7}$　　　　　📘 ④

본문 48~58쪽

05 다항함수의 미분법

01 ⑤	02 18	03 ①	04 ③	05 ②
06 ②	07 ④	08 12	09 ④	10 ①
11 ②	12 8	13 ④	14 ②	15 ①
16 33	17 ④	18 ③	19 ②	20 28
21 ④	22 ①	23 ④	24 ②	25 21
26 ③	27 11	28 ④	29 ⑤	30 60
31 ②	32 22	33 ③	34 18	35 ④
36 ①	37 128	38 ①	39 ④	40 ①
41 ②	42 27	43 ④		

01

함수 $y=f(x)$에서 x의 값이 $1-h$에서 $1+h$까지 변할 때의 평균변화율은

$$\dfrac{f(1+h)-f(1-h)}{(1+h)-(1-h)}=h^2-3h+4$$

즉, $\dfrac{f(1+h)-f(1-h)}{2h}=h^2-3h+4$ ...... ㉠

다항함수 $f(x)$는 $x=1$에서 미분가능하므로

$$\lim_{h\to 0}\dfrac{f(1+h)-f(1-h)}{2h}$$

$$=\lim_{h\to 0}\dfrac{\{f(1+h)-f(1)\}-\{f(1-h)-f(1)\}}{2h}$$

$$=\dfrac{1}{2}\lim_{h\to 0}\left\{\dfrac{f(1+h)-f(1)}{h}+\dfrac{f(1-h)-f(1)}{-h}\right\}$$

$$=\dfrac{1}{2}\{f'(1)+f'(1)\}$$

$$=f'(1)$$

따라서 ㉠에서

$f'(1)=\lim\limits_{h\to 0}\dfrac{f(1+h)-f(1-h)}{2h}=\lim\limits_{h\to 0}(h^2-3h+4)=4$　📘 ⑤

02

$\lim\limits_{x\to 2}\dfrac{f(x)+3}{x^2-2x}=\{f(2)\}^2$ ...... ㉠

㉠에서 $x\to 2$일 때 (분모)$\to 0$이고 극한값이 존재하므로 (분자)$\to 0$이어야 한다.

즉, $\lim\limits_{x\to 2}\{f(x)+3\}=0$에서

$f(2)=-3$

함수 $f(x)$가 $x=2$에서 미분가능하므로 ㉠에서

$$\lim_{x\to 2}\dfrac{f(x)+3}{x^2-2x}=\lim_{x\to 2}\dfrac{f(x)-f(2)}{x(x-2)}$$

$$=\lim_{x\to 2}\left\{\dfrac{1}{x}\times\dfrac{f(x)-f(2)}{x-2}\right\}$$

$$=\dfrac{1}{2}f'(2)$$

따라서 $\dfrac{1}{2}f'(2)=(-3)^2=9$에서

$f'(2)=9\times 2=18$　　　　　📘 18

03

$\lim_{x \to 0} \dfrac{f(x)-g(x)}{x}=2$에서 $x \to 0$일 때 (분모) $\to 0$이고 극한값이 존재하므로 (분자) $\to 0$이어야 한다.

즉, $\lim_{x \to 0}\{f(x)-g(x)\}=0$에서

$f(0)=g(0)$ ...... ㉠

두 다항함수 $f(x)$, $g(x)$가 $x=0$에서 미분가능하므로

$\lim_{x \to 0}\dfrac{f(x)-g(x)}{x}=\lim_{x \to 0}\left\{\dfrac{f(x)-f(0)}{x}-\dfrac{g(x)-g(0)}{x}\right\}$

$=f'(0)-g'(0)$

즉, $f'(0)-g'(0)=2$ ...... ㉡

$\lim_{x \to 0}\dfrac{g(2x)-x}{f(x)-2x}=4$ ...... ㉢

㉢에서 $x \to 0$일 때

$\lim_{x \to 0}\{f(x)-2x\}=f(0)$

$\lim_{x \to 0}\{g(2x)-x\}=g(0)$

이때 $f(0)\neq 0$이면 ㉠에 의해

$\lim_{x \to 0}\dfrac{g(2x)-x}{f(x)-2x}=\dfrac{g(0)}{f(0)}=1$

이므로 ㉢을 만족시키지 않는다.

그러므로 $f(0)=g(0)=0$

$\lim_{x \to 0}\dfrac{g(2x)-x}{f(x)-2x}=\lim_{x \to 0}\dfrac{\dfrac{g(2x)-g(0)}{2x}\times 2-1}{\dfrac{f(x)-f(0)}{x}-2}=\dfrac{2g'(0)-1}{f'(0)-2}$

㉢에서

$\dfrac{2g'(0)-1}{f'(0)-2}=4$

$2g'(0)-1=4f'(0)-8$

$4f'(0)-2g'(0)=7$ ...... ㉣

㉡, ㉣을 연립하여 풀면

$f'(0)=\dfrac{3}{2}$, $g'(0)=-\dfrac{1}{2}$

따라서 $f'(0)+g'(0)=\dfrac{3}{2}+\left(-\dfrac{1}{2}\right)=1$ 답 ①

04

$g(t)=\dfrac{f(t+2)-f(t)}{2}=\dfrac{\{a(t+2)^2+b(t+2)\}-(at^2+bt)}{2}$

$=\dfrac{\{at^2+(4a+b)t+(4a+2b)\}-(at^2+bt)}{2}$

$=\dfrac{4at+4a+2b}{2}=2at+2a+b$

조건 (가)에서

$\lim_{t \to \infty}\dfrac{g(t)}{t}=\lim_{t \to \infty}\dfrac{2at+2a+b}{t}=\lim_{t \to \infty}\left(2a+\dfrac{2a+b}{t}\right)=2a$

즉, $2a=3$에서 $a=\dfrac{3}{2}$

이때 $f(t)=\dfrac{3}{2}t^2+bt$, $g(t)=3t+3+b$이므로

$g(f(t))=3f(t)+3+b$

조건 (나)에서 서로 다른 두 상수 t_1, t_2에 대하여

$g(f(t_1))=g(f(t_2))$이므로

$3f(t_1)+3+b=3f(t_2)+3+b$에서 $f(t_1)=f(t_2)$

$t_1+t_2=4$이고 이차함수 $y=f(x)$의 그래프의 대칭성에 의하여

$\dfrac{t_1+t_2}{2}=-\dfrac{b}{3}$이므로

$2=-\dfrac{b}{3}$, $b=-6$

즉, $f(x)=\dfrac{3}{2}x^2-6x$이고 $g(t)=3t-3$

또 t에 대한 방정식 $g(f(t))=0$에서

$3f(t)-3=0$, $f(t)=1$

즉, $\dfrac{3}{2}t^2-6t-1=0$

이 방정식의 서로 다른 두 실근이 t_1, t_2이므로 이차방정식의 근과 계수의 관계에 의하여

$t_1 \times t_2=-\dfrac{2}{3}$

따라서 $g(t_1 \times t_2)=g\left(-\dfrac{2}{3}\right)=3\times\left(-\dfrac{2}{3}\right)-3=-5$ 답 ③

05

함수 $f(x)$가 실수 전체의 집합에서 미분가능하므로 $x=-1$에서 미분가능하다.

함수 $f(x)$가 $x=-1$에서 연속이므로

$\lim_{x \to -1-}f(x)=\lim_{x \to -1+}f(x)=f(-1)$이어야 한다.

$\lim_{x \to -1-}f(x)=\lim_{x \to -1-}(x^3+ax+b)=-1-a+b$,

$\lim_{x \to -1+}f(x)=\lim_{x \to -1+}(-2x+3)=5$,

$f(-1)=-1-a+b$

이므로 $-1-a+b=5$에서

$a-b=-6$ ...... ㉠

함수 $f(x)$가 $x=-1$에서 미분가능하므로

$\lim_{x \to -1-}\dfrac{f(x)-f(-1)}{x+1}=\lim_{x \to -1+}\dfrac{f(x)-f(-1)}{x+1}$이어야 한다.

$\lim_{x \to -1-}\dfrac{f(x)-f(-1)}{x+1}=\lim_{x \to -1-}\dfrac{(x^3+ax+b)-(-1-a+b)}{x+1}$

$=\lim_{x \to -1-}\dfrac{(x^3+1)+a(x+1)}{x+1}$

$=\lim_{x \to -1-}\dfrac{(x+1)(x^2-x+1)+a(x+1)}{x+1}$

$=\lim_{x \to -1-}\dfrac{(x+1)(x^2-x+1+a)}{x+1}$

$=\lim_{x \to -1-}(x^2-x+1+a)$

$=3+a$

$\lim_{x \to -1+}\dfrac{f(x)-f(-1)}{x+1}=\lim_{x \to -1+}\dfrac{(-2x+3)-(-1-a+b)}{x+1}$

$=\lim_{x \to -1+}\dfrac{(-2x+3)-5}{x+1}$

$=\lim_{x \to -1+}\dfrac{-2(x+1)}{x+1}=-2$

이므로 $3+a=-2$에서 $a=-5$

㉠에서 $b=1$

따라서 $a+b=(-5)+1=-4$ 답 ②

06

$f(x)=x^2+px+q$ (p, q는 상수)라 하자.

함수 $g(x)$가 실수 전체의 집합에서 미분가능하므로 $x=0$, $x=3$에서 미분가능하다.

함수 $g(x)$가 $x=0$에서 연속이므로

$\lim\limits_{x \to 0-} g(x) = \lim\limits_{x \to 0+} g(x) = g(0)$이어야 한다.

$\lim\limits_{x \to 0-} g(x) = \lim\limits_{x \to 0-} f(x) = \lim\limits_{x \to 0-} (x^2+px+q) = q$,

$\lim\limits_{x \to 0+} g(x) = \lim\limits_{x \to 0+} x = 0$,

$g(0)=0$

이므로 $q=0$

그러므로 $f(x)=x^2+px$

함수 $g(x)$가 $x=0$에서 미분가능하므로

$\lim\limits_{x \to 0-} \dfrac{g(x)-g(0)}{x} = \lim\limits_{x \to 0+} \dfrac{g(x)-g(0)}{x}$ 이어야 한다.

$\lim\limits_{x \to 0-} \dfrac{g(x)-g(0)}{x} = \lim\limits_{x \to 0-} \dfrac{f(x)}{x} = \lim\limits_{x \to 0-} \dfrac{x^2+px}{x}$

$\qquad = \lim\limits_{x \to 0-} (x+p) = p$,

$\lim\limits_{x \to 0+} \dfrac{g(x)-g(0)}{x} = \lim\limits_{x \to 0+} \dfrac{x}{x} = 1$

이므로 $p=1$

그러므로 $f(x)=x^2+x$이고,

$-f(x-a)+b = -\{(x-a)^2+(x-a)\}+b$

$\qquad\qquad = -x^2+(2a-1)x+(-a^2+a+b)$

함수 $g(x)$는 $x=3$에서 연속이므로

$\lim\limits_{x \to 3-} g(x) = \lim\limits_{x \to 3+} g(x) = g(3)$이어야 한다.

$\lim\limits_{x \to 3-} g(x) = \lim\limits_{x \to 3-} x = 3$,

$\lim\limits_{x \to 3+} g(x) = \lim\limits_{x \to 3+} \{-x^2+(2a-1)x+(-a^2+a+b)\}$

$\qquad\qquad = -a^2+7a+b-12$,

$g(3)=3$

이므로 $-a^2+7a+b-12=3$에서

$b=a^2-7a+15$ ...... ㉠

함수 $g(x)$는 $x=3$에서 미분가능하므로

$\lim\limits_{x \to 3-} \dfrac{g(x)-g(3)}{x-3} = \lim\limits_{x \to 3+} \dfrac{g(x)-g(3)}{x-3}$ 이어야 한다.

$\lim\limits_{x \to 3-} \dfrac{g(x)-g(3)}{x-3} = \lim\limits_{x \to 3-} \dfrac{x-3}{x-3} = 1$,

$\lim\limits_{x \to 3+} \dfrac{g(x)-g(3)}{x-3}$

$= \lim\limits_{x \to 3+} \dfrac{\{-x^2+(2a-1)x+(-a^2+a+b)\}-3}{x-3}$

$= \lim\limits_{x \to 3+} \dfrac{\{-x^2+(2a-1)x+(-a^2+a+a^2-7a+15)\}-3}{x-3}$

$= \lim\limits_{x \to 3+} \dfrac{-x^2+(2a-1)x-6(a-2)}{x-3}$

$= \lim\limits_{x \to 3+} \dfrac{-(x-3)(x-2a+4)}{x-3}$

$= \lim\limits_{x \to 3+} (-x+2a-4)$

$= -7+2a$

이므로 $-7+2a=1$에서 $a=4$

㉠에서 $b=3$

따라서 $a+b=4+3=7$　　　　　　　　　　　　**답 ②**

07

함수 $f(x)$가 실수 전체의 집합에서 연속이므로 $x=1$에서 연속이다.

즉, $\lim\limits_{x \to 1-} f(x) = \lim\limits_{x \to 1+} f(x) = f(1)$이어야 한다.

이때

$\lim\limits_{x \to 1-} f(x) = \lim\limits_{x \to 1-} (x^2+a) = 1+a$,

$\lim\limits_{x \to 1+} f(x) = \lim\limits_{x \to 1+} (-3x^2+bx+c) = -3+b+c$,

$f(1) = -3+b+c$

이므로

$1+a = -3+b+c$에서

$a-b-c = -4$ ...... ㉠

함수 $|f(x)|$가 $x=3$에서만 미분가능하지 않으므로 함수 $|f(x)|$는 $x=1$에서 미분가능하다. 즉,

$\lim\limits_{x \to 1-} \dfrac{|f(x)|-|f(1)|}{x-1} = \lim\limits_{x \to 1+} \dfrac{|f(x)|-|f(1)|}{x-1}$ 이어야 한다.

이때 $f(1)=1+a>0$이므로

$\lim\limits_{x \to 1-} \dfrac{|f(x)|-|f(1)|}{x-1} = \lim\limits_{x \to 1-} \dfrac{f(x)-f(1)}{x-1}$

$\qquad = \lim\limits_{x \to 1-} \dfrac{(x^2+a)-(-3+b+c)}{x-1}$

$\qquad = \lim\limits_{x \to 1-} \dfrac{(x^2+a)-(1+a)}{x-1}$

$\qquad = \lim\limits_{x \to 1-} \dfrac{x^2-1}{x-1}$

$\qquad = \lim\limits_{x \to 1-} \dfrac{(x-1)(x+1)}{x-1}$

$\qquad = \lim\limits_{x \to 1-} (x+1) = 2$

$\lim\limits_{x \to 1+} \dfrac{|f(x)|-|f(1)|}{x-1} = \lim\limits_{x \to 1+} \dfrac{f(x)-f(1)}{x-1}$

$\qquad = \lim\limits_{x \to 1+} \dfrac{(-3x^2+bx+c)-(-3+b+c)}{x-1}$

$\qquad = \lim\limits_{x \to 1+} \dfrac{-3(x^2-1)+b(x-1)}{x-1}$

$\qquad = \lim\limits_{x \to 1+} \dfrac{(x-1)(-3x-3+b)}{x-1}$

$\qquad = \lim\limits_{x \to 1+} (-3x-3+b)$

$\qquad = -6+b$

즉, $2=-6+b$에서 $b=8$

그러므로 $f(x)=\begin{cases} x^2+a & (x<1) \\ -3x^2+8x+c & (x \geq 1) \end{cases}$ 이고, ㉠에서

$a-c=4$ ...... ㉡

한편, 함수 $|f(x)|$가 $x=3$에서 미분가능하지 않으므로 $f(3)=0$이다.

$f(3)=-3+c=0$에서 $c=3$이므로

㉡에서 $a=7$

따라서 $a+b+c=7+8+3=18$　　　　　　　　　**답 ④**

참고

$x \geq 1$에서 $f(x) = -3x^2 + 8x + 3$이므로

$$\lim_{x \to 3-} \frac{|f(x)| - |f(3)|}{x - 3} = \lim_{x \to 3-} \frac{f(x)}{x - 3} = \lim_{x \to 3-} \frac{-3x^2 + 8x + 3}{x - 3}$$
$$= \lim_{x \to 3-} \frac{-(x - 3)(3x + 1)}{x - 3}$$
$$= \lim_{x \to 3-} (-3x - 1) = -10$$

$$\lim_{x \to 3+} \frac{|f(x)| - |f(3)|}{x - 3} = \lim_{x \to 3+} \frac{-f(x)}{x - 3} = \lim_{x \to 3+} \frac{3x^2 - 8x - 3}{x - 3}$$
$$= \lim_{x \to 3+} \frac{(x - 3)(3x + 1)}{x - 3}$$
$$= \lim_{x \to 3+} (3x + 1) = 10$$

즉, 함수 $|f(x)|$는 $x = 3$에서 미분가능하지 않다.

08

방정식 $f(x) = 3$의 해는 $x = 4$이므로 함수 $(f \circ f)(x)$는 다음과 같다.

$(f \circ f)(x) = f(f(x))$

$$= \begin{cases} 2f(x) - 4 & (f(x) < 3) \\ f(x) - 1 & (f(x) \geq 3) \end{cases}$$

$$= \begin{cases} 2(2x - 4) - 4 & (x < 3) \\ 2(x - 1) - 4 & (3 \leq x < 4) \\ (x - 1) - 1 & (x \geq 4) \end{cases}$$

$$= \begin{cases} 4x - 12 & (x < 3) \\ 2x - 6 & (3 \leq x < 4) \\ x - 2 & (x \geq 4) \end{cases}$$

함수 $(f \circ f)(x)$는 실수 전체의 집합에서 연속이므로 함수 $g(x) \times (f \circ f)(x)$는 실수 전체의 집합에서 연속이다.

$h(x) = g(x) \times (f \circ f)(x)$로 놓으면 함수 $h(x)$가 실수 전체의 집합에서 미분가능하므로 $x = 3$, $x = 4$에서 미분가능하다.

함수 $h(x)$가 $x = 3$에서 미분가능하므로

$$\lim_{x \to 3-} \frac{h(x) - h(3)}{x - 3} = \lim_{x \to 3+} \frac{h(x) - h(3)}{x - 3}$$이어야 한다.

$$\lim_{x \to 3-} \frac{h(x) - h(3)}{x - 3} = \lim_{x \to 3-} \frac{g(x)(4x - 12) - g(3) \times 0}{x - 3}$$
$$= \lim_{x \to 3-} \frac{4g(x)(x - 3)}{x - 3}$$
$$= \lim_{x \to 3-} 4g(x)$$
$$= 4g(3),$$

$$\lim_{x \to 3+} \frac{h(x) - h(3)}{x - 3} = \lim_{x \to 3+} \frac{g(x)(2x - 6) - g(3) \times 0}{x - 3}$$
$$= \lim_{x \to 3+} \frac{2g(x)(x - 3)}{x - 3}$$
$$= \lim_{x \to 3+} 2g(x)$$
$$= 2g(3)$$

이므로 $4g(3) = 2g(3)$에서

$g(3) = 0$ ...... ㉠

함수 $h(x)$가 $x = 4$에서 미분가능하므로

$$\lim_{x \to 4-} \frac{h(x) - h(4)}{x - 4} = \lim_{x \to 4+} \frac{h(x) - h(4)}{x - 4}$$이어야 한다.

$$\lim_{x \to 4-} \frac{h(x) - h(4)}{x - 4} = \lim_{x \to 4-} \frac{g(x)(2x - 6) - g(4) \times 2}{x - 4}$$
$$= \lim_{x \to 4-} \frac{2\{g(x)(x - 4 + 1) - g(4)\}}{x - 4}$$
$$= \lim_{x \to 4-} \frac{2\{(x - 4)g(x) + g(x) - g(4)\}}{x - 4}$$
$$= \lim_{x \to 4-} 2\left\{g(x) + \frac{g(x) - g(4)}{x - 4}\right\}$$
$$= 2\{g(4) + g'(4)\}$$
$$= 2g(4) + 2g'(4),$$

$$\lim_{x \to 4+} \frac{h(x) - h(4)}{x - 4} = \lim_{x \to 4+} \frac{g(x)(x - 2) - g(4) \times 2}{x - 4}$$
$$= \lim_{x \to 4+} \frac{g(x)(x - 4 + 2) - 2g(4)}{x - 4}$$
$$= \lim_{x \to 4+} \frac{(x - 4)g(x) + 2\{g(x) - g(4)\}}{x - 4}$$
$$= \lim_{x \to 4+} \left\{g(x) + 2 \times \frac{g(x) - g(4)}{x - 4}\right\}$$
$$= g(4) + 2g'(4)$$

이므로 $2g(4) + 2g'(4) = g(4) + 2g'(4)$에서

$g(4) = 0$ ...... ㉡

함수 $g(x)$는 최고차항의 계수가 1인 이차함수이므로 ㉠, ㉡에 의하여

$g(x) = (x - 3)(x - 4)$

따라서 $g(0) = (-3) \times (-4) = 12$ **답** 12

09

$f(x) = 2x^3 - 4x^2 + ax - 1$에서

$f'(x) = 6x^2 - 8x + a$

$\lim_{h \to 0} \dfrac{f(1 + h) - f(1)}{h} = 2$에서 $f'(1) = 2$이므로

$f'(1) = 6 - 8 + a = 2$

따라서 $a = 4$ **답** ④

10

$g(x) = (x^2 + 3x)f(x)$ ...... ㉠

$g'(x) = (2x + 3)f(x) + (x^2 + 3x)f'(x)$ ...... ㉡

점 $(-1, -8)$이 곡선 $y = g(x)$ 위의 점이므로

$g(-1) = -8$

㉠의 양변에 $x = -1$을 대입하면

$g(-1) = -2f(-1)$

즉, $-2f(-1) = -8$에서 $f(-1) = 4$

곡선 $y = g(x)$ 위의 점 $(-1, g(-1))$에서의 접선의 기울기가 3이므로

$g'(-1) = 3$

㉡의 양변에 $x = -1$을 대입하면

$g'(-1) = f(-1) - 2f'(-1)$

즉, $3 = 4 - 2f'(-1)$에서 $f'(-1) = \dfrac{1}{2}$ **답** ①

11

$f(x)=x^2+ax+b$ (a, b는 상수)로 놓으면

$f'(x)=2x+a$

$\lim\limits_{x\to\infty}\dfrac{f(x)-x^2}{x}=\lim\limits_{x\to\infty}x\left\{f\left(1+\dfrac{2}{x}\right)-f(1)\right\}$ ······ ㉠

$\lim\limits_{x\to\infty}\dfrac{f(x)-x^2}{x}=\lim\limits_{x\to\infty}\dfrac{ax+b}{x}$

$=\lim\limits_{x\to\infty}\left(a+\dfrac{b}{x}\right)=a$

$\lim\limits_{x\to\infty}x\left\{f\left(1+\dfrac{2}{x}\right)-f(1)\right\}$ 에서

$\dfrac{1}{x}=t$로 놓으면 $x\to\infty$일 때 $t\to 0+$이므로

$\lim\limits_{x\to\infty}x\left\{f\left(1+\dfrac{2}{x}\right)-f(1)\right\}=\lim\limits_{t\to 0+}\dfrac{f(1+2t)-f(1)}{t}$

$=\lim\limits_{t\to 0+}\left\{\dfrac{f(1+2t)-f(1)}{2t}\times 2\right\}$

$=2f'(1)=2(2+a)$

$=4+2a$

㉠에서 $a=4+2a$, $a=-4$

즉, $f(x)=x^2-4x+b$이고 $f(2)=-1$이므로

$4-8+b=-1$, $b=3$

따라서 $f(x)=x^2-4x+3$이므로

$f(5)=25-20+3=8$ 답 ②

12

$f(x)$가 상수함수일 때, 즉 $f(x)=1$일 때 $f'(x)=0$이므로 주어진 등식을 만족시키지 않는다.

그러므로 $f(x)$는 최고차항의 계수가 1인 n차식($n\geq 1$)이고 이때 $f'(x)$는 최고차항의 계수가 n인 $(n-1)$차식이므로 $xf'(x)$는 최고차항의 계수가 n인 n차식이다.

$\lim\limits_{x\to\infty}\dfrac{f(x)}{xf'(x)}=\dfrac{1}{n}=\dfrac{1}{3}$

에서 $n=3$

$f(x)=x^3+ax^2+bx+c$ (a, b, c는 상수)로 놓으면

$f'(x)=3x^2+2ax+b$

$\lim\limits_{x\to 0}\dfrac{f(x)}{xf'(x)}=\dfrac{1}{3}$ ······ ㉠

㉠에서 $x\to 0$일 때 (분모)$\to 0$이고 극한값이 존재하므로 (분자)$\to 0$이어야 한다.

즉, $\lim\limits_{x\to 0}f(x)=0$에서 $f(0)=0$이므로 $c=0$

그러므로 $f(x)=x^3+ax^2+bx$이고 ㉠에서

$\lim\limits_{x\to 0}\dfrac{f(x)}{xf'(x)}=\lim\limits_{x\to 0}\dfrac{x^3+ax^2+bx}{x(3x^2+2ax+b)}$

$=\lim\limits_{x\to 0}\dfrac{x^2+ax+b}{3x^2+2ax+b}$ ······ ㉡

이때 $b\neq 0$이면 ㉡에서 $\lim\limits_{x\to 0}\dfrac{f(x)}{xf'(x)}=1$이 되어 조건을 만족시키지 않으므로 $b=0$

그러므로 $f(x)=x^3+ax^2$이고 ㉡에서

$\lim\limits_{x\to 0}\dfrac{f(x)}{xf'(x)}=\lim\limits_{x\to 0}\dfrac{x^2+ax}{3x^2+2ax}$

$=\lim\limits_{x\to 0}\dfrac{x+a}{3x+2a}$ ······ ㉢

이때 $a\neq 0$이면 ㉢에서 $\lim\limits_{x\to 0}\dfrac{f(x)}{xf'(x)}=\dfrac{1}{2}$이 되어 조건을 만족시키지 않으므로 $a=0$

그러므로 $f(x)=x^3$이고 ㉠에서

$\lim\limits_{x\to 0}\dfrac{f(x)}{xf'(x)}=\lim\limits_{x\to 0}\dfrac{x^3}{3x^3}=\dfrac{1}{3}$

이므로 조건을 만족시킨다.

따라서 $f(x)=x^3$이므로 $f(2)=8$ 답 8

13

$f(x)=x^3-4x^2+5$라 하면

$f'(x)=3x^2-8x$

이때 $f'(1)=3-8=-5$이므로 곡선 $y=f(x)$ 위의 점 $(1,\ 2)$에서의 접선의 방정식은

$y=-5(x-1)+2$

즉, $y=-5x+7$

따라서 이 접선의 y절편은 7이다.   답 ④

14

$f(x)=\dfrac{1}{3}x^3-x+2$라 하면

$f'(x)=x^2-1$

곡선 $y=f(x)$ 위의 점 $\left(t,\ \dfrac{1}{3}t^3-t+2\right)$에서의 접선의 방정식은

$y-\left(\dfrac{1}{3}t^3-t+2\right)=(t^2-1)(x-t)$

$y=(t^2-1)x-\dfrac{2}{3}t^3+2$

이 직선이 점 $(2,\ 0)$을 지나므로

$0=2(t^2-1)-\dfrac{2}{3}t^3+2$

$\dfrac{2}{3}t^3-2t^2=0$, $\dfrac{2}{3}t^2(t-3)=0$

$t=0$ 또는 $t=3$

따라서 두 접선의 기울기의 곱은

$f'(0)\times f'(3)=(-1)\times 8=-8$ 답 ②

15

$f(0)=0$이므로 $f(x)=ax^3+bx^2+cx$ (a, b, c는 상수, $a\neq 0$)으로 놓을 수 있다.

$\lim\limits_{x\to 0}\dfrac{f(x)}{g(x)}=6$ ······ ㉠

$f(0)=0$이므로 ㉠에서 $x\to 0$일 때 (분자)$\to 0$이고 0이 아닌 극한값이 존재하므로 (분모)$\to 0$이어야 한다.

즉, $\lim\limits_{x\to 0}g(x)=g(0)=0$

直線 $y=g(x)$가 두 점 $(0, 0)$, $(-2, 4)$를 지나므로

$g(x)=-2x$

㉠에서

$$\lim_{x\to 0}\frac{x(ax^2+bx+c)}{-2x}=\lim_{x\to 0}\frac{ax^2+bx+c}{-2}=-\frac{c}{2}$$

즉, $-\frac{c}{2}=6$에서 $c=-12$

$f(x)=ax^3+bx^2-12x$이고, $f'(x)=3ax^2+2bx-12$

곡선 $y=f(x)$ 위의 점 $(-2, 4)$에서의 접선의 기울기가 -2이므로

$f(-2)=4$, $f'(-2)=-2$

$f(-2)=4$에서 $-8a+4b+24=4$

$2a-b=5$ ······ ㉡

$f'(-2)=-2$에서

$12a-4b-12=-2$

$6a-2b=5$ ······ ㉢

㉡, ㉢을 연립하여 풀면 $a=-\frac{5}{2}$, $b=-10$

따라서 $f'(x)=-\frac{15}{2}x^2-20x-12$이므로

$f'(-1)=-\frac{15}{2}+20-12=\frac{1}{2}$ 답 ①

16

$\overline{OC}=\frac{5}{2}$에서 $C\left(\frac{5}{2}, 0\right)$

삼각형 OBC가 $\overline{OC}=\overline{BC}$인 이등변삼각형이고, 점 A가 선분 OB의 중점이므로 직선 AC와 직선 OB는 서로 수직이다.

그러므로 직선 AC, 즉 곡선 $y=f(x)$ 위의 점 A에서의 접선의 기울기는 -2이고, 직선 AC의 방정식은

$y=-2\left(x-\frac{5}{2}\right)$, 즉 $y=-2x+5$ ······ ㉠

점 A는 직선 $y=\frac{1}{2}x$ 위의 점이므로 점 A의 좌표를 $\left(a, \frac{a}{2}\right)(a>0)$이라 하면 점 A가 직선 ㉠ 위의 점이므로

$\frac{a}{2}=-2a+5$에서 $a=2$

즉, $A(2, 1)$이고, $\overline{OA}=\overline{AB}$에서 $B(4, 2)$

그러므로 최고차항의 계수가 양수인 삼차함수 $f(x)$에 대하여 곡선 $y=f(x)$가 직선 $y=\frac{1}{2}x$와 만나는 세 점의 x좌표가 각각 0, 2, 4이다.

즉, 방정식 $f(x)-\frac{1}{2}x=0$의 세 실근은 $x=0$ 또는 $x=2$ 또는 $x=4$이므로

$f(x)-\frac{1}{2}x=kx(x-2)(x-4)\ (k>0)$

으로 놓을 수 있다.

$f(x)=k(x^3-6x^2+8x)+\frac{1}{2}x$에서

$f'(x)=k(3x^2-12x+8)+\frac{1}{2}$

㉠에서 $f'(2)=-2$이므로

$f'(2)=-4k+\frac{1}{2}=-2$, $k=\frac{5}{8}$

따라서 $f(x)=\frac{5}{8}x(x-2)(x-4)+\frac{1}{2}x$이므로

$f(6)=\frac{5}{8}\times 6\times 4\times 2+\frac{1}{2}\times 6=33$ 답 33

17

$f(x)=x^3+(a-2)x^2-3ax+4$에서

$f'(x)=3x^2+2(a-2)x-3a$

함수 $f(x)$가 실수 전체의 집합에서 증가하므로 모든 실수 x에 대하여 $f'(x)\geq 0$이어야 한다.

이차방정식 $3x^2+2(a-2)x-3a=0$의 판별식을 D라 하면 $D\leq 0$이어야 하므로

$\frac{D}{4}=(a-2)^2+9a\leq 0$

$a^2+5a+4\leq 0$, $(a+1)(a+4)\leq 0$

따라서 $-4\leq a\leq -1$이므로 실수 a의 최댓값은 -1이다. 답 ④

18

$f(x)=-x^3+ax^2+2ax$에서

$f'(x)=-3x^2+2ax+2a$

$(x_1-x_2)\{f(x_1)-f(x_2)\}<0$에서

$x_1>x_2$이면 $f(x_1)<f(x_2)$이고

$x_1<x_2$이면 $f(x_1)>f(x_2)$이므로

함수 $f(x)$는 실수 전체의 집합에서 감소한다.

즉, 모든 실수 x에 대하여 $f'(x)\leq 0$이어야 하므로

$-3x^2+2ax+2a\leq 0$

이차방정식 $-3x^2+2ax+2a=0$의 판별식을 D라 하면 $D\leq 0$이어야 하므로

$\frac{D}{4}=a^2+6a\leq 0$

$a(a+6)\leq 0$, $-6\leq a\leq 0$

따라서 모든 정수 a의 값은 $-6, -5, -4, \cdots, 0$이므로 그 개수는 7이다. 답 ③

19

$f(x)=\frac{1}{3}x^3+ax^2-3a^2x$에서

$f'(x)=x^2+2ax-3a^2$

함수 $f(x)$가 감소할 때 $f'(x)\leq 0$이므로

$x^2+2ax-3a^2\leq 0$

$(x+3a)(x-a)\leq 0$

$a>0$이므로 $-3a\leq x\leq a$

함수 $f(x)$가 열린구간 $(k, k+2)$에서 감소하므로

$-3a\leq k$이고 $k+2\leq a$

즉, $-3a\leq k\leq a-2$ ······ ㉠

㉠을 만족시키는 실수 k의 값이 존재해야 하므로

$-3a\leq a-2$에서 $a\geq \frac{1}{2}$

그러므로 a의 최솟값은 $\frac{1}{2}$이다.

이때 $f(x)=\frac{1}{3}x^3+\frac{1}{2}x^2-\frac{3}{4}x$이고 $k=-\frac{3}{2}$이므로

$f(2k)=f(-3)=-9+\frac{9}{2}+\frac{9}{4}=-\frac{9}{4}$ 답 ②

정답과 풀이 **33**

20

$$\lim_{x \to 0} \frac{|f(x)-3x|}{x} \qquad \cdots\cdots \ \text{㉠}$$

㉠에서 $x \to 0$일 때 (분모)$\to 0$이고 조건 (가)에 의하여 극한값이 존재하므로 (분자)$\to 0$이어야 한다.

즉, $\lim_{x \to 0} |f(x)-3x| = |f(0)| = 0$에서 $f(0) = 0$

함수 $f(x)$가 최고차항의 계수가 1인 삼차함수이므로

$$f(x) = x^3 + ax^2 + bx \ (a, \ b는 \ 상수)$$

로 놓을 수 있다.

㉠에서

$$\lim_{x \to 0} \frac{|f(x)-3x|}{x} = \lim_{x \to 0} \frac{|x(x^2+ax+b-3)|}{x}$$

$$= \lim_{x \to 0} \frac{|x||x^2+ax+b-3|}{x} \qquad \cdots\cdots \ \text{㉡}$$

㉡의 극한값이 존재해야 하므로

$$\lim_{x \to 0-} \frac{|x||x^2+ax+b-3|}{x} = \lim_{x \to 0+} \frac{|x||x^2+ax+b-3|}{x}$$

이어야 한다.

이때

$$\lim_{x \to 0-} \frac{|x||x^2+ax+b-3|}{x} = \lim_{x \to 0-} \frac{-x|x^2+ax+b-3|}{x}$$

$$= -\lim_{x \to 0-} |x^2+ax+b-3|$$

$$= -|b-3|,$$

$$\lim_{x \to 0+} \frac{|x||x^2+ax+b-3|}{x} = \lim_{x \to 0+} \frac{x|x^2+ax+b-3|}{x}$$

$$= \lim_{x \to 0+} |x^2+ax+b-3|$$

$$= |b-3|$$

이므로 $|b-3| = -|b-3|$에서

$|b-3| = 0$, $b = 3$

그러므로 $f(x) = x^3 + ax^2 + 3x$

조건 (나)에서 함수 $f(x)$가 실수 전체의 집합에서 증가하기 위해서는 모든 실수 x에 대하여 $f'(x) \geq 0$이어야 한다.

이때 $f'(x) = 3x^2 + 2ax + 3$이므로 이차방정식 $3x^2 + 2ax + 3 = 0$의 판별식을 D라 하면 $D \leq 0$이어야 한다.

$$\frac{D}{4} = a^2 - 9 \leq 0, \ (a+3)(a-3) \leq 0$$

$-3 \leq a \leq 3 \qquad \cdots\cdots \ \text{㉢}$

이때 $f(2) = 4a + 14$이므로 ㉢에 의해

$2 \leq 4a + 14 \leq 26$

따라서 $f(2)$의 최댓값과 최솟값의 합은

$26 + 2 = 28$ **답** 28

21

$f(x) = -x^3 + ax^2 + 6x - 3$에서

$f'(x) = -3x^2 + 2ax + 6$

함수 $f(x)$가 $x = -1$에서 극소이므로 $f'(-1) = 0$에서

$f'(-1) = -3 - 2a + 6 = 0$, $a = \dfrac{3}{2}$

그러므로 $f(x) = -x^3 + \dfrac{3}{2}x^2 + 6x - 3$

$f'(x) = -3x^2 + 3x + 6 = -3(x^2 - x - 2) = -3(x+1)(x-2)$

$f'(x) = 0$에서 $x = -1$ 또는 $x = 2$

함수 $f(x)$의 증가와 감소를 표로 나타내면 다음과 같다.

x	$\cdots$	-1	$\cdots$	2	$\cdots$
$f'(x)$	$-$	0	$+$	0	$-$
$f(x)$	$\searrow$	극소	$\nearrow$	극대	$\searrow$

따라서 함수 $f(x)$는 $x = 2$에서 극대이므로 함수 $f(x)$의 극댓값은

$f(2) = -8 + 6 + 12 - 3 = 7$ **답** ④

22

$f(x) = x^4 - \dfrac{8}{3}x^3 - 2x^2 + 8x + k$에서

$f'(x) = 4x^3 - 8x^2 - 4x + 8$

$\qquad = 4(x+1)(x-1)(x-2)$

$f'(x) = 0$에서 $x = -1$ 또는 $x = 1$ 또는 $x = 2$

함수 $f(x)$의 증가와 감소를 표로 나타내면 다음과 같다.

x	$\cdots$	-1	$\cdots$	1	$\cdots$	2	$\cdots$
$f'(x)$	$-$	0	$+$	0	$-$	0	$+$
$f(x)$	$\searrow$	극소	$\nearrow$	극대	$\searrow$	극소	$\nearrow$

함수 $f(x)$는 $x = -1$, $x = 2$에서 극솟값을 갖고, $x = 1$에서 극댓값을 갖는다.

$f(-1) = 1 + \dfrac{8}{3} - 2 - 8 + k = -\dfrac{19}{3} + k$

$f(1) = 1 - \dfrac{8}{3} - 2 + 8 + k = \dfrac{13}{3} + k$

$f(2) = 16 - \dfrac{64}{3} - 8 + 16 + k = \dfrac{8}{3} + k$

모든 극값이 서로 같지 않고 그 합이 1이므로

$$f(-1) + f(1) + f(2) = \left(-\dfrac{19}{3} + k\right) + \left(\dfrac{13}{3} + k\right) + \left(\dfrac{8}{3} + k\right)$$

$$= \dfrac{2}{3} + 3k = 1$$

에서 $3k = \dfrac{1}{3}$

따라서 $k = \dfrac{1}{9}$ **답** ①

23

$f(x) = 3x^4 - 4ax^3 - 6x^2 + 12ax + 5$에서

$f'(x) = 12x^3 - 12ax^2 - 12x + 12a$

$\qquad = 12(x^3 - ax^2 - x + a)$

$\qquad = 12(x+1)(x-1)(x-a)$

$f'(x) = 0$에서 $x = -1$ 또는 $x = 1$ 또는 $x = a$

$a < -1$ 또는 $-1 < a < 1$ 또는 $a > 1$일 때, 함수 $f(x)$가 극값을 갖는 실수 x의 개수가 3이므로 조건 (가)를 만족시키지 않는다. 그러므로 조건 (가)를 만족시키는 실수 a의 값은 -1 또는 1이다.

(ⅰ) $a=-1$일 때

$f'(x)=12(x+1)^2(x-1)$이고

$f'(x)=0$에서 $x=-1$ 또는 $x=1$

함수 $f(x)$의 증가와 감소를 표로 나타내면 다음과 같다.

x	$\cdots$	-1	$\cdots$	1	$\cdots$
$f'(x)$	$-$	0	$-$	0	$+$
$f(x)$	$\searrow$		$\searrow$	극소	$\nearrow$

함수 $f(x)$가 극값을 갖는 실수 x의 값은 1뿐이므로 조건 (가)를 만족시킨다.

한편, $f(|x|)=\begin{cases} f(x) & (x \geq 0) \\ f(-x) & (x<0) \end{cases}$ 에서 $x<0$에서의 함수 $y=f(x)$의 그래프는 $x>0$에서의 함수 $y=f(x)$의 그래프를 y축에 대하여 대칭이동한 것과 같으므로 함수 $f(|x|)$의 증가와 감소를 표로 나타내면 다음과 같다.

x	$\cdots$	-1	$\cdots$	0	$\cdots$	1	$\cdots$
$f'(|x|)$	$-$	0	$+$		$-$	0	$+$
$f(|x|)$	$\searrow$	극소	$\nearrow$	극대	$\searrow$	극소	$\nearrow$

함수 $f(|x|)$는 $x=-1$, $x=1$에서 극소이고 $x=0$에서 극대이므로 조건 (나)를 만족시킨다.

(ⅱ) $a=1$일 때

$f'(x)=12(x+1)(x-1)^2$이고

$f'(x)=0$에서 $x=-1$ 또는 $x=1$

함수 $f(x)$의 증가와 감소를 표로 나타내면 다음과 같다.

x	$\cdots$	-1	$\cdots$	1	$\cdots$
$f'(x)$	$-$	0	$+$	0	$+$
$f(x)$	$\searrow$	극소	$\nearrow$		$\nearrow$

함수 $f(x)$가 극값을 갖는 실수 x의 값은 -1뿐이므로 조건 (가)를 만족시킨다.

한편, $f(|x|)=\begin{cases} f(x) & (x \geq 0) \\ f(-x) & (x<0) \end{cases}$ 이므로 함수 $f(|x|)$의 증가와 감소를 표로 나타내면 다음과 같다.

x	$\cdots$	-1	$\cdots$	0	$\cdots$	1	$\cdots$
$f'(|x|)$	$-$	0	$-$		$+$	0	$+$
$f(|x|)$	$\searrow$		$\searrow$	극소	$\nearrow$		$\nearrow$

함수 $f(|x|)$가 극값을 갖는 실수 x의 값은 0뿐이므로 조건 (나)를 만족시키지 않는다.

(ⅰ), (ⅱ)에서 $a=-1$이므로

$f(x)=3x^4+4x^3-6x^2-12x+5$

따라서 $f(2)=48+32-24-24+5=37$　　답 ④

24

$f(x)=x^3+\dfrac{1}{2}x^2+a|x|+2$

$=\begin{cases} x^3+\dfrac{1}{2}x^2-ax+2 & (x<0) \\ x^3+\dfrac{1}{2}x^2+ax+2 & (x \geq 0) \end{cases}$

이때

$\displaystyle\lim_{h \to 0-} \frac{f(h)-f(0)}{h} = \lim_{h \to 0-} \frac{h^3+\dfrac{1}{2}h^2-ah}{h}$

$\displaystyle = \lim_{h \to 0-} \left(h^2+\dfrac{1}{2}h-a\right)$

$= -a$

$\displaystyle\lim_{h \to 0+} \frac{f(h)-f(0)}{h} = \lim_{h \to 0+} \frac{h^3+\dfrac{1}{2}h^2+ah}{h}$

$\displaystyle = \lim_{h \to 0+} \left(h^2+\dfrac{1}{2}h+a\right)$

$= a$

이므로

$\displaystyle\lim_{h \to 0-} \frac{f(h)-f(0)}{h} \times \lim_{h \to 0+} \frac{f(h)-f(0)}{h} = -4$에서

$-a \times a = -4$

즉, $a^2=4$에서 $a>0$이므로 $a=2$

그러므로

$f(x)=\begin{cases} x^3+\dfrac{1}{2}x^2-2x+2 & (x<0) \\ x^3+\dfrac{1}{2}x^2+2x+2 & (x \geq 0) \end{cases}$

$x<0$에서

$f'(x)=3x^2+x-2=(x+1)(3x-2)$

$f'(x)=0$에서 $x<0$이므로

$x=-1$

$x>0$에서

$f'(x)=3x^2+x+2=3\left(x+\dfrac{1}{6}\right)^2+\dfrac{23}{12}>0$

함수 $f(x)$의 증가와 감소를 표로 나타내면 다음과 같다.

x	$\cdots$	-1	$\cdots$	0	$\cdots$
$f'(x)$	$+$	0	$-$		$+$
$f(x)$	$\nearrow$	극대	$\searrow$	극소	$\nearrow$

함수 $f(x)$는 $x=-1$에서 극대이고, $x=0$에서 극소이다.

따라서 함수 $f(x)$의 모든 극값의 합은

$f(-1)+f(0)=\left(-1+\dfrac{1}{2}+2+2\right)+2=\dfrac{11}{2}$　　답 ②

25

$f(x)=3x^4-8x^3-6x^2+24x$에서

$f'(x)=12x^3-24x^2-12x+24$

$=12(x+1)(x-1)(x-2)$

$f'(x)=0$에서 $x=-1$ 또는 $x=1$ 또는 $x=2$

함수 $f(x)$의 증가와 감소를 표로 나타내면 다음과 같다.

x	$\cdots$	-1	$\cdots$	1	$\cdots$	2	$\cdots$
$f'(x)$	$-$	0	$+$	0	$-$	0	$+$
$f(x)$	$\searrow$	극소	$\nearrow$	극대	$\searrow$	극소	$\nearrow$

$f(-1)=-19$, $f(1)=13$, $f(2)=8$이므로 함수 $y=f(x)$의 그래프는 그림과 같다.

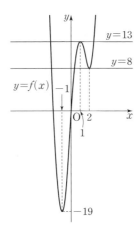

함수 $y=f(x)$의 그래프와 직선 $y=k$가 서로 다른 세 점에서 만나는 경우는 $k=8$, $k=13$일 때이다.

따라서 모든 실수 k의 값의 합은

$8+13=21$

답 21

26

$0 \leq x \leq 2$일 때, $f'(x) \leq 0$이므로 $f(x)f'(x) \leq 0$에서 $f(x) \geq 0$이고 함수 $f(x)$는 감소한다.

함수 $f(x)$는 $x=2$에서 극솟값을 가지므로

$f(2)=0$인 경우 $f(4)$의 값이 최소가 된다.

$f(x)=x^3+ax^2+bx+c$ (a, b, c는 상수)라 하면

$f'(x)=3x^2+2ax+b$

$f'(0)=0$이므로 $b=0$

$f'(2)=0$이므로 $12+4a+b=0$에서 $12+4a+0=0$, $a=-3$

$f(2)=0$일 때 $8+4a+2b+c=0$에서

$8-12+0+c=0$, $c=4$

따라서 $f(2)=0$일 때 $f(x)=x^3-3x^2+4$이므로 $f(4)$의 최솟값은

$f(4)=64-48+4=20$

답 ③

27

$f(x)=x^3-3x^2+8$에서

$f'(x)=3x^2-6x=3x(x-2)$

$f'(x)=0$에서 $x=0$ 또는 $x=2$

함수 $f(x)$의 증가와 감소를 표로 나타내면 다음과 같다.

x	$\cdots$	0	$\cdots$	2	$\cdots$
$f'(x)$	$+$	0	$-$	0	$+$
$f(x)$	↗	극대	↘	극소	↗

$f(0)=8$, $f(2)=4$이므로

$f(x)=x^3-3x^2+8=8$에서

$x^2(x-3)=0$

$x=0$ 또는 $x=3$

$f(x)=x^3-3x^2+8=4$에서

$x^3-3x^2+4=0$

$(x+1)(x-2)^2=0$

$x=-1$ 또는 $x=2$

따라서 함수 $y=f(x)$의 그래프는 그림과 같다.

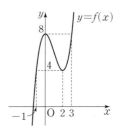

(ⅰ) $0<a<2$일 때

함수 $y=|f(x)-f(a)|$가 $x=\alpha$에서 미분가능하지 않은 α의 값은 세 개가 존재하므로 조건을 만족시키지 않는다.

(ⅱ) $a=2$일 때

함수 $y=|f(x)-f(a)|$는 $x=-1$에서만 미분가능하지 않으므로 조건을 만족시키지 않는다.

(ⅲ) $2<a<3$일 때

함수 $y=|f(x)-f(a)|$가 $x=\alpha$에서 미분가능하지 않은 α의 값은 세 개가 존재하므로 조건을 만족시키지 않는다.

(ⅳ) $a=3$일 때

함수 $y=|f(x)-f(a)|$는 $x=3$에서만 미분가능하지 않으므로 조건을 만족시킨다.

(ⅴ) $a>3$일 때

함수 $y=|f(x)-f(a)|$는 $x=a$에서만 미분가능하지 않으므로 조건을 만족시킨다.

(ⅰ)~(ⅴ)에서 $a \geq 3$이므로 양의 실수 a의 최솟값은 3이다.

따라서 $m=3$, $f(m)=f(3)=f(0)=8$이므로

$m+f(m)=3+8=11$

답 11

28

함수 $y=f(x)$의 그래프는 그림과 같다.

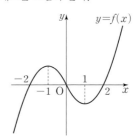

$x>0$일 때 $f(x)=f(x+1)$을 만족시키는 x의 값은

$x(x-2)=(x+1)(x-1)$에서

$x^2-2x=x^2-1$, $x=\dfrac{1}{2}$

(ⅰ) $t<-2$일 때

닫힌구간 $[t, t+1]$에서 함수 $f(x)$의 최댓값은 $f(t+1)$

(ⅱ) $-2 \leq t<-1$일 때

닫힌구간 $[t, t+1]$에서 함수 $f(x)$의 최댓값은 $f(-1)$

(ⅲ) $-1 \leq t<0$일 때

닫힌구간 $[t, t+1]$에서 함수 $f(x)$의 최댓값은 $f(t)$

(ⅳ) $0 \leq t<\dfrac{1}{2}$일 때

닫힌구간 $[t, t+1]$에서 함수 $f(x)$의 최댓값은 $f(t)$

(v) $t\geq\dfrac{1}{2}$일 때

닫힌구간 $[t,\ t+1]$에서 함수 $f(x)$의 최댓값은 $f(t+1)$

(ⅰ)~(ⅴ)에서 $g(t)=\begin{cases}-(t+1)(t+3) & (t<-2)\\ 1 & (-2\leq t<-1)\\ -t(t+2) & (-1\leq t<0)\\ t(t-2) & \left(0\leq t<\dfrac{1}{2}\right)\\ (t+1)(t-1) & \left(t\geq\dfrac{1}{2}\right)\end{cases}$

따라서 함수 $y=g(t)$의 그래프는 그림과 같다.

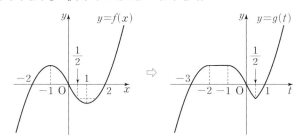

$$\lim_{t\to-2-}\frac{g(t)-g(-2)}{t+2}=\lim_{t\to-2+}\frac{g(t)-g(-2)}{t+2}=0$$

$$\lim_{t\to-1-}\frac{g(t)-g(-1)}{t+1}=\lim_{t\to-1+}\frac{g(t)-g(-1)}{t+1}=0$$

$$\lim_{t\to0-}\frac{g(t)-g(0)}{t}=\lim_{t\to0+}\frac{g(t)-g(0)}{t}=-2$$

$$\lim_{t\to\frac{1}{2}-}\frac{g(t)-g\left(\frac{1}{2}\right)}{t-\frac{1}{2}}=\lim_{t\to\frac{1}{2}-}\frac{t(t-2)-\left(-\frac{3}{4}\right)}{t-\frac{1}{2}}$$

$$=\lim_{t\to\frac{1}{2}-}\frac{\left(t-\frac{1}{2}\right)\left(t-\frac{3}{2}\right)}{t-\frac{1}{2}}$$

$$=\lim_{t\to\frac{1}{2}-}\left(t-\frac{3}{2}\right)=-1$$

$$\lim_{t\to\frac{1}{2}+}\frac{g(t)-g\left(\frac{1}{2}\right)}{t-\frac{1}{2}}=\lim_{t\to\frac{1}{2}+}\frac{(t+1)(t-1)-\left(-\frac{3}{4}\right)}{t-\frac{1}{2}}$$

$$=\lim_{t\to\frac{1}{2}+}\frac{\left(t+\frac{1}{2}\right)\left(t-\frac{1}{2}\right)}{t-\frac{1}{2}}$$

$$=\lim_{t\to\frac{1}{2}+}\left(t+\frac{1}{2}\right)=1$$

즉, 함수 $g(t)$는 $t=\dfrac{1}{2}$에서만 미분가능하지 않으므로 $\alpha=\dfrac{1}{2}$

따라서 $g(\alpha)=g\left(\dfrac{1}{2}\right)=-\dfrac{3}{4}$ 　답 ④

29

주어진 조건을 만족시키려면

(함수 $f(x)$의 최솟값)$\geq$(함수 $g(x)$의 최댓값)

이어야 한다.

$f(x)=x^4-2x^2$에서

$f'(x)=4x^3-4x=4x(x+1)(x-1)$

$f'(x)=0$에서 $x=-1$ 또는 $x=0$ 또는 $x=1$

함수 $f(x)$의 증가와 감소를 표로 나타내면 다음과 같다.

x	$\cdots$	-1	$\cdots$	0	$\cdots$	1	$\cdots$
$f'(x)$	$-$	0	$+$	0	$-$	0	$+$
$f(x)$	$\searrow$	극소	$\nearrow$	극대	$\searrow$	극소	$\nearrow$

$f(-1)=-1$, $f(0)=0$, $f(1)=-1$이므로 함수 $f(x)$의 최솟값은 -1이다.

$g(x)=-x^2+4x+k=-(x-2)^2+4+k$

에서 함수 $g(x)$의 최댓값은 $4+k$이다.

$4+k\leq-1$에서 $k\leq-5$

따라서 실수 k의 최댓값은 -5이다. 　답 ⑤

30

$f(t)=t^2+(-t^2+4)^2=t^4-7t^2+16$이므로

$f'(t)=4t^3-14t=2t(2t^2-7)$

닫힌구간 $[0,\ 2]$에서 $f'(t)=0$인 t의 값은 0과 $\dfrac{\sqrt{14}}{2}$이다.

$f(0)=16$, $f\left(\dfrac{\sqrt{14}}{2}\right)=\dfrac{49}{4}-\dfrac{49}{2}+16=\dfrac{15}{4}$,

$f(2)=16-28+16=4$

이므로 $M=16$, $m=\dfrac{15}{4}$

따라서 $M\times m=16\times\dfrac{15}{4}=60$ 　답 60

31

점 P의 좌표는 $(t,\ t)$이다.

점 Q의 좌표를 $(x,\ t)$라 하면

$\sqrt{-x+2}=t$에서 $-x+2=t^2$, $x=-t^2+2$이므로

$\mathrm{Q}(-t^2+2,\ t)$, $\mathrm{H}(-t^2+2,\ 0)$

$\overline{\mathrm{PQ}}=-t^2+2-t$, $\overline{\mathrm{OH}}=-t^2+2$, $\overline{\mathrm{QH}}=t$이므로

$S(t)=\dfrac{1}{2}\times(\overline{\mathrm{OH}}+\overline{\mathrm{PQ}})\times\overline{\mathrm{QH}}$

$\qquad=\dfrac{1}{2}\times(-2t^2-t+4)\times t$

$\qquad=\dfrac{1}{2}\times(-2t^3-t^2+4t)$

$\qquad=-t^3-\dfrac{1}{2}t^2+2t$

$S'(t)=-3t^2-t+2=-(3t^2+t-2)=-(3t-2)(t+1)$

$0<t<1$이므로 $S'(t)=0$에서 $t=\dfrac{2}{3}$

$t=\dfrac{2}{3}$의 좌우에서 $S'(t)$의 부호가 양에서 음으로 바뀌므로 $S(t)$는

$t=\dfrac{2}{3}$에서 극대이면서 최댓값을 갖는다.

따라서 $S(t)$의 최댓값은

$S\left(\dfrac{2}{3}\right)=-\left(\dfrac{2}{3}\right)^3-\dfrac{1}{2}\times\left(\dfrac{2}{3}\right)^2+2\times\dfrac{2}{3}=\dfrac{22}{27}$ 　답 ②

32

$f(x)=x^3+3x^2-9x$라 하면

$f'(x)=3x^2+6x-9=3(x+3)(x-1)$

$f'(x)=0$에서 $x=-3$ 또는 $x=1$

함수 $f(x)$의 증가와 감소를 표로 나타내면 다음과 같다.

x	$\cdots$	-3	$\cdots$	1	$\cdots$
$f'(x)$	$+$	0	$-$	0	$+$
$f(x)$	↗	극대	↘	극소	↗

$f(-3)=27$, $f(1)=-5$이므로 함수 $y=f(x)$의 그래프와 직선 $y=k$
는 그림과 같다.

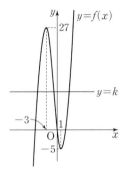

곡선 $y=f(x)$와 직선 $y=k$가 서로 다른 두 점에서 만나야 하므로

$k=27$ 또는 $k=-5$이어야 한다.

따라서 모든 실수 k의 값의 합은

$27+(-5)=22$　　　　　　　　　　　　　　　🔳 22

33

$f(x)=-x^3+12x-11$이라 하면

$f'(x)=-3x^2+12$

$\qquad =-3(x+2)(x-2)$

$f'(x)=0$에서 $x=-2$ 또는 $x=2$

함수 $f(x)$의 증가와 감소를 표로 나타내면 다음과 같다.

x	$\cdots$	-2	$\cdots$	2	$\cdots$
$f'(x)$	$-$	0	$+$	0	$-$
$f(x)$	↘	극소	↗	극대	↘

$f(-2)=-27$, $f(2)=5$이므로 함수 $y=f(x)$의 그래프와 직선 $y=k$
는 그림과 같다.

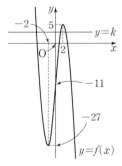

따라서 방정식 $-x^3+12x-11=k$가 서로 다른 양의 실근 2개와 음의
실근 1개를 갖도록 하는 정수 k의 값은 -10, -9, -8, $\cdots$, 4이므로
그 개수는 15이다.　　　　　　　　　　　　　🔳 ③

34

$x^3-3x^2+6-n=0$에서 $x^3-3x^2+6=n$

$f(x)=x^3-3x^2+6$이라 하면

$f'(x)=3x^2-6x=3x(x-2)$

$f'(x)=0$에서 $x=0$ 또는 $x=2$

함수 $f(x)$의 증가와 감소를 표로 나타내면 다음과 같다.

x	$\cdots$	0	$\cdots$	2	$\cdots$
$f'(x)$	$+$	0	$-$	0	$+$
$f(x)$	↗	극대	↘	극소	↗

$f(0)=6$, $f(2)=2$이므로 함수 $y=f(x)$의 그래프와 직선 $y=n$은 그
림과 같다.

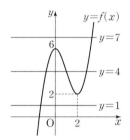

$a_1=1$, $a_2=2$, $a_3=a_4=a_5=3$, $a_6=2$, $a_7=a_8=a_9=a_{10}=1$이므로

$\sum\limits_{k=1}^{10}a_k=1+2+3\times3+2+1\times4=18$　　　　　🔳 18

35

$g(x)=x^3+3x^2-27$이라 하면

$g'(x)=3x^2+6x=3x(x+2)$

$g'(x)=0$에서 $x=0$ 또는 $x=-2$

함수 $g(x)$의 증가와 감소를 표로 나타내면 다음과 같다.

x	$\cdots$	-2	$\cdots$	0	$\cdots$
$g'(x)$	$+$	0	$-$	0	$+$
$g(x)$	↗	극대	↘	극소	↗

$g(-2)=-23$, $g(0)=-27$이므로 함수 $y=g(x)$의 그래프와 직선
$y=tx$는 그림과 같다.

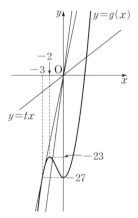

원점에서 곡선 $y=g(x)$에 그은 접선의 접점을 $(s, g(s))$라 하면

$g'(s)=3s^2+6s$이므로 접선의 방정식은

$y=(3s^2+6s)(x-s)+s^3+3s^2-27$

이 접선이 원점 $(0, 0)$을 지나므로

$0=(3s^2+6s)(0-s)+s^3+3s^2-27$

$-2s^3-3s^2-27=0$

$2s^3+3s^2+27=0$

$(s+3)(2s^2-3s+9)=0$

s는 실수이므로 $s=-3$

이때 접선의 기울기는

$g'(-3)=27-18=9$

$0<t<9$일 때 $f(t)=1$

$t=9$일 때 $f(t)=2$

$t>9$일 때 $f(t)=3$

따라서 $\lim\limits_{t\to a+}f(t)\neq\lim\limits_{t\to a-}f(t)$를 만족시키는 양의 실수 a의 값은 9이다. 🔲 ④

36

$3x^4+4x^3-6x^2-12x\geq a$에서

$f(x)=3x^4+4x^3-6x^2-12x$라 하면

$f'(x)=12x^3+12x^2-12x-12$

$\qquad=12(x+1)^2(x-1)$

$f'(x)=0$에서 $x=-1$ 또는 $x=1$

함수 $f(x)$의 증가와 감소를 표로 나타내면 다음과 같다.

x	$\cdots$	-1	$\cdots$	1	$\cdots$
$f'(x)$	$-$	0	$-$	0	$+$
$f(x)$	↘		↘	극소	↗

함수 $f(x)$는 $x=1$에서 극소이면서 최솟값을 갖는다.

$f(1)=-11$이므로 모든 실수 x에 대하여 부등식 $f(x)\geq a$가 성립하려면 $a\leq-11$이어야 한다.

따라서 실수 a의 최댓값은 -11이다. 🔲 ①

37

$h(x)=g(x)-f(x)$라 하자.

$h(x)=x^4-4x^3-8x^2+a$에서

$h'(x)=4x^3-12x^2-16x=4x(x+1)(x-4)$

$h'(x)=0$에서 $x=-1$ 또는 $x=0$ 또는 $x=4$

함수 $h(x)$의 증가와 감소를 표로 나타내면 다음과 같다.

x	$\cdots$	-1	$\cdots$	0	$\cdots$	4	$\cdots$
$h'(x)$	$-$	0	$+$	0	$-$	0	$+$
$h(x)$	↘	극소	↗	극대	↘	극소	↗

$h(-1)=a-3$, $h(4)=a-128$이고

모든 실수 x에 대하여 부등식 $f(x)\leq g(x)$가 항상 성립하려면

모든 실수 x에 대하여 부등식 $h(x)\geq0$이 성립해야 하므로

$a-3\geq0$이고 $a-128\geq0$

따라서 $a\geq128$이므로 실수 a의 최솟값은 128이다. 🔲 128

38

(i) $f(x)\leq4x^3+a$에서

$-x^4-4x^2-5\leq4x^3+a$

$x^4+4x^3+4x^2+a+5\geq0$ $\cdots\cdots$ ㉠

$g(x)=x^4+4x^3+4x^2+a+5$라 하면

$g'(x)=4x^3+12x^2+8x$

$\qquad=4x(x+1)(x+2)$

$g'(x)=0$에서 $x=-2$ 또는 $x=-1$ 또는 $x=0$

함수 $g(x)$의 증가와 감소를 표로 나타내면 다음과 같다.

x	$\cdots$	-2	$\cdots$	-1	$\cdots$	0	$\cdots$
$g'(x)$	$-$	0	$+$	0	$-$	0	$+$
$g(x)$	↘	극소	↗	극대	↘	극소	↗

$g(-2)=16-32+16+a+5=a+5$

$g(0)=a+5$

모든 실수 x에 대하여 부등식 ㉠이 성립하려면 $a+5\geq0$에서

$a\geq-5$

(ii) $4x^3+a\leq-f(x)$에서

$4x^3+a\leq x^4+4x^2+5$

$x^4-4x^3+4x^2+5-a\geq0$ $\cdots\cdots$ ㉡

$h(x)=x^4-4x^3+4x^2+5-a$라 하면

$h'(x)=4x^3-12x^2+8x$

$\qquad=4x(x-1)(x-2)$

$h'(x)=0$에서 $x=0$ 또는 $x=1$ 또는 $x=2$

함수 $h(x)$의 증가와 감소를 표로 나타내면 다음과 같다.

x	$\cdots$	0	$\cdots$	1	$\cdots$	2	$\cdots$
$h'(x)$	$-$	0	$+$	0	$-$	0	$+$
$h(x)$	↘	극소	↗	극대	↘	극소	↗

$h(0)=5-a$

$h(2)=16-32+16+5-a=5-a$

모든 실수 x에 대하여 부등식 ㉡이 성립하려면 $5-a\geq0$에서

$a\leq5$

(i), (ii)에서 $-5\leq a\leq5$

따라서 구하는 정수 a의 값은 -5, -4, -3, $\cdots$, 5이므로 그 개수는 11이다. 🔲 ①

39

$f(x)=2x^3-3(a+1)x^2+6ax+a^3-120$이라 하자.

(i) $x\geq0$에서 부등식 $f(x)\geq0$이 항상 성립하려면

$f(0)=a^3-120\geq0$이어야 한다.

즉, $a^3\geq120$이므로 a는 5 이상의 자연수이다.

(ii) $f'(x)=6x^2-6(a+1)x+6a$

$\qquad=6(x-1)(x-a)$

$f'(x)=0$에서 $x=1$ 또는 $x=a$

$a\geq5$이므로 $x=a$의 좌우에서 $f'(x)$의 부호는 음에서 양으로 바뀐다.

즉, 함수 $f(x)$는 $x=a$에서 극솟값을 갖는다.

그러므로 $x \geq 0$에서 부등식 $f(x) \geq 0$이 항상 성립하려면 $f(a) \geq 0$이

어야 한다.

$$f(a)=2a^3-3a^3-3a^2+6a^2+a^3-120$$
$$=3a^2-120 \geq 0$$

에서 $a^2 \geq 40$이므로 a는 7 이상의 자연수이다.

(i), (ii)에서 a는 7 이상의 자연수이므로 자연수 a의 최솟값은 7이다.

답 ④

40

$x=t^3-t^2-2t=t(t+1)(t-2)$

$t>0$에서 점 P가 원점을 지나는 시각은

$x=0$에서 $t=2$

점 P의 시각 t에서의 속도를 v라 하면

$$v=\frac{dx}{dt}=3t^2-2t-2$$

따라서 시각 $t=2$에서의 점 P의 속도는

$12-4-2=6$

답 ①

41

점 P의 시각 t에서의 속도를 v라 하면

$$v=\frac{dx}{dt}=6t^2-6t-12$$

$v=0$에서

$6t^2-6t-12=0$

$t^2-t-2=0$, $(t+1)(t-2)=0$

$t_1>0$이므로 시각 $t=2$에서 점 P는 운동 방향을 바꾼다. 즉, $t_1=2$

점 P의 시각 t에서의 가속도를 a라 하면

$$a=\frac{dv}{dt}=12t-6$$

따라서 점 P의 시각 $t=2t_1$, 즉 $t=4$에서의 가속도는

$12 \times 4-6=42$

답 ②

42

두 점 P, Q의 시각 t에서의 속도를 각각 v_1, v_2라 하면

$$v_1=\frac{dx_1}{dt}, \; v_2=\frac{dx_2}{dt}$$

$x_2=x_1+t^3-3t^2-9t$ ······ ㉠

㉠의 양변을 t에 대하여 미분하면

$v_2=v_1+3t^2-6t-9$

두 점 P, Q의 속도가 같아지는 순간 $v_1=v_2$이므로

$3t^2-6t-9=0$

$t^2-2t-3=0$

$(t-3)(t+1)=0$

$t \geq 0$이므로 $t=3$

$t=3$일 때 ㉠에서 $x_2=x_1-27$

따라서 두 점 P, Q 사이의 거리는

$|x_1-x_2|=27$

답 27

43

점 P의 시각 t에서의 속도를 v, 가속도를 a라 하면

$$v=\frac{dx}{dt}=-4t^3+12t^2+2kt$$

$$a=\frac{dv}{dt}=-12t^2+24t+2k$$

$$=-12(t-1)^2+2k+12$$

점 P의 가속도 a는 $t=1$일 때 최댓값 $2k+12$를 가지므로

$2k+12=48$에서 $k=18$

$v=-4t^3+12t^2+36t$

$$a=\frac{dv}{dt}=-12t^2+24t+36=-12(t+1)(t-3)$$

$t \geq 0$이고 $t=3$의 좌우에서 a의 부호가 양에서 음으로 바뀌므로 $t=3$

일 때 v는 극대이면서 최댓값을 갖는다.

따라서 점 P의 속도의 최댓값은 $t=3$일 때

$-4 \times 27+12 \times 9+36 \times 3=108$

답 ④

06 다항함수의 적분법

본문 61~69쪽

01 12	02 14	03 ④	04 ③	05 29
06 ②	07 19	08 ①	09 16	10 23
11 64	12 ①	13 ③	14 ④	15 29
16 ②	17 17	18 ③	19 10	20 ②
21 ⑤	22 ③	23 ④	24 5	25 6
26 ②	27 ①	28 ③	29 ③	30 22
31 ③	32 ②	33 ⑤	34 ③	35 ①

01

$f(x) = \int (3x^2 - 4x)dx$에서

$f(x) = x^3 - 2x^2 + C$ (단, C는 적분상수)

$f(1) = 1 - 2 + C$
$\quad\quad = C - 1$

$C - 1 = 2$에서 $C = 3$

따라서 $f(x) = x^3 - 2x^2 + 3$이므로

$f(3) = 27 - 18 + 3 = 12$ 답 12

02

$f(x) = \int (x^2 + x + a)dx - \int (x^2 - 3x)dx$

$\quad\quad = \int (4x + a)dx$

$\quad\quad = 2x^2 + ax + C$ (단, C는 적분상수)

$f'(x) = 4x + a$

$\lim_{x \to 2} \dfrac{f(x)}{x - 2} = 3$에서 $x \to 2$일 때 (분모) $\to 0$이고 극한값이 존재하므로 (분자) $\to 0$이어야 한다.

즉, $\lim_{x \to 2} f(x) = f(2) = 0$

$\lim_{x \to 2} \dfrac{f(x)}{x - 2} = \lim_{x \to 2} \dfrac{f(x) - f(2)}{x - 2} = f'(2)$

이므로 $f'(2) = 3$

$f(x) = 2x^2 + ax + C$에 $x = 2$를 대입하면

$8 + 2a + C = 0$ ······ ㉠

$f'(x) = 4x + a$에 $x = 2$를 대입하면

$8 + a = 3$에서 $a = -5$

$a = -5$를 ㉠에 대입하면 $C = 2$

따라서 $f(x) = 2x^2 - 5x + 2$이므로

$f(4) = 32 - 20 + 2 = 14$ 답 14

03

(i) $x < 1$일 때

$f'(x) = 3x^2 - 4$이므로

$f(x) = \int (3x^2 - 4)dx = x^3 - 4x + C_1$ (단, C_1은 적분상수)

$f(0) = 0$이므로 $C_1 = 0$

즉, $f(x) = x^3 - 4x$

(ii) $x \geq 1$일 때

$f'(x) = -4x + 3$이므로

$f(x) = \int (-4x + 3)dx = -2x^2 + 3x + C_2$ (단, C_2는 적분상수)

함수 $f(x)$는 $x = 1$에서 연속이므로

$\lim_{x \to 1-} f(x) = \lim_{x \to 1+} f(x) = f(1)$이어야 한다.

$\lim_{x \to 1-} f(x) = \lim_{x \to 1-} (x^3 - 4x) = -3$,

$\lim_{x \to 1+} f(x) = \lim_{x \to 1+} (-2x^2 + 3x + C_2) = 1 + C_2$,

$f(1) = 1 + C_2$

이므로 $-3 = 1 + C_2$에서 $C_2 = -4$이고, 이때 $f(1) = -3$

$x \geq 1$일 때, $f(x) = -2x^2 + 3x - 4$이므로

$f(2) = -8 + 6 - 4 = -6$

따라서 $f(1) + f(2) = -3 + (-6) = -9$ 답 ④

04

$2F(x) = (2x+1)f(x) - 3x^4 - 2x^3 + x^2 + x + 4$의 양변을 x에 대하여 미분하면

$2f(x) = 2f(x) + (2x+1)f'(x) - 12x^3 - 6x^2 + 2x + 1$

$(2x+1)f'(x) = 12x^3 + 6x^2 - 2x - 1$

$\quad\quad\quad\quad\quad = 6x^2(2x+1) - (2x+1)$

$\quad\quad\quad\quad\quad = (6x^2 - 1)(2x+1)$

$f(x)$는 다항함수이므로

$f'(x) = 6x^2 - 1$

$f(x) = \int (6x^2 - 1)dx = 2x^3 - x + C_1$ (단, C_1은 적분상수)

$f(0) = C_1 = 0$이므로

$f(x) = 2x^3 - x$

또한 $2F(x) = (2x+1)f(x) - 3x^4 - 2x^3 + x^2 + x + 4$의 양변에 $x = 0$을 대입하면

$2F(0) = f(0) + 4 = 4$에서

$F(0) = 2$

$F(x) = \int f(x)dx = \int (2x^3 - x)dx$

$\quad\quad = \dfrac{1}{2}x^4 - \dfrac{1}{2}x^2 + C_2$ (단, C_2는 적분상수)

$F(0) = 2$이므로 $C_2 = 2$

따라서 $F(x) = \dfrac{1}{2}x^4 - \dfrac{1}{2}x^2 + 2$이므로

$F(2) = 8 - 2 + 2 = 8$ 답 ③

05

$f(x) = |6x(x-1)|$이라 하면

$0 \leq x \leq 1$에서

$f(x) = -6x(x-1) = -6x^2 + 6x$

$1 \leq x \leq 3$에서

$f(x) = 6x(x-1) = 6x^2 - 6x$

따라서

$\displaystyle\int_0^3 |6x(x-1)|dx$

$= \displaystyle\int_0^1 (-6x^2 + 6x)dx + \int_1^3 (6x^2 - 6x)dx$

$$=\left[-2x^3+3x^2\right]_0^1+\left[2x^3-3x^2\right]_1^3$$
$$=(-2+3)+(54-27)-(2-3)=29 \qquad \text{달 } 29$$

$f(3)-f(0)-2\{f(2)-f(1)\}=f(3)-f(0)+4$에서
$$-2\{f(2)-f(1)\}=4$$
따라서 $f(2)-f(1)=-2$ \qquad 답 ①

06

$$\int_{-1}^{\sqrt2}(x^3-2x)dx+\int_{-1}^{\sqrt2}(-x^3+3x^2)dx+\int_{\sqrt2}^2(3x^2-2x)dx$$
$$=\int_{-1}^{\sqrt2}\{(x^3-2x)+(-x^3+3x^2)\}dx+\int_{\sqrt2}^2(3x^2-2x)dx$$
$$=\int_{-1}^{\sqrt2}(3x^2-2x)dx+\int_{\sqrt2}^2(3x^2-2x)dx$$
$$=\int_{-1}^2(3x^2-2x)dx$$
$$=\left[x^3-x^2\right]_{-1}^2$$
$$=(8-4)-(-1-1)$$
$$=6 \qquad \text{답 } ②$$

07

$f(x)=3x^2+ax+b$ $(a,\ b$는 상수$)$로 놓으면
$$\int_0^1 f(x)dx=\int_0^1(3x^2+ax+b)dx$$
$$=\left[x^3+\frac{a}{2}x^2+bx\right]_0^1$$
$$=1+\frac{a}{2}+b$$
$f(1)=3+a+b$이므로
$1+\dfrac{a}{2}+b=3+a+b$에서 $a=-4$
$$\int_0^2 f(x)dx=\int_0^2(3x^2+ax+b)dx$$
$$=\left[x^3+\frac{a}{2}x^2+bx\right]_0^2$$
$$=8+2a+2b$$
$f(2)=12+2a+b$이므로
$8+2a+2b=12+2a+b$에서 $b=4$
따라서 $f(x)=3x^2-4x+4$이므로
$f(3)=27-12+4=19$ \qquad 답 19

08

$0\le x\le1$에서 $f'(x)\ge0$,
$1\le x\le2$에서 $f'(x)\le0$,
$2\le x\le3$에서 $f'(x)\ge0$
이므로
$$\int_0^3|f'(x)|dx$$
$$=\int_0^1 f'(x)dx+\int_1^2\{-f'(x)\}dx+\int_2^3 f'(x)dx$$
$$=\left[f(x)\right]_0^1+\left[-f(x)\right]_1^2+\left[f(x)\right]_2^3$$
$$=f(1)-f(0)-\{f(2)-f(1)\}+f(3)-f(2)$$
$$=f(3)-f(0)-2\{f(2)-f(1)\}$$

09

최고차항의 계수가 1인 이차함수 $f(x)$가 모든 실수 x에 대하여
$f(-x)=f(x)$를 만족시키므로
$f(x)=x^2+k$ $(k$는 상수$)$로 놓을 수 있다.
$$\int_{-3}^3 f(x)dx=\int_{-3}^3(x^2+k)dx$$
$$=2\int_0^3(x^2+k)dx$$
$$=2\times\left[\frac{1}{3}x^3+kx\right]_0^3$$
$$=2(9+3k)$$
$2(9+3k)=60$에서 $k=7$
따라서 $f(x)=x^2+7$이므로
$f(3)=9+7=16$ \qquad 답 16

10

함수 $y=f(x+1)$의 그래프는 함수 $y=f(x)$의 그래프를 x축의 방향으로 -1만큼 평행이동한 그래프이므로
$$\int_1^3 f(x)dx=5$$에서
$$\int_0^2 f(x+1)dx=\int_1^3 f(x)dx=5$$
따라서
$$\int_0^2\{3f(x+1)+4\}dx=3\times\int_0^2 f(x+1)dx+\int_0^2 4\,dx$$
$$=3\times5+\left[4x\right]_0^2$$
$$=15+8$$
$$=23 \qquad \text{답 } 23$$

11

$f(x)=ax+b$ $(a,\ b$는 상수, $a\ne0)$으로 놓으면
$$\int_{-1}^1 f(x)dx=\int_{-1}^1(ax+b)dx$$
$$=2\int_0^1 b\,dx$$
$$=2\left[bx\right]_0^1=2b$$
$2b=12$에서 $b=6$
$$\int_{-1}^1 xf(x)dx=\int_{-1}^1(ax^2+bx)dx$$
$$=2\int_0^1 ax^2\,dx$$
$$=2\left[\frac{a}{3}x^3\right]_0^1=\frac{2a}{3}$$

$\dfrac{2a}{3}=8$에서 $a=12$

따라서 $f(x)=12x+6$이므로

$$\int_0^2 x^2 f(x)dx = \int_0^2 x^2(12x+6)dx$$

$$= \int_0^2 (12x^3+6x^2)dx$$

$$= \Big[3x^4+2x^3\Big]_0^2$$

$$= 3\times16+2\times8=64 \qquad \text{답 } 64$$

12

모든 실수 x에 대하여 $f(-x)=-f(x)$이므로

$f(x)=x^3+ax$ (a는 상수)로 놓을 수 있다.

$$\int_{-1}^1 (x+5)^2 f(x)dx = \int_{-1}^1 (x^2+10x+25)f(x)dx \quad\cdots\cdots \text{㉠}$$

함수 $y=f(x)$의 그래프가 원점에 대하여 대칭일 때, 함수 $y=x^2 f(x)$의 그래프는 원점에 대하여 대칭이고, 함수 $y=xf(x)$의 그래프는 y축에 대하여 대칭이므로

$$\int_{-1}^1 x^2 f(x)dx=0,\ \int_{-1}^1 f(x)dx=0$$

$$\int_{-1}^1 xf(x)dx=2\int_0^1 xf(x)dx$$

㉠을 정리하면

$$\int_{-1}^1 x^2 f(x)dx+10\int_{-1}^1 xf(x)dx+25\int_{-1}^1 f(x)dx$$

$$=20\int_0^1 x(x^3+ax)dx$$

$$=20\int_0^1 (x^4+ax^2)dx$$

$$=20\Big[\dfrac{1}{5}x^5+\dfrac{a}{3}x^3\Big]_0^1$$

$$=20\Big(\dfrac{1}{5}+\dfrac{a}{3}\Big)$$

$20\Big(\dfrac{1}{5}+\dfrac{a}{3}\Big)=64$에서 $a=9$

따라서 $f(x)=x^3+9x$이므로

$$\int_1^2 \dfrac{f(x)}{x}dx = \int_1^2 \dfrac{x^3+9x}{x}dx$$

$$= \int_1^2 (x^2+9)dx$$

$$= \Big[\dfrac{1}{3}x^3+9x\Big]_1^2$$

$$= \Big(\dfrac{8}{3}+18\Big)-\Big(\dfrac{1}{3}+9\Big)$$

$$= \dfrac{34}{3} \qquad \text{답 } ①$$

참고

함수 $y=f(x)$의 그래프가 원점에 대하여 대칭이면 모든 실수 x에 대하여

$f(-x)=-f(x)$

$g(x)=x^2 f(x)$이면

$g(-x)=(-x)^2 f(-x)=-x^2 f(x)=-g(x)$

$h(x)=xf(x)$이면

$h(-x)=-xf(-x)=xf(x)=h(x)$

13

$\displaystyle\int_0^2 f(t)dt=k$ (k는 상수)라 하면

$f(x)=3x^2+kx$이므로

$$\int_0^2 f(t)dt = \int_0^2 (3t^2+kt)dt$$

$$= \Big[t^3+\dfrac{k}{2}t^2\Big]_0^2$$

$$= 8+2k$$

$8+2k=k$에서 $k=-8$

따라서 $f(x)=3x^2-8x$이므로

$f(4)=48-32=16 \qquad \text{답 } ③$

14

$\displaystyle\int_1^1 f(t)dt=0$이므로

$\displaystyle\int_1^x f(t)dt=x^3+ax^2+bx$의 양변에 $x=1$을 대입하면

$0=1+a+b$에서

$a+b=-1 \quad\cdots\cdots \text{㉠}$

$\displaystyle\int_1^x f(t)dt=x^3+ax^2+bx$의 양변을 x에 대하여 미분하면

$f(x)=3x^2+2ax+b$이므로

$f(1)=3+2a+b$

$f(1)=4$이므로 $3+2a+b=4$에서

$2a+b=1 \quad\cdots\cdots \text{㉡}$

㉠, ㉡을 연립하여 풀면

$a=2,\ b=-3$

따라서 $f(x)=3x^2+4x-3$이므로

$f(a+b)=f(-1)=3-4-3=-4 \qquad \text{답 } ④$

15

$\displaystyle\int_{-1}^2 f(t)dt=a$ (a는 상수)라 하면

$\displaystyle\int_{-1}^x f(t)dt+a(x+1)=4x^2-4$에서

$\displaystyle\int_{-1}^x f(t)dt=4x^2-ax-a-4 \quad\cdots\cdots \text{㉠}$

㉠의 양변을 x에 대하여 미분하면

$f(x)=8x-a$

$$\int_{-1}^2 f(t)dt = \int_{-1}^2 (8t-a)dt$$

$$= \Big[4t^2-at\Big]_{-1}^2$$

$$= (16-2a)-(4+a)$$

$$= 12-3a$$

$12-3a=a$에서 $a=3$

따라서 $f(x)=8x-3$이므로

$f(4)=29$ **답** 29

다른 풀이

$$\int_{-1}^{x}f(t)dt+(x+1)\int_{-1}^{2}f(t)dt=4x^2-4 \quad\cdots\cdots\ \bigcirc$$

$\bigcirc$의 양변에 $x=2$를 대입하면

$$\int_{-1}^{2}f(t)dt+3\int_{-1}^{2}f(t)dt=12$$

$$4\int_{-1}^{2}f(t)dt=12$$

$$\int_{-1}^{2}f(t)dt=3$$

이 값을 $\bigcirc$에 대입하면

$$\int_{-1}^{x}f(t)dt+3(x+1)=4x^2-4$$

$$\int_{-1}^{x}f(t)dt=4x^2-3x-7 \quad\cdots\cdots\ \bigcirc\!\!\bigcirc$$

$\bigcirc\!\!\bigcirc$의 양변을 x에 대하여 미분하면 $f(x)=8x-3$이므로

$f(4)=29$

16

$$x^2\int_{1}^{x}f(t)dt=\int_{1}^{x}t^2f(t)dt+x^4+ax^3+bx^2 \quad\cdots\cdots\ \bigcirc$$

$\bigcirc$의 양변에 $x=1$을 대입하면

$\int_{1}^{1}f(t)dt=0$, $\int_{1}^{1}t^2f(t)dt=0$이므로

$0=0+1+a+b$에서

$a+b=-1 \quad\cdots\cdots\ \bigcirc\!\!\bigcirc$

$\bigcirc$의 양변을 x에 대하여 미분하면

$$2x\int_{1}^{x}f(t)dt+x^2f(x)=x^2f(x)+4x^3+3ax^2+2bx$$

$$2x\int_{1}^{x}f(t)dt=4x^3+3ax^2+2bx$$

$$\int_{1}^{x}f(t)dt=2x^2+\frac{3a}{2}x+b \quad\cdots\cdots\ \boxdot$$

$\boxdot$의 양변에 $x=1$을 대입하면

$0=2+\dfrac{3a}{2}+b$에서

$3a+2b=-4 \quad\cdots\cdots\ \boxminus$

$\bigcirc\!\!\bigcirc$, $\boxminus$을 연립하여 풀면

$a=-2$, $b=1$

$\boxdot$에서

$$\int_{1}^{x}f(t)dt=2x^2-3x+1 \quad\cdots\cdots\ \boxplus$$

$\boxplus$의 양변을 x에 대하여 미분하면 $f(x)=4x-3$이므로

$f(a+b)=f(-1)=-7$ **답** ②

17

$$\lim_{x\to1}\frac{1}{x-1}\int_{1}^{x}f(t)dt=f(1)=1+a+b$$이므로

$1+a+b=3$에서

$a+b=2 \quad\cdots\cdots\ \bigcirc$

$tf(t)$의 한 부정적분을 $G(t)$라 하면

$$\lim_{h\to0}\frac{1}{h}\int_{2-h}^{2+h}tf(t)dt$$

$$=\lim_{h\to0}\frac{1}{h}\Big[G(t)\Big]_{2-h}^{2+h}$$

$$=\lim_{h\to0}\frac{G(2+h)-G(2-h)}{h}$$

$$=\lim_{h\to0}\frac{G(2+h)-G(2)}{h}+\lim_{h\to0}\frac{G(2-h)-G(2)}{-h}$$

$$=2G'(2)=2\times2f(2)$$

$$=4f(2)$$

$4f(2)=36$에서 $f(2)=9$이므로

$4+2a+b=9$에서

$2a+b=5 \quad\cdots\cdots\ \bigcirc\!\!\bigcirc$

$\bigcirc$, $\bigcirc\!\!\bigcirc$을 연립하여 풀면

$a=3$, $b=-1$

따라서 $f(x)=x^2+3x-1$이므로

$f(3)=9+9-1=17$ **답** 17

18

$$f(x)=\int_{-1}^{x}(t-1)(t-2)dt$$에서

$f'(x)=(x-1)(x-2)$

$f'(x)=0$에서 $x=1$ 또는 $x=2$

함수 $f(x)$의 증가와 감소를 표로 나타내면 다음과 같다.

x	$\cdots$	1	$\cdots$	2	$\cdots$
$f'(x)$	+	0	−	0	+
$f(x)$	↗	극대	↘	극소	↗

함수 $f(x)$는 $x=2$에서 극소이므로 함수 $f(x)$의 극솟값은

$$f(2)=\int_{-1}^{2}(t-1)(t-2)dt$$

$$=\int_{-1}^{2}(t^2-3t+2)dt$$

$$=\Big[\frac{1}{3}t^3-\frac{3}{2}t^2+2t\Big]_{-1}^{2}$$

$$=\Big(\frac{8}{3}-6+4\Big)-\Big(-\frac{1}{3}-\frac{3}{2}-2\Big)$$

$$=\frac{9}{2}$$ **답** ③

19

$f(x)=x^2+ax+b$ $(a,\ b$는 상수$)$라 하자.

$g'(x)=f(x)$이고 함수 $g(x)$가 $x=2$에서 극솟값 $-\dfrac{10}{3}$을 가지므로

$$g'(2)=f(2)=0,\ g(2)=-\frac{10}{3}$$

$f(2)=4+2a+b=0$에서

$b=-2a-4$

즉, $f(x)=x^2+ax-2a-4$이므로

$g(2) = \int_0^2 f(t)dt$

$\qquad = \int_0^2 (t^2 + at - 2a - 4)dt$

$\qquad = \left[\dfrac{1}{3}t^3 + \dfrac{a}{2}t^2 - 2at - 4t \right]_0^2$

$\qquad = \dfrac{8}{3} + 2a - 4a - 8$

$\qquad = -2a - \dfrac{16}{3}$

$-2a - \dfrac{16}{3} = -\dfrac{10}{3}$에서

$2a = -2$, $a = -1$

따라서 $f(x) = x^2 - x - 2$이므로

$g'(4) = f(4) = 16 - 4 - 2 = 10$ 달 10

20

$g(x) = x\int_1^x f(t)dt - \int_1^x tf(t)dt$ …… ㉠

㉠의 양변을 x에 대하여 미분하면

$g'(x) = \int_1^x f(t)dt + xf(x) - xf(x)$에서

$g'(x) = \int_1^x f(t)dt$ …… ㉡

㉠의 양변에 $x = 1$을 대입하면

$g(1) = 0$

㉡의 양변에 $x = 1$을 대입하면

$g'(1) = 0$

조건 (가)에서 $\lim\limits_{x \to \infty} \dfrac{g'(x) - 4x^3}{x^2 + x + 1} = 3$이므로

$g'(x) - 4x^3 = 3x^2 + ax + b$ (a, b는 상수)로 놓으면

$g'(x) = 4x^3 + 3x^2 + ax + b$이고, ㉡에서

$\int_1^x f(t)dt = 4x^3 + 3x^2 + ax + b$ …… ㉢

㉢의 양변에 $x = 1$을 대입하면 $0 = 4 + 3 + a + b$에서

$b = -a - 7$

㉢의 양변을 x에 대하여 미분하면

$f(x) = 12x^2 + 6x + a$

조건 (나)에서

$\lim\limits_{x \to 1} \dfrac{g(x) + (x-1)f(x)}{x - 1} = \int_1^3 f(x)dx$

$g(1) = 0$이므로

$\lim\limits_{x \to 1} \dfrac{g(x) + (x-1)f(x)}{x - 1} = \lim\limits_{x \to 1} \dfrac{g(x) - g(1) + (x-1)f(x)}{x - 1}$

$\qquad\qquad = \lim\limits_{x \to 1} \dfrac{g(x) - g(1)}{x - 1} + \lim\limits_{x \to 1} f(x)$

$\qquad\qquad = g'(1) + f(1)$

$\qquad\qquad = 0 + (18 + a)$

$\qquad\qquad = 18 + a$

㉡에서

$\int_1^3 f(x)dx = g'(3) = 108 + 27 + 3a + b$

$\qquad\qquad = 135 + 3a + (-a - 7)$

$\qquad\qquad = 128 + 2a$

$18 + a = 128 + 2a$에서 $a = -110$

$b = -a - 7 = 110 - 7 = 103$

㉢에서 $\int_1^x f(t)dt = 4x^3 + 3x^2 - 110x + 103$

이므로 양변에 $x = 0$을 대입하면

$\int_1^0 f(t)dt = 103$

따라서 $\int_0^1 f(x)dx = -103$ 달 ②

21

평행이동을 생각하면 곡선 $y = (x - 10)(x - 13)$과 x축으로 둘러싸인 부분의 넓이는 곡선 $y = x(x - 3)$과 x축으로 둘러싸인 부분의 넓이와 같다.

$0 \le x \le 3$에서 $x(x - 3) \le 0$이므로 곡선 $y = x(x - 3)$과 x축으로 둘러싸인 부분의 넓이는

$\int_0^3 \{-x(x - 3)\}dx = \int_0^3 (-x^2 + 3x)dx$

$\qquad\qquad = \left[-\dfrac{1}{3}x^3 + \dfrac{3}{2}x^2 \right]_0^3$

$\qquad\qquad = -9 + \dfrac{27}{2} = \dfrac{9}{2}$ 달 ⑤

22

$f(x) = x^3 - ax^2 = x^2(x - a)$이므로

$f(x) = 0$에서 $x = 0$ 또는 $x = a$

$0 \le x \le a$에서 $f(x) \le 0$이므로 곡선 $y = f(x)$와 x축으로 둘러싸인 부분의 넓이는

$\int_0^a |f(x)|dx = \int_0^a (-x^3 + ax^2)dx$

$\qquad\qquad = \left[-\dfrac{1}{4}x^4 + \dfrac{a}{3}x^3 \right]_0^a$

$\qquad\qquad = -\dfrac{a^4}{4} + \dfrac{a^4}{3} = \dfrac{a^4}{12}$

$\dfrac{a^4}{12} = 108$에서 $a^4 = 6^4$

$a > 0$이므로 $a = 6$ 달 ③

23

조건 (가)에서 $f(0) = 0$, $f'(0) = 9$이고

조건 (나)에서 $f(3) = 0$, $f'(3) = 0$이다.

$f(0) = 0$, $f(3) = 0$이므로

$f(x) = ax(x - 3)(x + k)$ (k는 상수, a는 0이 아닌 상수)로 놓으면

$f'(x) = a(x - 3)(x + k) + ax(x + k) + ax(x - 3)$

$f'(3) = a \times 3 \times (3 + k) = 0$에서 $k = -3$

따라서 $f(x) = ax(x - 3)^2 = ax^3 - 6ax^2 + 9ax$이므로

$f'(x) = 3ax^2 - 12ax + 9a$

$f'(0) = 9a = 9$에서 $a = 1$이므로

$f(x) = x^3 - 6x^2 + 9x = x(x - 3)^2$

$0 \le x \le 3$에서 $f(x) \ge 0$이므로

곡선 $y = f(x)$와 x축으로 둘러싸인 부분의 넓이는

$$\int_0^3 f(x)dx=\int_0^3 (x^3-6x^2+9x)dx$$

$$=\left[\frac{1}{4}x^4-2x^3+\frac{9}{2}x^2\right]_0^3$$

$$=\frac{81}{4}-54+\frac{81}{2}$$

$$=\frac{27}{4}$$

답 ④

24

함수 $y=f(-x)$의 그래프는 함수 $y=f(x)$의 그래프를 y축에 대하여 대칭이동한 그래프이고, 함수 $y=f(-x)$의 그래프와 x축의 교점의 x좌표는 $-b$, $-a$, b이므로

$$\int_{-b}^b f(x)dx=\int_{-b}^b f(-x)dx$$

$$\int_{-b}^b \{f(x)+f(-x)\}dx=54$$이므로

$$\int_{-b}^b f(x)dx=27 \qquad \cdots\cdots \ \text{㉠}$$

이때 $\int_{-b}^b f(x)dx>0$이고

$f(x)$의 최고차항의 계수는 양수이므로

$-b<x<a$일 때 $f(x)>0$이고

$a<x<b$일 때 $f(x)<0$이다.

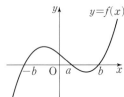

$$\int_{-b}^b \{f(x)+|f(x)|\}dx$$

$$=\int_{-b}^a \{f(x)+|f(x)|\}dx+\int_a^b \{f(x)+|f(x)|\}dx$$

$$=\int_{-b}^a \{f(x)+f(x)\}dx+\int_a^b \{f(x)-f(x)\}dx$$

$$=2\int_{-b}^a f(x)dx$$

$$2\int_{-b}^a f(x)dx=64$$에서

$$\int_{-b}^a f(x)dx=32 \qquad \cdots\cdots \ \text{㉡}$$

㉠, ㉡에서

$$\int_a^b f(x)dx=\int_{-b}^b f(x)dx-\int_{-b}^a f(x)dx$$

$$=27-32=-5$$

따라서 닫힌구간 $[a, b]$에서 곡선 $y=f(x)$와 x축으로 둘러싸인 부분의 넓이는

$$\int_a^b |f(x)|dx=\int_a^b \{-f(x)\}dx$$

$$=-\int_a^b f(x)dx$$

$$=-(-5)=5$$

답 5

25

$ax^2=a(x+2)$에서

$$x^2-x-2=0$$

$$(x-2)(x+1)=0$$

$$x=2 \ \text{또는} \ x=-1$$

즉, 곡선 $y=ax^2$과 직선 $y=a(x+2)$의 교점의 x좌표는 -1, 2이고 $a>0$이므로

$-1\le x\le 2$에서 $a(x+2)\ge ax^2$

곡선 $y=ax^2$과 직선 $y=a(x+2)$로 둘러싸인 부분의 넓이는

$$\int_{-1}^2 \{a(x+2)-ax^2\}dx=\int_{-1}^2 a(-x^2+x+2)dx$$

$$=a\left[-\frac{1}{3}x^3+\frac{1}{2}x^2+2x\right]_{-1}^2$$

$$=a\left\{\left(-\frac{8}{3}+2+4\right)-\left(\frac{1}{3}+\frac{1}{2}-2\right)\right\}$$

$$=\frac{9}{2}a$$

따라서 $\frac{9}{2}a=27$에서

$$a=6$$

답 6

26

$f(x)=x^3+x^2$에서 $f'(x)=3x^2+2x$

접점의 좌표를 (t, t^3+t^2)이라 하면 접선의 방정식은

$$y=(3t^2+2t)(x-t)+t^3+t^2$$

이 접선이 점 $(0, -3)$을 지나므로

$$-3=(3t^2+2t)(0-t)+t^3+t^2$$

$$-3=-3t^3-2t^2+t^3+t^2$$

$$2t^3+t^2-3=0$$

$$(t-1)(2t^2+3t+3)=0$$

t는 실수이므로 $t=1$

따라서 점 $(0, -3)$에서 곡선 $y=f(x)$에 그은 접선의 방정식은

$$y=5(x-1)+2=5x-3$$이므로

$$g(x)=5x-3$$

한편, $f(x)=g(x)$에서

$$x^3+x^2=5x-3$$

$$x^3+x^2-5x+3=0$$

$$(x-1)^2(x+3)=0$$

$$x=-3 \ \text{또는} \ x=1$$

$-3\le x\le 1$에서 $f(x)\ge g(x)$이므로 곡선 $y=f(x)$와 직선 $y=g(x)$로 둘러싸인 부분의 넓이는

$$\int_{-3}^1 \{f(x)-g(x)\}dx=\int_{-3}^1 (x^3+x^2-5x+3)dx$$

$$=\left[\frac{1}{4}x^4+\frac{1}{3}x^3-\frac{5}{2}x^2+3x\right]_{-3}^1$$

$$=\left(\frac{1}{4}+\frac{1}{3}-\frac{5}{2}+3\right)-\left(\frac{81}{4}-9-\frac{45}{2}-9\right)$$

$$=\frac{64}{3}$$

답 ②

27

$f(x)=x^3+ax^2+bx+c$ $(a, b, c$는 상수$)$로 놓으면

$f'(x)=3x^2+2ax+b$

조건 (가)에서 $f(0)=c=2$, $f'(0)=b=2$이므로

$f(x)=x^3+ax^2+2x+2$, $f'(x)=3x^2+2ax+2$

조건 (나)에서 $f(3)=27+9a+6+2=9a+35$,

$f'(3)=27+6a+2=6a+29$이므로

$9a+35=6a+29$에서 $3a=-6$, $a=-2$

즉, $f(x)=x^3-2x^2+2x+2$, $f'(x)=3x^2-4x+2$

$f(x)=f'(x)$에서 $f(x)-f'(x)=0$이므로

$x^3-5x^2+6x=0$, $x(x-2)(x-3)=0$

$x=0$ 또는 $x=2$ 또는 $x=3$

$0\le x\le2$에서 $f(x)\ge f'(x)$이고 $2\le x\le3$에서 $f(x)\le f'(x)$이므로

두 곡선 $y=f(x)$, $y=f'(x)$로 둘러싸인 부분의 넓이는

$\int_0^3|f(x)-f'(x)|dx$

$=\int_0^2(x^3-5x^2+6x)dx+\int_2^3(-x^3+5x^2-6x)dx$

$=\left[\dfrac{1}{4}x^4-\dfrac{5}{3}x^3+3x^2\right]_0^2+\left[-\dfrac{1}{4}x^4+\dfrac{5}{3}x^3-3x^2\right]_2^3$

$=\left(4-\dfrac{40}{3}+12\right)-0+\left(-\dfrac{81}{4}+45-27\right)-\left(-4+\dfrac{40}{3}-12\right)$

$=\dfrac{37}{12}$

답 ①

28

$f(x)-g(x)=(x-4)^2-(-2x+k)=x^2-6x+16-k$

$\qquad\qquad\quad =(x-3)^2+7-k$

이므로 함수 $y=f(x)-g(x)$의 그래프는 직선 $x=3$에 대하여 대칭이다. $7<k<16$에서 $7-k<0$이고 $16-k>0$이므로 이차방정식 $f(x)-g(x)=0$의 두 근을 α, β $(\alpha<\beta)$라 하면

$0<\alpha<\beta$이고 $\dfrac{\alpha+\beta}{2}=3$이다.

$S_1=\int_0^\alpha\{f(x)-g(x)\}dx$

$S_2=\int_\alpha^\beta\{g(x)-f(x)\}dx=2\int_\alpha^3\{g(x)-f(x)\}dx$

$S_2=2S_1$이므로 $2\int_\alpha^3\{g(x)-f(x)\}dx=2\int_0^\alpha\{f(x)-g(x)\}dx$

$\int_0^\alpha\{f(x)-g(x)\}dx=\int_\alpha^3\{g(x)-f(x)\}dx$

$\int_0^\alpha\{f(x)-g(x)\}dx+\int_\alpha^3\{f(x)-g(x)\}dx=0$

$\int_0^3\{f(x)-g(x)\}dx=0$

$\int_0^3\{f(x)-g(x)\}dx=\int_0^3(x^2-6x+16-k)dx$

$\qquad\qquad\qquad\qquad =\left[\dfrac{1}{3}x^3-3x^2+(16-k)x\right]_0^3$

$\qquad\qquad\qquad\qquad =9-27+3(16-k)=30-3k$

따라서 $30-3k=0$에서 $k=10$

답 ③

29

$a>0$이므로 함수 $f(x)$는 $x\ge-1$에서 증가하는 함수이다.

두 곡선 $y=f(x)$와 $y=g(x)$의 교점은 곡선 $y=f(x)$와 직선 $y=x$의 교점과 같다.

방정식 $a(x+1)^2+b=x$의 두 근은 $x=0$, $x=2$이므로

$x=0$을 대입하면

$a+b=0$ $\qquad\cdots\cdots$ ㉠

$x=2$를 대입하면

$9a+b=2$ $\qquad\cdots\cdots$ ㉡

㉠, ㉡을 연립하여 풀면

$a=\dfrac{1}{4}$, $b=-\dfrac{1}{4}$

$f(x)=\dfrac{1}{4}(x+1)^2-\dfrac{1}{4}$

두 곡선 $y=f(x)$, $y=g(x)$는 직선 $y=x$에 대하여 대칭이고 $0\le x\le2$에서 $g(x)\ge f(x)$이다.

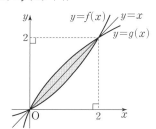

따라서 두 곡선 $y=f(x)$, $y=g(x)$로 둘러싸인 부분의 넓이는

$\int_0^2\{g(x)-f(x)\}dx$

$=2\int_0^2\{x-f(x)\}dx$

$=2\int_0^2\left\{x-\dfrac{1}{4}(x+1)^2+\dfrac{1}{4}\right\}dx$

$=2\int_0^2\left(-\dfrac{1}{4}x^2+\dfrac{1}{2}x\right)dx$

$=2\left[-\dfrac{1}{12}x^3+\dfrac{1}{4}x^2\right]_0^2$

$=2\left(-\dfrac{8}{12}+1\right)=\dfrac{2}{3}$

답 ③

30

모든 실수 x에 대하여 $f(x+3)=f(x)$이므로

$\int_2^4f(x)dx=\int_{-1}^1f(x)dx$에서

$\int_2^4f(x)dx=1$ $\qquad\cdots\cdots$ ㉠

$\int_1^4\{f(x)+1\}dx=\int_1^4f(x)dx+\int_1^41\,dx=\int_1^4f(x)dx+\left[x\right]_1^4$

$\qquad\qquad\qquad\quad =\int_1^4f(x)dx+3$

이므로 $\int_1^4f(x)dx+3=6$에서

$\int_1^4f(x)dx=3$ $\qquad\cdots\cdots$ ㉡

$\int_1^4f(x)dx=\int_1^2f(x)dx+\int_2^4f(x)dx$에서 ㉠, ㉡에 의하여

$3 = \int_1^2 f(x)\,dx + 1$

$\int_1^2 f(x)\,dx = 2$ $\qquad \cdots\cdots$ ㉢

$\int_1^8 \{f(x)+2\}\,dx = \int_1^8 f(x)\,dx + \int_1^8 2\,dx$

$\qquad\qquad\qquad\quad = \int_1^8 f(x)\,dx + \Big[\,2x\,\Big]_1^8$

$\qquad\qquad\qquad\quad = \int_1^8 f(x)\,dx + 14$ $\qquad \cdots\cdots$ ㉣

모든 실수 x에 대하여 $f(x+3)=f(x)$이므로

$\int_1^8 f(x)\,dx = \int_1^4 f(x)\,dx + \int_4^7 f(x)\,dx + \int_7^8 f(x)\,dx$

$\qquad\qquad\quad = 2\int_1^4 f(x)\,dx + \int_1^2 f(x)\,dx$

㉡, ㉢에 의하여

$\int_1^8 f(x)\,dx = 2\times 3 + 2 = 8$ $\qquad \cdots\cdots$ ㉤

㉤을 ㉣에 대입하면

$\int_1^8 \{f(x)+2\}\,dx = 8 + 14 = 22$ **답** 22

31

$S(t) = \int_t^{t+1} f(x)\,dx = \int_t^1 4x^2\,dx + \int_1^{t+1}(x-3)^2 dx$

$\qquad\quad = -\int_1^t 4x^2\,dx + \int_0^t (x-2)^2 dx$

$S'(t) = -4t^2 + (t-2)^2 = -3t^2 - 4t + 4$

$\qquad\quad = -(3t^2 + 4t - 4) = -(t+2)(3t-2)$

$S'(t)=0$에서 $0<t<1$이므로 $t=\dfrac{2}{3}$

$t=\dfrac{2}{3}$의 좌우에서 $S'(t)$의 부호가 양에서 음으로 바뀌므로 함수 $S(t)$는 $t=\dfrac{2}{3}$에서 극대이면서 최대이다. **답** ③

32

점 P의 운동 방향이 바뀔 때, 속도가 0이므로

$v(t) = -2t+4 = 0$에서 $t=2$

따라서 점 P가 시각 $t=0$일 때부터 운동 방향이 바뀔 때까지 움직인 거리는

$\int_0^2 |-2t+4|\,dt = \int_0^2 (-2t+4)\,dt = \Big[\,-t^2+4t\,\Big]_0^2$

$\qquad\qquad\qquad\qquad\quad = -4+8 = 4$ **답** ②

33

시각 $t=3$에서의 점 P의 속도는 2이므로

$v(3) = -6+k = 2$에서 $k=8$

그러므로 $v(t) = -2t+8$

시각 t에서의 점 P의 위치를 $x(t)$라 하면 시각 $t=3$에서의 점 P의 위치는

$x(3) = x(0) + \int_0^3 v(t)\,dt$

$10 = x(0) + \int_0^3 (-2t+8)\,dt = x(0) + \Big[\,-t^2+8t\,\Big]_0^3$

$\qquad = x(0) + (-9+24) - 0$

에서 $x(0) = -5$

따라서 시각 $t=0$에서의 점 P의 위치는 -5이다. **답** ⑤

34

$t \geq 0$에서 함수 $y=v(t)$의 그래프는 그림과 같다.

$0 \leq t \leq 8$에서 $v(t) \geq 0$이므로

점 P가 원점을 출발하여 양의 방향으로 움직인 거리는

$\int_0^8 v(t)\,dt = \int_0^6 \dfrac{1}{3}t\,dt + \int_6^8 (-t+8)\,dt$

$\qquad\qquad\quad = \Big[\,\dfrac{1}{6}t^2\,\Big]_0^6 + \Big[\,-\dfrac{1}{2}t^2+8t\,\Big]_6^8$

$\qquad\qquad\quad = 6-0 + (-32+64) - (-18+48)$

$\qquad\qquad\quad = 8$

$8 \leq t \leq k$에서 점 P가 음의 방향으로 움직인 거리가 8이므로

$\int_8^k (-t+8)\,dt = \Big[\,-\dfrac{1}{2}t^2+8t\,\Big]_8^k = -\dfrac{1}{2}k^2+8k - (-32+64)$

$\qquad\qquad\qquad\quad = -\dfrac{1}{2}k^2 + 8k - 32 = -8$

$k^2 - 16k + 48 = 0$

$(k-4)(k-12) = 0$

$k > 8$이므로 $k = 12$ **답** ③

35

두 점 P, Q의 속도가 같을 때,

$v_1(t) = v_2(t)$에서 $v_1(t) - v_2(t) = 0$

주어진 조건에서 $v_1(t) - v_2(t) = -3t^2 + 3t + 6$이므로

$-3t^2 + 3t + 6 = 0$에서

$t^2 - t - 2 = 0$, $(t-2)(t+1) = 0$

$t \geq 0$이므로 $t=2$, 즉 $k=2$

$x_1(2) = x_1(0) + \int_0^2 v_1(t)\,dt$,

$x_2(2) = x_2(0) + \int_0^2 v_2(t)\,dt$이고

$x_1(0) = x_2(0) = 0$이므로

$x_1(2) - x_2(2) = \int_0^2 v_1(t)\,dt - \int_0^2 v_2(t)\,dt$

$\qquad\qquad\qquad = \int_0^2 \{v_1(t) - v_2(t)\}\,dt$

$\qquad\qquad\qquad = \int_0^2 (-3t^2 + 3t + 6)\,dt$

$\qquad\qquad\qquad = \Big[\,-t^3 + \dfrac{3}{2}t^2 + 6t\,\Big]_0^2$

$\qquad\qquad\qquad = (-8 + 6 + 12) - 0$

$\qquad\qquad\qquad = 10$ **답** ①

07 이차곡선

본문 72~80쪽

01 ④	02 ③	03 ③	04 42	05 ②
06 ①	07 ⑤	08 ③	09 ④	10 63
11 ④	12 ⑤	13 ④	14 63	15 18
16 ③	17 ④	18 ⑤	19 ②	20 ①
21 ②	22 ②	23 ③	24 76	25 6
26 ④	27 ①	28 ⑤	29 ④	30 320

01

포물선 $y^2=8x$의 초점은 $\mathrm{F}(2, 0)$이고 준선의 방정식은 $x=-2$이다.

점 P에서 준선 $x=-2$에 내린 수선의 발을 H라 하면

포물선의 정의에 의하여

$\overline{\mathrm{PH}}=\overline{\mathrm{PF}}=12$

따라서 점 P와 y축 사이의 거리는

$\overline{\mathrm{PH}}-2=12-2=10$

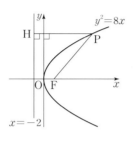

답 ④

02

포물선 $(y-2)^2=a(x+1)$은 포물선 $y^2=ax$를 x축의 방향으로 -1만큼, y축의 방향으로 2만큼 평행이동한 것이다.

포물선 $y^2=ax$의 준선의 방정식이 $x=-\dfrac{a}{4}$이므로

포물선 $(y-2)^2=a(x+1)$의 준선의 방정식은

$x=-\dfrac{a}{4}-1$

이때 $-\dfrac{a}{4}-1=1$에서

$a=-8$

포물선 $(y-2)^2=-8(x+1)$과 x축이 만나는 점 P의 y좌표는 0이므로

$(0-2)^2=-8(x+1)$에서

$x=-\dfrac{3}{2}$

즉, $\mathrm{P}\left(-\dfrac{3}{2},\ 0\right)$

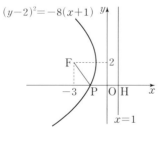

점 P에서 준선 $x=1$에 내린 수선의 발을 H라 하면

$\mathrm{H}(1, 0)$

따라서 포물선의 정의에 의하여

$\overline{\mathrm{PF}}=\overline{\mathrm{PH}}=1-\left(-\dfrac{3}{2}\right)=\dfrac{5}{2}$

답 ③

03

포물선 $y^2=4x$의 초점은 $\mathrm{F}(1, 0)$이고 준선의 방정식은 $x=-1$이다.

두 점 A, B의 x좌표를 각각 x_1, x_2 $(x_1>x_2)$라 하고, 두 점 A, B에서 준선 $x=-1$에 내린 수선의 발을 각각 $\mathrm{H_1}$, $\mathrm{H_2}$라 하자.

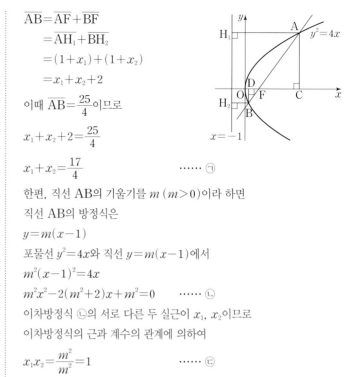

$\overline{\mathrm{AB}}=\overline{\mathrm{AF}}+\overline{\mathrm{BF}}$

$=\overline{\mathrm{AH_1}}+\overline{\mathrm{BH_2}}$

$=(1+x_1)+(1+x_2)$

$=x_1+x_2+2$

이때 $\overline{\mathrm{AB}}=\dfrac{25}{4}$이므로

$x_1+x_2+2=\dfrac{25}{4}$

$x_1+x_2=\dfrac{17}{4}$ ...... ㉠

한편, 직선 AB의 기울기를 m $(m>0)$이라 하면

직선 AB의 방정식은

$y=m(x-1)$

포물선 $y^2=4x$와 직선 $y=m(x-1)$에서

$m^2(x-1)^2=4x$

$m^2x^2-2(m^2+2)x+m^2=0$ ...... ㉡

이차방정식 ㉡의 서로 다른 두 실근이 x_1, x_2이므로

이차방정식의 근과 계수의 관계에 의하여

$x_1x_2=\dfrac{m^2}{m^2}=1$ ...... ㉢

㉠, ㉢에서

$(x_1-x_2)^2=(x_1+x_2)^2-4x_1x_2=\left(\dfrac{17}{4}\right)^2-4\times1=\dfrac{225}{16}$

이고 $x_1>x_2$이므로

$x_1-x_2=\dfrac{15}{4}$

따라서 $\overline{\mathrm{CD}}=x_1-x_2=\dfrac{15}{4}$

답 ③

04

포물선 C_2의 초점을 F'이라 하면

$\mathrm{F}'(-a, 0)$

포물선 C_2의 꼭짓점이 $\mathrm{F}(a, 0)$이므로

$\overline{\mathrm{F}'\mathrm{F}}=2a$

이고, 포물선 C_2의 준선의 방정식은

$x=3a$

점 P에서 포물선 C_1의 준선 $x=-a$에 내린 수선의 발을 H라 하면 점 P의 x좌표가 $3a$이므로

$\overline{\mathrm{PH}}=3a+a=4a$

포물선의 정의에 의하여

$\overline{\mathrm{PF}}=\overline{\mathrm{PH}}=4a$

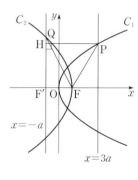

포물선 C_2는 포물선 $y^2=-8ax$를 x축의 방향으로 a만큼 평행이동한 것이므로 포물선 C_2의 방정식은

$y^2=-8a(x-a)$

포물선 C_2 위의 점 Q의 x좌표가 $-a$이고, 점 Q는 제2사분면 위의 점이므로 점 Q의 y좌표는

$y^2=-8a(-a-a)=16a^2$에서

$y>0$이므로 $y=4a$

직각삼각형 FQF'에서 $\overline{\mathrm{F}'\mathrm{F}}=2a$, $\overline{\mathrm{QF}'}=4a$이므로

$\overline{\mathrm{QF}}=\sqrt{\overline{\mathrm{QF}'}^2+\overline{\mathrm{F}'\mathrm{F}}^2}=\sqrt{(4a)^2+(2a)^2}=2\sqrt{5}a$

$\overline{\text{PF}} \times \overline{\text{QF}} = 98\sqrt{5}$ 이므로

$4a \times 2\sqrt{5}a = 98\sqrt{5}$

$a^2 = \dfrac{49}{4}$

$a > 0$ 이므로 $a = \dfrac{7}{2}$

따라서 $12a = 12 \times \dfrac{7}{2} = 42$ **답** 42

05

포물선 $y^2 = 4x$ 의 초점은 $\text{F}(1, 0)$ 이고 준선의 방정식은 $x = -1$ 이다.

두 점 A, B의 x좌표를 각각 x_1, x_2 $(x_1 > x_2)$ 라 하자.

점 A가 제1사분면 위의 점이므로 점 A의 y좌표는 양수이다.

점 A의 y좌표를 y_1이라 하자.

$y_1{}^2 = 4x_1$ 에서 $y_1 > 0$ 이므로 $y_1 = 2\sqrt{x_1}$

즉, $\text{A}(x_1, 2\sqrt{x_1})$

마찬가지로 $\text{B}(x_2, 2\sqrt{x_2})$

이때 직선 OA의 기울기는 $m_1 = \dfrac{2\sqrt{x_1}}{x_1}$,

직선 OB의 기울기는 $m_2 = \dfrac{2\sqrt{x_2}}{x_2}$ 이므로

$m_1 \times m_2 = \dfrac{8}{3}$ 에서

$\dfrac{2\sqrt{x_1}}{x_1} \times \dfrac{2\sqrt{x_2}}{x_2} = \dfrac{8}{3}$

$\sqrt{x_1 x_2} = \dfrac{3}{2}$

$x_1 x_2 = \dfrac{9}{4}$ ······ ㉠

한편, 직선 FA의 기울기는 $\dfrac{2\sqrt{x_1}}{x_1 - 1}$,

직선 FB의 기울기는 $\dfrac{2\sqrt{x_2}}{x_2 - 1}$ 이고

$\angle \text{AFB} = 90°$ 이므로

$\dfrac{2\sqrt{x_1}}{x_1 - 1} \times \dfrac{2\sqrt{x_2}}{x_2 - 1} = -1$

$4\sqrt{x_1 x_2} = -(x_1 - 1)(x_2 - 1)$

$4\sqrt{x_1 x_2} + x_1 x_2 - (x_1 + x_2) + 1 = 0$ ······ ㉡

㉠을 ㉡에 대입하면

$4\sqrt{\dfrac{9}{4}} + \dfrac{9}{4} - (x_1 + x_2) + 1 = 0$

$x_1 + x_2 = \dfrac{37}{4}$

한편, 두 점 A, B에서 준선 $x = -1$ 에 내린 수선의 발을 각각 H_1, H_2 라 하면

$\overline{\text{AF}} = \overline{\text{AH}_1} = 1 + x_1$

$\overline{\text{BF}} = \overline{\text{BH}_2} = 1 + x_2$

따라서 직각삼각형 ABF의 넓이는

$\dfrac{1}{2} \times \overline{\text{AF}} \times \overline{\text{BF}}$

$= \dfrac{1}{2} \times (1 + x_1) \times (1 + x_2)$

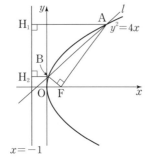

$= \dfrac{1 + (x_1 + x_2) + x_1 x_2}{2}$

$= \dfrac{1 + \dfrac{37}{4} + \dfrac{9}{4}}{2} = \dfrac{25}{4}$ **답** ②

06

타원 $\dfrac{x^2}{a^2} + \dfrac{y^2}{16} = 1$ 의 두 초점을 $\text{F}(c, 0)$, $\text{F}'(-c, 0)$ $(c > 0)$ 이라 하면 타원의 두 초점 사이의 거리가 $4\sqrt{5}$ 이므로

$\overline{\text{FF}'} = 2c = 4\sqrt{5}$

$c = 2\sqrt{5}$

$a > 4$ 이므로 $(2\sqrt{5})^2 = a^2 - 16$ 에서

$a^2 = 36$

$a = 6$

따라서 타원의 장축의 길이는

$2a = 2 \times 6 = 12$ **답** ①

07

타원 $\dfrac{(x-5)^2}{52} + \dfrac{(y-2)^2}{a} = 1$ 의 단축의 길이가 8이므로

$a = 4^2 = 16$

타원 $\dfrac{(x-5)^2}{52} + \dfrac{(y-2)^2}{16} = 1$ 은 타원 $\dfrac{x^2}{52} + \dfrac{y^2}{16} = 1$ 을 x축의 방향으로 5만큼, y축의 방향으로 2만큼 평행이동한 것이다.

타원 $\dfrac{x^2}{52} + \dfrac{y^2}{16} = 1$ 의 두 초점을 $\text{F}(c, 0)$, $\text{F}'(-c, 0)$ $(c > 0)$ 이라 하면

$c^2 = 52 - 16 = 36$

$c > 0$ 이므로 $c = 6$

즉, $\text{F}(6, 0)$, $\text{F}'(-6, 0)$ 이므로 타원 $\dfrac{(x-5)^2}{52} + \dfrac{(y-2)^2}{16} = 1$ 의 두 초점의 좌표는 $(11, 2)$, $(-1, 2)$ 이다.

따라서 $b = 11$ 이므로 $a + b = 16 + 11 = 27$ **답** ⑤

08

타원 $\dfrac{x^2}{20} + \dfrac{y^2}{a^2} = 1$ 의 장축의 길이는 $2a$

점 P가 타원 위의 점이므로 타원의 정의에 의하여

$\overline{\text{PF}} + \overline{\text{PF}'} = 2a$

또한 $\overline{\text{FF}'} = 2c$

삼각형 PFF'의 둘레의 길이가 20이므로

$\overline{\text{PF}} + \overline{\text{PF}'} + \overline{\text{FF}'} = 20$

$2a + 2c = 20$

$a + c = 10$ ······ ㉠

한편, $a^2 = c^2 + 20$ 이므로

$(a + c)(a - c) = 20$ ······ ㉡

㉠을 ㉡에 대입하면

$a - c = 2$ ······ ㉢

㉠, ㉢을 연립하여 풀면

$a = 6$, $c = 4$

따라서 직각삼각형 HFF′의 넓이는

$\dfrac{1}{2} \times \overline{FF'} \times \overline{HF} = \dfrac{1}{2} \times 8 \times 6 = 24$ 답 ③

09

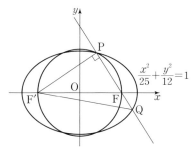

타원 $\dfrac{x^2}{25} + \dfrac{y^2}{12} = 1$의 두 초점이 $F(c,\,0)$, $F'(-c,\,0)$이므로

$c^2 = 25 - 12 = 13$

$c > 0$이므로 $c = \sqrt{13}$

점 P는 타원 위의 점이므로

$\overline{PF} + \overline{PF'} = 10$

점 P가 제1사분면 위의 점이므로

$\overline{PF} < \overline{PF'}$

$\overline{PF} = k \ (0 < k < 5)$라 하면

$\overline{PF'} = 10 - k$

점 P는 원 위의 점이고 선분 FF'은 원의 지름이므로

$\angle FPF' = 90°$

직각삼각형 FPF′에서

$\overline{FF'} = 2c = 2\sqrt{13}$

이고 $\overline{PF}^2 + \overline{PF'}^2 = \overline{FF'}^2$이므로

$k^2 + (10-k)^2 = (2\sqrt{13})^2$

$k^2 - 10k + 24 = 0$

$(k-4)(k-6) = 0$

$0 < k < 5$이므로 $k = 4$

즉, $\overline{PF} = 4$, $\overline{PF'} = 6$

한편, 점 Q는 타원 위의 점이므로

$\overline{QF} + \overline{QF'} = 10$

점 Q가 제4사분면 위의 점이므로

$\overline{QF} < \overline{QF'}$

$\overline{QF} = s \ (0 < s < 5)$라 하면

$\overline{QF'} = 10 - s$

직각삼각형 PF′Q에서

$\overline{PF'} = 6$, $\overline{PQ} = \overline{PF} + \overline{QF} = 4 + s$

이므로

$\overline{PF'}^2 + \overline{PQ}^2 = \overline{QF'}^2$에서

$6^2 + (4+s)^2 = (10-s)^2$

$s = \dfrac{12}{7}$

즉, $\overline{QF} = \dfrac{12}{7}$, $\overline{QF'} = \dfrac{58}{7}$

따라서

$(\overline{PF'} - \overline{PF}) \times (\overline{QF'} - \overline{QF}) = (6-4) \times \left(\dfrac{58}{7} - \dfrac{12}{7} \right)$

$= \dfrac{92}{7}$ 답 ④

10

포물선의 정의에 의하여 $\overline{PF} = \overline{PH}$

$\overline{PF} + \overline{PH} = 10$에서

$2\overline{PH} = 10$, 즉 $\overline{PH} = 5$

$\overline{PH} < \overline{FF'}$이므로

$5 < 2c$, 즉 $c > \dfrac{5}{2}$

한편, $\angle PF'F = \angle F'PH$이므로

$\cos(\angle F'PH) = \cos(\angle PF'F) = \dfrac{5}{7}$

직각삼각형 PHF′에서

$\cos(\angle F'PH) = \dfrac{\overline{PH}}{\overline{PF'}} = \dfrac{5}{7}$

즉, $\dfrac{5}{\overline{PF'}} = \dfrac{5}{7}$이므로

$\overline{PF'} = 7$

타원의 정의에 의하여 $\overline{PF} + \overline{PF'} = 2a$이므로

$5 + 7 = 2a$, $a = 6$

직각삼각형 PHF′에서

$\overline{HF'} = \sqrt{\overline{PF'}^2 - \overline{PH}^2} = \sqrt{7^2 - 5^2} = 2\sqrt{6}$

이므로 점 P의 y좌표는 $2\sqrt{6}$이다.

점 P의 x좌표는

$\overline{PH} - \overline{F'O} = 5 - c$

포물선의 방정식은 $y^2 = 4cx$이고

점 $P(5-c,\, 2\sqrt{6})$이 포물선 위의 점이므로

$(2\sqrt{6})^2 = 4c(5-c)$에서

$c^2 - 5c + 6 = 0$

$(c-2)(c-3) = 0$

$c > \dfrac{5}{2}$이므로 $c = 3$

타원의 성질에 의하여 $c^2 = a^2 - b^2$이므로

$3^2 = 6^2 - b^2$

$b^2 = 27$

$b > 0$이므로 $b = 3\sqrt{3}$

따라서 $a^2 + b^2 = 6^2 + (3\sqrt{3})^2 = 63$ 답 63

11

쌍곡선 $\dfrac{x^2}{a^2} - \dfrac{y^2}{20} = 1$의 두 초점을 $F(c,\,0)$, $F'(-c,\,0)\ (c > 0)$이라 하자.

두 초점 사이의 거리가 $4\sqrt{21}$이므로

$2c = 4\sqrt{21}$, $c = 2\sqrt{21}$

한편, $c^2 = a^2 + 20$이므로

$(2\sqrt{21})^2 = a^2 + 20$

$84 = a^2 + 20$

$a^2=64$

$a>0$이므로 $a=8$

따라서 쌍곡선의 주축의 길이는

$2a=2\times 8=16$ ◀ ④

12

$|\overline{PF}-\overline{PF'}|=10$이므로

쌍곡선 $\dfrac{x^2}{a^2}-\dfrac{y^2}{b^2}=-1$의 주축의 길이는 10이다.

$2b=10$에서 $b=5$

쌍곡선의 점근선 중 기울기가 양수인 것은

$y=\dfrac{b}{a}x$

이므로

$\dfrac{b}{a}=\dfrac{1}{2}$

$a=2b=2\times 5=10$

따라서 $a+b=10+5=15$

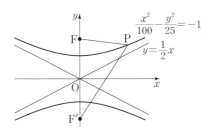

◀ ⑤

13

$\overline{FF'}=8$이므로 $2c=8$, 즉 $c=4$

쌍곡선의 성질에 의하여

$c^2=a^2+12$이므로

$4^2=a^2+12$

$a^2=4$

$a>0$이므로 $a=2$

두 점 P, Q가 쌍곡선 위의 점이므로

쌍곡선의 정의에 의하여

$\overline{PF'}-\overline{PF}=2a=4$ ⋯⋯ ㉠

$\overline{QF}-\overline{QF'}=2a=4$ ⋯⋯ ㉡

㉠, ㉡에서

$(\overline{PF'}+\overline{QF})-(\overline{PF}+\overline{QF'})=8$ ⋯⋯ ㉢

이때 $\overline{PF}+\overline{QF'}=\dfrac{27}{2}$이므로

㉢에서

$(\overline{PF'}+\overline{QF})-\dfrac{27}{2}=8$

따라서 $\overline{PF'}+\overline{QF}=8+\dfrac{27}{2}=\dfrac{43}{2}$ ◀ ②

14

쌍곡선 $\dfrac{x^2}{a^2}-\dfrac{y^2}{16-b}=1$ $(a>0,\ 0<b<16)$의 주축의 길이는 $2a$이다.

타원 $\dfrac{x^2}{16+b}+\dfrac{y^2}{9}=1$의 단축의 길이는 6이다.

쌍곡선의 주축의 길이가 타원의 단축의 길이와 같으므로

$2a=6$, 즉 $a=3$

한편, 두 점 $F(c,\ 0)$, $F'(-c,\ 0)$이 쌍곡선 $\dfrac{x^2}{3^2}-\dfrac{y^2}{16-b}=1$의 초점

이므로 쌍곡선의 성질에 의하여

$c^2=3^2+(16-b)$

즉, $c^2=25-b$ ⋯⋯ ㉠

두 점 F, F'이 타원 $\dfrac{x^2}{16+b}+\dfrac{y^2}{9}=1$의 초점이므로 타원의 성질에 의

하여

$c^2=(16+b)-9$

즉, $c^2=b+7$ ⋯⋯ ㉡

㉠, ㉡에서

$25-b=b+7$

$b=9$

$b=9$를 ㉡에 대입하면

$c^2=9+7=16$

$c>0$이므로 $c=4$

점 P가 쌍곡선 위의 점이고 쌍곡선의 주축의 길이가

$2a=2\times 3=6$

이므로 쌍곡선의 정의에 의하여

$\overline{PF'}-\overline{PF}=6$ ⋯⋯ ㉢

점 P가 타원 위의 점이고 타원의 장축의 길이가

$2\sqrt{16+b}=2\sqrt{16+9}=10$

이므로

$\overline{PF'}+\overline{PF}=10$ ⋯⋯ ㉣

㉢, ㉣을 연립하여 풀면

$\overline{PF}=2,\ \overline{PF'}=8$

삼각형 PF'F에서 $\overline{FF'}=2c=8$이므로

$\overline{FF'}=\overline{PF'}$

즉, 삼각형 PF'F는 $\overline{FF'}=\overline{PF'}$인 이등변삼각형이므로

$\overline{PH}=\overline{FH}=1$

따라서 직각삼각형 PF'H에서

$\overline{F'H}^2=\overline{PF'}^2-\overline{PH}^2=8^2-1^2=63$ ◀ 63

15

쌍곡선 $\dfrac{x^2}{a^2}-\dfrac{y^2}{3a^2}=1$의 두 초점의 좌표를

$F(c,\ 0)$, $F'(-c,\ 0)$ $(c>0)$이라 하면

$c^2=a^2+3a^2=4a^2$

$c=2a$

기울기가 음수인 점근선 l의 방정식은

$y=-\dfrac{\sqrt{3}a}{a}x$, 즉 $y=-\sqrt{3}x$

이므로 직선 l에 수직인 직선 F'Q의 기울기는 $\dfrac{1}{\sqrt{3}}$이다.

직각삼각형 OQF'에서 $\angle QF'O=30°$, $\overline{OF'}=2a$이므로

$\overline{F'Q}=\overline{OF'}\times\cos 30°=2a\times\dfrac{\sqrt{3}}{2}=\sqrt{3}a$

삼각형 OQF'의 넓이가 $\dfrac{9\sqrt{3}}{8}$이므로

$\dfrac{1}{2}\times\overline{\text{OF}'}\times\overline{\text{F}'\text{Q}}\times\sin30°=\dfrac{9\sqrt{3}}{8}$

$\dfrac{1}{2}\times2a\times\sqrt{3}a\times\dfrac{1}{2}=\dfrac{9\sqrt{3}}{8}$

$a^2=\dfrac{9}{4}$

$a>0$이므로 $a=\dfrac{3}{2}$

이때 $c=2a=3$이므로 $\overline{\text{FF}'}=2c=2\times3=6$

한편, 쌍곡선의 정의에 의하여

$\overline{\text{PF}'}-\overline{\text{PF}}=2a=2\times\dfrac{3}{2}=3$

따라서 $(\overline{\text{PF}'}-\overline{\text{PF}})\times\overline{\text{FF}'}=3\times6=18$

답 18

16

포물선 $y^2=2x$에 접하고 기울기가 $\dfrac{1}{6}$인 직선의 방정식은

$y=\dfrac{1}{6}x+\dfrac{\dfrac{1}{2}}{\dfrac{1}{6}}$, 즉 $y=\dfrac{1}{6}x+3$

따라서 구하는 직선의 y절편은 3이다.

답 ③

17

포물선 $y^2=4x$의 초점은 $\text{F}(1,0)$이고, 준선의 방정식은 $x=-1$이다.
점 P에서 준선 $x=-1$에 내린 수선의 발을 H라 하자.

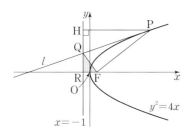

포물선의 정의에 의하여

$\overline{\text{PH}}=\overline{\text{PF}}=10$ ······ ㉠

점 P의 x좌표를 x_1 $(x_1>0)$이라 하면

$\overline{\text{PH}}=x_1+1$ ······ ㉡

㉠, ㉡에서

$x_1+1=10$, $x_1=9$

점 P의 y좌표를 y_1 $(y_1>0)$이라 하면

$y_1{}^2=4\times9=36$에서 $y_1=6$

포물선 $y^2=4x$ 위의 점 $\text{P}(9,6)$에서의 접선 l의 방정식은

$6y=2(x+9)$

$y=\dfrac{1}{3}x+3$

점 Q의 x좌표는 -1이므로 점 Q의 y좌표를 y_2라 하면

$y_2=-\dfrac{1}{3}+3=\dfrac{8}{3}$

한편, 점 R의 좌표는 $(-1,0)$이다.

따라서 삼각형 QRF의 넓이는

$\dfrac{1}{2}\times\overline{\text{QR}}\times\overline{\text{RF}}=\dfrac{1}{2}\times\dfrac{8}{3}\times2=\dfrac{8}{3}$

답 ④

18

포물선 $y^2=6x$의 초점은 $\text{F}\left(\dfrac{3}{2},0\right)$이고 준선의 방정식은 $x=-\dfrac{3}{2}$이므로 점 H의 좌표는 $\left(-\dfrac{3}{2},b\right)$이다.

포물선 $y^2=6x$ 위의 점 $\text{P}(a,b)$에서의 접선의 방정식은

$by=3(x+a)$

이므로 점 Q의 좌표는 $(-a,0)$이다.

포물선의 정의에 의하여

$\overline{\text{PF}}=\overline{\text{PH}}=a+\dfrac{3}{2}$이고

$\overline{\text{FQ}}=a+\dfrac{3}{2}$

$\overline{\text{QF}}/\!/\overline{\text{HP}}$이므로 사각형 PHQF는 한 변의 길이가 $a+\dfrac{3}{2}$인 마름모이다.

사각형 PHQF의 둘레의 길이가 22이므로

$4\times\left(a+\dfrac{3}{2}\right)=22$

$a=4$

점 $\text{P}(a,b)$가 포물선 $y^2=6x$ 위의 점이므로

$b^2=6a=6\times4=24$

따라서 $a^2+b^2=4^2+24=40$

답 ⑤

19

포물선 $y^2=-8x$ 위의 점 $\text{P}\left(-\dfrac{1}{2},2\right)$에서의 접선 l의 방정식은

$2y=-4\left(x-\dfrac{1}{2}\right)$, 즉 $y=-2x+1$

포물선 $y^2=4(x-a)$는 포물선 $y^2=4x$를 x축의 방향으로 a만큼 평행이동한 것이다.

포물선 $y^2=4x$에 접하고 기울기가 -2인 접선의 방정식은

$y=-2x-\dfrac{1}{2}$

직선 $y=-2x-\dfrac{1}{2}$을 x축의 방향으로 a만큼 평행이동한 직선의 방정식은

$y=-2(x-a)-\dfrac{1}{2}$

두 직선 $y=-2(x-a)-\dfrac{1}{2}$, $y=-2x+1$이 서로 일치하므로

$-2(x-a)-\dfrac{1}{2}=-2x+1$에서

$a=\dfrac{3}{4}$

포물선 $y^2=4x$의 준선의 방정식은 $x=-1$이므로

포물선 $y^2=4(x-a)$, 즉 $y^2=4\left(x-\dfrac{3}{4}\right)$의 준선의 방정식은

$x=-1+\dfrac{3}{4}=-\dfrac{1}{4}$

따라서 $\overline{\text{PH}}=-\dfrac{1}{4}-\left(-\dfrac{1}{2}\right)=\dfrac{1}{4}$이므로

$a+\overline{\text{PH}}=\dfrac{3}{4}+\dfrac{1}{4}=1$

답 ②

20

두 포물선 $x^2=ay$와 $y^2=8ax$가 만나는 점 P의 좌표를 구해 보자.

$x^2=ay$에서

$y=\dfrac{x^2}{a}$ ...... ㉠

㉠을 $y^2=8ax$에 대입하면

$\left(\dfrac{x^2}{a}\right)^2=8ax$

$x^4=8a^3x$, $x(x-2a)(x^2+2ax+4a^2)=0$

이때 $x^2+2ax+4a^2=(x+a)^2+3a^2>0$이고,

점 P의 x좌표는 양수이므로 $x=2a$

$x=2a$를 ㉠에 대입하면

$y=4a$

즉, P$(2a,\ 4a)$

포물선 $x^2=ay$의 초점은 $F_1\left(0,\ \dfrac{a}{4}\right)$이고 준선의 방정식은 $y=-\dfrac{a}{4}$이다.

점 P에서 직선 $y=-\dfrac{a}{4}$에 내린 수선의 발을 H_1이라 하면

$\overline{PF_1}=\overline{PH_1}=4a+\dfrac{a}{4}=\dfrac{17}{4}a$

포물선 $y^2=8ax$의 초점은 $F_2(2a,\ 0)$이고 준선의 방정식은 $x=-2a$이다.

점 P에서 직선 $x=-2a$에 내린 수선의 발을 H_2라 하면

$\overline{PF_2}=\overline{PH_2}=2a+2a=4a$

$\overline{PF_1}+\overline{PF_2}=\dfrac{33}{8}$이므로

$\dfrac{17}{4}a+4a=\dfrac{33}{8}$

$a=\dfrac{1}{2}$

즉, 점 P의 좌표는 $(1,\ 2)$이다.

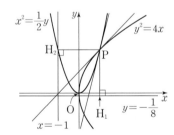

포물선 $x^2=\dfrac{1}{2}y$ 위의 점 P에서의 접선의 방정식은

$1\times x=\dfrac{1}{4}(y+2)$, 즉 $y=4x-2$이므로 $m_1=4$

포물선 $y^2=4x$ 위의 점 P에서의 접선의 방정식은

$2y=2(x+1)$, 즉 $y=x+1$이므로 $m_2=1$

따라서 $a(m_1+m_2)=\dfrac{1}{2}\times(4+1)=\dfrac{5}{2}$ 답 ①

21

타원 $\dfrac{x^2}{a^2}+\dfrac{y^2}{4}=1$의 장축의 길이가 8이므로

$2a=8$, $a=4$

점 $(2\sqrt{2},\ b)$가 타원 $\dfrac{x^2}{16}+\dfrac{y^2}{4}=1$ 위의 점이므로

$\dfrac{(2\sqrt{2})^2}{16}+\dfrac{b^2}{4}=1$

$b^2=2$

$b>0$이므로 $b=\sqrt{2}$

타원 $\dfrac{x^2}{16}+\dfrac{y^2}{4}=1$ 위의 점 $(2\sqrt{2},\ \sqrt{2})$에서의 접선의 방정식은

$\dfrac{2\sqrt{2}x}{16}+\dfrac{\sqrt{2}y}{4}=1$

$y=-\dfrac{1}{2}x+2\sqrt{2}$

따라서 구하는 접선의 기울기는 $-\dfrac{1}{2}$이다. 답 ②

22

$\overline{FF'}=2\sqrt{5}$이므로

$2c=2\sqrt{5}$, 즉 $c=\sqrt{5}$

타원의 성질에 의하여

$a^2-b^2=5$ ...... ㉠

타원 $\dfrac{x^2}{a^2}+\dfrac{y^2}{b^2}=1$에 접하는 기울기가 2인 직선의 방정식은

$y=2x\pm\sqrt{4a^2+b^2}$이므로

$\overline{OA}=\sqrt{4a^2+b^2}$

이때 $\overline{OA}=2\sqrt{10}$이므로

$\sqrt{4a^2+b^2}=2\sqrt{10}$

$4a^2+b^2=40$ ...... ㉡

㉠+㉡을 하면

$5a^2=45$, $a^2=9$

$a>0$이므로 $a=3$

$a=3$을 ㉠에 대입하면

$3^2-b^2=5$

$b^2=4$

$b>0$이므로 $b=2$

따라서 $a+b=3+2=5$ 답 ②

23

원점을 O라 하면

$\overline{OA}=b$, $\overline{OF_1}=c$, $\overline{AF_1}=a$

삼각형 $AF_1'F_1$이 정삼각형이므로

$\overline{AF_1}=2\overline{OF_1}$, 즉 $a=2c$

타원의 성질에 의하여

$b^2=a^2-c^2=(2c)^2-c^2=3c^2$

$b>0$이므로 $b=\sqrt{3}c$

이때 타원 C_1의 방정식은

$\dfrac{x^2}{4c^2}+\dfrac{y^2}{3c^2}=1$

한편, 직선 AF_1'의 기울기는

$\dfrac{\overline{OA}}{\overline{OF_1'}}=\dfrac{b}{c}=\dfrac{\sqrt{3}c}{c}=\sqrt{3}$

이므로 기울기가 $\sqrt{3}$이고 타원 C_1에 접하는 접선 중 y절편이 양수인 직선 l의 방정식은

$y=\sqrt{3}x+\sqrt{4c^2\times(\sqrt{3})^2+3c^2}$, 즉 $y=\sqrt{3}x+\sqrt{15}c$

직선 l이 x축, y축과 만나는 점이 각각 P_1, Q_1이므로

$P_1(-\sqrt{5}c,\,0)$, $Q_1(0,\,\sqrt{15}c)$

두 점 P_1, Q_1을 원점에 대하여 대칭이동시킨 점이 각각 P_2, Q_2이므로

$P_2(\sqrt{5}c,\,0)$, $Q_2(0,\,-\sqrt{15}c)$

이때 $\overline{P_1P_2}=2\sqrt{5}c$, $\overline{Q_1Q_2}=2\sqrt{15}c$이므로

$\overline{P_1P_2}<\overline{Q_1Q_2}$

즉, 타원 C_2의 장축은 $\overline{Q_1Q_2}$이고, 단축은 $\overline{P_1P_2}$이다.

타원 C_2의 두 초점을

$F_2(0,\,d)$, $F_2{}'(0,\,-d)$ $(d>0)$

이라 하면

$\overline{F_2F_2{}'}=10\sqrt{2}$에서

$2d=10\sqrt{2}$, 즉 $d=5\sqrt{2}$

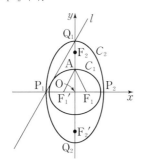

타원의 성질에 의하여

$d^2=(\sqrt{15}c)^2-(\sqrt{5}c)^2$

$(5\sqrt{2})^2=10c^2$

$c^2=5$

$c>0$이므로 $c=\sqrt{5}$

따라서 $a=2\sqrt{5}$, $b=\sqrt{15}$이므로

$a^2+b^2=(2\sqrt{5})^2+(\sqrt{15})^2=35$

답 ③

24

타원 $\dfrac{x^2}{a^2}+\dfrac{y^2}{b^2}=1$의 장축의 길이가 $2a$이므로

타원의 정의에 의하여

$\overline{AF'}+\overline{AF}=2a$

즉, $2a=8$에서 $a=4$

점 $A(2,\,3)$이 타원 $\dfrac{x^2}{16}+\dfrac{y^2}{b^2}=1$ 위의 점이므로

$\dfrac{4}{16}+\dfrac{9}{b^2}=1$

$b^2=12$

$b>0$이므로 $b=2\sqrt{3}$

타원의 성질에 의하여

$c^2=a^2-b^2=16-12=4$

$c>0$이므로 $c=2$

즉, 타원의 초점은 $F(2,\,0)$, $F'(-2,\,0)$이다.

타원 $\dfrac{x^2}{16}+\dfrac{y^2}{12}=1$ 위의 점 $A(2,\,3)$에서의 접선 l의 방정식은

$\dfrac{2x}{16}+\dfrac{3y}{12}=1$, 즉 $x+2y-8=0$

$\overline{F'H}\perp l$이고

점 $F'(-2,\,0)$과 직선 $x+2y-8=0$ 사이의 거리는

$\dfrac{|1\times(-2)+2\times0-8|}{\sqrt{1^2+2^2}}=2\sqrt{5}$

이므로

$\overline{F'H}=2\sqrt{5}$

또한, 직선 l의 기울기는 $-\dfrac{1}{2}$이므로 직선 $F'H$의 기울기는 2이다.

이때 기울기가 2인 타원의 접선의 방정식은

$y=2x\pm\sqrt{4\times16+12}$

즉, $y=2x\pm2\sqrt{19}$

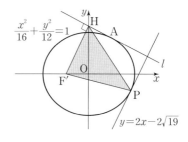

직선 $y=2x-2\sqrt{19}$와 타원의 교점이 P일 때 삼각형 PHF'의 넓이는 최대이다.

점 $F'(-2,\,0)$과 직선 $2x-y-2\sqrt{19}=0$ 사이의 거리는

$\dfrac{|2\times(-2)-2\times0-2\sqrt{19}|}{\sqrt{2^2+(-1)^2}}=\dfrac{4+2\sqrt{19}}{\sqrt{5}}$

이므로 삼각형 PHF'의 넓이의 최댓값은

$\dfrac{1}{2}\times2\sqrt{5}\times\dfrac{4+2\sqrt{19}}{\sqrt{5}}=4+2\sqrt{19}$

따라서 $M=4+2\sqrt{19}$이므로

$(M-4)^2=(2\sqrt{19})^2=76$

답 76

25

포물선 $y^2=4x$의 초점은 $F(1,\,0)$이고, 점 F는 타원의 한 초점이므로

$c=1$이다.

두 초점이 $F(1,\,0)$, $F'(-1,\,0)$인 타원의 방정식을

$\dfrac{x^2}{a^2}+\dfrac{y^2}{b^2}=1$ $(a,\,b$는 양수$)$라 하자.

$\overline{PF}+\overline{PF'}>4$에서 $2a>4$, 즉 $a>2$

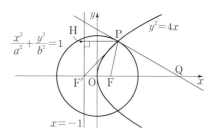

타원의 성질에 의하여 $a^2-b^2=1$이므로

$b^2=a^2-1$ ...... ㉠

한편, $\overline{PF}=k$ $(k$는 양수$)$라 하면 포물선의 정의에 의하여

$\overline{PH}=\overline{PF}=k$

타원의 성질에 의하여

$\overline{PF}+\overline{PF'}=2a$이므로

$\overline{PF'}=2a-\overline{PF}=2a-k$

$\overline{PH}=\dfrac{5}{7}\overline{PF'}$에서

$k=\dfrac{5}{7}(2a-k)$

$a=\dfrac{6}{5}k$ ...... ㉡

한편, 점 P의 x좌표는 $k-1$이므로

점 P의 y좌표를 y_1 $(y_1>0)$이라 하면

$y_1{}^2=4(k-1)$에서

$y_1=2\sqrt{k-1}$

이때 $\overline{HF'}=2\sqrt{k-1}$이고 직각삼각형 PHF'에서

$\overline{PH}^2+\overline{HF'}^2=\overline{PF'}^2$이므로

$k^2+(2\sqrt{k-1})^2=(2a-k)^2$ ...... ㉢

㉡을 ㉢에 대입하면

$k^2+(2\sqrt{k-1})^2=\left(\dfrac{7}{5}k\right)^2$

$6k^2-25k+25=0$

$(3k-5)(2k-5)=0$

이므로 $k=\dfrac{5}{3}$ 또는 $k=\dfrac{5}{2}$

$k=\dfrac{5}{3}$일 때, ㉡에서 $a=2$

$k=\dfrac{5}{2}$일 때, ㉡에서 $a=3$

이때 $a>2$이므로 $a=3$

$a=3$을 ㉠에 대입하면

$b^2=3^2-1=8$

점 P의 좌표는 $\left(\dfrac{3}{2},\ \sqrt{6}\right)$이므로

타원 $\dfrac{x^2}{9}+\dfrac{y^2}{8}=1$ 위의 점 $P\left(\dfrac{3}{2},\ \sqrt{6}\right)$에서의 접선의 방정식은

$\dfrac{\frac{3}{2}x}{9}+\dfrac{\sqrt{6}y}{8}=1$, 즉 $\dfrac{x}{6}+\dfrac{\sqrt{6}y}{8}=1$ ...... ㉣

㉣에 $y=0$을 대입하면

$x=6$이므로 점 Q의 좌표는 $(6,\ 0)$이다.

따라서 $\overline{OQ}=6$ **目** 6

26

쌍곡선 $\dfrac{x^2}{8}-\dfrac{y^2}{a^2}=-1$의 주축의 길이가 4이므로

$2a=4$, 즉 $a=2$

쌍곡선 $\dfrac{x^2}{8}-\dfrac{y^2}{4}=-1$ 위의 점 $(8,\ 6)$에서의 접선의 방정식은

$\dfrac{8x}{8}-\dfrac{6y}{4}=-1$

$y=\dfrac{2}{3}x+\dfrac{2}{3}$

따라서 구하는 접선의 y절편은 $\dfrac{2}{3}$이다.   **目** ④

27

쌍곡선 $\dfrac{x^2}{a^2}-\dfrac{y^2}{15}=1$에 접하고 기울기가 2인 직선의 방정식은

$y=2x\pm\sqrt{4a^2-15}$

직선 $y=2x+5$가 쌍곡선에 접하므로

$\sqrt{4a^2-15}=5$

양변을 제곱하면

$4a^2-15=25$

$a^2=10$

$a>0$이므로 $a=\sqrt{10}$

쌍곡선 $\dfrac{x^2}{10}-\dfrac{y^2}{15}=1$의 두 초점을 $F(c,\ 0)$, $F'(-c,\ 0)$ $(c>0)$이라

하면 쌍곡선의 성질에 의하여

$c^2=10+15=25$

$c=5$

따라서 $\overline{FF'}=2c=2\times5=10$ **目** ①

28

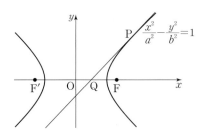

쌍곡선 $\dfrac{x^2}{a^2}-\dfrac{y^2}{b^2}=1$의 주축의 길이가 $2a$이므로

$|\overline{PF}-\overline{PF'}|=6$에서

$2a=6$, $a=3$

점 $P(6,\ \sqrt{21})$이 쌍곡선 $\dfrac{x^2}{9}-\dfrac{y^2}{b^2}=1$ 위의 점이므로

$\dfrac{36}{9}-\dfrac{21}{b^2}=1$

$b^2=7$

$b>0$이므로 $b=\sqrt{7}$

원점 O에 대하여

$\overline{OF}=\overline{OF'}=\sqrt{a^2+b^2}=\sqrt{9+7}=4$

한편, 쌍곡선 $\dfrac{x^2}{9}-\dfrac{y^2}{7}=1$ 위의 점 $P(6,\ \sqrt{21})$에서의 접선의 방정식은

$\dfrac{6x}{9}-\dfrac{\sqrt{21}y}{7}=1$, 즉 $\dfrac{2}{3}x-\dfrac{\sqrt{21}}{7}y=1$ ...... ㉠

㉠에 $y=0$을 대입하면

$\dfrac{2}{3}x=1$, $x=\dfrac{3}{2}$

즉, 점 Q의 좌표는 $\left(\dfrac{3}{2},\ 0\right)$이다.

따라서 $\overline{QF}\times\overline{QF'}=\left(4-\dfrac{3}{2}\right)\times\left(4+\dfrac{3}{2}\right)=\dfrac{55}{4}$ **目** ⑤

29

쌍곡선 $x^2-\dfrac{y^2}{3}=1$의 주축의 길이는 2이다.

원점 O에 대하여

$\overline{OF}=\overline{OF'}=\sqrt{1+3}=2$이므로

$\overline{PF}=\overline{FF'}=4$

쌍곡선의 정의에 의하여 $\overline{PF'}-\overline{PF}=2$이므로

$\overline{PF'}=\overline{PF}+2=4+2=6$

점 P의 좌표를 $(x_1,\ y_1)$ $(x_1>0,\ y_1>0)$이라 하자.

$\overline{PF}=4$이므로

$(x_1-2)^2+y_1^2=16$ ...... ㉠

$\overline{PF'}=6$이므로

$(x_1+2)^2+y_1^2=36$ ...... ㉡

㉡-㉠을 하면

$8x_1=20$, $x_1=\dfrac{5}{2}$

$x_1=\dfrac{5}{2}$를 ㉠에 대입하면

$\left(\dfrac{5}{2}-2\right)^2+y_1^2=16$

$y_1^2=\dfrac{63}{4}$

$y_1 > 0$이므로 $y_1 = \dfrac{3\sqrt{7}}{2}$

쌍곡선 $x^2 - \dfrac{y^2}{3} = 1$ 위의 점 $P\left(\dfrac{5}{2}, \dfrac{3\sqrt{7}}{2}\right)$에서의 접선의 방정식은

$\dfrac{5}{2}x - \dfrac{\sqrt{7}}{2}y = 1$, 즉 $y = \dfrac{5\sqrt{7}}{7}x - \dfrac{2\sqrt{7}}{7}$

따라서 구하는 접선의 기울기는 $\dfrac{5\sqrt{7}}{7}$이다.　🔲 ④

참고

선분 $\overline{PF'}$의 중점을 M이라 하면

$\overline{FM} \perp \overline{PF'}$

이므로 직각삼각형 $F'FM$에서

$\overline{F'M} = \dfrac{1}{2}\overline{PF'} = \dfrac{1}{2} \times 6 = 3$

$\cos(\angle FF'M) = \dfrac{\overline{F'M}}{\overline{F'F}} = \dfrac{3}{4}$

점 P에서 x축에 내린 수선의 발을
H라 하면

직각삼각형 $PF'H$에서

$\overline{F'H} = \overline{PF'} \times \cos(\angle PF'H)$

$\qquad = 6 \times \dfrac{3}{4} = \dfrac{9}{2}$

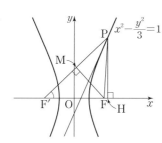

$\overline{PH} = \sqrt{\overline{PF'}^2 - \overline{F'H}^2}$

$\qquad = \sqrt{6^2 - \left(\dfrac{9}{2}\right)^2} = \dfrac{3\sqrt{7}}{2}$

이므로 점 P의 x좌표는

$\overline{F'H} - \overline{OF'} = \dfrac{9}{2} - 2 = \dfrac{5}{2}$

이고, 점 P의 y좌표는 $\dfrac{3\sqrt{7}}{2}$이다.

30

쌍곡선 $C_1 : \dfrac{x^2}{a^2} - \dfrac{y^2}{4} = -1$의 주축의 길이가 4이고

점 P가 제1사분면 위의 점이므로

$\overline{PF'} - \overline{PF} = 4$　　　$\cdots\cdots$ ㉠

타원 $C_2 : \dfrac{x^2}{b^2} + \dfrac{y^2}{20} = 1$의 장축의 길이가 $4\sqrt{5}$이므로

$\overline{PF'} + \overline{PF} = 4\sqrt{5}$　　$\cdots\cdots$ ㉡

㉠, ㉡에서

$\overline{PF'}^2 - \overline{PF}^2 = (\overline{PF'} - \overline{PF})(\overline{PF'} + \overline{PF}) = 4 \times 4\sqrt{5} = 16\sqrt{5}$

이므로

$\overline{PF'}^2 - \overline{PF}^2 = 2\sqrt{5} \times \overline{FF'}$에서

$2\sqrt{5} \times \overline{FF'} = 16\sqrt{5}$

$\overline{FF'} = 8$

즉, $2c = 8$에서 $c = 4$

쌍곡선 C_1에서 $c^2 = a^2 + 4$이므로

$4^2 = a^2 + 4$, $a^2 = 12$

타원 C_2에서 $c^2 = 20 - b^2$이므로

$4^2 = 20 - b^2$, $b^2 = 4$

쌍곡선 $C_1 : \dfrac{x^2}{12} - \dfrac{y^2}{4} = -1$과 타원 $C_2 : \dfrac{x^2}{4} + \dfrac{y^2}{20} = 1$이 제1사분면에

서 만나는 점 P의 좌표를 구해 보자.

$\dfrac{x^2}{12} - \dfrac{y^2}{4} = -1$에서

$x^2 = 3y^2 - 12$　　$\cdots\cdots$ ㉢

㉢을 $\dfrac{x^2}{4} + \dfrac{y^2}{20} = 1$에 대입하면

$\dfrac{3y^2 - 12}{4} + \dfrac{y^2}{20} = 1$

$y^2 = 5$

$y > 0$이므로 $y = \sqrt{5}$

$y = \sqrt{5}$를 ㉢에 대입하면

$x^2 = 3 \times (\sqrt{5})^2 - 12 = 3$

$x > 0$이므로 $x = \sqrt{3}$

즉, 점 P의 좌표는 $(\sqrt{3}, \sqrt{5})$이다.

쌍곡선 $C_1 : \dfrac{x^2}{12} - \dfrac{y^2}{4} = -1$ 위의 점 $P(\sqrt{3}, \sqrt{5})$에서의 접선의 방정식은

$\dfrac{\sqrt{3}x}{12} - \dfrac{\sqrt{5}y}{4} = -1$

이므로 점 Q의 좌표는 $(-4\sqrt{3}, 0)$이다.

타원 $C_2 : \dfrac{x^2}{4} + \dfrac{y^2}{20} = 1$ 위의 점 $P(\sqrt{3}, \sqrt{5})$에서의 접선의 방정식은

$\dfrac{\sqrt{3}x}{4} + \dfrac{\sqrt{5}y}{20} = 1$

이므로 점 R의 좌표는 $\left(\dfrac{4\sqrt{3}}{3}, 0\right)$이다.

삼각형 PQR의 넓이 S는

$S = \dfrac{1}{2} \times \left(\dfrac{4\sqrt{3}}{3} + 4\sqrt{3}\right) \times \sqrt{5}$

$\quad = \dfrac{1}{2} \times \dfrac{16\sqrt{3}}{3} \times \sqrt{5}$

$\quad = \dfrac{8\sqrt{15}}{3}$

따라서 $3S^2 = 3 \times \left(\dfrac{8\sqrt{15}}{3}\right)^2 = 320$　🔲 320

01 ③	**02** ②	**03** ⑤	**04** ③	**05** ③
06 ⑤	**07** ②	**08** ⑤	**09** ①	**10** 69
11 ①	**12** ⑤	**13** ④	**14** 6	**15** ④
16 ⑤	**17** ④	**18** ④	**19** ②	**20** ②
21 ③	**22** ①	**23** ②	**24** ②	**25** ③
26 ③	**27** ④	**28** ④	**29** ①	**30** ⑤
31 ①	**32** ③	**33** ②	**34** ④	**35** ②
36 ⑤				

01

두 벡터 $2\vec{a}-3\vec{b}$, $-4\vec{a}+k\vec{b}$가 서로 평행하므로

$$2\vec{a}-3\vec{b}=t(-4\vec{a}+k\vec{b})$$

를 만족시키는 0이 아닌 실수 t가 존재한다.

두 벡터 $\vec{a}$, $\vec{b}$가 서로 평행하지 않으므로

$2\vec{a}-3\vec{b}=-4t\vec{a}+tk\vec{b}$에서

$2=-4t$ ······ ㉠

$-3=tk$ ······ ㉡

㉠에서 $t=-\dfrac{1}{2}$

$t=-\dfrac{1}{2}$을 ㉡에 대입하면

$-3=-\dfrac{1}{2}\times k$

따라서 $k=6$

답 ③

02

삼각형 ABC가 정삼각형이고 두 선분 AB, BC의 중점이 각각 D, E이므로

$$\overline{DE}\,/\!/\,\overline{AC},\ \overline{DE}=\dfrac{1}{2}\overline{AC}$$

이때 $2\overrightarrow{DE}=\overrightarrow{AC}$이므로

$$|\overrightarrow{BF}-2\overrightarrow{DE}|=|\overrightarrow{BF}-\overrightarrow{AC}|$$
$$=|\overrightarrow{BF}+\overrightarrow{CA}|\quad\cdots\cdots\ ㉠$$

$\overrightarrow{CA}=\overrightarrow{FG}$가 되도록 점 G를 정하면

$$\overrightarrow{BF}+\overrightarrow{CA}=\overrightarrow{BF}+\overrightarrow{FG}=\overrightarrow{BG}$$이므로

㉠에서

$$|\overrightarrow{BF}-2\overrightarrow{DE}|=|\overrightarrow{BG}|\quad\cdots\cdots\ ㉡$$

점 F는 선분 AC의 중점이므로

$$\overline{BF}\perp\overline{AC}$$

직각삼각형 BCF에서

$$\overline{BF}=\sqrt{\overline{BC}^2-\overline{CF}^2}=\sqrt{2^2-1^2}=\sqrt{3}$$

직각삼각형 BFG에서

$$\overline{BG}=\sqrt{\overline{BF}^2+\overline{FG}^2}=\sqrt{(\sqrt{3})^2+2^2}=\sqrt{7}$$

이므로 ㉡에서

$$|\overrightarrow{BF}-2\overrightarrow{DE}|=\sqrt{7}$$

답 ②

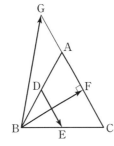

03

그림과 같이 한 변의 길이가 2인 정육각형 CGHIJD에서

$$\overrightarrow{FC}=\overrightarrow{DH}$$

이므로

$$\overrightarrow{BD}+\overrightarrow{FC}=\overrightarrow{BD}+\overrightarrow{DH}=\overrightarrow{BH}$$

$\overline{BD}\perp\overline{EH}$이므로

직각삼각형 BDE에서

$$\overline{BD}=\sqrt{\overline{BE}^2-\overline{DE}^2}=\sqrt{4^2-2^2}=2\sqrt{3}$$

직각삼각형 BHD에서

$\overline{DH}=4$이므로

$$\overline{BH}=\sqrt{\overline{BD}^2+\overline{DH}^2}=\sqrt{(2\sqrt{3})^2+4^2}=2\sqrt{7}$$

따라서 $|\overrightarrow{BD}+\overrightarrow{FC}|^2=|\overrightarrow{BH}|^2=\overline{BH}^2=(2\sqrt{7})^2=28$

답 ⑤

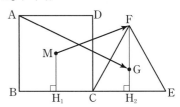

참고

점 B에서 선분 AC에 내린 수선의 발을 K라 하면

$$\overline{AK}=\overline{CK}$$

$$\angle KBC=\dfrac{1}{2}\angle ABC=\dfrac{1}{2}\times\dfrac{2}{3}\pi=\dfrac{\pi}{3}$$

직각삼각형 BCK에서 $\overline{BC}=2$이므로

$$\overline{CK}=2\sin\dfrac{\pi}{3}=2\times\dfrac{\sqrt{3}}{2}=\sqrt{3}$$

$$\overline{BK}=2\cos\dfrac{\pi}{3}=2\times\dfrac{1}{2}=1$$

직각삼각형 BHK에서

$$\overline{HK}=3\overline{CK}=3\times\sqrt{3}=3\sqrt{3}$$

이므로

$$\overline{BH}=\sqrt{\overline{BK}^2+\overline{HK}^2}=\sqrt{1^2+(3\sqrt{3})^2}=2\sqrt{7}$$

04

$\overrightarrow{BC}=\overrightarrow{CE}$이므로 $\overline{CE}=\overline{BC}=2$

점 M에서 선분 BC에 내린 수선의 발을 H_1, 점 F에서 선분 CE에 내린 수선의 발을 H_2라 하자.

직각삼각형 CH_2F에서 $\overline{FC}=2$, $\overline{CH_2}=1$이므로

$$\overline{FH_2}=\sqrt{\overline{FC}^2-\overline{CH_2}^2}=\sqrt{2^2-1^2}=\sqrt{3}$$

한편, 두 벡터 $\overrightarrow{AB}$, $\overrightarrow{FH_2}$는 방향이 같고, $|\overrightarrow{AB}|=2$, $|\overrightarrow{FH_2}|=\sqrt{3}$이므로

$$\overrightarrow{FH_2}=\dfrac{\sqrt{3}}{2}\overrightarrow{AB}$$

이다. 이때

$$\overrightarrow{AG}=\overrightarrow{AB}+\overrightarrow{BH_2}+\overrightarrow{H_2G}$$
$$=\overrightarrow{AB}+\dfrac{3}{2}\overrightarrow{AD}+\dfrac{1}{3}\overrightarrow{H_2F}$$
$$=\overrightarrow{AB}+\dfrac{3}{2}\overrightarrow{AD}-\dfrac{1}{3}\overrightarrow{FH_2}$$
$$=\overrightarrow{AB}+\dfrac{3}{2}\overrightarrow{AD}-\dfrac{1}{3}\left(\dfrac{\sqrt{3}}{2}\overrightarrow{AB}\right)$$

$$=\frac{6-\sqrt{3}}{6}\overrightarrow{AB}+\frac{3}{2}\overrightarrow{AD} \quad\cdots\cdots\ \text{㉠}$$

$$\overrightarrow{MF}=\overrightarrow{MH_1}+\overrightarrow{H_1H_2}+\overrightarrow{H_2F}$$

$$=\frac{1}{2}\overrightarrow{AB}+\overrightarrow{AD}-\overrightarrow{FH_2}$$

$$=\frac{1}{2}\overrightarrow{AB}+\overrightarrow{AD}-\frac{\sqrt{3}}{2}\overrightarrow{AB}$$

$$=\frac{1-\sqrt{3}}{2}\overrightarrow{AB}+\overrightarrow{AD} \quad\cdots\cdots\ \text{㉡}$$

㉠, ㉡에서

$$\overrightarrow{AG}+\overrightarrow{MF}=\left(\frac{6-\sqrt{3}}{6}\overrightarrow{AB}+\frac{3}{2}\overrightarrow{AD}\right)+\left(\frac{1-\sqrt{3}}{2}\overrightarrow{AB}+\overrightarrow{AD}\right)$$

$$=\frac{9-4\sqrt{3}}{6}\overrightarrow{AB}+\frac{5}{2}\overrightarrow{AD}$$

따라서 $k=\dfrac{9-4\sqrt{3}}{6}$, $l=\dfrac{5}{2}$이므로

$$k+l=\frac{9-4\sqrt{3}}{6}+\frac{5}{2}=\frac{12-2\sqrt{3}}{3}$$

답 ③

05

선분 AC의 중점을 M이라 하자.

조건 (가)에서 점 P는 선분 MC 위에 있다.

조건 (나)에서

$$\overrightarrow{AD}-\overrightarrow{AQ}+\overrightarrow{QC}=\vec{0}$$

$$\overrightarrow{QD}+\overrightarrow{QC}=\vec{0}$$

$$\overrightarrow{QD}=-\overrightarrow{QC}$$

즉, 점 Q는 선분 CD의 중점이다.

그림과 같이 선분 QE의 중점이 C이고 평행사변형 ABCD와 합동인 평행사변형 QEFG를 그린다.

선분 QF의 중점을 M′이라 하자.

$\overrightarrow{AP}=\overrightarrow{QP'}$을 만족시키는 점 P′은 선분 M′F 위에 있다.

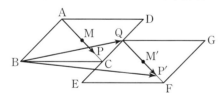

이때 $\overrightarrow{AP}+\overrightarrow{BQ}=\overrightarrow{BQ}+\overrightarrow{AP}=\overrightarrow{BQ}+\overrightarrow{QP'}=\overrightarrow{BP'}$이므로

점 P가 점 C, 즉 점 P′이 점 F일 때 $|\overrightarrow{AP}+\overrightarrow{BQ}|$의 값은 최대이고

점 P가 점 M, 즉 점 P′이 점 M′일 때 $|\overrightarrow{AP}+\overrightarrow{BQ}|$의 값은 최소이다.

직선 AB와 직선 EF가 만나는 점을 H, 점 B에서 선분 HF에 내린 수선의 발을 I라 하자.

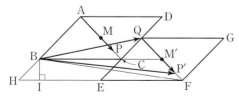

직각삼각형 BHI에서

$\angle BHI=\dfrac{\pi}{4}$, $\overline{BH}=\sqrt{2}$

이므로 $\overline{HI}=\overline{BI}=1$

이때 $\overline{HF}=8$이므로 $\overline{IF}=\overline{HF}-\overline{HI}=8-1=7$

직각삼각형 BIF에서

$$\overline{BF}=\sqrt{\overline{BI}^2+\overline{IF}^2}=\sqrt{1^2+7^2}=5\sqrt{2} \quad\cdots\cdots\ \text{㉠}$$

한편, 세 점 B, C, M′은 한 직선 위에 있으므로

$$\overline{BM'}=6 \quad\cdots\cdots\ \text{㉡}$$

㉠, ㉡에서

$$6\le|\overrightarrow{AP}+\overrightarrow{BQ}|\le5\sqrt{2}$$

따라서 $M=5\sqrt{2}$, $m=6$이므로

$$M^2-m^2=(5\sqrt{2})^2-6^2=14$$

답 ③

참고

선분 FG의 중점을 K라 하면 삼각형 BKF에서 $\overline{BK}=8$, $\overline{KF}=\sqrt{2}$,

$\angle BKF=\dfrac{\pi}{4}$이므로 코사인법칙에 의하여

$$\overline{BF}^2=\overline{BK}^2+\overline{KF}^2-2\times\overline{BK}\times\overline{KF}\times\cos\frac{\pi}{4}$$

$$=8^2+(\sqrt{2})^2-2\times8\times\sqrt{2}\times\frac{\sqrt{2}}{2}=50$$

06

점 M은 선분 AC의 중점이므로 $\overrightarrow{AM}=\dfrac{1}{2}\overrightarrow{AC}$

점 P는 선분 BM을 1 : 2로 내분하므로

$$\overrightarrow{AP}=\frac{\overrightarrow{AM}+2\overrightarrow{AB}}{1+2}$$

$$=\frac{1}{3}\left(\frac{1}{2}\overrightarrow{AC}\right)+\frac{2}{3}\overrightarrow{AB}=\frac{2}{3}\overrightarrow{AB}+\frac{1}{6}\overrightarrow{AC}$$

따라서 $m=\dfrac{2}{3}$, $n=\dfrac{1}{6}$이므로

$$m+n=\frac{2}{3}+\frac{1}{6}=\frac{5}{6}$$

답 ⑤

07

$4\overrightarrow{AP}-3\overrightarrow{AC}+\overrightarrow{AB}=\vec{0}$에서

$2\overrightarrow{AP}=\dfrac{3\overrightarrow{AC}-\overrightarrow{AB}}{3-1}$이므로

$2\overrightarrow{AP}=\overrightarrow{AQ}$라 하면 점 Q는 선분 BC를 3 : 1로 외분하는 점이다.

이때 $\dfrac{2}{3}\overrightarrow{BQ}=\overrightarrow{BC}$이므로

$$\overrightarrow{BQ}=\frac{3}{2}\overrightarrow{BC}=\frac{3}{2}\times2=3$$

한편, 직각삼각형 ABC에서

$$\overline{AB}=\sqrt{\overline{AC}^2-\overline{BC}^2}=\sqrt{3^2-2^2}=\sqrt{5}$$

직각삼각형 ABQ에서

$$\overline{AQ}=\sqrt{\overline{AB}^2+\overline{BQ}^2}=\sqrt{(\sqrt{5})^2+3^2}=\sqrt{14}$$

따라서 $|\overrightarrow{AP}|=\dfrac{1}{2}|\overrightarrow{AQ}|=\dfrac{\sqrt{14}}{2}$

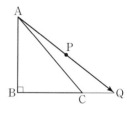

답 ③

08

$\overrightarrow{PA}+\overrightarrow{PC}+6\overrightarrow{PD}=\vec{0}$에서

$$\overrightarrow{AP}=\overrightarrow{PC}+6\overrightarrow{PD}$$

$$=(\overrightarrow{AC}-\overrightarrow{AP})+6(\overrightarrow{AD}-\overrightarrow{AP})$$

$$=(\overrightarrow{AB}+\overrightarrow{AD})+6\overrightarrow{AD}-7\overrightarrow{AP}$$

이므로

$$8\overrightarrow{AP}=\overrightarrow{AB}+7\overrightarrow{AD}$$

즉, $\overrightarrow{AP}=\dfrac{\overrightarrow{AB}+7\overrightarrow{AD}}{1+7}$

따라서 점 P는 선분 BD를 7 : 1로 내분하는 점이고 삼각형 ACP의

넓이가 2이므로 직사각형 ABCD의 넓이는

$2\times$(삼각형 ACD의 넓이)$=2\times\left\{\dfrac{4}{3}\times(\text{삼각형 ACP의 넓이})\right\}$

$\qquad\qquad\qquad\qquad\qquad\quad =2\times\left(\dfrac{4}{3}\times 2\right)$

$\qquad\qquad\qquad\qquad\qquad\quad =\dfrac{16}{3}$ 　　답 ③

다른 풀이

선분 AC의 중점을 M이라 하면

$\overrightarrow{PA}+\overrightarrow{PC}=2\overrightarrow{PM}$

$\overrightarrow{PA}+\overrightarrow{PC}+6\overrightarrow{PD}=\overrightarrow{0}$에서

$2\overrightarrow{PM}+6\overrightarrow{PD}=\overrightarrow{0}$

$\dfrac{\overrightarrow{PM}+3\overrightarrow{PD}}{1+3}=\overrightarrow{0}$

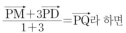

$\dfrac{\overrightarrow{PM}+3\overrightarrow{PD}}{1+3}=\overrightarrow{PQ}$라 하면

점 Q는 선분 MD를 3 : 1로 내분하는 점이다.

이때 $\overrightarrow{PQ}=\overrightarrow{0}$이므로 점 P는 점 Q와 일치한다.

삼각형 ACP의 넓이가 2이므로

삼각형 ACD의 넓이는

$\dfrac{4}{3}\times(\text{삼각형 ACP의 넓이})=\dfrac{4}{3}\times 2=\dfrac{8}{3}$

따라서 직사각형 ABCD의 넓이는

$2\times(\text{삼각형 ACD의 넓이})=2\times\dfrac{8}{3}=\dfrac{16}{3}$

09

조건 (가)에서

$3\overrightarrow{AB}+\overrightarrow{AC}=-4\overrightarrow{PA}$

$\dfrac{3\overrightarrow{AB}+\overrightarrow{AC}}{3+1}=\overrightarrow{AP}$

점 P는 선분 BC를 1 : 3으로 내분하는 점이므로

$\overline{BP}=\dfrac{1}{4}\overline{BC}=\dfrac{1}{4}\times 4=1$

이때 $\overline{AB}=2$, $\angle ABC=\dfrac{\pi}{3}$이므로 $\angle BPA=\dfrac{\pi}{2}$

조건 (나)에서 $|\overrightarrow{AQ}|=|\overrightarrow{BQ}|$이므로 삼각형 ABQ는 이등변삼각형이다.

점 Q에서 선분 AB에 내린 수선의 발을 H라 하면

$\overline{AH}=\overline{BH}=1$, $\angle BAP=\dfrac{\pi}{6}$

이므로 직각삼각형 AHQ에서

$\overline{AQ}=\dfrac{\overline{AH}}{\cos\dfrac{\pi}{6}}=\dfrac{1}{\dfrac{\sqrt{3}}{2}}=\dfrac{2\sqrt{3}}{3}$

한편, 직각삼각형 ABP에서

$\overline{AP}=\overline{AB}\times\sin\dfrac{\pi}{3}=2\times\dfrac{\sqrt{3}}{2}=\sqrt{3}$

$\overline{PQ}=\overline{AP}-\overline{AQ}=\sqrt{3}-\dfrac{2\sqrt{3}}{3}=\dfrac{\sqrt{3}}{3}$

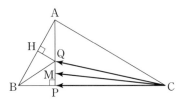

선분 PQ의 중점을 M이라 하면 $\overrightarrow{CP}+\overrightarrow{CQ}=2\overrightarrow{CM}$

직각삼각형 CMP에서 $\overline{CP}=3$, $\overline{PM}=\dfrac{\sqrt{3}}{6}$이므로

$\overline{CM}=\sqrt{\overline{CP}^2+\overline{PM}^2}=\sqrt{3^2+\left(\dfrac{\sqrt{3}}{6}\right)^2}=\sqrt{\dfrac{109}{12}}=\dfrac{\sqrt{327}}{6}$

따라서 $|\overrightarrow{CP}+\overrightarrow{CQ}|=2|\overrightarrow{CM}|=2\times\dfrac{\sqrt{327}}{6}=\dfrac{\sqrt{327}}{3}$

답 ①

10

조건 (가)에서

$4\overrightarrow{AP}+6\overrightarrow{DP}=3\overrightarrow{DB}+3\overrightarrow{DC}$이고

선분 BC의 중점을 M이라 하면

$\overrightarrow{DB}+\overrightarrow{DC}=2\overrightarrow{DM}$

이므로

$4\overrightarrow{AP}+6\overrightarrow{DP}=6\overrightarrow{DM}$

이때

$4\overrightarrow{AP}+6(\overrightarrow{AP}-\overrightarrow{AD})=6\overrightarrow{DM}$

$10\overrightarrow{AP}=6(\overrightarrow{AD}+\overrightarrow{DM})$

$\overrightarrow{AP}=\dfrac{3}{5}\overrightarrow{AM}$

이므로 점 P는 선분 AM을 3 : 2로 내분하는 점이다.

점 P에서 두 선분 AB, CD에 내린 수선의 발을 각각 H_1, H_2라 하면

$\overline{AH_1}=\dfrac{3}{5}\overline{AB}=\dfrac{3}{5}\times 10=6$,

$\overline{PH_1}=\dfrac{3}{5}\overline{BM}=\dfrac{3}{5}\times 5=3$

이므로

$\overline{DH_2}=\overline{AH_1}=6$, $\overline{PH_2}=7$

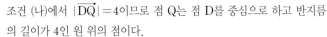

직각삼각형 DPH₂에서

$\overline{DP}=\sqrt{\overline{PH_2}^2+\overline{DH_2}^2}=\sqrt{7^2+6^2}=\sqrt{85}$

조건 (나)에서 $|\overrightarrow{DQ}|=4$이므로 점 Q는 점 D를 중심으로 하고 반지름

의 길이가 4인 원 위의 점이다.

직선 PD가 원과 만나는 두 점을 각각 R, S($\overline{PR}<\overline{PS}$)라 하면 점 Q가

점 S의 위치에 있을 때 $|\overrightarrow{PQ}|$의 값은 최대이고, 점 Q가 점 R의 위치에

있을 때 $|\overrightarrow{PQ}|$의 값은 최소이다.

즉, $\sqrt{85}-4\le|\overrightarrow{PQ}|\le\sqrt{85}+4$이므로

$M=\sqrt{85}+4$, $m=\sqrt{85}-4$

따라서 $M\times m=(\sqrt{85}+4)(\sqrt{85}-4)=85-16=69$ 　　답 69

11

$2\vec{a}=(6,-10)$이므로

$2\vec{a}+\vec{b}=(6,-10)+(1,4)=(7,-6)$

따라서 벡터 $2\vec{a}+\vec{b}$의 모든 성분의 합은

$7+(-6)=1$ 　　답 ①

12

두 벡터 $\vec{a}$와 $2\vec{b}+\vec{c}$가 서로 평행하므로

$2\vec{b}+\vec{c}=k\vec{a}$를 만족시키는 0이 아닌 실수 k가 존재한다. 이때

$\vec{c}=k\vec{a}-2\vec{b}$

$\quad=(5k,\ 3k)-(4,\ -2)$

$\quad=(5k-4,\ 3k+2)$

벡터 $\vec{c}$의 모든 성분의 합이 14이므로

$(5k-4)+(3k+2)=14$

$8k=16,\ k=2$

따라서 $\vec{c}=(6,\ 8)$이므로

$|\vec{c}|=\sqrt{6^2+8^2}=10$ 답 ⑤

13

조건 (가)에서 두 벡터 $\vec{a}+\vec{b}$와 $\vec{c}$는 서로 평행하고, 같은 방향이므로

$\vec{c}=t(\vec{a}+\vec{b})$ …… ㉠

를 만족시키는 양수 t가 존재한다.

$\vec{a}+\vec{b}=(2,\ 1)+(-1,\ 2)=(1,\ 3)$

이므로 ㉠에서

$\vec{c}=(t,\ 3t)$

$|\vec{c}|=\sqrt{t^2+(3t)^2}=\sqrt{10}\,t$

$3\vec{a}-\vec{b}=(6,\ 3)-(-1,\ 2)=(7,\ 1)$이므로

$|3\vec{a}-\vec{b}|=\sqrt{7^2+1^2}=5\sqrt{2}$

조건 (나)에서

$2\sqrt{5}\times|\vec{c}|=|3\vec{a}-\vec{b}|$이므로

$2\sqrt{5}\times\sqrt{10}\,t=5\sqrt{2}$

$t=\dfrac{1}{2}$

㉠에서 $\vec{c}=\dfrac{1}{2}(\vec{a}+\vec{b})$이므로

$\vec{a}=-\vec{b}+2\vec{c}$

이때 두 벡터 $\vec{b},\ \vec{c}$는 서로 평행하지 않으므로

$m=-1,\ n=2$

따라서 $m+n=-1+2=1$ 답 ④

참고

$\vec{c}=\left(\dfrac{1}{2},\ \dfrac{3}{2}\right)$이므로

$\vec{a}=m\vec{b}+n\vec{c}$에서

$(2,\ 1)=(-m,\ 2m)+\left(\dfrac{1}{2}n,\ \dfrac{3}{2}n\right)$

$(2,\ 1)=\left(-m+\dfrac{1}{2}n,\ 2m+\dfrac{3}{2}n\right)$

$-m+\dfrac{1}{2}n=2$ …… ㉡

$2m+\dfrac{3}{2}n=1$ …… ㉢

㉡, ㉢을 연립하여 풀면

$m=-1,\ n=2$

14

삼각형 ABC의 무게중심이 G이므로

$\overrightarrow{OG}=\dfrac{\overrightarrow{OA}+\overrightarrow{OB}+\overrightarrow{OC}}{3}$

조건 (가)에서

$\overrightarrow{OA}+\overrightarrow{OB}+\overrightarrow{OC}=(15,\ 18)$이므로

$\overrightarrow{OG}=(5,\ 6)$

한편, $\overrightarrow{GC}=\overrightarrow{OC}-\overrightarrow{OG}$이므로

조건 (나)에서

$\overrightarrow{OC}-\overrightarrow{OG}=(-3,\ -2)$

$\overrightarrow{OC}=\overrightarrow{OG}+(-3,\ -2)=(5,\ 6)+(-3,\ -2)=(2,\ 4)$

따라서 벡터 $\overrightarrow{OC}$의 모든 성분의 합은

$2+4=6$ 답 6

15

두 벡터 $\vec{a},\ \vec{b}$가 서로 수직이므로 $\vec{a}\cdot\vec{b}=0$

$|\vec{a}+\vec{b}|=3$에서

$|\vec{a}+\vec{b}|^2=(\vec{a}+\vec{b})\cdot(\vec{a}+\vec{b})$

$\quad=|\vec{a}|^2+2\vec{a}\cdot\vec{b}+|\vec{b}|^2$

$\quad=1^2+2\times0+|\vec{b}|^2=3^2$

이므로 $|\vec{b}|^2=8$

따라서

$|2\vec{a}-\vec{b}|^2=(2\vec{a}-\vec{b})\cdot(2\vec{a}-\vec{b})$

$\quad=4|\vec{a}|^2-4\vec{a}\cdot\vec{b}+|\vec{b}|^2$

$\quad=4\times1^2-4\times0+8$

$\quad=12$ 답 ④

16

$|\vec{a}+\vec{b}|=\sqrt{7}$에서 $|\vec{a}+\vec{b}|^2=7$이므로

$|\vec{a}|^2+2\vec{a}\cdot\vec{b}+|\vec{b}|^2=7$ …… ㉠

$|\vec{a}-\vec{b}|=\sqrt{3}$에서 $|\vec{a}-\vec{b}|^2=3$이므로

$|\vec{a}|^2-2\vec{a}\cdot\vec{b}+|\vec{b}|^2=3$ …… ㉡

㉠+㉡을 하면 $2(|\vec{a}|^2+|\vec{b}|^2)=10$, $|\vec{a}|^2+|\vec{b}|^2=5$

$|\vec{a}|,\ |\vec{b}|$의 값이 모두 자연수이므로

$|\vec{a}|=2,\ |\vec{b}|=1$ 또는 $|\vec{a}|=1,\ |\vec{b}|=2$이다.

㉠−㉡을 하면 $4\vec{a}\cdot\vec{b}=4$, $\vec{a}\cdot\vec{b}=1$

$\vec{a}\cdot\vec{b}=|\vec{a}|\,|\vec{b}|\cos\theta=2\cos\theta=1$

따라서 $\cos\theta=\dfrac{1}{2}$ 답 ⑤

17

$|\vec{a}-2\vec{b}|=\sqrt{6}$의 양변을 제곱하면

$|\vec{a}-2\vec{b}|^2=(\sqrt{6})^2$

$|\vec{a}|^2-4\vec{a}\cdot\vec{b}+4|\vec{b}|^2=6$

$2^2-4\vec{a}\cdot\vec{b}+4\times1^2=6$

$\vec{a}\cdot\vec{b}=\dfrac{1}{2}$

두 벡터 $2\vec{a}+k\vec{b}$와 $\vec{a}-2\vec{b}$가 서로 수직이므로

$(2\vec{a}+k\vec{b})\cdot(\vec{a}-2\vec{b})=0$

$2|\vec{a}|^2+(k-4)\vec{a}\cdot\vec{b}-2k|\vec{b}|^2=0$

$2 \times 2^2 + (k-4) \times \dfrac{1}{2} - 2k \times 1^2 = 0$

$8 + \dfrac{1}{2}k - 2 - 2k = 0$, $\dfrac{3}{2}k = 6$

따라서 $k=4$ 답 ④

18

$|\vec{a}+2\vec{b}| = |2\vec{a}-k\vec{b}|$ 의 양변을 제곱하면

$|\vec{a}|^2 + 4\vec{a} \cdot \vec{b} + 4|\vec{b}|^2 = 4|\vec{a}|^2 - 4k\vec{a} \cdot \vec{b} + k^2|\vec{b}|^2$

$2^2 + 4\vec{a} \cdot \vec{b} + 4 \times 1^2 = 4 \times 2^2 - 4k\vec{a} \cdot \vec{b} + k^2 \times 1^2$

$(4k+4)\vec{a} \cdot \vec{b} = k^2 + 8$

$\vec{a} \cdot \vec{b} = \dfrac{k^2+8}{4(k+1)}$

$k+1=t$ 로 치환하면 $k>-1$ 에서 $t>0$ 이고

$\vec{a} \cdot \vec{b} = \dfrac{(t-1)^2+8}{4t}$

$\qquad = \dfrac{t^2-2t+9}{4t}$

$\qquad = \dfrac{1}{4}\left(t + \dfrac{9}{t} - 2\right)$

$\qquad \geq \dfrac{1}{4}\left(2\sqrt{t \times \dfrac{9}{t}} - 2\right)$

$\qquad = \dfrac{1}{4}(2 \times 3 - 2) = 1$

(단, 등호는 $t=3$, 즉 $k=2$일 때 성립한다.)

따라서 $\vec{a} \cdot \vec{b}$의 최솟값은 1이다.   답 ④

19

$\vec{a}-\vec{b} = (-2, p) - (2, 2) = (-4, p-2)$ 이고

두 벡터 $\vec{a}-\vec{b}$와 $\vec{b}$가 서로 수직이므로

$(\vec{a}-\vec{b}) \cdot \vec{b} = 0$

$(-4, p-2) \cdot (2, 2) = -8 + 2(p-2) = 2p-12 = 0$

즉, $p=6$이므로

$\vec{a} = (-2, 6)$

따라서 $\dfrac{|\vec{a}|}{|\vec{b}|} = \dfrac{\sqrt{(-2)^2+6^2}}{\sqrt{2^2+2^2}} = \dfrac{2\sqrt{10}}{2\sqrt{2}} = \sqrt{5}$ 답 ②

20

$\overrightarrow{AC} = \overrightarrow{OC} - \overrightarrow{OA} = (-2, 1) - (a, 3) = (-a-2, -2)$

$\overrightarrow{AC} \cdot \overrightarrow{OB} = (-a-2, -2) \cdot (2, b)$

$\qquad\qquad = -2a - 4 - 2b = -4$

이므로 $a+b=0$에서 $b=-a$ …… ㉠

$|\overrightarrow{AC}| = |\overrightarrow{OB}|$에서 $|\overrightarrow{AC}|^2 = |\overrightarrow{OB}|^2$이므로

$(-a-2)^2 + (-2)^2 = 2^2 + b^2$

$(a^2+4a+4) + 4 = 4 + b^2$

$a^2 + 4a - b^2 = -4$

㉠에 의하여

$a^2 + 4a - a^2 = -4$

따라서 $a=-1$, $b=1$이므로

$a^2 + b^2 = (-1)^2 + 1^2 = 2$ 답 ②

21

$|\overrightarrow{AB}| = \sqrt{5^2 + 0^2} = 5$이고 $|\overrightarrow{AC}| = \sqrt{2^2 + (2\sqrt{3})^2} = 4$이다.

$i = 1, 2, 3, \cdots, 9$에 대하여

$|\overrightarrow{AP_i}| = |\overrightarrow{AB}| \times \dfrac{i}{9} = \dfrac{5}{9}i$, $|\overrightarrow{AQ_i}| = |\overrightarrow{AC}| \times \dfrac{i}{9} = \dfrac{4}{9}i$이므로

$\displaystyle\sum_{i=1}^{9} \{(\overrightarrow{AP_i} + \overrightarrow{AQ_i}) \cdot \overrightarrow{P_iQ_i}\}$

$= \displaystyle\sum_{i=1}^{9} \{(\overrightarrow{AQ_i} + \overrightarrow{AP_i}) \cdot (\overrightarrow{AQ_i} - \overrightarrow{AP_i})\}$

$= \displaystyle\sum_{i=1}^{9} (|\overrightarrow{AQ_i}|^2 - |\overrightarrow{AP_i}|^2)$

$= \displaystyle\sum_{i=1}^{9} \left\{\left(\dfrac{4}{9}i\right)^2 - \left(\dfrac{5}{9}i\right)^2\right\}$

$= \displaystyle\sum_{i=1}^{9} \left(-\dfrac{1}{9}i^2\right) = -\dfrac{1}{9}\sum_{i=1}^{9}i^2$

$= -\dfrac{1}{9} \times \dfrac{9 \times 10 \times 19}{6} = -\dfrac{95}{3}$ 답 ③

22

조건 (가)에서 $\overrightarrow{AB} = (2, -5)$이므로

$\overrightarrow{AB} = \overrightarrow{OB} - \overrightarrow{OA} = (2, -5)$에서

$\overrightarrow{OB} = \overrightarrow{OA} + (2, -5)$ …… ㉠

$\overrightarrow{BC} = (-1, 7)$이므로

$\overrightarrow{BC} = \overrightarrow{OC} - \overrightarrow{OB} = (-1, 7)$에서

$\overrightarrow{OC} = \overrightarrow{OB} + (-1, 7)$

$\qquad = \{\overrightarrow{OA} + (2, -5)\} + (-1, 7)$

$\qquad = \overrightarrow{OA} + (1, 2)$

조건 (나)에서

$\overrightarrow{OG} = \dfrac{1}{3}(\overrightarrow{OA} + \overrightarrow{OB} + \overrightarrow{OC})$

$\qquad = \dfrac{1}{3}[\overrightarrow{OA} + \{\overrightarrow{OA} + (2, -5)\} + \{\overrightarrow{OA} + (1, 2)\}]$

$\qquad = \dfrac{1}{3}\{3\overrightarrow{OA} + (3, -3)\}$

$\qquad = \overrightarrow{OA} + (1, -1)$

$\overrightarrow{OG} = (2, 2)$이므로 $\overrightarrow{OA} + (1, -1) = (2, 2)$에서

$\overrightarrow{OA} = (2, 2) - (1, -1) = (1, 3)$

㉠에서

$\overrightarrow{OB} = \overrightarrow{OA} + (2, -5) = (1, 3) + (2, -5) = (3, -2)$

따라서

$|\overrightarrow{OA} \cdot \overrightarrow{OB}| = |(1, 3) \cdot (3, -2)| = |3 + (-6)| = 3$ 답 ①

23

$|\overrightarrow{AC}| = 2|\overrightarrow{AB}|$이므로 직각삼각형 ABC에서 $\angle CAB = 60°$이다.

또 $|\overrightarrow{AB}| = |\overrightarrow{BD}| = 1$이므로 삼각형 ABD는 한 변의 길이가 1인 정삼각형이다.

$\overrightarrow{AD} = \dfrac{1}{2}\overrightarrow{AC}$이므로 $\overrightarrow{BD} = \overrightarrow{BA} + \overrightarrow{AD} = -\overrightarrow{AB} + \dfrac{1}{2}\overrightarrow{AC}$

$\overrightarrow{CD} = -\dfrac{1}{2}\overrightarrow{AC}$이고, $\overrightarrow{BC} = \overrightarrow{BA} + \overrightarrow{AC} = -\overrightarrow{AB} + \overrightarrow{AC}$

$(\overrightarrow{AD} + k\overrightarrow{BD}) \cdot (\overrightarrow{CD} + k\overrightarrow{BC})$

$= \left\{\dfrac{1}{2}\overrightarrow{AC} + k\left(-\overrightarrow{AB} + \dfrac{1}{2}\overrightarrow{AC}\right)\right\} \cdot \left\{-\dfrac{1}{2}\overrightarrow{AC} + k(-\overrightarrow{AB} + \overrightarrow{AC})\right\}$

$$=\left(\frac{k+1}{2}\overrightarrow{AC}-k\overrightarrow{AB}\right)\cdot\left(\frac{2k-1}{2}\overrightarrow{AC}-k\overrightarrow{AB}\right)$$

$$=\frac{2k^2+k-1}{4}|\overrightarrow{AC}|^2-\frac{3k^2}{2}\overrightarrow{AB}\cdot\overrightarrow{AC}+k^2|\overrightarrow{AB}|^2$$

$$=\frac{2k^2+k-1}{4}\times2^2-\frac{3k^2}{2}|\overrightarrow{AB}||\overrightarrow{AC}|\cos60°+k^2\times1^2$$

$$=(2k^2+k-1)-\frac{3k^2}{2}\times1\times2\times\frac{1}{2}+k^2$$

$$=\frac{3}{2}k^2+k-1=0$$

이차방정식 $3k^2+2k-2=0$의 판별식을 D라 하면

$\dfrac{D}{4}=1^2-3\times(-2)=7>0$이므로 서로 다른 두 실근을 갖는다.

따라서 이차방정식 $3k^2+2k-2=0$의 근과 계수의 관계에 의하여 모든

실수 k의 값의 합은 $-\dfrac{2}{3}$이다.　　　　　　　답 ②

참고

$(\overrightarrow{AD}+k\overrightarrow{BD})\cdot(\overrightarrow{CD}+k\overrightarrow{BC})$를 다음과 같이 구할 수도 있다.

$(\overrightarrow{AD}+k\overrightarrow{BD})\cdot(\overrightarrow{CD}+k\overrightarrow{BC})$

$=\overrightarrow{AD}\cdot\overrightarrow{CD}+k\overrightarrow{AD}\cdot\overrightarrow{BC}+k\overrightarrow{BD}\cdot\overrightarrow{CD}+k^2\overrightarrow{BD}\cdot\overrightarrow{BC}$

$=1\times1\times\cos180°+k\times1\times\sqrt{3}\times\cos30°+k\times1\times1\times\cos120°$
$\qquad\qquad\qquad\qquad\qquad\qquad\quad+k^2\times1\times\sqrt{3}\times\cos30°$

$=\dfrac{3}{2}k^2+k-1$

24

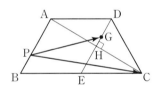

선분 AB를 $2:1$로 내분하는 점이 P이므로 $\overrightarrow{BP}=\dfrac{1}{3}\overrightarrow{BA}$

직선 DG가 두 직선 AC, BC와 만나는 점을 각각 H, E라 하면

$\overline{AD}=\overline{CD}$, $\overline{AH}=\overline{CH}$이므로 $\overline{DH}\perp\overline{AC}$이다.

이때 $\overline{AD}/\!/\overline{BC}$에서 $\angle DCH=\angle ECH=30°$이므로 $\angle CEH=60°$이다.

즉, $\overline{AB}/\!/\overline{DE}$

$\overline{EH}=\overline{HD}=\dfrac{1}{2}\overline{ED}$이고, $\overline{HG}=\dfrac{1}{3}\overline{HD}=\dfrac{1}{6}\overline{ED}$이므로

$\overrightarrow{EG}=\overrightarrow{EH}+\overrightarrow{HG}=\dfrac{1}{2}\overrightarrow{ED}+\dfrac{1}{6}\overrightarrow{ED}=\dfrac{2}{3}\overrightarrow{ED}$

$\overrightarrow{BA}=\overrightarrow{ED}$이므로 $\overrightarrow{EG}=\dfrac{2}{3}\overrightarrow{BA}$

$\overrightarrow{PG}=\overrightarrow{PB}+\overrightarrow{BE}+\overrightarrow{EG}$

$\qquad=-\dfrac{1}{3}\overrightarrow{BA}+\overrightarrow{BE}+\dfrac{2}{3}\overrightarrow{BA}$

$\qquad=\dfrac{1}{3}\overrightarrow{BA}+\overrightarrow{BE}$

$\overrightarrow{BE}=\overrightarrow{EC}$이므로 $\overrightarrow{BC}=2\overrightarrow{BE}$

$\overrightarrow{PC}=\overrightarrow{PB}+\overrightarrow{BC}=-\overrightarrow{BP}+2\overrightarrow{BE}=-\dfrac{1}{3}\overrightarrow{BA}+2\overrightarrow{BE}$

따라서

$\overrightarrow{PG}\cdot\overrightarrow{PC}=\left(\dfrac{1}{3}\overrightarrow{BA}+\overrightarrow{BE}\right)\cdot\left(-\dfrac{1}{3}\overrightarrow{BA}+2\overrightarrow{BE}\right)$

$$=-\frac{1}{9}|\overrightarrow{BA}|^2+\frac{1}{3}\overrightarrow{BA}\cdot\overrightarrow{BE}+2|\overrightarrow{BE}|^2$$

$$=-\frac{1}{9}|\overrightarrow{BA}|^2+\frac{1}{3}|\overrightarrow{BA}||\overrightarrow{BE}|\cos60°+2|\overrightarrow{BE}|^2$$

$$=-\frac{1}{9}\times6^2+\frac{1}{3}\times6\times6\times\frac{1}{2}+2\times6^2$$

$$=-4+6+72=74$$　　　　　　　　　　답 ②

25

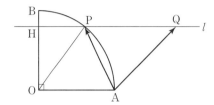

두 벡터 $\overrightarrow{HP}$, $\overrightarrow{OA}$가 서로 평행하므로

$\overrightarrow{HP}=k\overrightarrow{OA}$ (k는 실수이고 $0<k<1$)이라 하면

조건 (가)에 의하여 $|\overrightarrow{PQ}|=2|\overrightarrow{HP}|$이므로 $\overrightarrow{PQ}=2k\overrightarrow{OA}$이다.

$\overrightarrow{OP}=\overrightarrow{OH}+\overrightarrow{HP}=\overrightarrow{OH}+k\overrightarrow{OA}$,

$\overrightarrow{AQ}=\overrightarrow{AP}+\overrightarrow{PQ}$

$\qquad=(\overrightarrow{OP}-\overrightarrow{OA})+2k\overrightarrow{OA}$

$\qquad=\overrightarrow{OP}+(2k-1)\overrightarrow{OA}$

$\qquad=(\overrightarrow{OH}+k\overrightarrow{OA})+(2k-1)\overrightarrow{OA}$

$\qquad=(3k-1)\overrightarrow{OA}+\overrightarrow{OH}$

이므로

$\overrightarrow{OP}\cdot\overrightarrow{AQ}=(\overrightarrow{OH}+k\overrightarrow{OA})\cdot\{(3k-1)\overrightarrow{OA}+\overrightarrow{OH}\}$

$\qquad\qquad=(4k-1)\overrightarrow{OH}\cdot\overrightarrow{OA}+|\overrightarrow{OH}|^2+k(3k-1)|\overrightarrow{OA}|^2$

두 벡터 $\overrightarrow{OH}$, $\overrightarrow{OA}$가 서로 수직이므로 $\overrightarrow{OH}\cdot\overrightarrow{OA}=0$이고,

$|\overrightarrow{OH}|^2=|\overrightarrow{OP}|^2-|\overrightarrow{HP}|^2=|\overrightarrow{OP}|^2-|k\overrightarrow{OA}|^2$

$\qquad\quad=3^2-(3k)^2=9(1-k^2)$

$|\overrightarrow{OA}|^2=3^2=9$

즉,

$\overrightarrow{OP}\cdot\overrightarrow{AQ}=(4k-1)\overrightarrow{OH}\cdot\overrightarrow{OA}+|\overrightarrow{OH}|^2+k(3k-1)|\overrightarrow{OA}|^2$

$\qquad\qquad=0+9(1-k^2)+k(3k-1)\times9$

$\qquad\qquad=18k^2-9k+9=11$

에서 $18k^2-9k-2=0$, $(3k-2)(6k+1)=0$

$0<k<1$이므로 $k=\dfrac{2}{3}$이고 $\overrightarrow{HP}=\dfrac{2}{3}\overrightarrow{OA}$, $\overrightarrow{PQ}=\dfrac{4}{3}\overrightarrow{OA}$

$\overrightarrow{AP}=\overrightarrow{OP}-\overrightarrow{OA}$,

$\overrightarrow{AQ}=\overrightarrow{AP}+\overrightarrow{PQ}$

$\qquad=(\overrightarrow{OP}-\overrightarrow{OA})+\dfrac{4}{3}\overrightarrow{OA}=\overrightarrow{OP}+\dfrac{1}{3}\overrightarrow{OA}$

이므로

$\overrightarrow{AP}\cdot\overrightarrow{AQ}=(\overrightarrow{OP}-\overrightarrow{OA})\cdot\left(\overrightarrow{OP}+\dfrac{1}{3}\overrightarrow{OA}\right)$

$\qquad\qquad=|\overrightarrow{OP}|^2-\dfrac{2}{3}\overrightarrow{OP}\cdot\overrightarrow{OA}-\dfrac{1}{3}|\overrightarrow{OA}|^2$　　……㉠

삼각형 OPH에서 $\angle OPH=\theta$라 하면

$\cos\theta=\dfrac{|\overrightarrow{HP}|}{|\overrightarrow{OP}|}=\dfrac{\frac{2}{3}|\overrightarrow{OA}|}{3}=\dfrac{\frac{2}{3}\times3}{3}=\dfrac{2}{3}$

$\angle POA=\theta$이므로 ㉠에서

$$\overrightarrow{\mathrm{AP}} \cdot \overrightarrow{\mathrm{AQ}} = 3^2 - \frac{2}{3}|\overrightarrow{\mathrm{OP}}||\overrightarrow{\mathrm{OA}}|\cos\theta - \frac{1}{3} \times 3^2$$
$$= 9 - \frac{2}{3} \times 3 \times 3 \times \frac{2}{3} - 3 = 2 \qquad \boxed{\text{답}} \ \text{③}$$

참고

$0 < k < 1$이므로 $k = \frac{2}{3}$

즉, $\overrightarrow{\mathrm{HP}} = \frac{2}{3}\overrightarrow{\mathrm{OA}}$, $\overrightarrow{\mathrm{PQ}} = \frac{4}{3}\overrightarrow{\mathrm{OA}}$이므로 $\overrightarrow{\mathrm{HQ}} = \overrightarrow{\mathrm{HP}} + \overrightarrow{\mathrm{PQ}} = 2\overrightarrow{\mathrm{OA}}$

$$\overrightarrow{\mathrm{AP}} \cdot \overrightarrow{\mathrm{AQ}} = (\overrightarrow{\mathrm{OP}} - \overrightarrow{\mathrm{OA}}) \cdot \overrightarrow{\mathrm{AQ}}$$
$$= \overrightarrow{\mathrm{OP}} \cdot \overrightarrow{\mathrm{AQ}} - \overrightarrow{\mathrm{OA}} \cdot \overrightarrow{\mathrm{AQ}}$$
$$= 11 - \overrightarrow{\mathrm{OA}} \cdot \overrightarrow{\mathrm{AQ}}$$
$$\overrightarrow{\mathrm{OA}} \cdot \overrightarrow{\mathrm{AQ}} = \overrightarrow{\mathrm{OA}} \cdot (\overrightarrow{\mathrm{OQ}} - \overrightarrow{\mathrm{OA}})$$
$$= \overrightarrow{\mathrm{OA}} \cdot (\overrightarrow{\mathrm{OH}} + \overrightarrow{\mathrm{HQ}} - \overrightarrow{\mathrm{OA}})$$
$$= \overrightarrow{\mathrm{OA}} \cdot \overrightarrow{\mathrm{OH}} + \overrightarrow{\mathrm{OA}} \cdot (\overrightarrow{\mathrm{HQ}} - \overrightarrow{\mathrm{OA}})$$
$$= 0 + \overrightarrow{\mathrm{OA}} \cdot (2\overrightarrow{\mathrm{OA}} - \overrightarrow{\mathrm{OA}})$$
$$= |\overrightarrow{\mathrm{OA}}|^2 = 3^2 = 9$$

따라서 $\overrightarrow{\mathrm{AP}} \cdot \overrightarrow{\mathrm{AQ}} = 11 - 9 = 2$

26

사각형 ACDE는 $\overline{\mathrm{AE}} = \overline{\mathrm{CD}} = \overline{\mathrm{DE}} = 2$인 등변사다리꼴이다. 선분 AC의 중점을 O, 선분 ED의 중점을 O′, 점 E에서 선분 AC에 내린 수선의 발을 H라 하자.

조건 (가)에서 $\overline{\mathrm{AB}} /\!/ \overline{\mathrm{DC}}$이므로 $\angle \mathrm{DCA} = \angle \mathrm{BAC} = 60°$

사각형 ACDE는 등변사다리꼴이므로 $\angle \mathrm{EAC} = \angle \mathrm{DCA} = 60°$

직각삼각형 EAH에서 $\overline{\mathrm{AH}} = 2\cos 60° = 1$, $\overline{\mathrm{EH}} = 2\sin 60° = \sqrt{3}$

$\overline{\mathrm{AO}} = \frac{1}{2}\overline{\mathrm{AC}} = \frac{1}{2} \times 4 = 2$이므로

$\overline{\mathrm{HO}} = \overline{\mathrm{AO}} - \overline{\mathrm{AH}} = 2 - 1 = 1$

점 C와 선분 AB의 중점을 지나는 직선과 점 A와 선분 BC의 중점을 지나는 직선의 교점 P는 한 변의 길이가 4인 정삼각형 ABC의 무게중심이므로

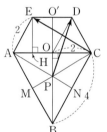

$$\overrightarrow{\mathrm{OP}} = \frac{1}{3}\overrightarrow{\mathrm{OB}} = \frac{1}{3} \times \left(\frac{\sqrt{3}}{2} \times 4\right) = \frac{2\sqrt{3}}{3}$$

$\overline{\mathrm{EH}} /\!/ \overline{\mathrm{OB}}$이고

$\overline{\mathrm{EH}} : \overline{\mathrm{OP}} = \sqrt{3} : \frac{2\sqrt{3}}{3} = 1 : \frac{2}{3}$이므로 $\overrightarrow{\mathrm{PO}} = \frac{2}{3}\overrightarrow{\mathrm{HE}}$

또 $\overrightarrow{\mathrm{OD}} = \overrightarrow{\mathrm{HO'}} = \overrightarrow{\mathrm{HO}} + \overrightarrow{\mathrm{HE}}$이므로

$$\overrightarrow{\mathrm{PD}} = \overrightarrow{\mathrm{PO}} + \overrightarrow{\mathrm{OD}} = \frac{2}{3}\overrightarrow{\mathrm{HE}} + (\overrightarrow{\mathrm{HO}} + \overrightarrow{\mathrm{HE}}) = \frac{5}{3}\overrightarrow{\mathrm{HE}} + \overrightarrow{\mathrm{HO}}$$

$$\overrightarrow{\mathrm{CE}} = \overrightarrow{\mathrm{CH}} + \overrightarrow{\mathrm{HE}} = -3\overrightarrow{\mathrm{HO}} + \overrightarrow{\mathrm{HE}}$$

$$\overrightarrow{\mathrm{PD}} \cdot \overrightarrow{\mathrm{CE}} = \left(\frac{5}{3}\overrightarrow{\mathrm{HE}} + \overrightarrow{\mathrm{HO}}\right) \cdot (-3\overrightarrow{\mathrm{HO}} + \overrightarrow{\mathrm{HE}})$$
$$= -4\overrightarrow{\mathrm{HE}} \cdot \overrightarrow{\mathrm{HO}} - 3|\overrightarrow{\mathrm{HO}}|^2 + \frac{5}{3}|\overrightarrow{\mathrm{HE}}|^2 \quad \cdots\cdots \ \text{㉠}$$

두 벡터 $\overrightarrow{\mathrm{HE}}$, $\overrightarrow{\mathrm{HO}}$가 서로 수직이므로 $\overrightarrow{\mathrm{HE}} \cdot \overrightarrow{\mathrm{HO}} = 0$이다.

따라서 ㉠에서 $\overrightarrow{\mathrm{PD}} \cdot \overrightarrow{\mathrm{CE}} = 0 - 3 \times 1^2 + \frac{5}{3} \times (\sqrt{3})^2 = 2$ $\boxed{\text{답}}$ ③

참고

$$\overrightarrow{\mathrm{PD}} \cdot \overrightarrow{\mathrm{CE}} = (\overrightarrow{\mathrm{CD}} - \overrightarrow{\mathrm{CP}}) \cdot \overrightarrow{\mathrm{CE}} = \overrightarrow{\mathrm{CD}} \cdot \overrightarrow{\mathrm{CE}} - \overrightarrow{\mathrm{CP}} \cdot \overrightarrow{\mathrm{CE}}$$
$$= |\overrightarrow{\mathrm{CD}}||\overrightarrow{\mathrm{CE}}|\cos 30° - |\overrightarrow{\mathrm{CP}}||\overrightarrow{\mathrm{CE}}|\cos 60°$$
$$= 2 \times 2\sqrt{3} \times \frac{\sqrt{3}}{2} - \frac{4\sqrt{3}}{3} \times 2\sqrt{3} \times \frac{1}{2} = 6 - 4 = 2$$

27

$\overline{\mathrm{AC}} = \overline{\mathrm{CD}} = \overline{\mathrm{DE}} = \overline{\mathrm{EB}} = 2$이고, $\angle \mathrm{C} = 90°$이므로

$\overline{\mathrm{AD}} = 2\sqrt{2}$, $\overline{\mathrm{AE}} = 2\sqrt{5}$, $\overline{\mathrm{AB}} = 2\sqrt{10}$이다.

두 삼각형 ABD, EAD에서

$\overline{\mathrm{AD}} : \overline{\mathrm{ED}} = 2\sqrt{2} : 2 = \sqrt{2} : 1$,

$\overline{\mathrm{BD}} : \overline{\mathrm{AD}} = 4 : 2\sqrt{2} = \sqrt{2} : 1$,

$\angle \mathrm{ADB} = \angle \mathrm{EDA}$이므로

두 삼각형 ABD, EAD는 서로 닮음이다.

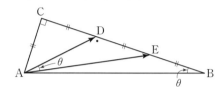

이때 $\angle \mathrm{ABC} = \theta$라 하면 $\angle \mathrm{EAD} = \angle \mathrm{ABD} = \theta$이므로

두 벡터 $\overrightarrow{\mathrm{AD}}$, $\overrightarrow{\mathrm{AE}}$가 이루는 각의 크기는 θ이다.

직각삼각형 ABC에서

$$\cos\theta = \frac{\overline{\mathrm{BC}}}{\overline{\mathrm{AB}}} = \frac{6}{2\sqrt{10}} = \frac{3}{\sqrt{10}}$$

따라서

$$\overrightarrow{\mathrm{AD}} \cdot \overrightarrow{\mathrm{AE}} = |\overrightarrow{\mathrm{AD}}||\overrightarrow{\mathrm{AE}}|\cos\theta$$
$$= 2\sqrt{2} \times 2\sqrt{5} \times \frac{3}{\sqrt{10}} = 12 \qquad \boxed{\text{답}} \ \text{④}$$

다른 풀이 1

$$\overrightarrow{\mathrm{AD}} \cdot \overrightarrow{\mathrm{AE}} = (\overrightarrow{\mathrm{AC}} + \overrightarrow{\mathrm{CD}}) \cdot (\overrightarrow{\mathrm{AC}} + 2\overrightarrow{\mathrm{CD}})$$
$$= |\overrightarrow{\mathrm{AC}}|^2 + 3\overrightarrow{\mathrm{AC}} \cdot \overrightarrow{\mathrm{CD}} + 2|\overrightarrow{\mathrm{CD}}|^2$$
$$= 2^2 + 0 + 2 \times 2^2 = 12$$

다른 풀이 2

$$\overrightarrow{\mathrm{AD}} \cdot \overrightarrow{\mathrm{AE}} = (\overrightarrow{\mathrm{CD}} - \overrightarrow{\mathrm{CA}}) \cdot (\overrightarrow{\mathrm{CE}} - \overrightarrow{\mathrm{CA}})$$
$$= \overrightarrow{\mathrm{CD}} \cdot \overrightarrow{\mathrm{CE}} - \overrightarrow{\mathrm{CD}} \cdot \overrightarrow{\mathrm{CA}} - \overrightarrow{\mathrm{CA}} \cdot \overrightarrow{\mathrm{CE}} + |\overrightarrow{\mathrm{CA}}|^2$$

두 벡터 $\overrightarrow{\mathrm{CD}}$, $\overrightarrow{\mathrm{CA}}$는 서로 수직이고, 두 벡터 $\overrightarrow{\mathrm{CE}}$, $\overrightarrow{\mathrm{CA}}$도 서로 수직이므로

$\overrightarrow{\mathrm{CD}} \cdot \overrightarrow{\mathrm{CA}} = 0$, $\overrightarrow{\mathrm{CA}} \cdot \overrightarrow{\mathrm{CE}} = 0$

따라서

$$\overrightarrow{\mathrm{AD}} \cdot \overrightarrow{\mathrm{AE}} = \overrightarrow{\mathrm{CD}} \cdot \overrightarrow{\mathrm{CE}} + |\overrightarrow{\mathrm{CA}}|^2$$
$$= 2 \times 4 \times \cos 0° + 2^2$$
$$= 8 + 4 = 12$$

28

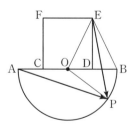

$\overrightarrow{\mathrm{EP}} = \overrightarrow{\mathrm{EO}} + \overrightarrow{\mathrm{OP}}$, $\overrightarrow{\mathrm{AP}} = \overrightarrow{\mathrm{AO}} + \overrightarrow{\mathrm{OP}}$이므로

$$\overrightarrow{\mathrm{EP}} \cdot \overrightarrow{\mathrm{AP}} = (\overrightarrow{\mathrm{EO}} + \overrightarrow{\mathrm{OP}}) \cdot (\overrightarrow{\mathrm{AO}} + \overrightarrow{\mathrm{OP}})$$
$$= \overrightarrow{\mathrm{EO}} \cdot \overrightarrow{\mathrm{AO}} + (\overrightarrow{\mathrm{EO}} + \overrightarrow{\mathrm{AO}}) \cdot \overrightarrow{\mathrm{OP}} + |\overrightarrow{\mathrm{OP}}|^2 \quad \cdots\cdots \ \text{㉠}$$

$\overline{\mathrm{AB}} = 8$이므로 $\overline{\mathrm{AO}} = \overline{\mathrm{OB}} = 4$

$\overline{CO}=\overline{OD}=\dfrac{1}{2}\overline{OB}=2$이므로 $\overline{CD}=4$이고

$\overline{EO}=\sqrt{\overline{ED}^{2}+\overline{OD}^{2}}=\sqrt{4^{2}+2^{2}}=2\sqrt{5}=\overline{EB}$

$\cos(\angle EOB)=\dfrac{\overline{OD}}{\overline{EO}}=\dfrac{2}{2\sqrt{5}}=\dfrac{1}{\sqrt{5}}$

이때

$\overrightarrow{EO}\cdot\overrightarrow{AO}=|\overrightarrow{EO}||\overrightarrow{AO}|\cos(\pi-\angle EOB)$

$\qquad\qquad=\overline{EO}\times\overline{AO}\times\{-\cos(\angle EOB)\}$

$\qquad\qquad=2\sqrt{5}\times4\times\left(-\dfrac{1}{\sqrt{5}}\right)=-8$

또한 $(\overrightarrow{EO}+\overrightarrow{AO})\cdot\overrightarrow{OP}=(\overrightarrow{EO}+\overrightarrow{OB})\cdot\overrightarrow{OP}=\overrightarrow{EB}\cdot\overrightarrow{OP}$이므로

두 벡터 $\overrightarrow{EB}$, $\overrightarrow{OP}$가 이루는 각의 크기를 θ라 하면

$\overrightarrow{EB}\cdot\overrightarrow{OP}=|\overrightarrow{EB}||\overrightarrow{OP}|\cos\theta$

$\qquad\qquad=2\sqrt{5}\times4\times\cos\theta=8\sqrt{5}\cos\theta$

㉠에서

$\overrightarrow{EP}\cdot\overrightarrow{AP}=-8+8\sqrt{5}\cos\theta+4^{2}=8+8\sqrt{5}\cos\theta$

두 벡터 $\overrightarrow{EB}$, $\overrightarrow{OP}$가 서로 평행할 때, 즉 $\cos\theta=1$일 때 $\overrightarrow{EP}\cdot\overrightarrow{AP}$의 값이 최대가 된다.

따라서 $\overrightarrow{EP}\cdot\overrightarrow{AP}$의 최댓값은 $8(1+\sqrt{5})$이다.　　　　　답 ④

29

삼각형 ABC에서 코사인법칙에 의하여

$\cos(\angle ABC)=\dfrac{4^{2}+6^{2}-(2\sqrt{7})^{2}}{2\times4\times6}=\dfrac{1}{2}$

이므로 $\angle ABC=60°$이다.

좌표평면 위에 점 B를 원점 $(0,0)$, 점 C를 $(6,0)$으로 놓으면

점 A의 좌표는 $(4\cos60°,\ 4\sin60°)$, 즉 $(2,\ 2\sqrt{3})$

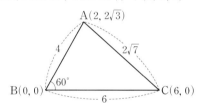

점 P의 좌표를 $(x,\ y)$라 하면

$\overrightarrow{PA}\cdot\overrightarrow{PB}=(\overrightarrow{OA}-\overrightarrow{OP})\cdot(-\overrightarrow{OP})$

$\qquad\qquad=(2-x,\ 2\sqrt{3}-y)\cdot(-x,\ -y)$

$\qquad\qquad=x^{2}-2x+y^{2}-2\sqrt{3}y$

이므로 $x^{2}-2x+y^{2}-2\sqrt{3}y=0$에서

$(x-1)^{2}+(y-\sqrt{3})^{2}=4$

따라서 점 P가 나타내는 도형은 중심이 $(1,\ \sqrt{3})$이고 반지름의 길이가 2인 원이다.

$\overrightarrow{PC}\cdot\overrightarrow{AB}=k$라 하자.

$\overrightarrow{PC}\cdot\overrightarrow{AB}=(\overrightarrow{OC}-\overrightarrow{OP})\cdot(-\overrightarrow{OA})$

$\qquad\qquad=(6-x,\ -y)\cdot(-2,\ -2\sqrt{3})$

$\qquad\qquad=2x-12+2\sqrt{3}y$

이므로 $2x+2\sqrt{3}y-12=k$에서 $2x+2\sqrt{3}y-k-12=0$

직선 $2x+2\sqrt{3}y-k-12=0$이 원 $(x-1)^{2}+(y-\sqrt{3})^{2}=4$와 만나려면 원의 중심 $(1,\ \sqrt{3})$과 직선 $2x+2\sqrt{3}y-k-12=0$ 사이의 거리가 반지름의 길이 2보다 작거나 같으면 된다.

즉, $\dfrac{|2\times1+2\sqrt{3}\times\sqrt{3}-k-12|}{\sqrt{2^{2}+(2\sqrt{3})^{2}}}\leq2$에서

$\dfrac{|k+4|}{4}\leq2$, $|k+4|\leq8$

$-8\leq k+4\leq8$, $-12\leq k\leq4$

이므로 $M=4$, $m=-12$이므로

$M+m=4+(-12)=-8$　　　　　답 ①

다른 풀이

삼각형 ABC에서 코사인법칙에 의하여

$\cos(\angle ABC)=\dfrac{4^{2}+6^{2}-(2\sqrt{7})^{2}}{2\times4\times6}=\dfrac{1}{2}$

이므로 $\angle ABC=60°$이다.

$\overrightarrow{PA}\cdot\overrightarrow{PB}=0$으로부터 $\overrightarrow{PA}\perp\overrightarrow{PB}$이므로 점 P는 선분 AB를 지름으로 하는 원 위를 움직인다.

삼각형 ABC와 점 P를 벡터 $\overrightarrow{CA}$만큼 평행이동한 것을 각각 삼각형 A′B′C′과 점 P′이라 하면 $\overrightarrow{PC}\cdot\overrightarrow{AB}=-\overrightarrow{AP'}\cdot\overrightarrow{AB}$이다.

두 점 A′, B′에서 직선 AB에 내린 수선의 발을 각각 D, E라 하면 $\overline{B'A}=6$, $\angle B'AE=60°$이므로 $\overline{AE}=3$, $\overline{BE}=\overline{AD}=1$

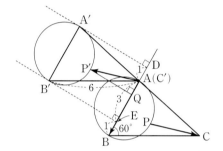

이때 점 P′에서 직선 AB에 내린 수선의 발을 Q라 하면

$\overrightarrow{PC}\cdot\overrightarrow{AB}=-\overrightarrow{AP'}\cdot\overrightarrow{AB}=-\overrightarrow{AQ}\cdot\overrightarrow{AB}$이므로

$\overrightarrow{PC}\cdot\overrightarrow{AB}$의 최댓값은 점 Q가 점 D와 일치할 때이고,

$\overrightarrow{PC}\cdot\overrightarrow{AB}$의 최솟값은 점 Q가 점 E와 일치할 때이다.

즉, $M=-1\times4\times\cos180°=4$, $m=-3\times4\times\cos0°=-12$

따라서 $M+m=4+(-12)=-8$

30

두 벡터 $\overrightarrow{C_{2}C_{1}}$, $\overrightarrow{C_{1}P}$가 이루는 각의 크기를 θ_{1} $(0°\leq\theta_{1}\leq180°)$라 하면 조건 (가)에서

$\overrightarrow{C_{2}C_{1}}\cdot\overrightarrow{C_{1}P}=|\overrightarrow{C_{2}C_{1}}||\overrightarrow{C_{1}P}|\cos\theta_{1}$

$\qquad\qquad=3\times1\times\cos\theta_{1}$

$\qquad\qquad=3\cos\theta_{1}\geq\dfrac{3}{2}$

즉, $\cos\theta_{1}\geq\dfrac{1}{2}$이므로 $0°\leq\theta_{1}\leq60°$이다.

$\theta_{1}=0°$일 때의 점 P를 P_{1}이라 하고, $\theta_{1}=60°$일 때의 점 P를 P_{2}라 하자.

두 벡터 $\overrightarrow{C_{2}C_{1}}$, $\overrightarrow{C_{2}Q}$가 이루는 각의 크기를 θ_{2} $(0°\leq\theta_{2}\leq180°)$라 하면 조건 (나)에서

$\overrightarrow{C_{2}C_{1}}\cdot\overrightarrow{C_{2}Q}=|\overrightarrow{C_{2}C_{1}}||\overrightarrow{C_{2}Q}|\cos\theta_{2}$

$\qquad\qquad=3\times2\times\cos\theta_{2}$

$\qquad\qquad=6\cos\theta_{2}\leq-3$

즉, $\cos\theta_{2}\leq-\dfrac{1}{2}$이므로 $120°\leq\theta_{2}\leq180°$이다.

$\theta_{2}=120°$일 때 제2사분면 위의 점 Q를 Q_{1}이라 하고, $\theta_{2}=120°$일 때 제3사분면 위의 점 Q를 Q_{2}라 하면 두 점 P, Q가 나타내는 도형은 [그림 1]과 같다.

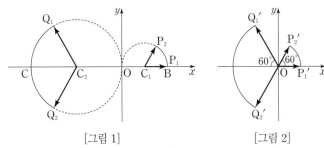

[그림 1]   [그림 2]

[그림 2]와 같이 두 벡터 $\overrightarrow{C_1P_1}$, $\overrightarrow{C_1P_2}$의 시점 C_1을 원점 O로 이동시킨 벡터를 각각 $\overrightarrow{OP_1'}$, $\overrightarrow{OP_2'}$이라 하고, 두 벡터 $\overrightarrow{C_2Q_1}$, $\overrightarrow{C_2Q_2}$의 시점 C_2를 원점 O로 이동시킨 벡터를 각각 $\overrightarrow{OQ_1'}$, $\overrightarrow{OQ_2'}$이라 하자.

두 벡터 $\overrightarrow{C_1P}$, $\overrightarrow{C_2Q}$가 이루는 각의 크기를 θ라 하면

$\angle P_2'OQ_1'=60°$, $\angle P_1'OQ_2'=120°$이므로

$60°\le\theta\le180°$

$\overrightarrow{C_1P}\cdot\overrightarrow{C_2Q}=|\overrightarrow{C_1P}||\overrightarrow{C_2Q}|\cos\theta$

$\qquad\qquad =1\times2\times\cos\theta=2\cos\theta$

이때 $-1\le\cos\theta\le\dfrac{1}{2}$이므로 $-2\le2\cos\theta\le1$

따라서 $M=1$, $m=-2$이므로

$M^2+m^2=1^2+(-2)^2=5$ 답 ⑤

31

정사각형 ABCD의 대각선 BD가 직선 $y=x$ 위에 있으므로 정사각형 ABCD의 변 AD는 x축에 평행하고, 변 AB는 y축에 평행하다.

직선 $y=x$ 위의 점 B에 대하여 $\overline{OB}=1$이므로 점 B의 좌표는 $\left(\dfrac{\sqrt{2}}{2},\dfrac{\sqrt{2}}{2}\right)$이다.

한 변의 길이가 $\dfrac{3\sqrt{2}}{2}$인 정사각형 ABCD에서 두 점 A, D의 좌표는

각각 $\left(\dfrac{\sqrt{2}}{2},\dfrac{\sqrt{2}}{2}+\dfrac{3\sqrt{2}}{2}\right)$, $\left(\dfrac{\sqrt{2}}{2}+\dfrac{3\sqrt{2}}{2},\dfrac{\sqrt{2}}{2}+\dfrac{3\sqrt{2}}{2}\right)$

즉, $A\left(\dfrac{\sqrt{2}}{2},2\sqrt{2}\right)$, $D(2\sqrt{2},2\sqrt{2})$

두 벡터 $\overrightarrow{DA}$, $\overrightarrow{DP}$가 이루는 각의 크기를 θ라 하면

$\overrightarrow{DA}\cdot\overrightarrow{DP}=|\overrightarrow{DA}||\overrightarrow{DP}|\cos\theta=\dfrac{3\sqrt{2}}{2}\times|\overrightarrow{DP}|\cos\theta$

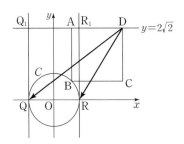

원 C와 x축이 만나는 점 중 x좌표가 음수인 점을 Q, 양수인 점을 R이라 하자.

$|\overrightarrow{DP}|\cos\theta$의 값이 최대가 되기 위해서는 점 P가 점 Q의 위치에 있을 때이다.

점 Q에서 원 C에 접하는 접선이 직선 $y=2\sqrt{2}$와 만나는 점을 Q_1이라 하면

$|\overrightarrow{DP}|\cos\theta\le|\overrightarrow{DQ_1}|=2\sqrt{2}+1$

즉, $\overrightarrow{DA}\cdot\overrightarrow{DP}=\dfrac{3\sqrt{2}}{2}\times|\overrightarrow{DP}|\cos\theta\le\dfrac{3\sqrt{2}}{2}(2\sqrt{2}+1)$

$|\overrightarrow{DP}|\cos\theta$의 값이 최소가 되기 위해서는 점 P가 점 R의 위치에 있을 때이다.

점 R에서 원 C에 접하는 접선이 직선 $y=2\sqrt{2}$와 만나는 점을 R_1이라 하면

$|\overrightarrow{DP}|\cos\theta\ge|\overrightarrow{DR_1}|=2\sqrt{2}-1$

즉, $\overrightarrow{DA}\cdot\overrightarrow{DP}=\dfrac{3\sqrt{2}}{2}\times|\overrightarrow{DP}|\cos\theta\ge\dfrac{3\sqrt{2}}{2}(2\sqrt{2}-1)$

따라서 $\overrightarrow{DA}\cdot\overrightarrow{DP}$의 최댓값 $M=\dfrac{3\sqrt{2}}{2}(2\sqrt{2}+1)$,

최솟값 $m=\dfrac{3\sqrt{2}}{2}(2\sqrt{2}-1)$이므로

$M\times m=\dfrac{3\sqrt{2}}{2}(2\sqrt{2}+1)\times\dfrac{3\sqrt{2}}{2}(2\sqrt{2}-1)=\dfrac{63}{2}$ 답 ①

32

직선 $y=\dfrac{\sqrt{3}}{3}x$와 x축의 양의 방향이 이루는 각의 크기가 $30°$이므로 점

B의 좌표는 $(1\times\cos30°,1\times\sin30°)$, 즉 $\left(\dfrac{\sqrt{3}}{2},\dfrac{1}{2}\right)$이다.

$\overrightarrow{AP}\cdot\overrightarrow{BP}=(\overrightarrow{OP}-\overrightarrow{OA})\cdot(\overrightarrow{OP}-\overrightarrow{OB})$

$\qquad\qquad=|\overrightarrow{OP}|^2-\overrightarrow{OP}\cdot(\overrightarrow{OA}+\overrightarrow{OB})+\overrightarrow{OA}\cdot\overrightarrow{OB}$

$|\overrightarrow{OP}|=1$이고, $\overrightarrow{OA}\cdot\overrightarrow{OB}=(1,1)\cdot\left(\dfrac{\sqrt{3}}{2},\dfrac{1}{2}\right)=\dfrac{\sqrt{3}}{2}+\dfrac{1}{2}$이므로

$\overrightarrow{AP}\cdot\overrightarrow{BP}=|\overrightarrow{OP}|^2-\overrightarrow{OP}\cdot(\overrightarrow{OA}+\overrightarrow{OB})+\overrightarrow{OA}\cdot\overrightarrow{OB}$

$\qquad\qquad=1-\overrightarrow{OP}\cdot(\overrightarrow{OA}+\overrightarrow{OB})+\dfrac{\sqrt{3}}{2}+\dfrac{1}{2}$

$\qquad\qquad=\dfrac{\sqrt{3}+3}{2}-\overrightarrow{OP}\cdot(\overrightarrow{OA}+\overrightarrow{OB})$

$\overrightarrow{OA}+\overrightarrow{OB}=\overrightarrow{OC}$라 하면 $\overrightarrow{OC}=\left(\dfrac{2+\sqrt{3}}{2},\dfrac{3}{2}\right)$이고,

$\overrightarrow{AP}\cdot\overrightarrow{BP}$의 값이 최대가 될 때의 점 P가 Q이므로

$\overrightarrow{AP}\cdot\overrightarrow{BP}\le\overrightarrow{AQ}\cdot\overrightarrow{BQ}$

$\qquad\qquad=\dfrac{\sqrt{3}+3}{2}-\overrightarrow{OQ}\cdot\overrightarrow{OC}$

이때 $\overrightarrow{AP}\cdot\overrightarrow{BP}$의 값이 최대가 되려면 세 점 O, Q, C는 한 직선 위에 있고, 두 벡터 $\overrightarrow{OQ}$, $\overrightarrow{OC}$의 방향이 반대이어야 한다.

따라서 직선 OQ의 기울기는 직선 OC의 기울기와 같으므로 구하는 직선 OQ의 기울기는

$\dfrac{\dfrac{3}{2}}{\dfrac{2+\sqrt{3}}{2}}=\dfrac{3}{2+\sqrt{3}}=3(2-\sqrt{3})$ 답 ③

33

두 점 A, B를 지나는 직선 l_1의 방향벡터를 $\overrightarrow{d_1}$이라 하면

$\overrightarrow{d_1}=\overrightarrow{AB}=(a-1,4-a)$

직선 l_2: $x-1=2(1-y)$, 즉 l_2: $\dfrac{x-1}{-2}=y-1$의 방향벡터를 $\overrightarrow{d_2}$라

하면

$\overrightarrow{d_2}=(-2,1)$

두 직선 l_1, l_2가 서로 수직이므로 두 직선 l_1, l_2의 방향벡터 $\vec{d_1}$, $\vec{d_2}$도 서로 수직이다.

즉, $\vec{d_1} \cdot \vec{d_2} = 0$이므로

$(a-1, 4-a) \cdot (-2, 1) = 0$

$-2(a-1) + 4 - a = 0$, $3a = 6$

따라서 $a = 2$ **답 ②**

34

직선 $3x + 4y = 6$에서 $3(x-2) = -4y$, 즉 $\dfrac{x-2}{4} = \dfrac{y}{-3}$

이므로 이 직선의 방향벡터를 $\vec{e}$라 하면

$\vec{e} = (4, -3)$

따라서 $\vec{d} = (2, 1)$, $\vec{e} = (4, -3)$이므로

$\cos\theta = \dfrac{|\vec{d} \cdot \vec{e}|}{|\vec{d}||\vec{e}|} = \dfrac{|2 \times 4 + 1 \times (-3)|}{\sqrt{2^2+1^2} \times \sqrt{4^2+(-3)^2}} = \dfrac{5}{\sqrt{5} \times 5} = \dfrac{\sqrt{5}}{5}$ **답 ④**

35

$|\vec{p} - \vec{a}| = 2$에서 점 P가 나타내는 도형 C는 점 A$(1, 2)$를 중심으로 하고 반지름의 길이가 2인 원이다.

두 점 B$(2, 4)$, C$(4, 2)$를 지나는 직선을 l이라 하면 직선 l의 방정식은 $y - 4 = \dfrac{2-4}{4-2}(x-2)$, 즉 $y = -x + 6$이다.

원의 중심 A$(1, 2)$와 직선 $l : x + y - 6 = 0$ 사이의 거리는

$\dfrac{|1+2-6|}{\sqrt{1^2+1^2}} = \dfrac{3\sqrt{2}}{2}$

따라서 직선 BC와 원 C 위의 점 P 사이의 거리의

최댓값 $M = \dfrac{3\sqrt{2}}{2} + 2$이고, 최솟값 $m = \dfrac{3\sqrt{2}}{2} - 2$이므로

$M \times m = \left(\dfrac{3\sqrt{2}}{2} + 2\right) \times \left(\dfrac{3\sqrt{2}}{2} - 2\right) = \dfrac{9}{2} - 4 = \dfrac{1}{2}$ **답 ②**

36

$|\vec{p} - \vec{a}|^2 = \vec{a} \cdot \vec{a}$에서 $|\vec{p} - \vec{a}|^2 = |\vec{a}|^2$

즉, $|\vec{p} - \vec{a}| = |\vec{a}|$이므로 점 P가 나타내는 도형 C는 중심이 A이고, 반지름의 길이가 $|\overrightarrow{OA}|$인 원이다.

점 A의 좌표를 (a_1, a_2)라 하면

두 점 O$(0, 0)$, A(a_1, a_2)를 지나는 직선과 원 C가 만나는 점 중에서 원점이 아닌 점은 B$(2a_1, 2a_2)$이고, 두 점 A, B에서 x축에 내린 수선의 발은 각각 H$_1(a_1, 0)$, H$_2(2a_1, 0)$이다.

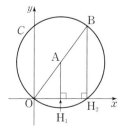

$\overrightarrow{AH_2} = \overrightarrow{OH_2} - \overrightarrow{OA}$

$= (2a_1, 0) - (a_1, a_2)$

$= (a_1, -a_2) = (3, -4)$

에서 $a_1 = 3$, $a_2 = 4$이고, 사각형 AH$_1$H$_2$B는 사다리꼴이므로 그 넓이는

$\dfrac{1}{2}(|\overrightarrow{AH_1}| + |\overrightarrow{BH_2}|) \times |\overrightarrow{H_1H_2}| = \dfrac{1}{2} \times (4+8) \times 3 = 18$ **답 ⑤**

09 공간도형과 공간좌표
본문 95~104쪽

01 ②	02 ③	03 ③	04 ①	05 ①
06 ④	07 ⑤	08 ③	09 ④	10 ④
11 ②	12 ④	13 ⑤	14 ④	15 ③
16 ④	17 ②	18 ④	19 ②	20 ④
21 ④	22 ④	23 ②	24 ④	25 ③
26 ④	27 ④	28 ①	29 ⑤	30 ③
31 ④	32 ④	33 ⑤	34 ③	

01

주어진 전개도로 만들어지는 정오각기둥은 그림과 같다.

직선 AB와 꼬인 위치에 있는 직선은 직선

EJ, DI, CH, GH, HI, IJ, FJ

로 그 개수는 7이다.   **답 ②**

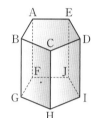

02

점 G를 지나는 직선은 직선 GA, GH, GL이고, 이 중 직선 AB와 평행한 직선 l_1은 직선 GH이다.

점 K를 지나는 직선은 직선 KJ, KL, KE이고, 직선 KJ는 직선 AB와 평행하므로 직선 AB와 꼬인 위치에 있는 직선 l_2는 직선 KL 또는 직선 KE이다.

따라서 두 직선 l_1, l_2는 두 직선 GH, KL 또는 두 직선 GH, KE이다.

이때 두 직선 GH, KL이 이루는 각의 크기는 60°이고, 두 직선 GH, KE가 이루는 각의 크기는 90°이다.

즉, 두 직선 l_1, l_2가 이루는 각의 크기 θ에 대하여 $\cos\theta$가 최댓값을 갖는 경우는 두 직선 l_1, l_2가 각각 두 직선 GH, KL일 때이고, 두 직선이 이루는 각의 크기 $\theta = 60°$이다.

따라서 $\cos\theta$의 최댓값은 $\cos 60° = \dfrac{1}{2}$이다.   **답 ③**

03

정육면체의 모든 모서리의 수는 12이고, 삼각형 AFH의 모든 변을 연장한 직선의 수는 3이므로 15개의 직선이 존재한다.

ㄱ. 직선 AB와 꼬인 위치에 있는 직선은 직선 AB와 만나지도 않고, 평행하지도 않은 직선이다.

직선 AB와 꼬인 위치에 있는 직선은 직선 CG, DH, FG, EH, FH이고, 그 개수는 5이다. (참)

ㄴ. 점 A를 지나는 직선은 직선 AB, AF, AE, AH, AD인데, 직선 AP와 모두 만나므로 꼬인 위치에 있지 않다.

점 F를 지나는 직선은 직선 FB, FA, FE, FH, FG인데, 직선 FA는 직선 AP와 점 A에서 만나고 직선 FG와 직선 AP는 점 G에서 만나므로 직선 AP와 꼬인 위치에 있는 직선은 FB, FE, FH로 그 개수는 3이다.

점 H를 지나는 직선은 직선 HG, HF, HE, HA, HD인데, 직선 HA는 직선 AP와 점 A에서 만나고 직선 HG와 직선 AP는 점 G

에서 만나므로 직선 AP와 꼬인 위치에 있는 직선은 HF, HE, HD로 그 개수는 3이다.

직선 CG는 직선 AP와 점 G에서 만나므로 꼬인 위치에 있지 않다.

두 직선 BC, CD는 직선 AP와 만나지도 않고 평행하지도 않으므로 꼬인 위치에 있고, 두 점 F, H를 지나는 직선 FH가 중복된다.

따라서 평면 AFH와 만나는 직선 중 직선 AP와 꼬인 위치에 있는 직선의 개수는 3+3+2−1=7이다. (거짓)

ㄷ. 두 선분 BH, DF의 교점인 P는 정육면체 ABCD−EFGH의 네 대각선 AG, BH, CE, DF의 교점이기도 하다.

정육면체 ABCD−EFGH와 직선 BP의 교점은 H(Q), 직선 CP의 교점은 E(R), 직선 DP의 교점은 F(S)이다.

따라서 삼각형 QRS의 넓이는 직각이등변삼각형 HEF의 넓이와 같으므로 그 넓이는 $\frac{1}{2} \times 2 \times 2 = 2$이다. (참)

이상에서 옳은 것은 ㄱ, ㄷ이다.   🔲 ③

참고

ㄱ에서 직선 AB와 만나는 직선의 개수는 직선 AD, AE, AH, AF, BC, BF의 6이고, 직선 AB와 평행한 직선의 개수는 직선 DC, EF, HG의 3이고, 직선 AB도 직선 AB와 꼬인 위치에 있지 않다.

따라서 직선 AB와 꼬인 위치에 있는 직선의 개수는
15−6−3−1=5이다.

04

정육면체 ABCD−EFGH와 크기 같은 정육면체 BJIC−FKLG를 면 BFGC가 일치하도록 그림과 같이 놓는다.

$\overline{DG} /\!/ \overline{CL}$, $\overline{DG} = \overline{CL}$이므로 두 선분 DG, CE가 이루는 각의 크기는 삼각형 CEL에서 각 ECL의 크기와 같다.

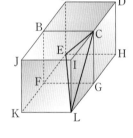

정육면체 ABCD−EFGH의 한 모서리의 길이를 a라 하면

삼각형 CEL에서
$$\overline{EL}^2 = \overline{KL}^2 + \overline{EK}^2 = a^2 + (2a)^2 = 5a^2,$$
$$\overline{LC}^2 = \overline{GC}^2 + \overline{LG}^2 = a^2 + a^2 = 2a^2,$$
$$\overline{EC}^2 = \overline{EF}^2 + \overline{FG}^2 + \overline{GC}^2 = a^2 + a^2 + a^2 = 3a^2$$이므로
$$\overline{EL}^2 = \overline{LC}^2 + \overline{EC}^2$$

즉, ∠ECL=90°이므로 cos θ=cos 90°=0   🔲 ①

05

한 변의 길이가 3인 정삼각형 ADE에서 선분 AR의 길이는 정삼각형 ADE의 높이이므로
$$\overline{AR} = \frac{\sqrt{3}}{2} \times 3 = \frac{3\sqrt{3}}{2}$$

직각삼각형 BER에서 $\overline{BR} = \sqrt{\overline{BE}^2 + \overline{ER}^2} = \sqrt{3^2 + \left(\frac{3}{2}\right)^2} = \frac{3\sqrt{5}}{2}$

두 직선 PQ, BR은 서로 평행하므로 두 직선 AR, PQ가 이루는 각의 크기는 두 직선 AR, BR이 이루는 각의 크기와 같다.

즉, ∠ARB=θ이므로 삼각형 ABR

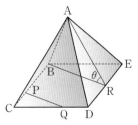

에서 코사인법칙에 의하여
$$\cos\theta = \frac{\overline{AR}^2 + \overline{BR}^2 - \overline{AB}^2}{2 \times \overline{AR} \times \overline{BR}}$$
$$= \frac{\left(\frac{3\sqrt{3}}{2}\right)^2 + \left(\frac{3\sqrt{5}}{2}\right)^2 - 3^2}{2 \times \frac{3\sqrt{3}}{2} \times \frac{3\sqrt{5}}{2}} = \frac{2}{\sqrt{15}} = \frac{2\sqrt{15}}{15}$$ 🔲 ①

06

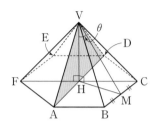

점 V에서 밑면 ABCDEF에 내린 수선의 발을 H라 하면 점 H는 두 대각선 AD, CF의 교점이다.

점 M에서 평면 VAD에 내린 수선의 발이 H이므로 직선 VM과 평면 VAD가 이루는 각의 크기 θ는 삼각형 VHM에서 각 MVH의 크기와 같다.

삼각형 HBC에서 선분 HM의 길이는 한 변의 길이가 2인 정삼각형의 높이와 같으므로
$$\overline{HM} = \frac{\sqrt{3}}{2} \times 2 = \sqrt{3}$$

직각삼각형 VHM에서
$\overline{VH} = 2$, $\overline{VM} = \sqrt{\overline{VH}^2 + \overline{HM}^2} = \sqrt{2^2 + (\sqrt{3})^2} = \sqrt{7}$이므로
$$\cos\theta = \frac{\overline{VH}}{\overline{VM}} = \frac{2}{\sqrt{7}} = \frac{2\sqrt{7}}{7}$$ 🔲 ④

07

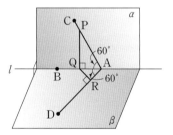

두 평면 α, β의 교선을 l이라 할 때, 선분 AC 위의 점 P에서 직선 l에 내린 수선의 발을 Q라 하고, 점 Q에서 직선 AD에 내린 수선의 발을 R이라 하자. $\overline{AQ} = a$라 하면

직각삼각형 APQ에서 ∠PAQ=60°이므로 $\overline{AP} = 2a$, $\overline{PQ} = \sqrt{3}a$이고,

직각삼각형 AQR에서 ∠QAR=60°이므로 $\overline{AR} = \frac{1}{2}a$, $\overline{QR} = \frac{\sqrt{3}}{2}a$

각 PAR의 크기가 θ이고 삼수선의 정리에 의하여 $\overline{PR} \perp \overline{AR}$이므로 직각삼각형 PAR에서
$$\cos\theta = \cos(\angle PAR) = \frac{\overline{AR}}{\overline{AP}} = \frac{\frac{1}{2}a}{2a} = \frac{1}{4}$$

따라서 $\sin^2\theta = 1 - \cos^2\theta = 1 - \left(\frac{1}{4}\right)^2 = \frac{15}{16}$ 🔲 ⑤

08

점 H에서 선분 EG에 내린 수선의 발을 I라 하면 선분 HI의 길이는 정사각형 EFGH의 대각선의 길이의 $\frac{1}{2}$이 되므로

$$\overline{HI}=4\sqrt{2}\times\frac{1}{2}=2\sqrt{2}$$

선분 PH의 길이는 점 P가 점 I와 일치할 때 최소가 되고, 점 P가 점 E 또는 점 G와 일치할 때 최대가 된다.

즉, $2\sqrt{2}\leq\overline{HP}\leq4$

$\overline{DP}=\sqrt{\overline{DH}^2+\overline{HP}^2}$이므로 선분 EG 위의 점 P에 대하여

$$\sqrt{4^2+(2\sqrt{2})^2}\leq\overline{DP}\leq\sqrt{4^2+4^2}$$

즉, $2\sqrt{6}\leq\overline{DP}\leq4\sqrt{2}$

선분 DP의 길이가 자연수이므로 $\overline{DP}=5$이다.

이때 $\overline{HP}=\sqrt{\overline{DP}^2-\overline{DH}^2}=\sqrt{5^2-4^2}=3$

따라서 삼각형 DHP의 넓이는

$$\frac{1}{2}\times\overline{HP}\times\overline{DH}=\frac{1}{2}\times3\times4=6$$

답 ③

09

[그림 1]과 같이 직사각형 ABCD에서 두 삼각형 BCD, FMD는 서로 닮음이므로

$\overline{BD}:\overline{FD}=\overline{DC}:\overline{DM}$ ······ ㉠

$\overline{BD}=\sqrt{4^2+3^2}=5$이고

$\overline{DM}=\frac{1}{2}\times\overline{BD}=\frac{5}{2}$이므로 ㉠에서

[그림 1]

$$\overline{FD}=\frac{\overline{BD}\times\overline{DM}}{\overline{DC}}=\frac{5\times\frac{5}{2}}{4}=\frac{25}{8}$$

$$\overline{CF}=\overline{DC}-\overline{FD}=4-\frac{25}{8}=\frac{7}{8}$$

[그림 2]와 같이 직선 l을 접는 선으로 하여 접을 때,

$\overline{DM}\perp\overline{MB}$이고 $\overline{DM}\perp\overline{MF}$이므로

$\overline{DM}\perp(\text{평면 MBCF})$

이때 $\overline{DM}\perp\overline{MC}$이고 $\overline{DM}=\overline{MC}$이므로 삼각형 DMC는 직각이등변삼각형이다.

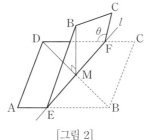
[그림 2]

직각이등변삼각형 DMC에서

$$\overline{DC}^2=\overline{DM}^2+\overline{MC}^2$$
$$=2\overline{DM}^2=2\times\left(\frac{5}{2}\right)^2=\frac{25}{2}$$

[그림 2]의 삼각형 DFC에서 $\angle CFD=\theta$이므로 코사인법칙에 의하여

$$\cos\theta=\frac{\overline{CF}^2+\overline{FD}^2-\overline{DC}^2}{2\times\overline{CF}\times\overline{FD}}=\frac{\left(\frac{7}{8}\right)^2+\left(\frac{25}{8}\right)^2-\frac{25}{2}}{2\times\frac{7}{8}\times\frac{25}{8}}=-\frac{9}{25}$$

답 ④

10

정팔면체 ABCDEF에서 두 대각선 BD, CE의 교점을 O라 하고, 선분 AB의 중점을 M이라 하자.

점 O에서 선분 MC에 내린 수선의 발이 삼각형 ABC의 무게중심 G_1과 일치한다.

$\overline{OM}\perp\overline{AB}$, $\overline{CM}\perp\overline{AB}$, $\overline{OG_1}\perp\overline{CM}$이므로

삼수선의 정리에 의하여 $\overline{OG_1}\perp(\text{평면 ABC})$이다.

직각삼각형 OAC에서 $\overline{AC}=2$이고,

$\overline{OC}=\frac{1}{2}\times\overline{CE}=\frac{1}{2}\times2\sqrt{2}=\sqrt{2}$이므로

$$\overline{OA}=\sqrt{\overline{AC}^2-\overline{OC}^2}$$
$$=\sqrt{2^2-(\sqrt{2})^2}=\sqrt{2}$$
$$\overline{OM}=\sqrt{\overline{OA}^2-\overline{AM}^2}$$
$$=\sqrt{(\sqrt{2})^2-1^2}=1$$

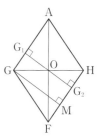

선분 CM의 길이는 정삼각형 ABC의 높이이므로

$$\overline{CM}=\frac{\sqrt{3}}{2}\times2=\sqrt{3}$$

$\overline{OM}^2+\overline{OC}^2=\overline{CM}^2$에서 삼각형 OMC는 $\angle COM=90°$인 직각삼각형이므로 삼각형 OMC의 넓이를 S라 하면

$S=\frac{1}{2}\times\overline{OG_1}\times\overline{CM}=\frac{1}{2}\times\overline{OC}\times\overline{OM}$에서

$$\overline{OG_1}=\frac{\overline{OC}\times\overline{OM}}{\overline{CM}}=\frac{\sqrt{2}\times1}{\sqrt{3}}=\frac{\sqrt{6}}{3}$$

따라서 $\overline{OG_1}=\overline{OG_2}$이고, 세 점 O, G_1, G_2는 한 직선 위에 있으므로

$$\overline{G_1G_2}=2\times\overline{OG_1}=2\times\frac{\sqrt{6}}{3}=\frac{2\sqrt{6}}{3}$$

답 ④

다른 풀이

선분 BC와 선분 ED의 중점을 각각 G, H라 하면 사각형 AGFH는 마름모이다.

이때 선분 AG의 길이는 정삼각형 ABC의 높이이므로

$$\overline{AG}=\frac{\sqrt{3}}{2}\times2=\sqrt{3}$$

그림과 같이 사각형 AGFH의 점 G에서 선분 FH에 내린 수선의 발을 M이라 하면 정삼각형 ABC의 무게중심 G_1과 정삼각형 FED의 무게중심 G_2 사이의 거리는 선분 GM의 길이와 같다.

$\overline{GH}=2$이고 두 대각선 AF와 GH가 만나는 점을 O라 하면

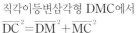

$$\overline{GO}=1, \overline{FO}=\frac{1}{2}\times\overline{AF}=\frac{1}{2}\times2\sqrt{2}=\sqrt{2}$$

삼각형 GFH의 넓이를 S라 하면

$S=\frac{1}{2}\times\overline{GH}\times\overline{FO}=\frac{1}{2}\times\overline{FH}\times\overline{GM}$에서

$$\frac{1}{2}\times2\times\sqrt{2}=\frac{1}{2}\times\sqrt{3}\times\overline{GM}, \overline{GM}=\frac{2\sqrt{6}}{3}$$

따라서 $\overline{G_1G_2}=\frac{2\sqrt{6}}{3}$

11

$\overline{PH_1}\perp\alpha$이고 $\overline{AH_1}\perp l$이므로 삼수선의 정리에 의하여 $\overline{PA}\perp l$이다.

삼각형 PAH_1은 선분 PA를 빗변으로 하는 직각삼각형이므로

$$\overline{PA}=\sqrt{\overline{AH_1}^2+\overline{PH_1}^2}=\sqrt{3^2+4^2}=5$$

$\overline{QH_2}\perp\alpha$이고 $\overline{BH_2}\perp l$이므로 삼수선의 정리에 의하여 $\overline{QB}\perp l$이다.

삼각형 QBH_2는 선분 QB를 빗변으로 하는 직각삼각형이므로

$\overline{QB}=\sqrt{\overline{BH_2}^2+\overline{QH_2}^2}=\sqrt{5^2+12^2}=13$

점 H_1을 지나고 직선 AB에 평행한 직선과 직선 BH_2의 교점을 B′이라 하면 삼각형 $H_1H_2B′$은 선분 H_1H_2를 빗변으로 하는 직각삼각형이므로

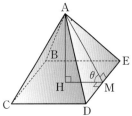

$\overline{H_1H_2}=\sqrt{\overline{B′H_2}^2+\overline{B′H_1}^2}$
$\qquad =\sqrt{(5+3)^2+6^2}=10$

따라서 $\overline{PA}+\overline{QB}+\overline{H_1H_2}=5+13+10=28$

답 ②

12

점 A에서 평면 BCDE에 내린 수선의 발을 H라 하고, 선분 DE의 중점을 M이라 하자. 정사각뿔 A−BCDE의 한 모서리의 길이를 a라 하면 직각삼각형 AHM에서 선분 AM의 길이는 정삼각형 ADE의 높이와 같으므로

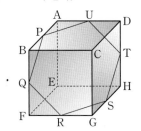

$\overline{AM}=\dfrac{\sqrt{3}}{2}a$이고, $\overline{HM}=\dfrac{1}{2}\overline{CD}=\dfrac{1}{2}a$이다.

$\angle AMH=\theta$이므로

$\cos\theta=\dfrac{\overline{HM}}{\overline{AM}}=\dfrac{\dfrac{1}{2}a}{\dfrac{\sqrt{3}}{2}a}=\dfrac{1}{\sqrt{3}}$

따라서 $\sin^2\theta=1-\cos^2\theta=1-\left(\dfrac{1}{\sqrt{3}}\right)^2=\dfrac{2}{3}$

답 ④

13

점 E에서 선분 FH에 내린 수선의 발을 M이라 하면 $\overline{AE}\perp$(평면 EFGH), $\overline{EM}\perp\overline{FH}$이므로 삼수선의 정리에 의하여 $\overline{AM}\perp\overline{FH}$이다.

따라서 $\theta=\angle AME$

삼각형 EFH의 넓이를 S라 하면

$S=\dfrac{1}{2}\times\overline{EF}\times\overline{EH}=\dfrac{1}{2}\times\overline{EM}\times\overline{FH}$에서

$\overline{EM}=\dfrac{\overline{EF}\times\overline{EH}}{\overline{FH}}=\dfrac{4\times3}{\sqrt{4^2+3^2}}=\dfrac{12}{5}$

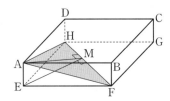

직각삼각형 AEM에서

$\overline{AM}=\sqrt{\overline{AE}^2+\overline{EM}^2}=\sqrt{1^2+\left(\dfrac{12}{5}\right)^2}=\dfrac{13}{5}$

따라서

$\cos\theta=\dfrac{\overline{EM}}{\overline{AM}}=\dfrac{\dfrac{12}{5}}{\dfrac{13}{5}}=\dfrac{12}{13}$

답 ⑤

14

육각형 PQRSTU는 한 변의 길이가 $\sqrt{2}$인 정육각형이고, 평면 PQRSTU는 평면 PRSU와 같다.

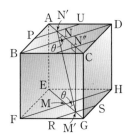

선분 AC와 두 선분 BD, PU의 교점을 각각 N, N′이라 하자. 두 삼각형 APU, ABD는 서로 닮음이고, $\overline{AP}:\overline{AB}=1:2$이므로 $\overline{AN′}:\overline{AN}=1:2$이다.

이때 $\overline{AN}=2\sqrt{2}\times\dfrac{1}{2}=\sqrt{2}$이므로 $\overline{AN′}=\dfrac{\sqrt{2}}{2}$

선분 EG와 두 선분 FH, RS의 교점을 각각 M, M′이라 하면 $\overline{N′M′}\perp\overline{RS}$, $\overline{EM′}\perp\overline{RS}$이므로 $\angle N′M′E=\theta$이고 $\overline{AC}/\!/\overline{EG}$이므로 $\angle M′N′C=\angle N′M′E=\theta$이다.

점 M′에서 평면 ABCD에 내린 수선의 발을 N″이라 하면 $\overline{N″M′}=\overline{CG}=2$이고

$\overline{NN″}=\overline{NN′}=\overline{AN′}=\dfrac{\sqrt{2}}{2}$

따라서 직각삼각형 N′M′N″에서 $\overline{N′N″}=\overline{NN″}+\overline{NN′}=\sqrt{2}$,

$\overline{M′N′}=\sqrt{\overline{N″M′}^2+\overline{N′N″}^2}=\sqrt{2^2+(\sqrt{2})^2}=\sqrt{6}$이므로

$\cos\theta=\dfrac{\overline{N′N″}}{\overline{M′N′}}=\dfrac{\sqrt{2}}{\sqrt{6}}=\dfrac{1}{\sqrt{3}}=\dfrac{\sqrt{3}}{3}$

답 ④

15

선분 CD의 중점을 M이라 하면 선분 OM은 이등변삼각형 OCD의 높이가 되므로

$\overline{OM}=\sqrt{\overline{OD}^2-\overline{MD}^2}$
$\qquad =\sqrt{(2\sqrt{3})^2-2^2}$
$\qquad =2\sqrt{2}$

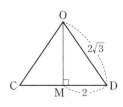

점 O에서 밑면 ABCD에 내린 수선의 발을 O′이라 하면

$\overline{O′M}=\dfrac{1}{2}\overline{BC}=\dfrac{1}{2}\times4=2$

$\theta_1=\angle OMO′$이므로 직각삼각형 OO′M에서

$\cos\theta_1=\dfrac{\overline{O′M}}{\overline{OM}}=\dfrac{2}{2\sqrt{2}}=\dfrac{1}{\sqrt{2}}$

또 $\theta_2=\angle FGJ$이므로 직각삼각형 JGF에서

$\overline{GJ}=\sqrt{\overline{FG}^2+\overline{FJ}^2}=\sqrt{4^2+(2\sqrt{2})^2}=2\sqrt{6}$

$\cos\theta_2=\dfrac{\overline{FG}}{\overline{GJ}}=\dfrac{4}{2\sqrt{6}}=\dfrac{2}{\sqrt{6}}$

따라서 $\cos^2\theta_1+\cos^2\theta_2=\left(\dfrac{1}{\sqrt{2}}\right)^2+\left(\dfrac{2}{\sqrt{6}}\right)^2=\dfrac{7}{6}$　　　답 ③

16

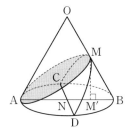

모선 OB의 중점 M에서 밑면에 내린 수선의 발을 M′이라 하고, 두 직선 AB, CD의 교점을 N이라 하자. 직각삼각형 MAM′에서

$\overline{MM'}=\dfrac{1}{2}\overline{ON}=\dfrac{1}{2}\times\sqrt{8^2-4^2}=\dfrac{1}{2}\times4\sqrt{3}=2\sqrt{3}$

$\overline{AM'}=\overline{AN}+\overline{NM'}$

　　　$=\overline{AN}+\dfrac{1}{2}\overline{NB}$

　　　$=\dfrac{3}{2}\overline{AN}=\dfrac{3}{2}\times4=6$

$\overline{AM}=\sqrt{\overline{AM'}^2+\overline{MM'}^2}$

　　　$=\sqrt{6^2+(2\sqrt{3})^2}=4\sqrt{3}$

이때

$\cos(\angle MAM')=\dfrac{\overline{AM'}}{\overline{AM}}=\dfrac{6}{4\sqrt{3}}=\dfrac{\sqrt{3}}{2}$

이므로

$\angle MAM'=30°$

한편, 두 평면 α, β가 이루는 각의 크기 θ는 각 AMN의 크기와 같다.

직각삼각형 MNM′에서

$\overline{MN}=\sqrt{\overline{NM'}^2+\overline{MM'}^2}=\sqrt{2^2+(2\sqrt{3})^2}=4$

즉, $\overline{AN}=\overline{MN}$이므로

$\theta=30°$

따라서 $\cos\theta=\cos30°=\dfrac{\sqrt{3}}{2}$　　　답 ④

다른 풀이

선분 CD의 중점을 P라 하자.

$\angle OPB=90°$인 직각삼각형 OPB에서

$\overline{OB}=8$, $\overline{BP}=4$이므로 $\angle OBP=60°$이고,

$\overline{BP}=\overline{MB}=4$이므로 삼각형 BMP는 정삼각형이다.

즉, $\overline{PM}=4$

$\angle AMO=90°$인 직각삼각형 OAM에서

$\overline{AM}=\sqrt{\overline{OA}^2-\overline{OM}^2}=\sqrt{8^2-4^2}=4\sqrt{3}$

$\angle AMP=\theta$이므로 $\overline{PA}=\overline{PM}$인 이등변삼각형 PMA에서 선분 AM의 중점을 Q라 하면

$\cos\theta=\dfrac{\overline{MQ}}{\overline{PM}}=\dfrac{2\sqrt{3}}{4}=\dfrac{\sqrt{3}}{2}$

17

선분 EF의 중점을 N이라 하면 삼각형 DEM의 평면 EFGH 위로의 정사영은 삼각형 HEN이고, 이때 삼각형 HEN의 넓이는

$\dfrac{1}{2}\times4\times2=4$

$\overline{DE}=\sqrt{4^2+4^2}=4\sqrt{2}$,

$\overline{DM}=\sqrt{4^2+2^2}=2\sqrt{5}$,

$\overline{ME}=\sqrt{2^2+4^2}=2\sqrt{5}$

이므로 삼각형 DEM은 $\overline{DM}=\overline{ME}$인 이등변삼각형이다.

점 M에서 선분 DE에 내린 수선의 발을 L이라 하면

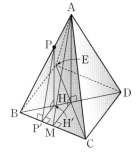

$\overline{DL}=\dfrac{1}{2}\overline{DE}=2\sqrt{2}$이므로

$\overline{ML}=\sqrt{\overline{DM}^2-\overline{DL}^2}$

　　　$=\sqrt{(2\sqrt{5})^2-(2\sqrt{2})^2}$

　　　$=2\sqrt{3}$

삼각형 DEM의 넓이는

$\dfrac{1}{2}\times\overline{DE}\times\overline{ML}=\dfrac{1}{2}\times4\sqrt{2}\times2\sqrt{3}=4\sqrt{6}$

두 평면 DEM, EFGH가 이루는 각의 크기가 θ이므로

$\cos\theta=\dfrac{(\text{삼각형 HEN의 넓이})}{(\text{삼각형 DEM의 넓이})}=\dfrac{4}{4\sqrt{6}}=\dfrac{1}{\sqrt{6}}$

따라서 $\cos^2\theta=\left(\dfrac{1}{\sqrt{6}}\right)^2=\dfrac{1}{6}$　　　답 ②

18

점 A에서 밑면 BCDE에 내린 수선의 발은 밑면의 두 대각선 BD, CE의 교점 H와 일치한다.

점 P에서 선분 BC에 내린 수선의 발을 P′이라 하고, 점 P에서 선분 BD에 내린 수선의 발을 H′이라 하자.

직각삼각형 BCH에 내접하는 원의 반지름의 길이를 r이라 하면 삼각형 BCH의 넓이는

$\dfrac{1}{2}\times\overline{BH}\times\overline{CH}=\dfrac{1}{2}\times(\overline{BH}+\overline{CH}+\overline{BC})\times r$

$\sqrt{2}\times\sqrt{2}=(\sqrt{2}+\sqrt{2}+2)\times r$

$r=\dfrac{1}{\sqrt{2}+1}=\sqrt{2}-1$

즉, $\overline{BH}=\sqrt{2}$, $\overline{HH'}=r=\sqrt{2}-1$이므로 $\overline{BH'}=1$, $\overline{P'H'}=\dfrac{\sqrt{2}}{2}$

점 A에서 선분 BC에 내린 수선의 발을 M이라 하면

$\overline{AM}=\sqrt{\overline{AB}^2-\overline{BM}^2}=\sqrt{3^2-1^2}=2\sqrt{2}$

두 삼각형 PP′H′, AMH는 서로 닮음이므로

$\overline{PP'}:\overline{AM}=\overline{P'H'}:\overline{MH}$에서

$\overline{PP'}:2\sqrt{2}=\dfrac{\sqrt{2}}{2}:1$

$\overline{PP'}=2$

직각삼각형 PBP′에서

$\overline{PB}=\sqrt{\overline{PP'}^2+\overline{BP'}^2}=\sqrt{2^2+\left(\frac{1}{\sqrt{2}}\right)^2}=\frac{3}{\sqrt{2}}$

따라서 $\overline{PB}^2=\frac{9}{2}$ <u>답</u> ④

참고

$\overline{BH}=\sqrt{2}$, $\overline{BH'}=1$이고 두 삼각형 ABH, PBH'이 서로 닮음이므로

$\frac{\overline{AB}}{\overline{PB}}=\frac{\overline{BH}}{\overline{BH'}}=\frac{\sqrt{2}}{1}=\sqrt{2}$

즉, $\overline{PB}=\frac{3}{\sqrt{2}}$이고 $\overline{PB}^2=\frac{9}{2}$이다.

19

삼각형 BMN에서 선분 MN의 중점을 L이라 하자.

$\overline{MN}=\frac{1}{2}\overline{CD}=\frac{1}{2}\times 4=2$이므로 $\overline{ML}=\overline{NL}=1$

$\overline{BM}=\overline{BN}$, $\overline{BM}$은 정삼각형 ABC의 높이이므로 $\overline{BM}=\frac{\sqrt{3}}{2}\times 4=2\sqrt{3}$

$\overline{BL}=\sqrt{\overline{BM}^2-\overline{ML}^2}=\sqrt{(2\sqrt{3})^2-1^2}=\sqrt{11}$이므로

(삼각형 BMN의 넓이) $=\frac{1}{2}\times\overline{MN}\times\overline{BL}=\frac{1}{2}\times 2\times\sqrt{11}=\sqrt{11}$

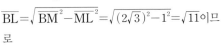

점 A에서 평면 BCD에 내린 수선의 발을 H라 하고 점 L에서 평면 BCD에 내린 수선의 발을 L'이라 하면 $\overline{LL'}=\frac{1}{2}\overline{AH}$이다.

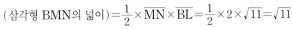

점 H는 정삼각형 BCD의 무게중심이므로

$\overline{BH}=\left(\frac{\sqrt{3}}{2}\times 4\right)\times\frac{2}{3}=\frac{4\sqrt{3}}{3}$

$\overline{AH}=\sqrt{\overline{AB}^2-\overline{BH}^2}=\sqrt{4^2-\left(\frac{4\sqrt{3}}{3}\right)^2}=\frac{4\sqrt{2}}{\sqrt{3}}$

$\overline{LL'}=\frac{1}{2}\overline{AH}=\frac{1}{2}\times\frac{4\sqrt{2}}{\sqrt{3}}=\frac{2\sqrt{2}}{\sqrt{3}}$

두 평면 BMN, BCD가 이루는 각의 크기를 θ라 하면 $\angle LBL'=\theta$이므로

$\sin\theta=\frac{\overline{LL'}}{\overline{BL}}=\frac{\frac{2\sqrt{2}}{\sqrt{3}}}{\sqrt{11}}=\frac{2\sqrt{2}}{\sqrt{33}}$

$\cos\theta=\sqrt{1-\left(\frac{2\sqrt{2}}{\sqrt{33}}\right)^2}=\frac{5}{\sqrt{33}}$

따라서 삼각형 BMN의 평면 BCD 위로의 정사영의 넓이는

(삼각형 BMN의 넓이) $\times\cos\theta=\sqrt{11}\times\frac{5}{\sqrt{33}}$

$=\frac{5}{\sqrt{3}}=\frac{5\sqrt{3}}{3}$ <u>답</u> ②

다른 풀이

점 A, N, M의 평면 BCD 위로의 정사영을 각각 A', N', M'이라 하면 삼각형 BMN의 평면 BCD 위로의 정사영의 넓이는 삼각형 BM'N'의 넓이와 같다.

정삼각형 BCD의 넓이를 S라 하면 $S=\frac{\sqrt{3}}{4}\times 4^2=4\sqrt{3}$

삼각형 BA'D에서 $\overline{N'D}=\overline{N'A'}$이므로 삼각형 BA'N'의 넓이는 $\frac{S}{3}\times\frac{1}{2}=\frac{S}{6}$이다.

같은 방법으로 삼각형 BA'M'의 넓이도 $\frac{S}{6}$이고,

삼각형 N'A'M'의 넓이는 $\frac{S}{3}\times\frac{1}{4}=\frac{S}{12}$이다.

따라서 삼각형 BM'N'의 넓이는

$\frac{S}{6}+\frac{S}{6}+\frac{S}{12}=\frac{5}{12}S=\frac{5}{12}\times 4\sqrt{3}=\frac{5\sqrt{3}}{3}$

20

선분 BC의 중점을 H라 하고, 꼭짓점 A에서 평면 BCD에 내린 수선의 발을 G라 하자. 선분 DH 위에 점 G가 있고, 점 G는 정삼각형 BCD의 무게중심이다. 점 E에서 평면 BCD에 내린 수선의 발을 H_1이라 하면 점 H_1은 선분 DG를 2 : 1로 내분하는 점이다. 즉,

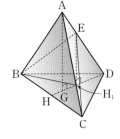

$\overline{HH_1}=\overline{GH}+\overline{GH_1}$

$=\frac{1}{3}\overline{DH}+\frac{1}{3}\overline{DG}$

$=\frac{1}{3}\overline{DH}+\frac{1}{3}\times\frac{2}{3}\overline{DH}$

$=\frac{5}{9}\overline{DH}$

$=\frac{5}{9}\times\left(\frac{\sqrt{3}}{2}\times 12\right)=\frac{10\sqrt{3}}{3}$

이므로 삼각형 BCH_1의 넓이 S_1은

$\frac{1}{2}\times\overline{BC}\times\overline{HH_1}=\frac{1}{2}\times 12\times\frac{10\sqrt{3}}{3}=20\sqrt{3}$

점 F에서 평면 BCD에 내린 수선의 발을 H_2라 하면 점 H_2는 선분 DG를 1 : 2로 내분하는 점이다. 즉,

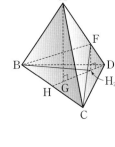

$\overline{HH_2}=\overline{GH}+\overline{GH_2}$

$=\frac{1}{3}\overline{DH}+\frac{2}{3}\overline{DG}$

$=\frac{1}{3}\overline{DH}+\frac{2}{3}\times\frac{2}{3}\overline{DH}$

$=\frac{7}{9}\overline{DH}$

$=\frac{7}{9}\times\left(\frac{\sqrt{3}}{2}\times 12\right)=\frac{14\sqrt{3}}{3}$

이므로 삼각형 BCH_2의 넓이 S_2는

$\frac{1}{2}\times\overline{BC}\times\overline{HH_2}=\frac{1}{2}\times 12\times\frac{14\sqrt{3}}{3}=28\sqrt{3}$

따라서 $S_1+S_2=20\sqrt{3}+28\sqrt{3}=48\sqrt{3}$ <u>답</u> ⑤

다른 풀이

세 점 A, E, F의 평면 BCD 위로의 정사영을 각각 A', E', F'이라 하면 S_1은 삼각형 BCE'의 넓이와 같고, S_2는 삼각형 BCF'의 넓이와 같다.

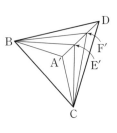

정삼각형 BCD의 넓이를 S라 하면

$$S = \frac{\sqrt{3}}{4} \times 12^2 = 36\sqrt{3}$$

삼각형 BCA′의 넓이는 $\frac{S}{3}$

삼각형 BA′D의 넓이가 $\frac{S}{3}$이고, $2\overline{A'E'} = \overline{E'D}$이므로

삼각형 BA′E′의 넓이는 $\frac{S}{3} \times \frac{1}{3} = \frac{S}{9}$

삼각형 CA′D의 넓이가 $\frac{S}{3}$이고, $2\overline{A'E'} = \overline{E'D}$이므로

삼각형 CA′E′의 넓이는 $\frac{S}{3} \times \frac{1}{3} = \frac{S}{9}$

그러므로 BCE′의 넓이는 $\frac{S}{3} + \frac{S}{9} + \frac{S}{9} = \frac{5}{9}S$

마찬가지 방법으로 삼각형 BCF′의 넓이는 $\frac{S}{3} + \frac{2}{9}S + \frac{2}{9}S = \frac{7}{9}S$

따라서 $S_1 + S_2 = \frac{5}{9}S + \frac{7}{9}S = \frac{4}{3}S = \frac{4}{3} \times 36\sqrt{3} = 48\sqrt{3}$

21

이 타원의 중심을 원점 O라 하고, 타원의 방정식을

$\frac{x^2}{a^2} + \frac{y^2}{b^2} = 1 \ (b > a > 0)$이라 하면

장축의 길이는 $2b$, 단축의 길이는 $2a$이다.

타원을 포함한 평면과 밑면이 이루는 각의 크기가 θ이므로

$2b \times \cos\theta = 6$ …… ㉠

타원의 단축의 길이는 밑면의 지름의 길이와 같으므로

$2a = 6$에서 $a = 3$

타원 $\frac{x^2}{9} + \frac{y^2}{b^2} = 1$의 두 초점 사이의 거리가 8이므로 두 초점의 좌표는

$(0, 4), (0, -4)$이다.

즉, $b^2 - 9 = 4^2$이므로

$b^2 = 16 + 9 = 25$, $b = 5$

따라서 ㉠에서

$\cos\theta = \frac{6}{2b} = \frac{3}{b} = \frac{3}{5}$ 답 ④

22

좌표공간의 점 $A(1, 2, -3)$을 y축에 대하여 대칭이동한 점 B의 좌표는 $(-1, 2, 3)$이고, 점 A를 원점에 대하여 대칭이동한 점 C의 좌표는 $(-1, -2, 3)$이다. 따라서 선분 BC의 길이는

$\overline{BC} = \sqrt{\{-1-(-1)\}^2 + (-2-2)^2 + (3-3)^2}$
$\quad\quad = \sqrt{0+16+0} = 4$ 답 ④

23

좌표공간의 점 $P(1, 2, a)$를 yz평면에 대하여 대칭이동한 점 Q의 좌표는 $(-1, 2, a)$이고, 점 P를 x축에 대하여 대칭이동한 점 R의 좌표는 $(1, -2, -a)$이므로

$\overline{QR}^2 = \{1-(-1)\}^2 + (-2-2)^2 + (-a-a)^2 = 4a^2 + 20$

선분 QR의 길이가 6이므로

$4a^2 + 20 = 6^2$, $a^2 = 4$

$a > 0$이므로 $a = 2$ 답 ②

24

점 $A(2, 4, 4)$를 xy평면에 대하여 대칭이동한 점을 A′이라 하면 $A'(2, 4, -4)$이고, 점 $B(a, 2, 3)$을 zx평면에 대하여 대칭이동한 점을 B′이라 하면 $B'(a, -2, 3)$이다. 이때

$\overline{AP} + \overline{PQ} + \overline{QB} = \overline{A'P} + \overline{PQ} + \overline{QB'}$
$\quad\quad\quad\quad\quad\quad\quad \geq \overline{A'B'}$

이고 $\overline{AP} + \overline{PQ} + \overline{QB}$의 최솟값이 11이므로

$\overline{A'B'} = \sqrt{(a-2)^2 + (-2-4)^2 + \{3-(-4)\}^2} = 11$

$(a-2)^2 + 36 + 49 = 121$, $(a-2)^2 = 36$

$a - 2 = 6$ 또는 $a - 2 = -6$

$a = 8$ 또는 $a = -4$

$a > 0$이므로 $a = 8$ 답 ②

25

$\overline{OA} : \overline{OB} = \sqrt{3} : 1$이므로

$\overline{OA}^2 = 3\overline{OB}^2$

$a^2 + 9 + a^2 = 3(b^2 + 1 + b^2)$, $2a^2 + 9 = 6b^2 + 3$

$a^2 = 3(b^2 - 1)$ …… ㉠

이때 a^2이 3의 배수이므로 a도 3의 배수이다.

즉, 15 이하의 자연수 중 3의 배수는 3, 6, 9, 12, 15이므로 a는 3 또는 6 또는 9 또는 12 또는 15이다.

(i) $a = 3$일 때, ㉠에서 $b^2 = 4$이므로 자연수 b의 값은 2이다.

     즉, $A(3, 3, 3)$, $B(2, 1, 2)$이므로
     $\overline{AB} = \sqrt{(2-3)^2 + (1-3)^2 + (2-3)^2} = \sqrt{6}$

(ii) $a = 6$일 때, ㉠에서 $b^2 = 13$이므로 이를 만족시키는 자연수 b는 없다.

(iii) $a = 9$일 때, ㉠에서 $b^2 = 28$이므로 이를 만족시키는 자연수 b는 없다.

(iv) $a = 12$일 때, ㉠에서 $b^2 = 49$이므로 자연수 b의 값은 7이다.

     즉, $A(12, 3, 12)$, $B(7, 1, 7)$이므로
     $\overline{AB} = \sqrt{(7-12)^2 + (1-3)^2 + (7-12)^2} = 3\sqrt{6}$

(v) $a = 15$일 때, ㉠에서 $b^2 = 76$이므로 이를 만족시키는 자연수 b는 없다.

(i)~(v)에 의하여

선분 AB의 길이의 최댓값 $M = 3\sqrt{6}$, 최솟값 $m = \sqrt{6}$이므로

$M + m = 3\sqrt{6} + \sqrt{6} = 4\sqrt{6}$ 답 ③

26

선분 AB를 2 : 1로 내분하는 점의 좌표는

$\left(\frac{2 \times 3 + 1 \times 0}{2+1}, \frac{2 \times (-1) + 1 \times a}{2+1}, \frac{2 \times b + 1 \times (-2)}{2+1} \right)$

즉, $\left(2, \frac{a-2}{3}, \frac{2b-2}{3} \right)$

이 점이 점 $(2, 1, 2)$와 일치하므로

$\frac{a-2}{3} = 1$, $\frac{2b-2}{3} = 2$

따라서 $a = 5$, $b = 4$이므로

$a + b = 5 + 4 = 9$ 답 ④

27

좌표공간의 두 점 $A(-3, 2, 3)$, $B(3, 2, 6)$에서
xy평면에 내린 수선의 발은 각각 $A'(-3, 2, 0)$, $B'(3, 2, 0)$이고,
zx평면에 내린 수선의 발은 각각 $A''(-3, 0, 3)$, $B''(3, 0, 6)$이다.
선분 $A'B'$을 $2 : 1$로 내분하는 점 P의 좌표는
$$\left(\frac{2\times3+1\times(-3)}{2+1}, \frac{2\times2+1\times2}{2+1}, \frac{2\times0+1\times0}{2+1}\right)$$
즉, $P(1, 2, 0)$
선분 $A''B''$을 $2 : 1$로 외분하는 점 Q의 좌표는
$$\left(\frac{2\times3-1\times(-3)}{2-1}, \frac{2\times0-1\times0}{2-1}, \frac{2\times6-1\times3}{2-1}\right)$$
즉, $Q(9, 0, 9)$
따라서 $\overline{PQ}^2 = (9-1)^2 + (0-2)^2 + (9-0)^2 = 149$ 답 ④

28

삼각형 ABC의 무게중심 G의 좌표가 $(1, 2, 3)$이므로
$$\left(\frac{a+(-3)+4}{3}, \frac{-3+b+7}{3}, \frac{1+5+c}{3}\right)$$에서
$\dfrac{a+1}{3}=1$, $\dfrac{b+4}{3}=2$, $\dfrac{c+6}{3}=3$
$a=2$, $b=2$, $c=3$
세 점 $A(2, -3, 1)$, $B(-3, 2, 5)$, $C(4, 7, 3)$에서 xy평면에 내린
수선의 발을 각각 A', B', C'이라 하면 삼각형 ABC의 xy평면 위로의
정사영이 삼각형 $A'B'C'$이고, $A'(2, -3, 0)$, $B'(-3, 2, 0)$,
$C'(4, 7, 0)$이다.
점 A'을 지나고 x축에 평행한 직선과 점 B'
을 지나고 y축에 평행한 직선이 만나는 점을
H_1, 점 B'을 지나고 y축에 평행한 직선과 점
C'을 지나고 x축에 평행한 직선이 만나는 점
을 H_2, 점 C'을 지나고 y축에 평행한 직선과
점 A'을 지나고 x축에 평행한 직선이 만나는
점을 H_3이라 하고 세 삼각형 $A'B'H_1$,

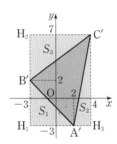

$A'H_3C'$, $B'C'H_2$의 넓이를 각각 S_1, S_2, S_3이라 하자.
삼각형 $A'B'C'$의 넓이는 그림과 같이 가로의 길이가 7, 세로의 길이가
10인 직사각형의 넓이에서 $S_1+S_2+S_3$을 빼면 된다.
따라서 삼각형 ABC의 xy평면 위로의 정사영의 넓이는
$$7\times10-\left(\frac{1}{2}\times5\times5+\frac{1}{2}\times2\times10+\frac{1}{2}\times7\times5\right)$$
$$=70-40=30$$ 답 ①

29

밑면의 정육각형 GHIJKL을 xy평면 위에
두고, 점 H를 원점 $(0, 0, 0)$, 점 K를 x
축 위의 x좌표가 양수인 점으로 놓자. 두
선분 HK, GI의 교점을 H'이라 하면
$\angle GHH' = 60°$이므로 점 G의 좌표는
$(2\cos 60°, 2\sin 60°, 0)$,
즉 $G(1, \sqrt{3}, 0)$이다.
이때 $A(1, \sqrt{3}, 4)$, $B(0, 0, 4)$이므로 선분 AB의 중점 M은

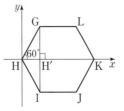

$M\left(\dfrac{1}{2}, \dfrac{\sqrt{3}}{2}, 4\right)$이고,
$K(1+2+1, 0, 0)$, $J(1+2, -2\sin 60°, 0)$에서
$K(4, 0, 0)$, $J(3, -\sqrt{3}, 0)$이므로 선분 KJ의 중점 N은
$N\left(\dfrac{7}{2}, -\dfrac{\sqrt{3}}{2}, 0\right)$이다.
$F(1+2, \sqrt{3}, 4)$, $I(1, -2\sin 60°, 0)$에서
$F(3, \sqrt{3}, 4)$, $I(1, -\sqrt{3}, 0)$이므로 삼각형 FHI의 무게중심 P의 좌표는
$$\left(\frac{3+1+0}{3}, \frac{\sqrt{3}+(-\sqrt{3})+0}{3}, \frac{4+0+0}{3}\right), \text{ 즉 } P\left(\frac{4}{3}, 0, \frac{4}{3}\right)$$
선분 MN의 중점을 Q라 하면 점 Q의 좌표는
$$\left(\frac{\frac{1}{2}+\frac{7}{2}}{2}, \frac{\frac{\sqrt{3}}{2}+\left(-\frac{\sqrt{3}}{2}\right)}{2}, \frac{4+0}{2}\right), \text{ 즉 } Q(2, 0, 2)$$
따라서 점 P와 선분 MN의 중점 Q 사이의 거리는
$$\overline{PQ} = \sqrt{\left(2-\frac{4}{3}\right)^2 + (0-0)^2 + \left(2-\frac{4}{3}\right)^2} = \frac{2\sqrt{2}}{3}$$ 답 ⑤

30

구 S의 중심을 C라 하면 두 점 $A(a, 1, -1)$, $B(-3, 5, b)$가 구의
지름의 양 끝 점이므로 중심 C는 선분 AB의 중점이다. 즉, 중심 C의
좌표는 $\left(\dfrac{a-3}{2}, 3, \dfrac{-1+b}{2}\right)$이다.
구 S의 반지름의 길이는 선분 AC의 길이와 같으므로
$$\overline{AC}^2 = \left(\frac{-a-3}{2}\right)^2 + (3-1)^2 + \left(\frac{b+1}{2}\right)^2$$
$$= \frac{(a+3)^2}{4} + \frac{(b+1)^2}{4} + 4$$
이 구가 xy평면과 zx평면에 동시에 접하므로 구의 중심 C의 z좌표의
절댓값과 y좌표의 절댓값은 구의 반지름의 길이와 같다.
즉, $\left|\dfrac{-1+b}{2}\right| = 3 = \sqrt{\dfrac{(a+3)^2}{4} + \dfrac{(b+1)^2}{4} + 4}$
$\left|\dfrac{-1+b}{2}\right| = 3$에서 $|b-1| = 6$
$b-1 = 6$ 또는 $b-1 = -6$에서 $b=7$ 또는 $b=-5$
$b<0$이므로 $b=-5$
$\sqrt{\dfrac{(a+3)^2}{4} + \dfrac{(-5+1)^2}{4} + 4} = 3$에서
$\dfrac{(a+3)^2}{4} + 8 = 9$
$\dfrac{(a+3)^2}{4} = 1$, $(a+3)^2 = 4$
$a+3 = 2$ 또는 $a+3 = -2$에서 $a=-1$ 또는 $a=-5$
$b<a<0$이므로 $a=-1$
따라서 $ab = (-1) \times (-5) = 5$ 답 ③

31

yz평면 위의 점은 x좌표가 0이므로
$(x-1)^2 + (y-3)^2 + z^2 = k$에 $x=0$을 대입하면
$1 + (y-3)^2 + z^2 = k$
$(y-3)^2 + z^2 = k-1$

즉, 구 $(x-1)^2+(y-3)^2+z^2=k$와 yz평면이 만나서 생기는 도형은
중심이 $(0, 3, 0)$이고 반지름의 길이가 $\sqrt{k-1}$인 원이다.
이 도형의 둘레의 길이가 $4\sqrt{2}\pi$이므로
$2\pi \times \sqrt{k-1}=4\sqrt{2}\pi$, $k-1=8$
따라서 $k=9$

답 ②

32

구 $(x-2\sqrt{2})^2+(y-2\sqrt{2})^2+(z-3)^2=1$을 S라 하면 구 S의 xy평면
위로의 정사영은 $(x-2\sqrt{2})^2+(y-2\sqrt{2})^2=1$이다.

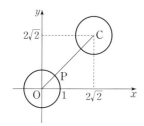

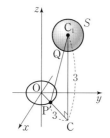

xy평면 위의 두 원 $x^2+y^2=1$, $(x-2\sqrt{2})^2+(y-2\sqrt{2})^2=1$의 중심을
각각 O, C라 하면 $O(0, 0, 0)$이고 $C(2\sqrt{2}, 2\sqrt{2}, 0)$이므로
$\overline{OC}=\sqrt{(2\sqrt{2})^2+(2\sqrt{2})^2}=4$
xy평면 위의 원 $x^2+y^2=1$ 위의 점 P와 점 C 사이의 거리의 최솟값은
$4-1=3$이다. 점 P와 점 C 사이의 거리가 최소일 때, 선분 OC와 원
$x^2+y^2=1$의 교점을 P'이라 하자.
구 S의 중심을 C_1이라 하면 점 $C_1(2\sqrt{2}, 2\sqrt{2}, 3)$과 점 P' 사이의 거리
는
$\overline{P'C_1}=\sqrt{3^2+3^2}=3\sqrt{2}$
따라서 선분 PQ의 길이의 최솟값은 구 S의 중심 C_1과 점 P' 사이의 거
리에서 구 S의 반지름의 길이 1을 뺀 값과 같으므로 $3\sqrt{2}-1$이다.

답 ④

33

xy평면 위의 점은 z좌표가 0이므로
$(x-1)^2+(y-2)^2+(z+1)^2=5$에 $z=0$을 대입하면
$(x-1)^2+(y-2)^2=4$
즉, 구 $(x-1)^2+(y-2)^2+(z+1)^2=5$가 xy평면과 만나서 생기는
도형은 중심의 좌표가 $(1, 2, 0)$이고 반지름의 길이가 2인 원이다. 이
원을 C라 하자.
점 $Q(4, 5, 3)$에서 xy평면에 내린 수선의 발을 H라 하면
점 H의 좌표는 $(4, 5, 0)$이다.

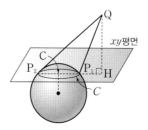

원 C의 중심을 C라 하고 직선 CH와 원 C가 만나는 서로 다른 두 점을
P_1, P_2 $(\overline{HP_1}<\overline{HP_2})$라 하자.
선분 P_1H의 길이는 선분 CH의 길이에서 원 C의 반지름의 길이인 2를
빼면 되므로
$\overline{P_1H}=\sqrt{(4-1)^2+(5-2)^2}-2=3\sqrt{2}-2$
선분 P_2H의 길이는 선분 CH의 길이에서 원 C의 반지름의 길이인 2를
더하면 되므로
$\overline{P_2H}=\sqrt{(4-1)^2+(5-2)^2}+2=3\sqrt{2}+2$
이때 $\overline{P_1Q}\leq l \leq \overline{P_2Q}$이므로
$\overline{P_1Q}^2 \leq l^2 \leq \overline{P_2Q}^2$
$\overline{P_1Q}^2=\overline{P_1H}^2+\overline{QH}^2=(3\sqrt{2}-2)^2+3^2=31-12\sqrt{2}$
$\overline{P_2Q}^2=\overline{P_2H}^2+\overline{QH}^2=(3\sqrt{2}+2)^2+3^2=31+12\sqrt{2}$
따라서 $M=31+12\sqrt{2}$, $m=31-12\sqrt{2}$이므로
$M+m=(31+12\sqrt{2})+(31-12\sqrt{2})=62$

답 ③

34

구 S가 x축, y축, z축의 양의 방향과 만나는 점은 각각
$A(r, 0, 0)$, $B(0, r, 0)$, $C(0, 0, r)$이다.
세 선분 AB, BC, CA의 중점은 각각
$M_1\left(\dfrac{r}{2}, \dfrac{r}{2}, 0\right)$, $M_2\left(0, \dfrac{r}{2}, \dfrac{r}{2}\right)$, $M_3\left(\dfrac{r}{2}, 0, \dfrac{r}{2}\right)$
이다. 선분 OD의 중점이 M_1이므로 점 D의 좌표를 (x_1, y_1, z_1)이라
하면
$\dfrac{x_1}{2}=\dfrac{r}{2}$, $\dfrac{y_1}{2}=\dfrac{r}{2}$, $\dfrac{z_1}{2}=0$에서 $x_1=r$, $y_1=r$, $z_1=0$이므로
$D(r, r, 0)$이다.
마찬가지로 선분 OE의 중점과 선분 OF의 중점이 각각 M_2, M_3이므
로 $E(0, r, r)$, $F(r, 0, r)$이다.
삼각형 DEF의 무게중심을 G라 할 때, 점 G의 좌표는
$\left(\dfrac{r+0+r}{3}, \dfrac{r+r+0}{3}, \dfrac{0+r+r}{3}\right)$, 즉 $G\left(\dfrac{2r}{3}, \dfrac{2r}{3}, \dfrac{2r}{3}\right)$
이때 삼각뿔 O−DEF는 한 변의 길이가 $\sqrt{2}r$인 정삼각형 DEF를 밑
면으로 하고, 선분 OG가 높이가 된다.
$\overline{OG}=\sqrt{\left(\dfrac{2r}{3}\right)^2+\left(\dfrac{2r}{3}\right)^2+\left(\dfrac{2r}{3}\right)^2}=\dfrac{2\sqrt{3}}{3}r$
삼각뿔 O−DEF의 부피가 9이므로
$\dfrac{1}{3}\times\dfrac{\sqrt{3}}{4}\times(\sqrt{2}r)^2\times\dfrac{2\sqrt{3}}{3}r=9$에서
$\dfrac{1}{3}r^3=9$
따라서 $r^3=3^3$이므로 $r=3$

답 ③

01 ②	02 ①	03 ③	04 ③	05 ③
06 ①	07 ①	08 ②	09 ⑤	10 ②
11 ⑤	12 ⑤	13 ②	14 ③	15 ①
16 1	17 4	18 6	19 12	20 80
21 16	22 54	23 ④	24 ②	25 ①
26 ⑤	27 ⑤	28 ④	29 73	30 22

01

$$54^{\frac{1}{3}} \times \sqrt{\sqrt[3]{16}} = (2 \times 3^3)^{\frac{1}{3}} \times \sqrt[6]{2^4} = 2^{\frac{1}{3}} \times 3^{3 \times \frac{1}{3}} \times 2^{\frac{4}{6}}$$
$$= 2^{\frac{1}{3}+\frac{2}{3}} \times 3^1 = 2 \times 3 = 6$$

답 ②

02

$$\lim_{x \to -1} \frac{f(x)-f(-1)}{x+1} = \lim_{x \to -1} \frac{f(x)-f(-1)}{x-(-1)} = f'(-1)$$

$f(x)=x^3+x^2-2$에서 $f'(x)=3x^2+2x$이므로

$$f'(-1)=3-2=1$$

답 ①

03

$$\cos\left(\theta-\frac{\pi}{2}\right) = \cos\left(\frac{\pi}{2}-\theta\right) = \sin\theta$$이므로

$$\cos^2\left(\theta-\frac{\pi}{2}\right) = \frac{1}{4}$$에서 $\sin^2\theta = \frac{1}{4}$

$\pi < \theta < \frac{3}{2}\pi$에서 $\sin\theta < 0$이므로

$$\sin\theta = -\frac{1}{2}$$

답 ③

04

함수 $f(x)$가 실수 전체의 집합에서 연속이므로 $x=1$에서도 연속이다.

즉, $\lim_{x \to 1} f(x) = f(1)$이어야 하므로

$$\lim_{x \to 1} \frac{x^2+3x-a}{x-1} = b \quad \cdots\cdots \ \text{㉠}$$

㉠에서 $x \to 1$일 때 (분모)$\to 0$이고 극한값이 존재하므로 (분자)$\to 0$

이어야 한다.

즉, $\lim_{x \to 1}(x^2+3x-a)=1+3-a=0$이므로 $a=4$

$a=4$를 ㉠의 좌변에 대입하면

$$\lim_{x \to 1} \frac{x^2+3x-4}{x-1} = \lim_{x \to 1} \frac{(x+4)(x-1)}{x-1} = \lim_{x \to 1}(x+4) = 5$$

이므로 $b=5$

따라서 $a+b=4+5=9$

답 ③

05

$f'(x)=3x^2+a$이므로

$$f(3)-f(1)=\int_1^3 f'(x)dx = \int_1^3 (3x^2+a)dx = \left[x^3+ax\right]_1^3$$
$$= (27+3a)-(1+a) = 26+2a$$

$26+2a=30$에서 $a=2$

따라서 $f'(x)=3x^2+2$이므로 $f'(1)=5$

답 ③

06

$\sum_{k=1}^{10} 2a_k = 14$에서 $\sum_{k=1}^{10} a_k = 7$

$\sum_{k=1}^{10}(a_k+a_{k+1}) = \sum_{k=1}^{10} a_k + \sum_{k=1}^{10} a_{k+1} = 7 + \sum_{k=2}^{11} a_k = 23$에서 $\sum_{k=2}^{11} a_k = 16$

따라서 $a_{11}-a_1 = \sum_{k=2}^{11} a_k - \sum_{k=1}^{10} a_k = 16-7 = 9$

답 ①

07

$f(x)=x^3-9x^2+24x+6$에서

$f'(x)=3x^2-18x+24=3(x-2)(x-4)$

함수 $f(x)$의 증가와 감소를 표로 나타내면 다음과 같다.

x	$\cdots$	2	$\cdots$	4	$\cdots$
$f'(x)$	$+$	0	$-$	0	$+$
$f(x)$	↗	극대	↘	극소	↗

함수 $f(x)$는 $x=2$에서 극대이므로 $a=2$이고

$f(a)=f(2)=8-36+48+6=26$

따라서 $a+f(a)=2+26=28$

답 ①

08

주어진 식의 양변을 x에 대하여 미분하면

$xf(x)=4x^3+6x^2-2x=x(4x^2+6x-2)$

함수 $f(x)$가 다항함수이므로

$f(x)=4x^2+6x-2$

따라서 $f(2)=16+12-2=26$

답 ②

09

함수 $f(x)=\sin x$ $(0 \le x \le 4\pi)$의 그래프와 직선 $y=k$가 서로 다른 네 점에서만 만나기 위해서는 $-1<k<0$ 또는 $0<k<1$이다.

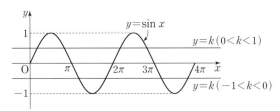

$-1<k<0$이면 $\frac{x_1+x_2}{2}=\frac{3}{2}\pi$, $\frac{x_3+x_4}{2}=\frac{7}{2}\pi$이므로

$x_1+x_2+x_3+x_4=10\pi$이고, 이는 주어진 조건을 만족시키지 않는다.

$0<k<1$이면 $\frac{x_1+x_2}{2}=\frac{\pi}{2}$, $\frac{x_3+x_4}{2}=\frac{5}{2}\pi$이므로

$x_1+x_2+x_3+x_4=6\pi$이고, 이는 주어진 조건을 만족시킨다.

$0<k<1$일 때, $0<x_1<\dfrac{\pi}{2}$, $x_4=3\pi-x_1$이므로

$\sin(x_4-x_1)=\sin(3\pi-2x_1)=\sin 2x_1=\dfrac{\sqrt{3}}{2}$

$0<2x_1<\pi$이므로

$2x_1=\dfrac{\pi}{3}$ 또는 $2x_1=\dfrac{2}{3}\pi$

즉, $x_1=\dfrac{\pi}{6}$ 또는 $x_1=\dfrac{\pi}{3}$

따라서 구하는 모든 x_1의 값의 합은 $\dfrac{\pi}{6}+\dfrac{\pi}{3}=\dfrac{\pi}{2}$ 답 ⑤

10

시각 $t=a$에서 두 점 P, Q의 속도가 같으므로

$a^2-4a+a=2a-b$

$a^2-5a=-b$ ······ ㉠

또 시각 $t=0$에서 $t=a$까지 두 점 P, Q의 위치의 변화량은 각각

$\displaystyle\int_0^a (t^2-4t+a)dt=\left[\dfrac{1}{3}t^3-2t^2+at\right]_0^a=\dfrac{1}{3}a^3-a^2$,

$\displaystyle\int_0^a (2t-b)dt=\left[t^2-bt\right]_0^a=a^2-ab$

이고 시각 $t=0$에서 $t=a$까지 두 점 P, Q의 위치의 변화량이 같으므로

$\dfrac{1}{3}a^3-a^2=a^2-ab$, $\dfrac{1}{3}a^3-2a^2=-ab$

$a>0$이므로 양변을 a로 나누면

$\dfrac{1}{3}a^2-2a=-b$ ······ ㉡

㉠, ㉡에서

$a^2-5a=\dfrac{1}{3}a^2-2a$, $\dfrac{2}{3}a^2=3a$

$a>0$이므로 양변을 a로 나누면 $\dfrac{2}{3}a=3$, $a=\dfrac{9}{2}$

$a=\dfrac{9}{2}$를 ㉠에 대입하면 $\dfrac{81}{4}-\dfrac{45}{2}=-b$, $b=\dfrac{9}{4}$

따라서 $a+b=\dfrac{9}{2}+\dfrac{9}{4}=\dfrac{27}{4}$ 답 ②

11

조건 (가)에서 $a_{2n-1}=n^2+2n$

$a_{2n+1}=(n+1)^2+2(n+1)=n^2+4n+3$

조건 (나)에서 $a_{2n+1}-a_{2n}=d$ $(d>0)$이라 하면

모든 자연수 n에 대하여 $a_{2n}>a_{2n-1}$이므로

$a_{2n+1}-d>a_{2n-1}$

즉, $n^2+4n+3-d>n^2+2n$이므로

$d<2n+3$ ······ ㉠

모든 자연수 n에 대하여 ㉠이 성립하고 d는 자연수이므로

$1\le d\le 4$ ······ ㉡

$\displaystyle\sum_{n=1}^{16} a_n=\sum_{n=1}^{8} a_{2n-1}+\sum_{n=1}^{8} a_{2n}=\sum_{n=1}^{8} a_{2n-1}+\sum_{n=1}^{8}(a_{2n+1}-d)$

$=\displaystyle\sum_{n=1}^{8}(n^2+2n)+\sum_{n=1}^{8}(n^2+4n+3-d)$

$=\displaystyle\sum_{n=1}^{8}(2n^2+6n+3-d)$

$=\displaystyle 2\sum_{n=1}^{8}n^2+6\sum_{n=1}^{8}n+(3-d)\sum_{n=1}^{8}1$

$=2\times\dfrac{8\times9\times17}{6}+6\times\dfrac{8\times9}{2}+(3-d)\times8$

$=648-8d$

d가 최대일 때 $\displaystyle\sum_{n=1}^{16}a_n$의 값이 최소이므로 ㉡에서 $d=4$이다.

따라서 $\displaystyle\sum_{n=1}^{16}a_n$의 최솟값은 $648-8\times4=616$ 답 ⑤

12

조건 (가)에서 함수 $g(x)$가 실수 전체의 집합에서 연속이므로 $x=t$에서도 연속이다. 즉, $\lim\limits_{x\to t-}g(x)=\lim\limits_{x\to t+}g(x)=g(t)$이어야 한다. 이때

$\lim\limits_{x\to t-}g(x)=\lim\limits_{x\to t-}f(x)=f(t)$,

$\lim\limits_{x\to t+}g(x)=\lim\limits_{x\to t+}\{-f(x)\}=-f(t)$,

$g(t)=-f(t)$

이므로 $f(t)=-f(t)$에서 $f(t)=0$

따라서 $t(t-2)(t-3)=0$에서 $t=0$ 또는 $t=2$ 또는 $t=3$

(i) $t=0$일 때

$g(x)=\begin{cases} f(x) & (x<0) \\ -f(x) & (x\ge0) \end{cases}$이므로

함수 $y=g(x)$의 그래프는 [그림 1]과 같고,

$\displaystyle\int_0^2 g(x)dx=\int_0^2 \{-f(x)\}dx$

$=-\displaystyle\int_0^2 (x^3-5x^2+6x)dx$

$=-\left[\dfrac{1}{4}x^4-\dfrac{5}{3}x^3+3x^2\right]_0^2=-\dfrac{8}{3}$

$\displaystyle\int_2^3 g(x)dx=\int_2^3 \{-f(x)\}dx=-\int_2^3 (x^3-5x^2+6x)dx$

$=-\left[\dfrac{1}{4}x^4-\dfrac{5}{3}x^3+3x^2\right]_2^3=-\left(\dfrac{9}{4}-\dfrac{8}{3}\right)=\dfrac{5}{12}$

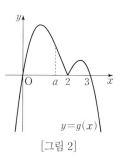

[그림 1]

이때 $a\le x\le 2$에서 함수 $y=g(x)$의 그래프와 x축 및 직선 $x=a$ $(0<a<2)$로 둘러싸인 부분의 넓이를 S_1, $2\le x\le3$에서 함수 $y=g(x)$의 그래프와 x축으로 둘러싸인 부분의 넓이를 S_2라 하면 $S_1>S_2$가 되도록 하는 $0<a<2$인 실수 a가 존재한다.

즉, $\displaystyle\int_a^2 \{-g(x)\}dx>\int_2^3 g(x)dx$에서

$\displaystyle\int_a^2 g(x)dx+\int_2^3 g(x)dx=\int_a^3 g(x)dx<0$

이므로 조건 (나)를 만족시키지 않는다.

(ii) $t=2$일 때

$g(x)=\begin{cases} f(x) & (x<2) \\ -f(x) & (x\ge2) \end{cases}$이므로

함수 $y=g(x)$의 그래프는 [그림 2]와 같다.

$0<x<3$인 모든 실수 x에 대하여 $x\ne2$일 때 $g(x)>0$이므로 $0<a<2$인 모든 실수 a에 대하여

$\displaystyle\int_a^3 g(x)dx>0$

이다. 즉, 조건 (나)를 만족시킨다.

[그림 2]

따라서

$$\int_1^3 g(x)\,dx = \int_1^2 f(x)\,dx + \int_2^3 \{-f(x)\}\,dx$$

$$= \int_1^2 (x^3 - 5x^2 + 6x)\,dx - \int_2^3 (x^3 - 5x^2 + 6x)\,dx$$

$$= \left[\frac{1}{4}x^4 - \frac{5}{3}x^3 + 3x^2\right]_1^2 - \left[\frac{1}{4}x^4 - \frac{5}{3}x^3 + 3x^2\right]_2^3$$

$$= \left(\frac{8}{3} - \frac{19}{12}\right) - \left(\frac{9}{4} - \frac{8}{3}\right) = \frac{3}{2}$$

(iii) $t = 3$일 때

$$g(x) = \begin{cases} f(x) & (x < 3) \\ -f(x) & (x \geq 3) \end{cases}$$ 이므로

함수 $y = g(x)$의 그래프는 [그림 3]과 같고,

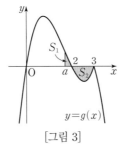

[그림 3]

$$\int_0^2 g(x)\,dx = \int_0^2 f(x)\,dx = \frac{8}{3}$$

$$\int_2^3 g(x)\,dx = \int_2^3 f(x)\,dx = -\frac{5}{12}$$

이때 $a \leq x \leq 2$에서 함수 $y = g(x)$의 그래프와 x축 및 직선 $x = a$ ($0 < a < 2$)로 둘러싸인 부분의 넓이를 S_1, $2 \leq x \leq 3$에서 함수 $y = g(x)$의 그래프와 x축으로 둘러싸인 부분의 넓이를 S_2라 하면 $S_1 < S_2$가 되도록 하는 $0 < a < 2$인 실수 a가 존재한다.

즉, $\displaystyle\int_a^2 g(x)\,dx < \int_2^3 \{-g(x)\}\,dx$에서

$$\int_a^2 g(x)\,dx + \int_2^3 g(x)\,dx = \int_a^3 g(x)\,dx < 0$$

이므로 조건 (나)를 만족시키지 않는다.

(i), (ii), (iii)에서

$$\int_1^3 g(x)\,dx = \frac{3}{2}$$

답 ⑤

13

$\angle ACB = \dfrac{\pi}{2}$이므로

$$\overline{BC} = \overline{AB} \cos(\angle CBA) = 8 \times \frac{3}{4} = 6$$

점 D는 선분 AB를 1 : 3으로 외분하는 점이므로

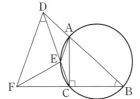

$$\overline{BD} = \frac{3}{2} \times \overline{AB} = \frac{3}{2} \times 8 = 12$$

$$\overline{AD} = \frac{1}{2} \times \overline{AB} = \frac{1}{2} \times 8 = 4$$

삼각형 BDC에서 코사인법칙에 의하여

$$\overline{CD}^2 = \overline{BC}^2 + \overline{BD}^2 - 2 \times \overline{BC} \times \overline{BD} \times \cos(\angle CBD)$$

$$= 6^2 + 12^2 - 2 \times 6 \times 12 \times \frac{3}{4}$$

$$= 72$$

이므로 $\overline{CD} = 6\sqrt{2}$

$\angle CDF = \angle DBF$이고 $\angle DFC$는 공통이므로 두 삼각형 DFC와 BFD는 서로 닮음이고 닮음비는

$$\overline{CD} : \overline{DB} = 6\sqrt{2} : 12 = 1 : \sqrt{2}$$

이때 $\overline{CF} = x$ ($x > 0$)이라 하면 $\overline{DF} = \sqrt{2}x$

또 $\overline{DF} : \overline{BF} = 1 : \sqrt{2}$이므로

$$\overline{BF} = \sqrt{2} \times \overline{DF} = \sqrt{2} \times \sqrt{2}x = 2x$$

$\overline{BF} = \overline{BC} + \overline{CF} = 6 + x$에서

$$6 + x = 2x$$

즉, $x = 6$이므로 $\overline{CF} = 6$, $\overline{DF} = 6\sqrt{2}$

$\angle AED = \pi - \angle AEC = \angle CBA$이고 $\angle ADE$가 공통이므로 두 삼각형 EAD와 BCD는 서로 닮음이다.

$\overline{AD} : \overline{CD} = \overline{ED} : \overline{BD}$에서

$$\overline{ED} = \frac{\overline{AD} \times \overline{BD}}{\overline{CD}} = \frac{4 \times 12}{6\sqrt{2}} = 4\sqrt{2}$$

$$\overline{CE} = \overline{CD} - \overline{ED} = 6\sqrt{2} - 4\sqrt{2} = 2\sqrt{2}$$

삼각형 DFC가 $\overline{CD} = \overline{DF}$인 이등변삼각형이므로

$$\cos(\angle DCF) = \frac{\frac{1}{2}\overline{CF}}{\overline{CD}} = \frac{\frac{1}{2} \times 6}{6\sqrt{2}} = \frac{\sqrt{2}}{4}$$

$$\sin(\angle DCF) = \sqrt{1 - \left(\frac{\sqrt{2}}{4}\right)^2} = \frac{\sqrt{14}}{4}$$

따라서 삼각형 CEF의 넓이는

$$\frac{1}{2} \times \overline{CE} \times \overline{CF} \times \sin(\angle ECF)$$

$$= \frac{1}{2} \times \overline{CE} \times \overline{CF} \times \sin(\angle DCF)$$

$$= \frac{1}{2} \times 2\sqrt{2} \times 6 \times \frac{\sqrt{14}}{4} = 3\sqrt{7}$$

답 ②

14

함수 $f(x)$는 최고차항의 계수가 1인 삼차함수이므로 $f(x) = x^3 + ax^2 + bx + c$ (a, b, c는 상수)라 하면

$$f'(x) = 3x^2 + 2ax + b$$

함수 $y = f(x)$의 그래프 위의 점 $(t, f(t))$에서의 접선의 방정식은

$$y - f(t) = f'(t)(x - t), \quad \text{즉} \quad y = f'(t)x + f(t) - tf'(t)$$

이므로

$$g(t) = f(t) - tf'(t)$$

$$= (t^3 + at^2 + bt + c) - t(3t^2 + 2at + b)$$

$$= -2t^3 - at^2 + c$$

한편, $g(t) - g(0) = -2t^3 - at^2 = -t^2(2t + a)$이므로

$g(t) - g(0) = 0$에서 $t = 0$ 또는 $t = -\dfrac{a}{2}$

조건 (나)에 의하여 함수 $|g(t) - g(0)|$은 $t = 1$에서만 미분가능하지 않으므로

$$-\frac{a}{2} = 1, \quad a = -2$$

$g(t) = -2t^3 + 2t^2 + c$에서

$$g'(t) = -6t^2 + 4t = -2t(3t - 2)$$

$g'(t) = 0$에서 $t = 0$ 또는 $t = \dfrac{2}{3}$

함수 $g(t)$의 증가와 감소를 표로 나타내면 다음과 같다.

t	$\cdots$	0	$\cdots$	$\dfrac{2}{3}$	$\cdots$
$g'(t)$	$-$	0	$+$	0	$-$
$g(t)$	$\searrow$	극소	$\nearrow$	극대	$\searrow$

함수 $g(t)$는 $t=\dfrac{2}{3}$에서 극댓값 $\dfrac{35}{27}$를 가지므로

$g\left(\dfrac{2}{3}\right)=-2\times\dfrac{8}{27}+2\times\dfrac{4}{9}+c=\dfrac{8}{27}+c=\dfrac{35}{27}$에서 $c=1$

따라서 $g(t)=-2t^3+2t^2+1$이므로

$g(-2)=16+8+1=25$ 답 ③

15

조건 (가)에서 a_1이 자연수이고 조건 (나)에 의하여 수열 $\{a_n\}$의 모든 항은 자연수이다.   …… ㉠

$a_{k+1}-a_k=5$이고 $a_{k+2}-a_{k+1}\neq5$인 자연수 k의 최댓값을 m이라 하자.

$a_{m+1}-a_m=5$, $a_{m+2}-a_{m+1}\neq5$이므로

$a_{m+1}=a_m+5$, $a_{m+2}=\dfrac{24}{a_{m+1}}+2$

㉠에서 a_m은 자연수이므로 $a_{m+1}\geq6$

또 a_{m+1}이 24의 약수이므로 6, 8, 12, 24 중 하나이다.

a_{m+1}의 값이 6, 8, 12, 24인 경우 a_m의 값은 각각 1, 3, 7, 19이다.

이때 $a_{m+1}=a_m+5$, $a_{m+1}=\dfrac{24}{a_m}+2$를 모두 만족시키는 자연수 a_m은 존재하지 않으므로 $a_{m+1}=a_m+5$에서 a_m은 24의 약수가 아니어야 한다.

1, 3은 24의 약수이므로 a_m의 값은 7, 19 중 하나이다.

(ⅰ) $a_m=7$인 경우

$a_m=a_{m-1}+5$이면 $a_{m-1}=2$이므로 조건 (나)에 모순이다.

$a_m=\dfrac{24}{a_{m-1}}+2$이면 $a_{m-1}=\dfrac{24}{5}$이므로 ㉠에 모순이다.

(ⅱ) $a_m=19$인 경우

$a_{m+1}=19+5=24$, $a_{m+2}=\dfrac{24}{24}+2=3$, $a_{m+3}=\dfrac{24}{3}+2=10$

10보다 큰 24의 약수는 12, 24뿐이고

$10+5n=12$ 또는 $10+5n=24$인 자연수 n은 존재하지 않으므로 $l\geq m+3$인 모든 자연수 l에 대하여 $a_{l+1}=a_l+5$이다.

즉, $a_{k+1}-a_k=5$이고 $a_{k+2}-a_{k+1}\neq5$인 m보다 큰 자연수 k가 존재하지 않는다.

한편, $a_m=19$에서

$a_m=a_{m-1}+5$이면 $a_{m-1}=14$

$a_m=\dfrac{24}{a_{m-1}}+2$이면 $a_{m-1}=\dfrac{24}{17}$이므로 ㉠에 모순이다.

$a_{m-1}=14$에서

$a_{m-1}=a_{m-2}+5$이면 $a_{m-2}=9$

$a_{m-1}=\dfrac{24}{a_{m-2}}+2$이면 $a_{m-2}=2$

$a_{m-2}=9$에서

$a_{m-2}=a_{m-3}+5$이면 $a_{m-3}=4$이므로 조건 (나)에 모순이다.

$a_{m-2}=\dfrac{24}{a_{m-3}}+2$이면 $a_{m-3}=\dfrac{24}{7}$이므로 ㉠에 모순이다.

$a_{m-2}=2$에서

$a_{m-2}=a_{m-3}+5$이면 $a_{m-3}=-3$이므로 ㉠에 모순이다.

$a_{m-2}=\dfrac{24}{a_{m-3}}+2$이면 a_{m-3}이 존재하지 않는다.

즉, 조건을 만족시키는 a_{m-3}의 값이 존재하지 않으므로 $m\leq3$

(ⅰ), (ⅱ)에서 자연수 k는 $a_1=2$ 또는 $a_1=9$일 때 최댓값 3을 갖는다.

답 ①

16

로그의 진수의 조건에 의하여

$3x+1>0$, $6x+10>0$이므로

$x>-\dfrac{1}{3}$

$\log_{\sqrt2}(3x+1)=2\log_2(3x+1)=\log_2(3x+1)^2$이므로

$\log_2(3x+1)^2=\log_2(6x+10)$에서

$(3x+1)^2=6x+10$, $x^2=1$

$x>-\dfrac{1}{3}$이므로 $x=1$ 답 1

17

$f(x)=(x-1)(x^3+3)$에서

$f'(x)=(x^3+3)+(x-1)\times3x^2$이므로

$f'(1)=1^3+3=4$ 답 4

18

등차수열 $\{a_n\}$의 공차를 d라 하면

$S_5-5a_1=\dfrac{5(2a_1+4d)}{2}-5a_1=10d$

이므로 $10d=10$에서 $d=1$

$S_3=a_1+a_2+a_3=a_2+6$에서 $a_1+a_3=6$

$a_1+a_3=2a_2$이므로

$2a_2=6$에서 $a_2=3$

따라서 $a_5=a_2+3d=3+3\times1=6$ 답 6

19

$n^2-5n-2=4$에서

$n^2-5n-6=0$, $(n+1)(n-6)=0$

n이 2 이상의 자연수이므로 $n=6$

$2\leq n\leq5$일 때, $n^2-5n-2<4$이므로 $2^{n^2-5n-2}-16<0$

$n=6$일 때, $n^2-5n-2=4$이므로 $2^{n^2-5n-2}-16=0$

$n\geq7$일 때, $n^2-5n-2>4$이므로 $2^{n^2-5n-2}-16>0$

(ⅰ) n이 짝수인 경우

$2^{n^2-5n-2}-16<0$일 때, $f(n)=0$

$2^{n^2-5n-2}-16=0$일 때, $f(n)=1$

$2^{n^2-5n-2}-16>0$일 때, $f(n)=2$

(ⅱ) n이 홀수인 경우

$2^{n^2-5n-2}-16$의 값에 관계없이 $f(n)=1$

(ⅰ), (ⅱ)에서

$$f(n)=\begin{cases}0 & (n=2 \text{ 또는 } n=4)\\1 & (n=6 \text{ 또는 } n\text{이 3 이상의 홀수인 경우})\\2 & (n\text{이 8 이상의 짝수인 경우})\end{cases}$$

$f(4)f(5)f(6)=0$이고 $n\geq5$이면 $f(n)f(n+1)f(n+2)>0$이므로

$f(k)f(k+1)f(k+2)=0$인 자연수 k의 최댓값은 $M=4$

$f(8)f(9)f(10)=4$이고 $2\leq n\leq7$이면 $f(n)f(n+1)f(n+2)$의 값은 0 또는 1 또는 2이므로

$f(k)f(k+1)f(k+2)=4$인 자연수 k의 최솟값은 $m=8$

따라서 $M+m=4+8=12$

답 12

20

주어진 함수 $y=g(t)$의 그래프로부터 함수 $g(t)$는 다음과 같다.

$$g(t)=\begin{cases} 0 & (t<0) \\ 4 & (t=0) \\ 8 & (0<t<2) \\ 5 & (t=2) \\ 2 & (t>2) \end{cases}$$

$g(2)=5$에서 함수 $y=|f(x)|$
의 그래프와 직선 $y=2$의 서로
다른 교점의 개수가 5이고,
$t>2$일 때 $g(t)=2$이므로 함
수 $y=|f(x)|$의 그래프의 개
형은 [그림 1]과 같다.

즉, 함수 $f(x)$의 극댓값은 2,
극솟값은 -2이다.

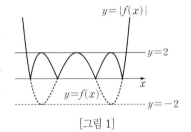

[그림 1]

한편, $\displaystyle\lim_{x\to0}\dfrac{f(x)-2}{x}=0$에서 $x\to0$일 때 (분모)$\to0$이고 극한값이

존재하므로 (분자)$\to0$이어야 한다.

즉, $\displaystyle\lim_{x\to0}\{f(x)-2\}=0$이고 함수 $f(x)$는 실수 전체의 집합에서 연속

이므로 $f(0)=2$

$\displaystyle\lim_{x\to0}\dfrac{f(x)-2}{x}=\lim_{x\to0}\dfrac{f(x)-f(0)}{x}=f'(0)=0$이므로

함수 $f(x)$는 $x=0$에서 극댓값 2를 갖는다.

따라서 함수 $y=f(x)$의 그래프는
[그림 2]와 같다.

이때 함수 $y=f(x)$의 그래프는 직선
$y=-2$와 서로 다른 두 점에서 접하므
로 두 접점의 x좌표를 각각 α, β라 하면

$f(x)+2=\dfrac{1}{2}(x-\alpha)^2(x-\beta)^2$

(단, $\alpha\ne0$, $\beta\ne0$)

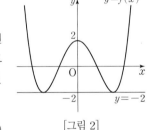

[그림 2]

즉, $f(x)=\dfrac{1}{2}(x-\alpha)^2(x-\beta)^2-2$ ...... ㉠

$f'(x)=(x-\alpha)(x-\beta)^2+(x-\alpha)^2(x-\beta)$

$\qquad=(x-\alpha)(x-\beta)(2x-\alpha-\beta)$

$f'(x)=0$에서 $x=\alpha$ 또는 $x=\beta$ 또는 $x=\dfrac{\alpha+\beta}{2}$

$\alpha\ne0$, $\beta\ne0$이므로 $\dfrac{\alpha+\beta}{2}=0$, $\beta=-\alpha$

$\beta=-\alpha$를 ㉠에 대입하면

$f(x)=\dfrac{1}{2}(x-\alpha)^2(x+\alpha)^2-2=\dfrac{1}{2}(x^2-\alpha^2)^2-2$

$f(0)=\dfrac{1}{2}\alpha^4-2=0$에서 $\alpha^4=8$, $\alpha^2=2\sqrt{2}$

즉, $f(x)=\dfrac{1}{2}(x^2-2\sqrt{2})^2-2$이므로

$f(2)=\dfrac{1}{2}(4-2\sqrt{2})^2-2=10-8\sqrt{2}$

따라서 $p=10$, $q=8$이므로 $p\times q=10\times8=80$

답 80

21

곡선 $y=a^x$ 위의 점 P는 제2사분면 위의 점이므로 점 P의 x좌표를
$-k\ (k>0)$이라 하면 $P(-k,\ a^{-k})$이다.

곡선 $y=-b^x$ 위의 점 Q는 제4사분면 위의 점이고 조건 (가)에서
$\overline{OP}:\overline{OQ}=1:4$이므로 $Q(4k,\ -b^{4k})$이다.

두 점 P, Q는 직선 $x+2y=0$, 즉 $y=-\dfrac{1}{2}x$ 위의 점이므로

$a^{-k}=\dfrac{k}{2}$, 즉 $a^k=\dfrac{2}{k}$ ...... ㉠

$-b^{4k}=-2k$, 즉 $b^{4k}=2k$ ...... ㉡

조건 (가)에서 $\overline{OP}=l$, $\overline{OR}=2l$, $\overline{OQ}=4l\ (l>0)$이라 하자.

조건 (나)에서 $\angle RPO=\angle QRO$이고 $\angle PQR$은 공통이므로 두 삼각
형 QPR과 QRO는 서로 닮음이다.

이때 $\overline{RP}:\overline{RQ}=\overline{OR}:\overline{OQ}=1:2$이므로

$\overline{RP}=m$, $\overline{RQ}=2m\ (m>0)$이라 하자.

$\overline{RQ}:\overline{OQ}=\overline{PQ}:\overline{RQ}$에서

$\overline{OQ}\times(\overline{OP}+\overline{OQ})=\overline{RQ}^2$이므로

$4l\times5l=(2m)^2$, $m^2=5l^2$

$m=\sqrt{5}l$

$\overline{OR}=2l$, $\overline{OQ}=4l$, $\overline{RQ}=2\sqrt{5}l$에서 $\overline{RQ}^2=\overline{OR}^2+\overline{OQ}^2$이므로

삼각형 QRO는 $\angle ROQ=\dfrac{\pi}{2}$인 직각삼각형이다.

즉, 두 직선 OR, OQ는 서로 수직이다.

따라서 직선 OR의 기울기는 2이므로 $R(t,\ 2t)\ (t>0)$이라 하자.

$\angle PRQ=\angle ROQ=\dfrac{\pi}{2}$, 즉 두 직선 PR, QR은 서로 수직이므로

$\dfrac{2t-\dfrac{k}{2}}{t-(-k)}\times\dfrac{2t-(-2k)}{t-4k}=-1$

$(4t-k)(t+k)=-(t+k)(t-4k)$

$t+k>0$이므로 $4t-k=-t+4k$

$5t=5k$, $t=k$

즉, 점 R의 좌표는 $(k,\ 2k)$이고 점 R은 곡선 $y=a^x$ 위의 점이므로

$2k=a^k$ ...... ㉢

㉠, ㉢에서

$\dfrac{2}{k}=2k$, $k^2=1$

$k>0$이므로 $k=1$

$k=1$을 ㉠, ㉡에 각각 대입하면

$a=2$, $b^4=2$

따라서 $a^3\times b^4=2^3\times2=16$

답 16

22

조건 (가)에서 $f'(x)=3(x-1)(x-k)$이고 $k>1$이므로

$f'(x)=0$에서 $x=1$ 또는 $x=k$

함수 $f(x)$의 증가와 감소를 표로 나타내면 다음과 같다.

x	$\cdots$	1	$\cdots$	k	$\cdots$
$f'(x)$	+	0	-	0	+
$f(x)$	↗	극대	↘	극소	↗

함수 $f(x)$는 $x=1$에서 극대, $x=k$에서 극소이므로 두 함수 $y=f(x)$, $y=g(t)$의 그래프의 개형은 그림과 같다.

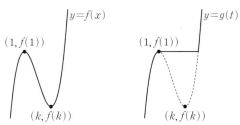

이때 $\lim\limits_{t \to 1+} \dfrac{g(t)-g(1)}{t-1}=0$이므로

$\lim\limits_{t \to 1-} \dfrac{g(t)-g(1)}{t-1} \times \lim\limits_{t \to 1+} \dfrac{g(t)-g(1)}{t-1}=0$

즉, 1은 집합 A의 원소이고 집합 A의 정수인 원소 중 최솟값이다.

조건 (나)에 의하여 집합 A의 원소 중 정수인 것의 개수가 4이기 위해서는 $a=1, 2, 3, 4$일 때 $\lim\limits_{t \to a-} \dfrac{g(t)-g(a)}{t-a} \times \lim\limits_{t \to a+} \dfrac{g(t)-g(a)}{t-a}=0$

이고 $\lim\limits_{t \to 5-} \dfrac{g(t)-g(5)}{t-5} \times \lim\limits_{t \to 5+} \dfrac{g(t)-g(5)}{t-5} \neq 0$이어야 한다.

즉, 정수 중에서 1, 2, 3, 4만 집합 A의 원소이어야 하므로 [그림 1] 또는 [그림 2]와 같이 $f(4) \leq f(1) < f(5)$이어야 한다.

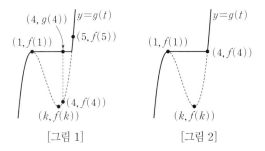

[그림 1]   [그림 2]

한편,

$f(x)=\displaystyle\int 3(x-1)(x-k)dx$

$=\displaystyle\int \{3x^2-3(1+k)x+3k\}dx$

$=x^3-\dfrac{3}{2}(1+k)x^2+3kx+C$ (단, C는 적분상수)

이고 $f(0)=0$이므로 $C=0$

즉, $f(x)=x^3-\dfrac{3}{2}(1+k)x^2+3kx$이므로

$f(1)=1-\dfrac{3}{2}(1+k)+3k=\dfrac{3}{2}k-\dfrac{1}{2}$

$f(4)=64-24(1+k)+12k=-12k+40$

$f(5)=125-\dfrac{75}{2}(1+k)+15k=-\dfrac{45}{2}k+\dfrac{175}{2}$

$f(4) \leq f(1)$에서

$-12k+40 \leq \dfrac{3}{2}k-\dfrac{1}{2}$, $\dfrac{27}{2}k \geq \dfrac{81}{2}$, $k \geq 3$ ······ ㉠

$f(1) < f(5)$에서

$\dfrac{3}{2}k-\dfrac{1}{2} < -\dfrac{45}{2}k+\dfrac{175}{2}$, $24k < 88$, $k < \dfrac{11}{3}$ ······ ㉡

㉠, ㉡에서 $3 \leq k < \dfrac{11}{3}$

따라서 $f(6)=216-54(1+k)+18k=-36k+162$이고

$-36 \times \dfrac{11}{3}+162 < -36k+162 \leq -36 \times 3+162$, 즉

$30 < f(6) \leq 54$이므로 $f(6)$의 최댓값은 54이다. 目 54

23

좌표공간의 점 $A(a, 2, -1)$을 xy평면에 대하여 대칭이동한 점 B의 좌표는 $(a, 2, 1)$이므로

$B(3, 2, b)$에서

$a=3, b=1$

따라서 $a+b=3+1=4$ 目 ④

24

타원 $\dfrac{x^2}{3}+y^2=1$ 위에 있는 제1사분면 위의 점 (x_1, y_1)에서의 접선의 방정식은

$\dfrac{x_1 x}{3}+y_1 y=1$ ······ ㉠

접선의 x절편이 2이므로 ㉠에 $x=2, y=0$을 대입하면

$\dfrac{2}{3}x_1=1$에서 $x_1=\dfrac{3}{2}$ ······ ㉡

점 (x_1, y_1)은 타원 위의 점이므로

$\dfrac{{x_1}^2}{3}+{y_1}^2=1$ ······ ㉢

㉡을 ㉢에 대입하면

$\dfrac{3}{4}+{y_1}^2=1$

${y_1}^2=\dfrac{1}{4}$

$y_1>0$이므로 $y_1=\dfrac{1}{2}$

따라서 $x_1+y_1=\dfrac{3}{2}+\dfrac{1}{2}=2$ 目 ②

25

정사각형의 두 대각선의 길이는 서로 같으므로

$|\overrightarrow{AC}|=|\overrightarrow{BD}|=3\sqrt{2}$이고

정사각형 ABCD의 한 변의 길이를 a라 하면

$a^2+a^2=(3\sqrt{2})^2$

$a^2=9, a=3$

즉, $|\overrightarrow{AB}|=3$

또 두 벡터 $\overrightarrow{AB}$와 $\overrightarrow{AC}$가 이루는 각의 크기는 $\dfrac{\pi}{4}$이므로

$\overrightarrow{AB} \cdot \overrightarrow{AC}=|\overrightarrow{AB}||\overrightarrow{AC}|\cos\dfrac{\pi}{4}$

$=3 \times 3\sqrt{2} \times \dfrac{1}{\sqrt{2}}=9$ 目 ①

26

$\overline{DE}=\sqrt{\overline{AD}^2+\overline{AE}^2}=\sqrt{1+4}=\sqrt{5}$

$\overline{DG}=\sqrt{\overline{CD}^2+\overline{CG}^2}=\sqrt{1+4}=\sqrt{5}$

$\overline{EG}=\sqrt{\overline{EF}^2+\overline{FG}^2}=\sqrt{1+1}=\sqrt{2}$

즉, 삼각형 DEG는 $\overline{DE}=\overline{DG}$인 이등변삼각형이므로 선분 EG의 중점을 M이라 하면 $\overline{DM} \perp \overline{EG}$이다.

$$\overline{DM}=\sqrt{\overline{DE}^2-\left(\frac{1}{2}\overline{EG}\right)^2}=\sqrt{5-\frac{1}{2}}=\frac{3\sqrt{2}}{2}$$

이므로 삼각형 DEG의 넓이는

$$\frac{1}{2}\times\overline{EG}\times\overline{DM}=\frac{1}{2}\times\sqrt{2}\times\frac{3\sqrt{2}}{2}=\frac{3}{2}$$

삼각형 DEG의 평면 AEFB 위로의 정사영 D_1은 삼각형 AEF이므로 도형 D_1의 넓이는

$$S_1=\frac{1}{2}\times\overline{AE}\times\overline{EF}=\frac{1}{2}\times2\times1=1$$

이때 평면 DEG와 평면 AEFB가 이루는 각의 크기를 θ라 하면

$$\cos\theta=\frac{(\text{삼각형 AEF의 넓이})}{(\text{삼각형 DEG의 넓이})}=\frac{1}{\frac{3}{2}}=\frac{2}{3}$$

따라서 도형 D_1, 즉 삼각형 AEF의 평면 DEG 위로의 정사영 D_2의 넓이는

$$S_2=S_1\times\cos\theta=1\times\frac{2}{3}=\frac{2}{3}$$

이므로

$$S_1+S_2=1+\frac{2}{3}=\frac{5}{3}$$

답 ⑤

27

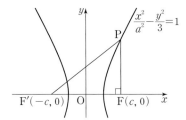

쌍곡선 $\dfrac{x^2}{a^2}-\dfrac{y^2}{3}=1$의 주축의 길이가 $2a$이므로 쌍곡선의 정의에 의하여

$$\overline{PF'}-\overline{PF}=2a$$

삼각형 PF'F는 선분 PF'이 빗변인 직각삼각형이므로 피타고라스 정리에 의하여

$$\overline{PF'}^2=\overline{PF}^2+\overline{FF'}^2$$
$$=\overline{PF}^2+(2c)^2$$
$$\overline{PF'}^2-\overline{PF}^2=4c^2$$
$$(\overline{PF'}+\overline{PF})(\overline{PF'}-\overline{PF})=4c^2$$
$$\overline{PF}+\overline{PF'}=8$$이므로
$$8\times2a=4c^2,\ 4a=c^2\quad\cdots\cdots\ \bigcirc$$

또 $c^2=a^2+3\quad\cdots\cdots\ \bigcirc$

$\bigcirc$을 $\bigcirc$에 대입하면

$$4a=a^2+3,\ a^2-4a+3=0,\ (a-1)(a-3)=0$$
$$a=1\ \text{또는}\ a=3$$

$0<a<2$이므로 $a=1$

따라서 $c=\sqrt{1+3}=2$이므로 선분 FF'의 길이는 4이다.

답 ⑤

28

사각형 ABCD는 마름모이므로
$$\overrightarrow{AD}=\overrightarrow{BC}$$

조건 (가)에서 $\overrightarrow{PA}/\!/\overrightarrow{AD}$이므로 점 P는 직선 AD 위에 있다. $\cdots\cdots\ \bigcirc$

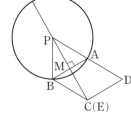

$|\overrightarrow{PA}|=|\overrightarrow{PB}|=|\overrightarrow{PQ}|$에서 세 점 A, B, Q는 중심이 P이고 반지름의 길이가 $|\overrightarrow{PA}|$인 원 위의 점이므로 점 P는 선분 AB의 수직이등분선 위에 있다.

이때 선분 AB의 중점을 M이라 하면 삼각형 PMA는 $\angle PMA=\frac{\pi}{2}$인 직각삼각형이다.

$\overrightarrow{PA}+\overrightarrow{PB}=\overrightarrow{PE}$를 만족시키는 점 E에 대하여

조건 (나)에서 $\overrightarrow{PE}=k\overrightarrow{PC}+(1-k)\overrightarrow{PD}$이므로 점 E는 직선 CD 위의 점이다.

$\overrightarrow{PE}=2\overrightarrow{PM}$에서 $\overrightarrow{PM}=\overrightarrow{ME}$이고, $\bigcirc$에서 두 직각삼각형 PMA와 PED는 서로 닮음이고 닮음비는 $|\overrightarrow{PM}|:|\overrightarrow{PE}|=1:2$이다.

$|\overrightarrow{PA}|=|\overrightarrow{AD}|=2$이므로 삼각형 PBA는 한 변의 길이가 2인 정삼각형이고, 마름모 ABCD에서 $\angle BAD=\frac{2}{3}\pi$이므로 점 E는 점 C와 일치한다.

$\overrightarrow{AD}+\overrightarrow{CP}+\overrightarrow{AQ}=\overrightarrow{PA}+\overrightarrow{CP}+\overrightarrow{AQ}=\overrightarrow{CP}+\overrightarrow{PA}+\overrightarrow{AQ}=\overrightarrow{CQ}$

중심이 P이고 반지름의 길이가 2인 원과 직선 CP가 만나는 점 중 선분 CP 위의 점이 아닌 점을 F라 하면 $|\overrightarrow{CQ}|$가 최대인 경우는 점 Q가 점 F와 일치할 때이다.

따라서

$$|\overrightarrow{AD}+\overrightarrow{CP}+\overrightarrow{AQ}|\le|\overrightarrow{CF}|$$
$$=|\overrightarrow{CP}|+|\overrightarrow{PF}|$$
$$=2\overline{PM}+\overline{PF}$$
$$=2\overline{PA}\cos\frac{\pi}{6}+\overline{PA}$$
$$=2\sqrt{3}+2$$

답 ④

29

점 $A(p,0)$은 포물선 $y^2=4px$의 초점이고, 직선 $x=-p$는 포물선 $y^2=4px$의 준선이다.

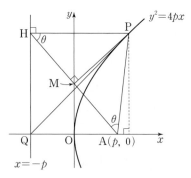

포물선의 정의에 의하여 $\overline{PA}=\overline{PH}$이므로 삼각형 PAH는 이등변삼각형이고, 선분 AH의 중점을 M이라 하면 선분 PM과 선분 AH는 서로 수직이다.

$\angle PAH=\theta$라 하면 $\cos\theta=\frac{2}{3}$에서

$$\sin\theta=\sqrt{1-\left(\frac{2}{3}\right)^2}=\frac{\sqrt{5}}{3}$$이고

$$\overline{AM}=\overline{PA}\times\cos\theta=\frac{2}{3}\overline{PA}$$

$\overline{AH}=2\overline{AM}=\dfrac{4}{3}\overline{PA}$ ····· ㉠

삼각형 PAH의 넓이가 $8\sqrt{5}$이므로

$\dfrac{1}{2}\times\overline{PA}\times\overline{AH}\times\sin\theta=\dfrac{1}{2}\times\overline{PA}\times\dfrac{4}{3}\overline{PA}\times\dfrac{\sqrt{5}}{3}=8\sqrt{5}$에서

$\overline{PA}^2=36$

$\overline{PA}>0$이므로 $\overline{PA}=6$

㉠에서 $\overline{AH}=\dfrac{4}{3}\times6=8$

한편, $\angle PHA=\angle PAH=\theta$이므로 $\angle AHQ=\dfrac{\pi}{2}-\theta$이고

$\begin{aligned}\overline{AQ}&=\overline{AH}\times\sin\left(\dfrac{\pi}{2}-\theta\right)\\&=\overline{AH}\times\cos\theta\\&=8\times\dfrac{2}{3}=\dfrac{16}{3}\end{aligned}$

$\overline{AQ}=2p$이므로

$2p=\dfrac{16}{3}$에서 $p=\dfrac{8}{3}$

또 제1사분면 위의 점 P의 좌표를 $(x_1,\,y_1)\,(x_1>0,\,y_1>0)$이라 하면

$y_1^2=4px_1$

이고, 포물선의 정의에 의하여 $\overline{PA}=\overline{PH}$이므로

$6=x_1+p=x_1+\dfrac{8}{3}$

즉, $x_1=6-\dfrac{8}{3}=\dfrac{10}{3}$이므로 삼각형 PAQ의 넓이는

$\begin{aligned}\dfrac{1}{2}\times\overline{AQ}\times y_1&=\dfrac{1}{2}\times2p\times\sqrt{4px_1}\\&=2p\sqrt{px_1}\\&=2\times\dfrac{8}{3}\times\sqrt{\dfrac{8}{3}\times\dfrac{10}{3}}\\&=\dfrac{64}{9}\sqrt{5}\end{aligned}$

따라서 $a=9$, $b=64$이므로

$a+b=9+64=73$

답 73

30

점 P는 삼각형 OAC의 무게중심이므로 $P(2,\,0,\,2)$

직선 PA는 zx평면과 평면 PAB의 교선이므로 직선 PA와 z축이 만나는 점이 $Q(0,\,0,\,3)$이다.

선분 AB의 중점을 M이라 하면 $M(3,\,3,\,0)$이고, 점 $Q(0,\,0,\,3)$에서 평면 ABC에 내린 수선의 발 R은 선분 CM 위에 있다.

$\overline{CM}=\sqrt{9+9+36}=3\sqrt{6}$

두 직각삼각형 CQR과 CMO는 서로 닮음이고 닮음비는

$\overline{CQ}:\overline{CM}=3:3\sqrt{6}=1:\sqrt{6}$

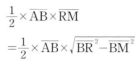

$\overline{CR}=\dfrac{1}{\sqrt{6}}\times\overline{CO}=\sqrt{6}$

점 R은 선분 CM을 1 : 2로 내분하는 점이므로 $R(1,\,1,\,4)$

세 점 A, P, Q는 한 직선 위에 있으므로 두 평면 PQR과 PQB가 이루는 각의 크기는 두 평면 AQR과 AQB가 이루는 각의 크기와 같다.

직선 QR과 평면 ABR은 수직이므로 평면 AQR과 평면 ABR은 서로 수직이다. ····· ㉠

점 B에서 평면 AQR에 내린 수선의 발을 H라 하면 ㉠에 의하여 점 H는 직선 AR 위에 있다.

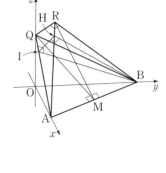

$\overline{AR}=\overline{BR}=\sqrt{25+1+16}=\sqrt{42}$

$\overline{AB}=\sqrt{36+36}=6\sqrt{2}$

이등변삼각형 ABR의 넓이는

$\begin{aligned}&\dfrac{1}{2}\times\overline{AB}\times\overline{RM}\\&=\dfrac{1}{2}\times\overline{AB}\times\sqrt{\overline{BR}^2-\overline{BM}^2}\\&=\dfrac{1}{2}\times6\sqrt{2}\times\sqrt{42-18}=12\sqrt{3}\end{aligned}$

$\dfrac{1}{2}\times\overline{AR}\times\overline{BH}=12\sqrt{3}$에서

$\overline{BH}=\dfrac{24\sqrt{3}}{\overline{AR}}=\dfrac{24\sqrt{3}}{\sqrt{42}}=\dfrac{12\sqrt{14}}{7}$

점 B에서 두 평면 AQR과 AQB의 교선 AQ에 내린 수선의 발을 I라 하면

$\overline{AQ}=\overline{BQ}=\sqrt{36+9}=3\sqrt{5}$

이등변삼각형 ABQ의 넓이는

$\begin{aligned}\dfrac{1}{2}\times\overline{AB}\times\overline{QM}&=\dfrac{1}{2}\times\overline{AB}\times\sqrt{\overline{AQ}^2-\overline{AM}^2}\\&=\dfrac{1}{2}\times6\sqrt{2}\times\sqrt{45-18}=9\sqrt{6}\end{aligned}$

$\dfrac{1}{2}\times\overline{AQ}\times\overline{IB}=9\sqrt{6}$에서

$\overline{IB}=\dfrac{18\sqrt{6}}{\overline{AQ}}=\dfrac{18\sqrt{6}}{3\sqrt{5}}=\dfrac{6\sqrt{30}}{5}$

$\overline{BH}\perp$(평면 AQR), $\overline{IB}\perp\overline{AQ}$이므로 삼수선의 정리에 의하여 $\overline{AQ}\perp\overline{IH}$이다.

두 평면 PQR과 PQB가 이루는 각의 크기가 θ이면 두 평면 AQR과 AQB가 이루는 각의 크기가 θ이고 두 직선 IB와 IH가 이루는 각의 크기가 θ이므로

$\cos^2\theta=\dfrac{\overline{IH}^2}{\overline{IB}^2}=\dfrac{\overline{IB}^2-\overline{BH}^2}{\overline{IB}^2}=1-\dfrac{\overline{BH}^2}{\overline{IB}^2}=1-\dfrac{20}{21}=\dfrac{1}{21}$

따라서 $p=21$, $q=1$이므로

$p+q=21+1=22$

답 22

01 ④	**02** ③	**03** ⑤	**04** ④	**05** ①
06 ①	**07** ⑤	**08** ②	**09** ④	**10** ⑤
11 ⑤	**12** ①	**13** ④	**14** ⑤	**15** ④
16 3	**17** 14	**18** 33	**19** 36	**20** 10
21 611	**22** 19	**23** ③	**24** ②	**25** ①
26 ③	**27** ④	**28** ②	**29** 192	**30** 54

01

$$\sqrt[4]{\frac{1}{8}} \times \sqrt[8]{\frac{1}{4}} = \sqrt[4]{\left(\frac{1}{2}\right)^3} \times \sqrt[8]{\left(\frac{1}{2}\right)^2} = \sqrt[4]{\left(\frac{1}{2}\right)^3} \times \sqrt[4]{\frac{1}{2}} = \sqrt[4]{\left(\frac{1}{2}\right)^4} = \frac{1}{2}$$

답 ④

02

$f(x) = x^4 - 5x^2 + 3$에서 $f'(x) = 4x^3 - 10x$

따라서

$$\lim_{h \to 0} \frac{f(-1+h) - f(-1)}{h} = f'(-1) = -4 + 10 = 6$$

답 ③

03

$\sin\theta + 2\cos\theta = 0$에서 $2\cos\theta = -\sin\theta$

즉, $4\cos^2\theta = \sin^2\theta$이므로 $\sin^2\theta + \cos^2\theta = 1$에서

$4\cos^2\theta + \cos^2\theta = 1$, $5\cos^2\theta = 1$

$\cos^2\theta = \frac{1}{5}$

$\frac{\pi}{2} < \theta < \pi$일 때, $\cos\theta < 0$이므로 $\cos\theta = -\frac{1}{\sqrt{5}}$

$\sin\theta = -2\cos\theta = \frac{2}{\sqrt{5}}$

따라서 $\sin\theta - \cos\theta = \frac{2}{\sqrt{5}} - \left(-\frac{1}{\sqrt{5}}\right) = \frac{3}{\sqrt{5}} = \frac{3\sqrt{5}}{5}$

답 ⑤

04

함수 $f(x)$가 실수 전체의 집합에서 연속이려면 $x = a$에서도 연속이어야 한다. 즉, $\lim\limits_{x \to a-} f(x) = \lim\limits_{x \to a+} f(x) = f(a)$이어야 한다.

$\lim\limits_{x \to a-} f(x) = \lim\limits_{x \to a-} (2x - 3) = 2a - 3$,

$\lim\limits_{x \to a+} f(x) = \lim\limits_{x \to a+} (x^2 - 3x + a) = a^2 - 2a$,

$f(a) = a^2 - 2a$

이므로 $2a - 3 = a^2 - 2a$에서

$a^2 - 4a + 3 = 0$, $(a-1)(a-3) = 0$

$a = 1$ 또는 $a = 3$

따라서 모든 실수 a의 값의 합은 $1 + 3 = 4$

답 ④

05

$f(x) = \int (2x + a)dx = x^2 + ax + C$ (단, C는 적분상수)

$f(0) = C$이고

$f'(x) = 2x + a$에서 $f'(0) = a$

$f'(0) = f(0)$이므로 $a = C$

$f(x) = x^2 + Cx + C$이므로

$f(2) = 4 + 2C + C = 4 + 3C$

$f(2) = -5$이므로 $4 + 3C = -5$에서 $C = -3$

따라서 $f(x) = x^2 - 3x - 3$이므로

$f(4) = 16 - 12 - 3 = 1$

답 ①

06

등비수열 $\{a_n\}$의 공비를 r $(r \neq 0)$이라 하면 일반항은

$a_n = a_1 \times r^{n-1}$

$$\frac{S_2}{a_2} - \frac{S_4}{a_4} = \frac{a_1 + a_2}{a_2} - \frac{a_1 + a_2 + a_3 + a_4}{a_4}$$

$$= \left(\frac{1}{r} + 1\right) - \left(\frac{1}{r^3} + \frac{1}{r^2} + \frac{1}{r} + 1\right)$$

$$= -\frac{1}{r^3} - \frac{1}{r^2}$$

이므로 $-\frac{1}{r^3} - \frac{1}{r^2} = 4$에서

$4 + \frac{1}{r^2} + \frac{1}{r^3} = 0$, $\frac{4r^3 + r + 1}{r^3} = 0$

$r \neq 0$이므로

$4r^3 + r + 1 = 0$, $(2r+1)(2r^2 - r + 1) = 0$

이때 $2r^2 - r + 1 = 2\left(r - \frac{1}{4}\right)^2 + \frac{7}{8} > 0$이므로

$2r + 1 = 0$에서 $r = -\frac{1}{2}$

$a_5 = a_1 \times \left(-\frac{1}{2}\right)^4 = \frac{5}{4}$에서 $a_1 = 20$

따라서 $a_n = 20 \times \left(-\frac{1}{2}\right)^{n-1}$이므로

$a_1 + a_2 = 20 + 20 \times \left(-\frac{1}{2}\right) = 20 + (-10) = 10$

답 ①

07

$f(x)$가 최고차항의 계수가 1인 삼차함수이고 $f'(-1) = 0$, $f'(2) = 0$이므로

$f'(x) = 3(x+1)(x-2) = 3x^2 - 3x - 6$

$f(x) = \int f'(x)dx = \int (3x^2 - 3x - 6)dx$

$\qquad = x^3 - \frac{3}{2}x^2 - 6x + C$ (단, C는 적분상수)

$f(2) = 8 - 6 - 12 + C = C - 10$이므로

$C - 10 = 4$에서 $C = 14$

따라서 $f(x) = x^3 - \frac{3}{2}x^2 - 6x + 14$이므로

$f(4) = 64 - 24 - 24 + 14 = 30$

답 ⑤

08

$f(x) = (x+a)|x^2 + 2x| = (x+a)|x(x+2)|$

함수 $f(x)$가 $x=0$에서만 미분가능하지 않으므로 $x=-2$에서 미분가능해야 한다.

즉, $\displaystyle\lim_{x\to-2-}\dfrac{f(x)-f(-2)}{x+2}=\lim_{x\to-2+}\dfrac{f(x)-f(-2)}{x+2}$이어야 한다.

$$\lim_{x\to-2-}\dfrac{f(x)-f(-2)}{x+2}=\lim_{x\to-2-}\dfrac{x(x+2)(x+a)}{x+2}$$
$$=\lim_{x\to-2-}\{x(x+a)\}$$
$$=-2(a-2),$$

$$\lim_{x\to-2+}\dfrac{f(x)-f(-2)}{x+2}=\lim_{x\to-2+}\dfrac{-x(x+2)(x+a)}{x+2}$$
$$=\lim_{x\to-2+}\{-x(x+a)\}$$
$$=2(a-2)$$

이므로 $-2(a-2)=2(a-2)$에서

$4(a-2)=0$, $a=2$

그러므로

$f(x)=(x+2)|x(x+2)|$

$=\begin{cases} x(x+2)^2 & (x\le-2 \ \text{또는} \ x\ge0) \\ -x(x+2)^2 & (-2<x<0) \end{cases}$

$=\begin{cases} x^3+4x^2+4x & (x\le-2 \ \text{또는} \ x\ge0) \\ -x^3-4x^2-4x & (-2<x<0) \end{cases}$

따라서

$\displaystyle\int_{-1}^{1}f(x)dx$

$=\displaystyle\int_{-1}^{0}f(x)dx+\int_{0}^{1}f(x)dx$

$=\displaystyle\int_{-1}^{0}(-x^3-4x^2-4x)dx+\int_{0}^{1}(x^3+4x^2+4x)dx$

$=\left[-\dfrac{1}{4}x^4-\dfrac{4}{3}x^3-2x^2\right]_{-1}^{0}+\left[\dfrac{1}{4}x^4+\dfrac{4}{3}x^3+2x^2\right]_{0}^{1}$

$=\dfrac{11}{12}+\dfrac{43}{12}=\dfrac{9}{2}$

답 ②

09

조건 (가)에서

$\dfrac{\log a+\log b}{5}=\dfrac{\log a-\log b}{3}=k$ (k는 실수)

라 하면

$\log a+\log b=5k$, $\log a-\log b=3k$이므로

$\log a=4k$, $\log b=k$

조건 (나)에서 $a^{-1+\log b}$과 1000은 모두 양수이므로

$\log a^{-1+\log b}=\log 1000$

$(-1+\log b)\times\log a=3$

$(-1+k)\times4k=3$

$4k^2-4k-3=0$, $(2k+1)(2k-3)=0$

a, b가 모두 1보다 큰 실수이므로

$k>0$에서 $k=\dfrac{3}{2}$

따라서 $\log a=4k=6$, $\log b=k=\dfrac{3}{2}$이므로

$\log a+2\log b=6+2\times\dfrac{3}{2}=9$

답 ④

10

두 점 P, Q의 시각 t $(t\ge0)$에서의 위치를 각각 $x_1(t)$, $x_2(t)$라 하면

$x_1(t)=0+\displaystyle\int_{0}^{t}(3t^2+4at+10)dt=t^3+2at^2+10t$

$x_2(t)=0+\displaystyle\int_{0}^{t}(4t+a)dt=2t^2+at$

이므로

$f(t)=|x_1(t)-x_2(t)|=|t^3+2(a-1)t^2+(10-a)t|$

$g(t)=t^3+2(a-1)t^2+(10-a)t$라 하면

$g'(t)=3t^2+4(a-1)t+10-a$

$=3\left\{t+\dfrac{2}{3}(a-1)\right\}^2-\dfrac{4}{3}(a-1)^2+10-a$

$t\ge0$에서 함수 $f(t)$가 증가하고 $f(0)=0$이므로

$t>0$에서 $g'(t)\ge0$이어야 한다.

(i) $a<1$일 때

$-\dfrac{2}{3}(a-1)>0$이므로 $t>0$에서 $g'(t)\ge0$이려면

$g'\left(-\dfrac{2}{3}(a-1)\right)\ge0$이어야 한다.

즉, $-\dfrac{4}{3}(a-1)^2+10-a\ge0$에서

$4(a-1)^2-3(10-a)\le0$

$4a^2-5a-26\le0$, $(a+2)(4a-13)\le0$

$-2\le a\le\dfrac{13}{4}$

그러므로 $-2\le a<1$

(ii) $a\ge1$일 때

$-\dfrac{2}{3}(a-1)\le0$이므로 $t>0$에서 $g'(t)\ge0$이려면 $\displaystyle\lim_{t\to0+}g'(t)\ge0$

이면 충분하다.

즉, $10-a\ge0$에서 $a\le10$

그러므로 $1\le a\le10$

(i), (ii)에서 $-2\le a\le10$ ······ ㉠

$f(2)=|8+8(a-1)+2(10-a)|=|6a+20|$

이므로 ㉠에 의하여

$8\le f(2)\le80$

따라서 $f(2)$의 최댓값과 최솟값의 합은

$80+8=88$

답 ⑤

11

등차수열 $\{a_n\}$의 첫째항을 a, 공차를 d라 하자.

$a_2=2a_1$에서 $a+d=2a$이므로 $a=d$

$a_n=a+(n-1)d=a+(n-1)a=an$이므로

$S_n=\displaystyle\sum_{k=1}^{n}a_k=\sum_{k=1}^{n}ak=\dfrac{an(n+1)}{2}$

$\displaystyle\sum_{k=1}^{5}\dfrac{1}{S_k}=\sum_{k=1}^{5}\dfrac{2}{ak(k+1)}=\dfrac{2}{a}\sum_{k=1}^{5}\left(\dfrac{1}{k}-\dfrac{1}{k+1}\right)$

$=\dfrac{2}{a}\left\{\left(1-\dfrac{1}{2}\right)+\left(\dfrac{1}{2}-\dfrac{1}{3}\right)+\cdots+\left(\dfrac{1}{5}-\dfrac{1}{6}\right)\right\}$

$=\dfrac{2}{a}\left(1-\dfrac{1}{6}\right)=\dfrac{5}{3a}$

$\dfrac{5}{3a}=5$에서 $a=\dfrac{1}{3}$

따라서 $S_n=\dfrac{n(n+1)}{6}$이므로

$$\sum_{k=1}^{14}\dfrac{a_{k+1}}{S_kS_{k+1}}=\sum_{k=1}^{14}\dfrac{S_{k+1}-S_k}{S_kS_{k+1}}=\sum_{k=1}^{14}\left(\dfrac{1}{S_k}-\dfrac{1}{S_{k+1}}\right)$$

$$=\left(\dfrac{1}{S_1}-\dfrac{1}{S_2}\right)+\left(\dfrac{1}{S_2}-\dfrac{1}{S_3}\right)+\cdots+\left(\dfrac{1}{S_{14}}-\dfrac{1}{S_{15}}\right)$$

$$=\dfrac{1}{S_1}-\dfrac{1}{S_{15}}$$

$$=\dfrac{6}{1\times2}-\dfrac{6}{15\times16}=3-\dfrac{1}{40}=\dfrac{119}{40}$$

답 ⑤

12

함수 $f(x)$가 최고차항의 계수가 양수인 삼차함수이므로 조건 (가)에 의하여 함수 $f(x)$의 증가와 감소를 표로 나타내면 다음과 같다.

x	$\cdots$	0	$\cdots$	2	$\cdots$
$f'(x)$	$+$	0	$-$	0	$+$
$f(x)$	↗	극대	↘	극소	↗

방정식 $f(x)=0$의 서로 다른 실근의 개수를 기준으로 조건을 만족시키는 함수 $f(x)$를 구하면 다음과 같다.

(i) 방정식 $f(x)=0$이 서로 다른 세 실근을 가질 때

$f(0)f(2)<0$이고, 방정식 $f(x)=0$의 세 실근을

α, β, γ $(\alpha<\beta<\gamma)$라 하면

$\alpha<0<\beta<\gamma$

이므로 두 함수 $y=f(x)$, $y=f'(x)$의 그래프는 그림과 같다.

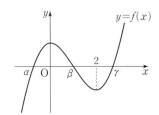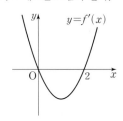

방정식 $f(f'(x))=0$에서

$f'(x)=\alpha$ 또는 $f'(x)=\beta$ 또는 $f'(x)=\gamma$

이때 함수 $y=f'(x)$의 그래프와 직선 $y=\beta$, 직선 $y=\gamma$는 각각 서로 다른 두 점에서 만나므로 조건 (나)를 만족시키지 않는다.

(ii) 방정식 $f(x)=0$이 서로 다른 두 실근만을 가질 때

$f(0)f(2)=0$에서 $f(0)=0$, $f(2)\neq0$ 또는 $f(0)\neq0$, $f(2)=0$

① $f(0)=0$, $f(2)\neq0$일 때

방정식 $f(x)=0$의 중근이 아닌 한 실근을 α $(\alpha>2)$라 하면 두 함수 $y=f(x)$, $y=f'(x)$의 그래프는 그림과 같다.

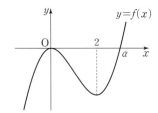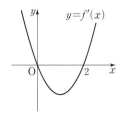

방정식 $f(f'(x))=0$에서

$f'(x)=0$ 또는 $f'(x)=\alpha$

이때 함수 $y=f'(x)$의 그래프와 직선 $y=0$, 직선 $y=\alpha$는 각각 서로 다른 두 점에서 만나므로 조건 (나)를 만족시키지 않는다.

② $f(0)\neq0$, $f(2)=0$일 때

방정식 $f(x)=0$의 중근이 아닌 한 실근을 α $(\alpha<0)$이라 하면 두 함수 $y=f(x)$, $y=f'(x)$의 그래프는 그림과 같다.

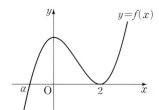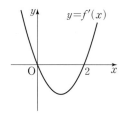

$f(x)=k(x-2)^2(x-\alpha)$ $(k$는 $k>0$인 상수)로 놓으면

$f'(x)=2k(x-2)(x-\alpha)+k(x-2)^2$

$\qquad=k(x-2)(3x-2\alpha-2)$

$f'(0)=4k(\alpha+1)=0$에서 $\alpha=-1$

즉, $f(x)=k(x+1)(x-2)^2$이고, $f'(x)=3kx(x-2)$

방정식 $f(f'(x))=0$에서

$f'(x)=-1$ 또는 $f'(x)=2$

함수 $y=f'(x)$의 그래프와 직선 $y=2$가 서로 다른 두 점에서 만나므로 조건 (나)를 만족시키기 위해서는 함수 $y=f'(x)$의 그래프와 직선 $y=-1$이 한 점에서 만나야 한다.

함수 $y=f'(x)$의 그래프는 직선 $x=1$에 대하여 대칭이므로 $f'(1)=-1$이어야 한다.

$f'(1)=3k\times(-1)=-1$에서 $k=\dfrac{1}{3}$

따라서 $f(x)=\dfrac{1}{3}(x+1)(x-2)^2$

(iii) 방정식 $f(x)=0$이 한 실근만을 가질 때

방정식 $f(x)=0$의 한 실근을 α라 하면

방정식 $f(f'(x))=0$에서

$f'(x)=\alpha$

이때 함수 $y=f'(x)$의 그래프와 직선 $y=\alpha$가 만나는 서로 다른 점의 개수가 2 이하이므로 조건 (나)를 만족시키지 않는다.

(i), (ii), (iii)에서 $f(x)=\dfrac{1}{3}(x+1)(x-2)^2$이므로

$f(5)=\dfrac{1}{3}\times6\times9=18$

답 ①

13

$\angle\text{CAD}=\theta\left(0<\theta<\dfrac{\pi}{2}\right)$라 하면

$\tan\theta=\dfrac{3}{4}$에서 $\sin\theta=\dfrac{3}{5}$, $\cos\theta=\dfrac{4}{5}$

삼각형 ADC에서 코사인법칙에 의하여

$\overline{\text{CD}}^2=\overline{\text{AC}}^2+\overline{\text{AD}}^2-2\times\overline{\text{AC}}\times\overline{\text{AD}}\times\cos\theta$

$\qquad=3^2+5^2-2\times3\times5\times\dfrac{4}{5}=10$

이므로 $\overline{\text{CD}}=\sqrt{10}$

삼각형 ADC의 외접원의 반지름의 길이를 R이라 하면 사인법칙에 의하여 $\dfrac{\overline{\text{CD}}}{\sin\theta}=2R$이므로

$R=\dfrac{1}{2}\times\dfrac{\overline{\text{CD}}}{\sin\theta}=\dfrac{1}{2}\times\dfrac{\sqrt{10}}{\dfrac{3}{5}}=\dfrac{5\sqrt{10}}{6}$

직각삼각형 ABD에서

$$\overline{BD}=\sqrt{\overline{AB}^2-\overline{AD}^2}=\sqrt{\left(\frac{5\sqrt{10}}{3}\right)^2-5^2}=\sqrt{\frac{25}{9}}=\frac{5}{3}$$

삼각형 ABD의 넓이는

$$\frac{1}{2}\times\overline{AD}\times\overline{BD}=\frac{1}{2}\times5\times\frac{5}{3}=\frac{25}{6}$$

삼각형 ADC의 넓이는

$$\frac{1}{2}\times\overline{AC}\times\overline{AD}\times\sin\theta=\frac{1}{2}\times3\times5\times\frac{3}{5}=\frac{9}{2}$$

따라서 사각형 ABDC의 넓이는

$$\frac{25}{6}+\frac{9}{2}=\frac{26}{3}$$

🔲 ④

14

$g(x)=\displaystyle\int_x^{x+3}f(|t|)dt$의 양변을 x에 대하여 미분하면

$g'(x)=f(|x+3|)-f(|x|)$ ······ ㉠

함수 $g(x)$가 $x=\dfrac{1}{2}$에서 극소이므로 $g'\left(\dfrac{1}{2}\right)=0$에서

$$g'\left(\frac{1}{2}\right)=f\left(\frac{7}{2}\right)-f\left(\frac{1}{2}\right)=0$$

즉, $f\left(\dfrac{1}{2}\right)=f\left(\dfrac{7}{2}\right)$ ······ ㉡

함수 $f(x)$는 최고차항의 계수가 1인 이차함수이고, ㉡에 의하여 함수 $y=f(x)$의 그래프는 직선 $x=2$에 대하여 대칭이므로

$f(x)=(x-2)^2+k$ (k는 상수)

로 놓을 수 있다.

또 $g(1)=0$이므로

$$g(1)=\int_1^4\{(|t|-2)^2+k\}dt=\int_1^4\{(t-2)^2+k\}dt$$

$$=\int_1^4(t^2-4t+4+k)dt=\left[\frac{1}{3}t^3-2t^2+(4+k)t\right]_1^4$$

$$=\left(\frac{64}{3}-32+16+4k\right)-\left(\frac{1}{3}-2+4+k\right)=3+3k=0$$

에서 $k=-1$

그러므로

$f(x)=(x-2)^2-1=x^2-4x+3=(x-1)(x-3)$

이고,

$$f(|x|)=\begin{cases}(x+1)(x+3) & (x<0)\\(x-1)(x-3) & (x\geq0)\end{cases}$$

$$f(|x+3|)=\begin{cases}(x+4)(x+6) & (x<-3)\\x(x+2) & (x\geq-3)\end{cases}$$

이때 ㉠에서 $g'(x)=0$, 즉 $f(|x|)=f(|x+3|)$인 x의 값을 구하면 다음과 같다.

(i) $x<-3$일 때

　$(x+1)(x+3)=(x+4)(x+6)$에서

　$x^2+4x+3=x^2+10x+24$

　$6x=-21$, $x=-\dfrac{7}{2}$

(ii) $-3\leq x<0$일 때

　$(x+1)(x+3)=x(x+2)$에서

　$x^2+4x+3=x^2+2x$

　$2x=-3$, $x=-\dfrac{3}{2}$

(iii) $x\geq0$일 때

　$(x-1)(x-3)=x(x+2)$에서

　$x^2-4x+3=x^2+2x$

　$6x=3$, $x=\dfrac{1}{2}$

(i), (ii), (iii)에서 $f(|x|)=f(|x+3|)$인 x의 값은

$$-\frac{7}{2},\ -\frac{3}{2},\ \frac{1}{2}$$

이고, 두 함수 $y=f(|x|)$, $y=f(|x+3|)$의 그래프는 그림과 같다.

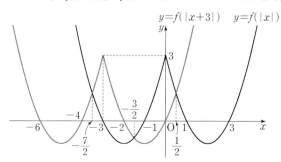

㉠에 의하여 함수 $g(x)$의 증가와 감소를 표로 나타내면 다음과 같다.

x	$\cdots$	$-\dfrac{7}{2}$	$\cdots$	$-\dfrac{3}{2}$	$\cdots$	$\dfrac{1}{2}$	$\cdots$
$g'(x)$	$-$	0	$+$	0	$-$	0	$+$
$g(x)$	$\searrow$	극소	$\nearrow$	극대	$\searrow$	극소	$\nearrow$

따라서 함수 $g(x)$는 $x=-\dfrac{3}{2}$에서 극대이므로 함수 $g(x)$의 극댓값은

$$g\left(-\frac{3}{2}\right)=\int_{-\frac{3}{2}}^{\frac{3}{2}}f(|t|)dt=2\int_0^{\frac{3}{2}}f(|t|)dt=2\int_0^{\frac{3}{2}}f(t)dt$$

$$=2\int_0^{\frac{3}{2}}(t^2-4t+3)dt=2\left[\frac{1}{3}t^3-2t^2+3t\right]_0^{\frac{3}{2}}$$

$$=2\left(\frac{9}{8}-\frac{9}{2}+\frac{9}{2}\right)=\frac{9}{4}$$

🔲 ⑤

참고

㉠은 다음과 같이 보일 수 있다.

$$g(x)=\int_x^{x+3}f(|t|)dt=\int_0^{x+3}f(|t|)dt-\int_0^x f(|t|)dt$$

$$=\int_{-3}^x f(|t+3|)dt-\int_0^x f(|t|)dt$$

이때 $h(t)=f(|t+3|)$으로 놓으면

$$g(x)=\int_{-3}^x h(t)dt-\int_0^x f(|t|)dt$$

위 등식의 양변을 x에 대하여 미분하면

$g'(x)=h(x)-f(|x|)=f(|x+3|)-f(|x|)$

15

(i) a_5가 3의 배수일 때

　$a_6=\dfrac{a_5}{3}$이므로

　$$a_5+a_6=a_5+\frac{a_5}{3}=\frac{4}{3}a_5$$

　$\dfrac{4}{3}a_5=16$에서 $a_5=12$, $a_6=4$

　$a_5=12$일 때 a_4의 값은 36 또는 10이다.

　같은 방법으로 계속하면 다음 표와 같은 결과를 얻을 수 있다.

a_6	a_5	a_4	a_3	a_2	a_1
4	12	36	108	324	322
				106	104
			34	102	100
				32	30(×)
		10	30	90	88
				28	26
			8	24	22
				6(×)	

이 경우 조건을 만족시키는 모든 a_1의 값의 합은

$322+104+100+88+26+22=662$

(ii) a_5가 3의 배수가 아닐 때

$a_6=a_5+2$이므로

$a_5+a_6=a_5+a_5+2=2a_5+2$

$2a_5+2=16$에서 $a_5=7$, $a_6=9$

$a_5=7$일 때 a_4의 값은 21 또는 5이다.

같은 방법으로 계속하면 다음 표와 같은 결과를 얻을 수 있다.

a_6	a_5	a_4	a_3	a_2	a_1
9	7	21	63	189	187
				61	59
			19	57	55
				17	15(×)
		5	15	45	43
				13	11
			3(×)		

이 경우 조건을 만족시키는 모든 a_1의 값의 합은

$187+59+55+43+11=355$

(i), (ii)에서 조건을 만족시키는 모든 a_1의 값의 합은

$662+355=1017$　　　　답 ④

16

로그의 진수의 조건에 의하여

$x+4>0$, $1-x>0$

이므로 $-4<x<1$　　……　㉠

$\log_3(x+4)<1+\log_3(1-x)$에서

$\log_3(x+4)<\log_3 3(1-x)$

밑이 1보다 크므로

$x+4<3(1-x)$, $4x<-1$

$x<-\dfrac{1}{4}$　　……　㉡

㉠, ㉡에서 $-4<x<-\dfrac{1}{4}$

따라서 정수 x의 값은 -3, -2, -1이고, 그 개수는 3이다.　　답 3

17

$\displaystyle\lim_{x\to 3}\dfrac{g(x)-8}{x-3}=30$에서 $x\to 3$일 때 (분모)→0이고 극한값이 존재하므로 (분자)→0이어야 한다.

즉, $\displaystyle\lim_{x\to 3}\{g(x)-8\}=0$이고 함수 $g(x)$는 실수 전체의 집합에서 연속이므로 $g(3)=8$

$g(3)=(3+1)f(3)=8$에서 $f(3)=2$

또한 $\displaystyle\lim_{x\to 3}\dfrac{g(x)-8}{x-3}=\lim_{x\to 3}\dfrac{g(x)-g(3)}{x-3}=30$에서 함수 $g(x)$는 $x=3$에서 미분가능하므로

$g'(3)=30$

$g(x)=(x+1)f(x)$에서

$g'(x)=f(x)+(x+1)f'(x)$이므로

$g'(3)=f(3)+4f'(3)$

$30=2+4f'(3)$이므로 $f'(3)=7$

따라서 $f(3)\times f'(3)=2\times 7=14$　　　　답 14

18

$\displaystyle\sum_{k=1}^{n}(a_k+a_{k+1})=\dfrac{1}{n}+\dfrac{1}{n+1}$에서

$n=1$일 때, $a_1+a_2=1+\dfrac{1}{2}$

$n\geq 2$인 자연수 n에 대하여

$a_n+a_{n+1}=\displaystyle\sum_{k=1}^{n}(a_k+a_{k+1})-\sum_{k=1}^{n-1}(a_k+a_{k+1})$

$=\left(\dfrac{1}{n}+\dfrac{1}{n+1}\right)-\left(\dfrac{1}{n-1}+\dfrac{1}{n}\right)$

$=\dfrac{1}{n+1}-\dfrac{1}{n-1}$

이므로

$a_5=\{a_1+(a_2+a_3)+(a_4+a_5)\}-\{(a_1+a_2)+(a_3+a_4)\}$

$=\left\{a_1+\left(\dfrac{1}{3}-1\right)+\left(\dfrac{1}{5}-\dfrac{1}{3}\right)\right\}-\left\{\left(1+\dfrac{1}{2}\right)+\left(\dfrac{1}{4}-\dfrac{1}{2}\right)\right\}$

$=\left(a_1-\dfrac{4}{5}\right)-\dfrac{5}{4}$

$=a_1-\dfrac{41}{20}$

$a_5=\dfrac{1}{4}$이므로

$a_1=a_5+\dfrac{41}{20}=\dfrac{1}{4}+\dfrac{41}{20}=\dfrac{23}{10}$

따라서 $p=10$, $q=23$이므로 $p+q=10+23=33$　　　　답 33

19

$f(x+3)=2\sin\dfrac{\pi(x+3)}{6}=2\sin\left(\dfrac{\pi x}{6}+\dfrac{\pi}{2}\right)=2\cos\dfrac{\pi x}{6}$

$f(x-3)=2\sin\dfrac{\pi(x-3)}{6}=2\sin\left(\dfrac{\pi x}{6}-\dfrac{\pi}{2}\right)=-2\cos\dfrac{\pi x}{6}$

$f(x+3)f(x-3)=-4\cos^2\dfrac{\pi x}{6}$이므로

$f(x+3)f(x-3)\geq -1$에서

$-4\cos^2\dfrac{\pi x}{6}\geq -1$, $\cos^2\dfrac{\pi x}{6}\leq\dfrac{1}{4}$

$-\dfrac{1}{2}\leq\cos\dfrac{\pi x}{6}\leq\dfrac{1}{2}$　　……　㉠

$\cos\dfrac{\pi}{3}=\cos\dfrac{5\pi}{3}=\dfrac{1}{2}$, $\cos\dfrac{2\pi}{3}=\cos\dfrac{4\pi}{3}=-\dfrac{1}{2}$

즉, $\cos\dfrac{\pi\times 2}{6}=\cos\dfrac{\pi\times 10}{6}=\dfrac{1}{2}$, $\cos\dfrac{\pi\times 4}{6}=\cos\dfrac{\pi\times 8}{6}=-\dfrac{1}{2}$

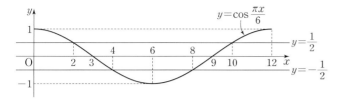

따라서 ㉠을 만족시키는 12 이하의 모든 자연수 x의 값은 2, 3, 4, 8, 9, 10이므로 그 합은

$2+3+4+8+9+10=36$ 답 36

20

$f(x)=a(x^3-4x)=ax(x+2)(x-2)$이므로

$f(x)=0$에서 $x=-2$ 또는 $x=0$ 또는 $x=2$

$f'(x)=a(3x^2-4)$이므로

$f'(x)=0$에서 $x=-\dfrac{2}{\sqrt{3}}$ 또는 $x=\dfrac{2}{\sqrt{3}}$

$a>0$이므로 함수 $f(x)$의 증가와 감소를 표로 나타내면 다음과 같다.

x	$\cdots$	$-\dfrac{2}{\sqrt{3}}$	$\cdots$	$\dfrac{2}{\sqrt{3}}$	$\cdots$
$f'(x)$	$+$	0	$-$	0	$+$
$f(x)$	↗	극대	↘	극소	↗

함수 $y=f(x)$의 그래프는 그림과 같다.

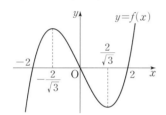

함수 $g(x)$가 실수 전체의 집합에서 연속이므로 $x=k$에서도 연속이다.

즉, $\lim\limits_{x \to k-} g(x)=\lim\limits_{x \to k+} g(x)=g(k)$이어야 한다.

$\lim\limits_{x \to k-} g(x)=\lim\limits_{x \to k-} f(x)=f(k)$,

$\lim\limits_{x \to k+} g(x)=\lim\limits_{x \to k+} \{-f(x)\}=-f(k)$,

$g(k)=f(k)$

이므로 $f(k)=-f(k)$에서 $f(k)=0$

그러므로 $k=-2$ 또는 $k=0$ 또는 $k=2$

한편,

$h(x)=\displaystyle\int_{-2}^{x} g(t)dt-\int_{x}^{2} g(t)dt=\int_{-2}^{x} g(t)dt+\int_{2}^{x} g(t)dt$

에서

$h'(x)=g(x)+g(x)=2g(x)$

(i) $k=-2$일 때

함수 $y=g(x)$의 그래프는 그림과 같다.

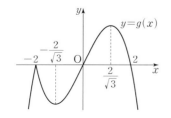

열린구간 $(-2, 2)$에서 함수 $h(x)$의 증가와 감소를 표로 나타내면 다음과 같다.

x	(-2)	$\cdots$	0	$\cdots$	(2)
$h'(x)$		$-$	0	$+$	
$h(x)$		↘	극소	↗	

열린구간 $(-2, 2)$에서 함수 $h(x)$의 최댓값이 존재하지 않으므로 조건을 만족시키지 않는다.

(ii) $k=0$일 때

함수 $y=g(x)$의 그래프는 그림과 같다.

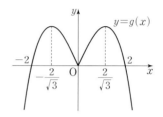

열린구간 $(-2, 2)$에서 함수 $h(x)$의 증가와 감소를 표로 나타내면 다음과 같다.

x	(-2)	$\cdots$	0	$\cdots$	(2)
$h'(x)$		$+$	0	$+$	
$h(x)$		↗		↗	

열린구간 $(-2, 2)$에서 함수 $h(x)$의 최댓값이 존재하지 않으므로 조건을 만족시키지 않는다.

(iii) $k=2$일 때

함수 $y=g(x)$의 그래프는 그림과 같다.

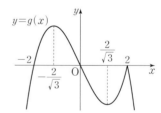

열린구간 $(-2, 2)$에서 함수 $h(x)$의 증가와 감소를 표로 나타내면 다음과 같다.

x	(-2)	$\cdots$	0	$\cdots$	(2)
$h'(x)$		$+$	0	$-$	
$h(x)$		↗	극대	↘	

열린구간 $(-2, 2)$에서 함수 $h(x)$가 $x=0$에서 극대이면서 최대이고, 함수 $h(x)$의 최댓값이 2이므로

$h(0)=\displaystyle\int_{-2}^{0} g(t)dt-\int_{0}^{2} g(t)dt$

$=\displaystyle\int_{-2}^{0} a(t^3-4t)dt-\int_{0}^{2} a(t^3-4t)dt$

$=2a\displaystyle\int_{-2}^{0} (t^3-4t)dt$

$=2a\left[\dfrac{1}{4}t^4-2t^2\right]_{-2}^{0}$

$=2a\{0-(-4)\}$

$=8a=2$

에서 $a=\dfrac{1}{4}$

(i), (ii), (iii)에서 조건을 만족시키는 k의 값은 2이고,

$$g(x)=\begin{cases}\dfrac{1}{4}x^3-x & (x\le 2)\\[2mm] -\dfrac{1}{4}x^3+x & (x>2)\end{cases}$$

따라서

$$\int_0^4 g(x)dx=\int_0^2\left(\frac{1}{4}x^3-x\right)dx+\int_2^4\left(-\frac{1}{4}x^3+x\right)dx$$

$$=\left[\frac{1}{16}x^4-\frac{1}{2}x^2\right]_0^2+\left[-\frac{1}{16}x^4+\frac{1}{2}x^2\right]_2^4$$

$$=(-1-0)+(-8-1)=-10$$

이므로 $\left|\displaystyle\int_0^4 g(x)dx\right|=10$ **답** 10

21

함수 $y=f(x)$의 그래프는 그림과 같다. 이때 함수 $y=f(x)$의 그래프와 직선 $y=\log_2(k+2)$가 만나는 서로 다른 두 점을 A, B라 하자.

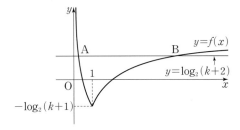

(i) $0<x<1$일 때

$-\log_2(k+1)x=\log_2(k+2)$에서

$\log_2\dfrac{1}{(k+1)x}=\log_2(k+2)$, $\dfrac{1}{(k+1)x}=k+2$

$x=\dfrac{1}{(k+1)(k+2)}$

k가 자연수이므로 $0<\dfrac{1}{(k+1)(k+2)}<1$

그러므로 점 A의 x좌표는 $\dfrac{1}{(k+1)(k+2)}$이다.

(ii) $x\ge 1$일 때

$\log_2\dfrac{x}{k+1}=\log_2(k+2)$에서 $\dfrac{x}{k+1}=k+2$

$x=(k+1)(k+2)=k^2+3k+2$

k가 자연수이므로 $k^2+3k+2>1$

그러므로 점 B의 x좌표는 k^2+3k+2이다.

(i), (ii)에서 두 점 A, B 사이의 거리 $g(k)$는

$g(k)=k^2+3k+2-\dfrac{1}{(k+1)(k+2)}$이므로

$$\sum_{k=1}^{7}g(k)=\sum_{k=1}^{7}\left\{k^2+3k+2-\frac{1}{(k+1)(k+2)}\right\}$$

$$=\sum_{k=1}^{7}k^2+3\sum_{k=1}^{7}k+\sum_{k=1}^{7}2-\sum_{k=1}^{7}\left(\frac{1}{k+1}-\frac{1}{k+2}\right)$$

$$=\frac{7\times 8\times 15}{6}+3\times\frac{7\times 8}{2}+2\times 7$$

$$-\left\{\left(\frac{1}{2}-\frac{1}{3}\right)+\left(\frac{1}{3}-\frac{1}{4}\right)+\cdots+\left(\frac{1}{8}-\frac{1}{9}\right)\right\}$$

$$=140+84+14-\left(\frac{1}{2}-\frac{1}{9}\right)$$

$$=238-\frac{7}{18}$$

따라서 $\dfrac{18}{7}\times\displaystyle\sum_{k=1}^{7}g(k)=\dfrac{18}{7}\times\left(238-\dfrac{7}{18}\right)=612-1=611$ **답** 611

22

$$\lim_{x\to a+}\frac{g(x)-g(a)}{x-a}\times\lim_{x\to (a+4)+}\frac{g(x)-g(a+4)}{x-(a+4)}\le 0 \quad\cdots\cdots\;\text{㉠}$$

$-6\le a\le -2$인 모든 실수 a에 대하여

$$\lim_{x\to a+}\frac{g(x)-g(a)}{x-a}\le 0$$

이므로 ㉠을 만족시키기 위해서는 $-6\le a\le -2$에서

$$\lim_{x\to (a+4)+}\frac{g(x)-g(a+4)}{x-(a+4)}\ge 0$$

이어야 한다.

즉, $a+4=p$로 놓으면 $-2\le p\le 2$에서

$$\lim_{x\to p+}\frac{g(x)-g(p)}{x-p}\ge 0$$

이므로 $1\le p\le 2$에서

$$\lim_{x\to p+}\frac{g(x)-g(p)}{x-p}\ge 0 \quad\cdots\cdots\;\text{㉡}$$

즉, $\displaystyle\lim_{x\to p+}\frac{f(x)-f(p)}{x-p}\ge 0$

$-2\le a\le 2$인 모든 실수 a에 대하여

$$\lim_{x\to a+}\frac{g(x)-g(a)}{x-a}\ge 0$$

이므로 ㉠을 만족시키기 위해서는 $-2\le a\le 2$에서

$$\lim_{x\to (a+4)+}\frac{g(x)-g(a+4)}{x-(a+4)}\le 0$$

이어야 한다.

즉, $2\le p\le 6$에서

$$\lim_{x\to p+}\frac{g(x)-g(p)}{x-p}\le 0 \quad\cdots\cdots\;\text{㉢}$$

즉, $\displaystyle\lim_{x\to p+}\frac{f(x)-f(p)}{x-p}\le 0$

㉡, ㉢에 의하여 함수 $g(x)$는 $x=2$에서 극대이고, $x>1$에서 미분가능하므로

$g'(2)=0$, 즉 $f'(2)=0$

주어진 조건에 의하여 $a<-6$ 또는 $2<a<5$ 또는 $a>5$인 모든 실수 a에 대하여

$$\lim_{x\to a+}\frac{g(x)-g(a)}{x-a}\times\lim_{x\to (a+4)+}\frac{g(x)-g(a+4)}{x-(a+4)}>0 \quad\cdots\cdots\;\text{㉣}$$

함수 $g(x)$가 $x\le -2$에서 감소하므로 $a<-6$인 모든 실수 a에 대하여 ㉣을 만족시킨다.

$2<a<5$ 또는 $a>5$인 모든 실수 a에 대하여 ㉣을 만족시키기 위해서는 $g'(a)\ne 0$이고 함수 $g(x)$는 구간 $(2,\infty)$에서 감소해야 한다.

즉, 구간 $(2,\infty)$에서 $g'(x)\le 0$이다.

$a=5$일 때,

$$\lim_{x\to 5+}\frac{g(x)-g(5)}{x-5}\times\lim_{x\to 9+}\frac{g(x)-g(9)}{x-9}\le 0$$에서

$$\lim_{x\to 9+}\frac{g(x)-g(9)}{x-9}<0$$이므로 $\displaystyle\lim_{x\to 5+}\frac{g(x)-g(5)}{x-5}\ge 0$

또한 ㉢에 의하여

$$\lim_{x\to 5+}\frac{g(x)-g(5)}{x-5}\le 0$$

이때 함수 $g(x)$가 $x>1$에서 미분가능하므로

$$\lim_{x \to 5+} \frac{g(x)-g(5)}{x-5}=g'(5)=0, \text{ 즉 } f'(5)=0 \text{이어야 한다.}$$

함수 $f(x)$가 최고차항의 계수가 k $(k<0)$인 사차함수라 하면 함수 $f'(x)$는 최고차항의 계수가 $4k$인 삼차함수이다.

이때 $f'(2)=f'(5)=0$이고

함수 $f(x)$가 구간 $(2, \infty)$에서 감소해야 하므로

$$f'(x)=4k(x-2)(x-5)^2$$

$g(5)=0$에서 $f(5)=0$이므로 함수 $y=f'(x)$의 그래프와 함수 $y=f(x)$의 그래프는 그림과 같다.

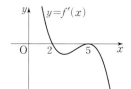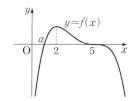

즉, $f(x)=k(x-\alpha)(x-5)^3$ $(\alpha<2)$로 놓을 수 있다.

$f(x)=k(x-\alpha)(x^3-15x^2+75x-125)$에서

$f'(x)=k(x^3-15x^2+75x-125)+k(x-\alpha)(3x^2-30x+75)$
$\quad =k(x-5)^3+3k(x-\alpha)(x-5)^2$

이때 $f'(2)=0$이므로

$f'(2)=-27k+27k(2-\alpha)=27k(1-\alpha)=0$에서

$k \neq 0$이므로 $\alpha=1$

그러므로 $f(x)=k(x-1)(x-5)^3$

$x<1$에서 함수 $y=g(x)$의 그래프가 직선 $y=9$와 한 점에서 만나고, 방정식 $g(x)=9$의 서로 다른 실근의 개수가 2이므로 그림과 같이 $x \geq 1$에서 함수 $y=g(x)$의 그래프가 직선 $y=9$와 한 점에서만 만나야 한다.

즉, $g(2)=9$이므로

$g(2)=f(2)=-27k=9$

에서 $k=-\frac{1}{3}$

$f(x)=-\frac{1}{3}(x-1)(x-5)^3$이므로

$g(3)=f(3)=-\frac{1}{3} \times 2 \times (-8)=\frac{16}{3}$

따라서 $p=3$, $q=16$이므로 $p+q=3+16=19$　　**답** 19

참고

$f'(x)=4k(x-2)(x-5)^2$에서 함수 $f(x)$를 다음과 같이 구할 수도 있다.

$f'(x)=4k(x-2)(x^2-10x+25)=k(4x^3-48x^2+180x-200)$

이므로

$f(x)=\int k(4x^3-48x^2+180x-200)dx$
$\quad =k(x^4-16x^3+90x^2-200x)+C$ (단, C는 적분상수)

$g(5)=0$에서 $f(5)=0$이므로

$f(5)=-125k+C=0$, $C=125k$

그러므로

$f(x)=k(x^4-16x^3+90x^2-200x+125)$
$\quad =k(x-1)(x-5)^3$

23

두 점 $A(-1, a, 6)$, $B(4, -3, b)$에 대하여 선분 AB를 $2:1$로 내분하는 점의 좌표는

$$\left(\frac{2 \times 4+1 \times (-1)}{2+1}, \frac{2 \times (-3)+1 \times a}{2+1}, \frac{2 \times b+1 \times 6}{2+1} \right)$$

즉, $\left(\frac{7}{3}, \frac{a-6}{3}, \frac{2b+6}{3} \right)$이고 이 점이 x축 위에 있으므로

$\frac{a-6}{3}=0$에서 $a=6$

$\frac{2b+6}{3}=0$에서 $b=-3$

따라서 $a+b=6+(-3)=3$　　**답** ③

24

타원 $\frac{x^2}{a^2}+\frac{y^2}{6}=1$에서 두 초점이 x축 위에 있으므로

$c^2=a^2-6$　　　　$\cdots\cdots$ ㉠

타원 $\frac{x^2}{a^2}+\frac{y^2}{6}=1$에 접하고 기울기가 $-\frac{\sqrt{3}}{3}$인 직선의 방정식은

$$y=-\frac{\sqrt{3}}{3}x \pm \sqrt{\frac{1}{3}a^2+6}$$

점 A의 y좌표가 양수이므로

$A\left(0, \sqrt{\frac{1}{3}a^2+6} \right)$

한편, 삼각형 $AF'F$가 정삼각형이므로 원점 O에 대하여 $\overline{OA}=\sqrt{3} \times \overline{OF}$이다. 즉,

$\sqrt{\frac{1}{3}a^2+6}=\sqrt{3}c$

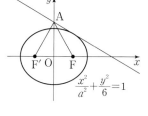

양변을 제곱하면

$\frac{1}{3}a^2+6=3c^2$

$c^2=\frac{1}{9}a^2+2$　　$\cdots\cdots$ ㉡

㉠, ㉡에서

$a^2-6=\frac{1}{9}a^2+2$

$\frac{8}{9}a^2=8$, $a^2=9$

㉠에서 $c^2=3$

따라서 $a^2+c^2=9+3=12$　　**답** ②

25

원점 O와 네 점 A, B, P, Q에 대하여

$\vec{a}=\overrightarrow{OA}$, $\vec{b}=\overrightarrow{OB}$, $\vec{p}=\overrightarrow{OP}$, $\vec{q}=\overrightarrow{OQ}$라 하자.

$|\vec{a}|=\sqrt{(-1)^2+1^2}=\sqrt{2}$

이므로

$|\vec{p}-\vec{a}|=|\vec{a}|$, 즉 $|\vec{p}-\vec{a}|=\sqrt{2}$에서 점 P는 점 $A(-1, 1)$을 중심으로 하고 반지름의 길이가 $\sqrt{2}$인 원 위의 점이고, 이 원을 C라 하자.

또 $\vec{q}=\vec{b}+t\vec{a}$에서 점 Q는 점 $B(4, 0)$을 지나고 방향벡터가 $\vec{a}=(-1, 1)$, 즉 기울기가 -1인 직선 위의 점이다.

이 직선을 l이라 하면 직선 l의 방정식은
$y=-(x-4)$, 즉 $y=-x+4$
$|\vec{p}-\vec{q}|$의 값은 두 점 P, Q 사이의 거리와 같으므로 $|\vec{p}-\vec{q}|$의 최솟값은 점 A와 직선 l 사이의 거리에서 원 C의 반지름의 길이인 $\sqrt{2}$를 뺀 것과 같다.
점 $A(-1, 1)$과 직선 $l : x+y-4=0$ 사이의 거리는
$$\frac{|-1+1-4|}{\sqrt{1^2+1^2}}=\frac{4}{\sqrt{2}}=2\sqrt{2}$$
따라서 $|\vec{p}-\vec{q}|$의 최솟값은
$2\sqrt{2}-\sqrt{2}=\sqrt{2}$ 답 ①

26

점 A에서 평면 β에 내린 수선의 발을 H라 하면 두 조건 (가), (나)에서
$\overline{OA}=\overline{OB}=8$이고 $\angle AOH=\dfrac{\pi}{3}$이

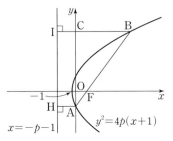

므로 직각삼각형 OAH에서
$\overline{OH}=\overline{OA}\cos\dfrac{\pi}{3}=8\times\dfrac{1}{2}=4$
$\overline{AH}=\overline{OA}\sin\dfrac{\pi}{3}=8\times\dfrac{\sqrt{3}}{2}=4\sqrt{3}$
점 B에서 평면 α에 내린 수선의 발을 I라 하면 삼각형 OAB의 평면 α 위로의 정사영은 삼각형 OAI이다.
조건 (다)에서 삼각형 OAI의 넓이가 $4\sqrt{3}$이므로
$\dfrac{1}{2}\times\overline{OI}\times\overline{AH}=4\sqrt{3}$에서
$\dfrac{1}{2}\times\overline{OI}\times4\sqrt{3}=4\sqrt{3}$
$\overline{OI}=2$
$0<\angle AOB<\dfrac{\pi}{2}$이고 점 I는 선분 OH의 중점이며, 이때 점 B는 점 I를 지나고 직선 l에 수직인 평면 β 위의 직선 위의 점이다.
$\overline{OB}=8$이므로 직각삼각형 OBI에서
$\overline{BI}=\sqrt{\overline{OB}^2-\overline{OI}^2}=\sqrt{8^2-2^2}=2\sqrt{15}$
또 직선 BI가 선분 OH를 수직이등분하므로
$\overline{BH}=\overline{OB}=8$
한편, 삼각형 OAB의 평면 β 위로의 정사영은 삼각형 OBH이므로 두 삼각형 OAB, OBH의 넓이를 각각 S_1, S_2라 하면
$S_1\times\cos\theta=S_2$ …… ㉠
직각삼각형 ABH에서
$\overline{AB}=\sqrt{\overline{AH}^2+\overline{BH}^2}=\sqrt{(4\sqrt{3})^2+8^2}=4\sqrt{7}$
삼각형 OAB는 $\overline{OA}=\overline{OB}=8$인 이등변삼각형이므로 선분 AB의 중점을 M이라 하면
$\overline{BM}=\dfrac{1}{2}\overline{AB}=2\sqrt{7}$
직각삼각형 OBM에서
$\overline{OM}=\sqrt{\overline{OB}^2-\overline{BM}^2}=\sqrt{8^2-(2\sqrt{7})^2}=6$
삼각형 OAB의 넓이 S_1은
$S_1=\dfrac{1}{2}\times\overline{AB}\times\overline{OM}=\dfrac{1}{2}\times4\sqrt{7}\times6=12\sqrt{7}$

삼각형 OBH의 넓이 S_2는
$S_2=\dfrac{1}{2}\times\overline{OH}\times\overline{BI}=\dfrac{1}{2}\times4\times2\sqrt{15}=4\sqrt{15}$
그러므로 ㉠에서
$12\sqrt{7}\times\cos\theta=4\sqrt{15}$
$\cos\theta=\dfrac{4\sqrt{15}}{12\sqrt{7}}=\dfrac{\sqrt{15}}{3\sqrt{7}}$
따라서 $\cos^2\theta=\dfrac{15}{63}=\dfrac{5}{21}$ 답 ③

27

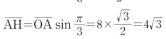
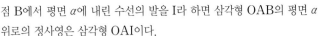

포물선 $y^2=4p(x+1)$은 포물선 $y^2=4px$를 x축의 방향으로 -1만큼 평행이동한 것이므로 초점 F는 $F(p-1, 0)$이고, 준선의 방정식은 $x=-p-1$이다.
두 점 A, B에서 준선에 내린 수선의 발을 각각 H, I라 하면 포물선의 정의에 의하여
$\overline{AF}=\overline{AH}$, $\overline{BF}=\overline{BI}$
$\overline{AF}=k$로 놓으면 $k=p+1$ …… ㉠
점 F가 선분 AB를 $1:4$로 내분하므로 점 F의 x좌표는 양수이고,
$\overline{AF}=\overline{AH}=k$, $\overline{BF}=\overline{BI}=4k$
선분 BI가 y축과 만나는 점을 C라 하면
$\overline{BC}=\overline{BI}-\overline{CI}=\overline{BI}-\overline{AH}$
    $=4k-k=3k$
즉, 직각삼각형 ABC에서
$\cos(\angle ABC)=\dfrac{\overline{BC}}{\overline{AB}}=\dfrac{3k}{5k}=\dfrac{3}{5}$
직각삼각형 OAF에서 $\angle AFO=\angle ABC$이므로
$\cos(\angle AFO)=\dfrac{\overline{OF}}{\overline{AF}}=\dfrac{3}{5}$
즉, $3\overline{AF}=5\overline{OF}$에서
$3k=5(p-1)$ …… ㉡
㉠을 ㉡에 대입하면
$3(p+1)=5(p-1)$
$2p=8$, $p=4$
그러므로 포물선의 방정식은
$y^2=16(x+1)$
이때 점 A의 x좌표는 0이고 y좌표는 음수이므로
$y^2=16$에서 $y=-4$
또한 점 B의 x좌표는 $3k=5(p-1)=15$이고 y좌표는 양수이므로
$y^2=16^2$에서 $y=16$
따라서 $A(0, -4)$, $B(15, 16)$이므로 삼각형 OAB의 넓이는
$\dfrac{1}{2}\times\overline{OA}\times\overline{BC}=\dfrac{1}{2}\times4\times15=30$ 답 ④

28

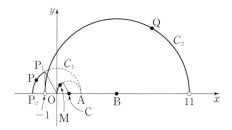

$|\overrightarrow{\mathrm{OP}}|=2$, $\overrightarrow{\mathrm{OP}}\cdot\vec{v}\geq0$에서 점 P는 원점 O를 중심으로 하고 반지름의 길이가 2인 원 위의 점 중 y좌표가 0 이상인 점이고, 이 도형을 C_1이라 하자.

$|\overrightarrow{\mathrm{BQ}}|=6$, $\overrightarrow{\mathrm{OQ}}\cdot\vec{v}>0$에서 점 Q는 점 B(5, 0)을 중심으로 하고 반지름의 길이가 6인 원 위의 점 중 y좌표가 0보다 큰 점이고, 이 도형을 C_2라 하자.

$-4\leq\overrightarrow{\mathrm{OA}}\cdot\overrightarrow{\mathrm{OP}}\leq-2$이므로 점 P는 도형 C_1 위의 점 중 x좌표가 -1보다 작거나 같은 점이다.

도형 C_1이 직선 $x=-1$ 및 x축과 만나는 점을 각각 P_1, P_2라 하면 부채꼴 OP_1P_2의 중심각의 크기는

$\dfrac{\pi}{3}$

또 선분 AP의 중점을 M이라 하면 점 M은 점 (1, 0)을 중심으로 하고 반지름의 길이가 1인 원, 즉 원 $(x-1)^2+y^2=1$ 위의 점 중 x좌표가 $\dfrac{1}{2}$보다 작거나 같고 y좌표가 0보다 크거나 같은 점이다.

이때

$\overrightarrow{\mathrm{OP}}\cdot(\overrightarrow{\mathrm{QA}}+\overrightarrow{\mathrm{QP}})=\overrightarrow{\mathrm{OP}}\cdot2\overrightarrow{\mathrm{QM}}=0$

즉, $\overrightarrow{\mathrm{OP}}\cdot\overrightarrow{\mathrm{QM}}=0$이므로 두 벡터 $\overrightarrow{\mathrm{OP}}$, $\overrightarrow{\mathrm{QM}}$은 서로 수직이고,

점 C(1, 0)에 대하여 두 벡터 $\overrightarrow{\mathrm{VP}}$, $\overrightarrow{\mathrm{CM}}$이 서로 평행하므로 두 벡터 $\overrightarrow{\mathrm{CM}}$, $\overrightarrow{\mathrm{QM}}$도 서로 수직이다.

그러므로 점 Q는 점 M을 지나고 원 $(x-1)^2+y^2=1$에 접하는 직선이 도형 C_2와 만나는 점이다. 이때 점 P가 P_1일 때와 P_2일 때로 경우를 나누어 점 Q가 나타내는 도형을 구하면 다음과 같다.

(i) 점 P가 P_1일 때

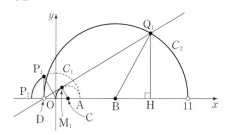

점 P_1의 좌표는 $P_1(-1, \sqrt{3})$

선분 AP_1의 중점을 M_1이라 하면 원 $(x-1)^2+y^2=1$ 위의 점 M_1에서의 접선이 x축과 만나는 점을 D, 도형 C_2와 만나는 점을 Q_1이라 하면 $\angle\mathrm{OCM}_1=\dfrac{\pi}{3}$이므로

$D(-1, 0)$

점 Q_1에서 x축에 내린 수선의 발을 H라 하면 삼각형 BDQ_1이 $\overline{\mathrm{BD}}=\overline{\mathrm{BQ}_1}=6$인 이등변삼각형이고

$\angle\mathrm{BDQ}_1=\dfrac{\pi}{6}$이므로 $\angle\mathrm{Q}_1\mathrm{BH}=\dfrac{\pi}{3}$

직각삼각형 BQ_1H에서

$\overline{\mathrm{BH}}=6\cos\dfrac{\pi}{3}=6\times\dfrac{1}{2}=3$

$\overline{\mathrm{Q}_1\mathrm{H}}=6\sin\dfrac{\pi}{3}=6\times\dfrac{\sqrt{3}}{2}=3\sqrt{3}$

이므로 $Q_1(8, 3\sqrt{3})$

(ii) 점 P가 P_2일 때

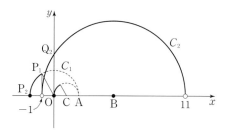

선분 AP_2의 중점은 원점 O이고, 원 $(x-1)^2+y^2=1$ 위의 점 O에서의 접선은 y축이므로 도형 C_2와 y축이 만나는 점을 Q_2라 하면 직각삼각형 OBQ_2에서

$\overline{\mathrm{OQ}_2}=\sqrt{\overline{\mathrm{BQ}_2}^2-\overline{\mathrm{OB}}^2}=\sqrt{6^2-5^2}=\sqrt{11}$

즉, $Q_2(0, \sqrt{11})$

(i), (ii)에서 점 Q가 나타내는 도형은 그림과 같다.

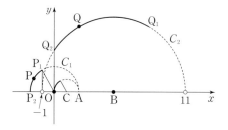

점 P가 P_1일 때 $|\overrightarrow{\mathrm{OQ}}|=|\overrightarrow{\mathrm{OQ}_1}|$의 값이 최대이고, 점 P가 P_2일 때 $|\overrightarrow{\mathrm{OQ}}|=|\overrightarrow{\mathrm{OQ}_2}|$의 값이 최소이다.

점 P가 P_1일 때,

$\overrightarrow{\mathrm{BP}}\cdot\overrightarrow{\mathrm{BQ}}=\overrightarrow{\mathrm{BP}_1}\cdot\overrightarrow{\mathrm{BQ}_1}$
$\quad=(-6, \sqrt{3})\cdot(3, 3\sqrt{3})$
$\quad=-18+9=-9$

점 P가 P_2일 때,

$\overrightarrow{\mathrm{BP}}\cdot\overrightarrow{\mathrm{BQ}}=\overrightarrow{\mathrm{BP}_2}\cdot\overrightarrow{\mathrm{BQ}_2}$
$\quad=\overrightarrow{\mathrm{BP}_2}\times\overrightarrow{\mathrm{BO}}$
$\quad=7\times5=35$

따라서 $k_1=-9$, $k_2=35$이므로

$k_1+k_2=-9+35=26$

답 ②

29

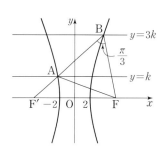

세 점 F', A, B가 한 직선 위에 있고, 두 점 A, B의 y좌표가 각각 k, $3k$이므로

$\overline{AF'} : \overline{AB} = 1 : 2$

이때 $\overline{AF'} = a \ (a > 0)$으로 놓으면 $\overline{AB} = 2a$이고 $\overline{BF'} = 3a$

쌍곡선의 주축의 길이가 4이므로 쌍곡선의 정의에 의하여

$\overline{AF} - \overline{AF'} = 4$에서 $\overline{AF} = \overline{AF'} + 4 = a + 4$

$\overline{BF'} - \overline{BF} = 4$에서 $\overline{BF} = \overline{BF'} - 4 = 3a - 4$

$\angle F'BF = \dfrac{\pi}{3}$이므로 삼각형 ABF에서 코사인법칙에 의하여

$\overline{AF}^2 = \overline{AB}^2 + \overline{BF}^2 - 2 \times \overline{AB} \times \overline{BF} \times \cos \dfrac{\pi}{3}$

$(a+4)^2 = (2a)^2 + (3a-4)^2 - 2 \times 2a \times (3a-4) \times \dfrac{1}{2}$

$a^2 + 8a + 16 = 7a^2 - 16a + 16$

$6a^2 - 24a = 0,\ 6a(a-4) = 0$

$a > 0$이므로 $a = 4$

즉, $\overline{BF'} = 12$, $\overline{BF} = 8$이므로 삼각형 BF'F에서 코사인법칙에 의하여

$\overline{FF'}^2 = \overline{BF'}^2 + \overline{BF}^2 - 2 \times \overline{BF'} \times \overline{BF} \times \cos \dfrac{\pi}{3}$

$\qquad = 12^2 + 8^2 - 2 \times 12 \times 8 \times \dfrac{1}{2}$

$\qquad = 112$

$\overline{FF'} = 2c$이므로 $4c^2 = 112$에서 $c^2 = 28$

$c > 0$이므로 $c = 2\sqrt{7}$

또 삼각형 AF'F의 넓이는 삼각형 BF'F의 넓이의 $\dfrac{1}{3}$과 같으므로

(삼각형 AF'F의 넓이) $= \dfrac{1}{3} \times$ (삼각형 BF'F의 넓이)

$\qquad\qquad = \dfrac{1}{3} \times \left(\dfrac{1}{2} \times 12 \times 8 \times \sin \dfrac{\pi}{3} \right)$

$\qquad\qquad = 8\sqrt{3}$

즉, 삼각형 AF'F의 넓이에서

$\dfrac{1}{2} \times \overline{FF'} \times k = 8\sqrt{3}$

$\dfrac{1}{2} \times 4\sqrt{7} \times k = 8\sqrt{3}$

$k = \dfrac{4\sqrt{3}}{\sqrt{7}}$

따라서 $(c \times k)^2 = \left(2\sqrt{7} \times \dfrac{4\sqrt{3}}{\sqrt{7}} \right)^2 = (8\sqrt{3})^2 = 192$ 답 192

30

원점을 O라 하면 점 A에서 xy평면에 내린 수선의 발은 원점이므로

$\overline{OA} = 2\sqrt{3}$

점 A에서 선분 PQ까지의 거리가 4이므로

$\overline{AM} = 4$

직각삼각형 OAM에서

$\overline{OM} = \sqrt{\overline{AM}^2 - \overline{OA}^2}$

$\qquad = \sqrt{4^2 - (2\sqrt{3})^2} = 2$

이때 삼수선의 정리에 의하여 $\overline{OM} \perp \overline{PQ}$이므로 평면 α와 xy평면이 이루는 각의 크기를 θ라 하면

$\cos \theta = \dfrac{\overline{OM}}{\overline{AM}} = \dfrac{2}{4} = \dfrac{1}{2}$

그러므로 $\theta = \dfrac{\pi}{3}$

한편, 구 S의 반지름의 길이가 6이므로

$\overline{BM} = \overline{AM} + \overline{AB} = 4 + 6 = 10$

즉, 타원 E는 장축의 길이가 10인 타원이다.

점 F를 지나고 평면 α에 수직인 직선이 원 C_1의 중심 O를 지나므로

$\angle OFM = \dfrac{\pi}{2}$

직각삼각형 OFM에서

$\overline{FM} = \overline{OM} \cos \dfrac{\pi}{3} = 2 \times \dfrac{1}{2} = 1$

이므로

$\overline{AF} = \overline{AM} - \overline{FM} = 4 - 1 = 3$

타원 E의 중심을 E라 하면 $\overline{EM} = 5$이므로

$\overline{EF} = \overline{EM} - \overline{MF} = 5 - 1 = 4$

그러므로 타원 E의 단축의 길이는

$2 \times \sqrt{5^2 - 4^2} = 2 \times 3 = 6$

즉, 타원 E의 장축의 길이가 10이고, 단축의 길이가 6이므로 타원 E는 xy평면 위의 원점을 중심으로 하는 타원 $\dfrac{x^2}{25} + \dfrac{y^2}{9} = 1$과 합동이다.

이때

$\overline{AE} = \overline{EM} - \overline{AM} = 5 - 4 = 1$

이므로

$\dfrac{1}{25} + \dfrac{y^2}{9} = 1$에서 $y^2 = \dfrac{216}{25}$

즉, $y = \pm \dfrac{6\sqrt{6}}{5}$이므로

$\overline{CD} = \dfrac{12\sqrt{6}}{5}$

그러므로 삼각형 CDF'의 넓이는

$\dfrac{1}{2} \times \overline{CD} \times \overline{AF'} = \dfrac{1}{2} \times \dfrac{12\sqrt{6}}{5} \times 5 = 6\sqrt{6}$

따라서 삼각형 CDF'의 xy평면 위로의 정사영의 넓이 T는

$T = 6\sqrt{6} \cos \theta = 6\sqrt{6} \times \dfrac{1}{2} = 3\sqrt{6}$

이므로

$T^2 = (3\sqrt{6})^2 = 54$ 답 54

실전 모의고사 **3**회　본문 130~141쪽

01 ②	**02** ①	**03** ④	**04** ②	**05** ③
06 ②	**07** ④	**08** ③	**09** ①	**10** ③
11 ③	**12** ②	**13** ②	**14** ③	**15** ③
16 40	**17** 10	**18** 128	**19** 355	**20** 54
21 598	**22** 80	**23** ④	**24** ⑤	**25** ③
26 ②	**27** ①	**28** ③	**29** 74	**30** 8

01

$$\left(\frac{\sqrt[3]{16}}{4}\right)^{\frac{3}{2}}=\left(\frac{\sqrt[3]{2^4}}{2^2}\right)^{\frac{3}{2}}=\left(\frac{2^{\frac{4}{3}}}{2^2}\right)^{\frac{3}{2}}=(2^{\frac{4}{3}-2})^{\frac{3}{2}}=(2^{-\frac{2}{3}})^{\frac{3}{2}}=2^{-1}=\frac{1}{2}$$

답 ②

02

$f(x)=x^2+2x+5$에서 $f'(x)=2x+2$

따라서 $\lim\limits_{h\to0}\dfrac{f(2+h)-f(2)}{h}=f'(2)=4+2=6$　답 ①

03

이차방정식 $9x^2-3x-1=0$에서 근과 계수의 관계에 의하여

$\cos\alpha+\cos\beta=\dfrac{3}{9}=\dfrac{1}{3}$, $\cos\alpha\cos\beta=-\dfrac{1}{9}$이므로

$$\cos^2\alpha+\cos^2\beta=(\cos\alpha+\cos\beta)^2-2\cos\alpha\cos\beta$$
$$=\left(\frac{1}{3}\right)^2-2\times\left(-\frac{1}{9}\right)=\frac{1}{3}$$

따라서
$$\sin^2\alpha+\sin^2\beta=(1-\cos^2\alpha)+(1-\cos^2\beta)$$
$$=2-(\cos^2\alpha+\cos^2\beta)$$
$$=2-\frac{1}{3}=\frac{5}{3}$$

답 ④

04

주어진 그래프에서

$\lim\limits_{x\to1-}f(x)=0$, $\lim\limits_{x\to2+}f(x)=0$, $\lim\limits_{x\to3-}f(x)=-1$이므로

$\lim\limits_{x\to1-}f(x)+\lim\limits_{x\to2+}f(x)+\lim\limits_{x\to3-}f(x)=0+0+(-1)=-1$　답 ②

05

등비수열 $\{a_n\}$의 첫째항을 a, 공비를 r이라 하면

$S_{10}=8$, $S_{20}=40$에서 $S_{20}\neq2S_{10}$이므로 $r\neq1$

$S_{10}=\dfrac{a(r^{10}-1)}{r-1}=8$

$S_{20}=\dfrac{a(r^{20}-1)}{r-1}=\dfrac{a(r^{10}-1)(r^{10}+1)}{r-1}=8(r^{10}+1)=40$

에서 $r^{10}+1=5$, $r^{10}=4$

따라서
$$S_{30}=\frac{a(r^{30}-1)}{r-1}=\frac{a(r^{10}-1)(r^{20}+r^{10}+1)}{r-1}$$
$$=8(r^{20}+r^{10}+1)=8\times(4^2+4+1)=168$$

답 ③

06

$f'(x)=12x^2-8x$이므로 곡선 $y=f(x)$ 위의 점 $(1, f(1))$에서의 접선의 기울기는 $f'(1)=12-8=4$이고, 접선의 방정식은

$y-f(1)=4(x-1)$, 즉 $y=4x-4+f(1)$

이 접선의 y절편이 3이므로

$-4+f(1)=3$에서 $f(1)=7$

$$f(x)=\int f'(x)dx=\int(12x^2-8x)dx$$
$$=4x^3-4x^2+C \text{ (단, } C\text{는 적분상수)}$$

$f(1)=4-4+C=7$이므로 $C=7$

따라서 $f(x)=4x^3-4x^2+7$이므로

$f(-1)=-4-4+7=-1$　답 ②

07

$\log_c a=2\log_b a$에서

$\dfrac{1}{\log_a c}=\dfrac{2}{\log_a b}$

$\log_a b=2\log_a c$　……　㉠

$\log_a b+\log_a c=2$에서 ㉠에 의하여

$2\log_a c+\log_a c=2$, $3\log_a c=2$

$\log_a c=\dfrac{2}{3}$

㉠에서 $\log_a b=2\times\dfrac{2}{3}=\dfrac{4}{3}$

따라서 $\log_a b-\log_a c=\dfrac{4}{3}-\dfrac{2}{3}=\dfrac{2}{3}$　답 ④

08

$f(x)=2x^3-3x^2-12x+a$에서

$f'(x)=6x^2-6x-12=6(x^2-x-2)=6(x+1)(x-2)$

$f'(x)=0$에서 $x=-1$ 또는 $x=2$

함수 $f(x)$의 증가와 감소를 표로 나타내면 다음과 같다.

x	$\cdots$	-1	$\cdots$	2	$\cdots$
$f'(x)$	$+$	0	$-$	0	$+$
$f(x)$	↗	극대	↘	극소	↗

함수 $f(x)$는 $x=-1$에서 극댓값 $f(-1)=a+7$, $x=2$에서 극솟값 $f(2)=a-20$을 갖는다.

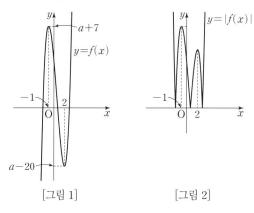

[그림 1]　　　　[그림 2]

이때 함수 $|f(x)|$가 $x=p$, $x=q$ $(p<q)$에서 극댓값을 가지려면 [그림 1]과 같이

$f(-1)=a+7>0$, $f(2)=a-20<0$

을 만족시켜야 한다.

즉, $-7<a<20$ ...... ㉠

또 [그림 2]와 같이 $|f(-1)|>|f(2)|$를 만족시켜야 하므로

$a+7>-a+20$, $2a>13$

$a>\dfrac{13}{2}$ ...... ㉡

㉠, ㉡에서 $\dfrac{13}{2}<a<20$

따라서 구하는 모든 정수 a의 값은 7, 8, 9, $\cdots$, 19이고, 그 개수는 13이다.

답 ③

09

$\dfrac{x-\pi}{3}=\theta$라 하면 $x=3\theta+\pi$이므로

$\dfrac{2x+\pi}{6}=\dfrac{2(3\theta+\pi)+\pi}{6}=\theta+\dfrac{\pi}{2}$이고,

$0\le x<2\pi$에서 $-\dfrac{\pi}{3}\le\theta<\dfrac{\pi}{3}$ ...... ㉠

x에 대한 부등식 $2\sin^2\dfrac{x-\pi}{3}-3\cos\dfrac{2x+\pi}{6}\le2$를 θ에 대한 부등식으로 바꾸면

$2\sin^2\theta-3\cos\left(\theta+\dfrac{\pi}{2}\right)\le2$

$2\sin^2\theta+3\sin\theta-2\le0$

$(\sin\theta+2)(2\sin\theta-1)\le0$

$\sin\theta+2>0$이므로 $\sin\theta\le\dfrac{1}{2}$ ...... ㉡

$\sin\dfrac{\pi}{6}=\dfrac{1}{2}$이므로 부등식 ㉠, ㉡을 모두 만족시키는 θ의 값의 범위는

$-\dfrac{\pi}{3}\le\theta\le\dfrac{\pi}{6}$

즉, $-\dfrac{\pi}{3}\le\dfrac{x-\pi}{3}\le\dfrac{\pi}{6}$이므로

$-\pi\le x-\pi\le\dfrac{\pi}{2}$, $0\le x\le\dfrac{3}{2}\pi$

따라서 $\alpha=0$, $\beta=\dfrac{3}{2}\pi$이므로

$\cos\dfrac{\beta-\alpha}{2}=\cos\dfrac{3}{4}\pi=-\dfrac{\sqrt{2}}{2}$

답 ①

10

최고차항의 계수가 1인 삼차함수 $f(x)$에 대하여

조건 (가)에서 함수 $f'(x)$는 $x=-1$일 때 최솟값을 가지므로

$f'(x)=3(x+1)^2+k$ (k는 상수)

로 놓을 수 있다.

조건 (나)에서 함수 $f(x)$는 열린구간 $(-2, 2)$에서 감소하므로 열린구간 $(-2, 2)$에서 $f'(x)\le0$이 성립해야 한다.

함수 $y=f'(x)$의 그래프의 대칭축이 직선 $x=-1$이고 이차항의 계수가 양수이므로 열린구간 $(-2, 2)$에 속하는 모든 실수 x에 대하여 $f'(x)<f'(2)$이다.

$f'(2)\le0$이면 열린구간 $(-2, 2)$에서 항상 $f'(x)<0$이 성립한다.

$f'(2)=27+k\le0$에서 $k\le-27$

따라서

$$f(1)-f(-1)=\int_{-1}^{1}f'(x)dx=\int_{-1}^{1}(3x^2+6x+3+k)dx$$
$$=2\int_{0}^{1}(3x^2+3+k)dx=2\left[x^3+(3+k)x\right]_{0}^{1}$$
$$=2(1+3+k)=8+2k\le-46$$

이므로 $f(1)-f(-1)$의 최댓값은 -46이다.

답 ③

11

두 점 P, Q의 시각 t에서의 위치가 각각 $x_1(t)$, $x_2(t)$이고,

$x_1(0)=1$, $x_2(0)=5$이므로

$x_1(t)=1+\displaystyle\int_{0}^{t}(4s^2-9s+3)ds=\dfrac{4}{3}t^3-\dfrac{9}{2}t^2+3t+1$

$x_2(t)=5+\displaystyle\int_{0}^{t}(s^2-3s+12)ds=\dfrac{1}{3}t^3-\dfrac{3}{2}t^2+12t+5$

시각 t에서의 두 점 P, Q 사이의 거리는 $|x_1(t)-x_2(t)|$이다.

이때 $h(t)=x_1(t)-x_2(t)$라 하면

$h(t)=\left(\dfrac{4}{3}t^3-\dfrac{9}{2}t^2+3t+1\right)-\left(\dfrac{1}{3}t^3-\dfrac{3}{2}t^2+12t+5\right)$

$\quad\ =t^3-3t^2-9t-4$

$h'(t)=3t^2-6t-9=3(t+1)(t-3)$

$h'(t)=0$에서 $t=-1$ 또는 $t=3$

$t\ge0$에서 함수 $h(t)$의 증가와 감소를 표로 나타내면 다음과 같다.

t	0	$\cdots$	3	$\cdots$
$h'(t)$		$-$	0	$+$
$h(t)$	-4	$\searrow$	극소	$\nearrow$

$h(3)=27-27-27-4=-31$

이므로 $t\ge0$에서 함수 $y=h(t)$의 그래프는 그림과 같다.

$x_1(t)\le x_2(t)$, 즉 $h(t)\le0$일 때, 시각 t에서의 두 점 P, Q 사이의 거리 $|h(t)|$는 시각 $t=3$일 때 최대이고,

$|h(3)|=|-31|=31$

따라서 $a=3$, $M=31$이므로

$a+M=3+31=34$

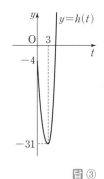

답 ③

12

a_n이 홀수이면 a_{n+1}은 짝수이고, a_n이 짝수이면 a_{n+1}은 다음 두 가지 경우로 나눌 수 있다.

(ⅰ) $a_n=4k-2$ (k는 자연수)인 경우

$a_{n+1}=\dfrac{4k-2}{2}+5=2k-1+5=2k+4$

에서 a_{n+1}은 짝수이다.

(ⅱ) $a_n=4k$ (k는 자연수)인 경우

$a_{n+1}=\dfrac{4k}{2}+5=2k+5$

에서 a_{n+1}은 홀수이다.

이때 (i)의 $4k-2<2k+4$에서 $2k<6$, 즉 $k<3$이므로

$k=1$ 또는 $k=2$일 때 $a_n<a_{n+1}$,

$k=3$, 즉 $a_n=10$일 때 $a_{n+1}=\dfrac{10}{2}+5=10$,

$k\geq4$일 때 $a_n>a_{n+1}$이다.

그러므로 어떤 자연수 m에 대하여 $a_m=10$이면 $n\geq m$인 모든 자연수 n에 대하여 $a_n=10$이다.

$a_{30}=10$으로 짝수이므로 a_{29}는 홀수이거나 $4k-2$ (k는 자연수) 꼴로 나타낼 수 있다.

① a_{29}가 홀수인 경우

$a_{29}+3=10$에서 $a_{29}=7$

7은 홀수이므로 a_{28}은 $4k$ (k는 자연수) 꼴이어야 한다.

$\dfrac{a_{28}}{2}+5=7$에서 $a_{28}=4$

ⓐ a_{27}을 홀수라 가정하면 $a_{27}+3=4$에서 $a_{27}=1$

1은 홀수이므로 a_{26}은 $4k$ (k는 자연수) 꼴이어야 한다.

$\dfrac{a_{26}}{2}+5=1$에서 $a_{26}<0$이므로 모든 항이 자연수인 조건을 만족시키지 않는다.

ⓑ a_{27}을 $4k-2$ (k는 자연수) 꼴이라 가정하면

$\dfrac{a_{27}}{2}+5=4$에서 $a_{27}<0$이므로 모든 항이 자연수인 조건을 만족시키지 않는다.

② a_{29}가 $4k-2$ (k는 자연수) 꼴인 경우

$\dfrac{a_{29}}{2}+5=10$에서 $a_{29}=10$

이때 a_{28}이 홀수이면 ①과 같은 방법으로 조건을 만족시키지 않는다. 즉, a_{28}은 짝수이어야 하고, 이때 $a_{28}=10$이다.

$a_{30}=10$일 때 $a_{29}=10$, $a_{28}=10$인 것을 확인한 방법으로 $a_{30}=a_{29}=a_{28}=\cdots=a_4=10$임을 알 수 있다.

$a_4=10$이므로 $a_3=7$ 또는 $a_3=10$이고,

$a_3=7$인 경우 $a_2=4$이므로 $a_1=1$

$a_3=10$인 경우 $a_2=7$ 또는 $a_2=10$이고,

$a_2=7$인 경우 $a_1=4$

$a_2=10$인 경우 $a_1=7$ 또는 $a_1=10$

따라서 a_1의 값이 될 수 있는 것은 1, 4, 7, 10이므로 그 합은

$1+4+7+10=22$ 답 ②

다른 풀이 1

자연수 n에 대하여 $a_{n+1}=10$일 때,

a_n이 홀수라 하면 $10=a_n+3$에서 $a_n=7$

a_n이 짝수라 하면 $10=\dfrac{a_n}{2}+5$에서 $a_n=10$

자연수 n에 대하여 $a_{n+1}=7$일 때,

a_n이 홀수라 하면 $7=a_n+3$에서 $a_n=4$이므로 a_n이 홀수라는 가정을 만족시키지 않는다.

a_n이 짝수라 하면 $7=\dfrac{a_n}{2}+5$에서 $a_n=4$

자연수 n에 대하여 $a_{n+1}=4$일 때,

a_n이 홀수라 하면 $4=a_n+3$에서 $a_n=1$

a_n이 짝수라 하면 $4=\dfrac{a_n}{2}+5$에서 $a_n=-2$이므로 모든 항이 자연수인 조건을 만족시키지 않는다.

따라서 a_1의 값이 될 수 있는 것은 1, 4, 7, 10이므로 그 합은

$1+4+7+10=22$

다른 풀이 2

$a_n\geq11$이면

a_n이 홀수일 때, $a_{n+1}=a_n+3>10$

a_n이 짝수일 때, $a_{n+1}=\dfrac{a_n}{2}+5>10$

이므로 $a_1\leq10$

$a_1=10$이면 $a_2=\dfrac{10}{2}+5=10$이므로 $a_3=a_4=a_5=\cdots=a_{30}=10$

$a_1=9$이면 $a_2=9+3=12\geq11$이므로 $a_{30}\neq10$

$a_1=8$이면 $a_2=\dfrac{8}{2}+5=9$이므로 $a_{30}\neq10$

$a_1=7$이면 $a_2=7+3=10$이므로 $a_{30}=10$

$a_1=6$이면 $a_2=\dfrac{6}{2}+5=8$이므로 $a_{30}\neq10$

$a_1=5$이면 $a_2=5+3=8$이므로 $a_{30}\neq10$

$a_1=4$이면 $a_2=\dfrac{4}{2}+5=7$, $a_3=10$이므로 $a_{30}=10$

$a_1=3$이면 $a_2=3+3=6$이므로 $a_{30}\neq10$

$a_1=2$이면 $a_2=\dfrac{2}{2}+5=6$이므로 $a_{30}\neq10$

$a_1=1$이면 $a_2=1+3=4$이므로 $a_{30}=10$

따라서 a_1의 값이 될 수 있는 것은 1, 4, 7, 10이므로 그 합은

$1+4+7+10=22$

13

$f(x)=x^3+3x^2-6ax+2$에서

$f'(x)=3x^2+6x-6a=3(x^2+2x)-6a=3(x+1)^2-6a-3$

함수 $f'(x)$는 $x=-1$에서 최솟값 $-6a-3$을 갖는다.

(i) $a=-1$인 경우

함수 $f'(x)$의 최솟값이 $f'(-1)=3$이므로

모든 실수 x에 대하여 $f'(x)>0$이다.

즉, 실수 전체의 집합에서 함수 $f(x)$는 증가하므로 닫힌구간 $[-1, 1]$에서 함수 $f(x)$의 최솟값은

$f(-1)=-1+3-6+2=-2$

따라서 $g(-1)=-2$

(ii) $a=1$인 경우

$f'(x)=3x^2+6x-6=3(x^2+2x-2)$이므로

$f'(x)=0$에서 $x=-1\pm\sqrt{3}$

이때 $-1-\sqrt{3}<-1<-1+\sqrt{3}<1$이고, $\alpha=-1+\sqrt{3}$이라 하면 $f'(\alpha)=0$이다.

$x=\alpha$의 좌우에서 $f'(x)$의 부호가 음에서 양으로 바뀌므로

닫힌구간 $[-1, 1]$에서 함수 $f(x)$는 $x=\alpha$일 때 극소이면서 최소이다. 즉, 함수 $f(x)$의 최솟값은 $f(\alpha)$이다.

한편,

$f(x)=x^3+3x^2-6x+2=(x^2+2x-2)(x+1)-6x+4$이고

$f'(\alpha)=0$에서 $\alpha^2+2\alpha-2=0$이므로

$f(\alpha)=-6\alpha+4=-6(-1+\sqrt{3})+4=10-6\sqrt{3}$

따라서 $g(1)=10-6\sqrt{3}$

(i), (ii)에서 $g(-1)+g(1)=-2+(10-6\sqrt{3})=8-6\sqrt{3}$ 답 ②

14

사각형 BEFC는 변 BE와 변 CF가 평행한 사다리꼴이고, 사각형 AEBD는 변 BE와 변 DA가 평행한 사다리꼴이다. 직선 $x=k$가 두 곡선 $y=\log_4 x$, $y=\log_{\frac{1}{2}} x$와 각각 만나는 두 점 사이의 거리는

$$|\log_4 k - \log_{\frac{1}{2}} k| = \left|\frac{1}{2}\log_2 k + \log_2 k\right| = \frac{3}{2}|\log_2 k|$$

이고, $a>1$이므로

$$\overline{BE} = \frac{3}{2}|\log_2 a| = \frac{3}{2}\log_2 a, \quad \overline{CF} = \frac{3}{2}|\log_2 2a| = \frac{3}{2}(1+\log_2 a)$$

$$\overline{DA} = \frac{3}{2}\left|\log_2 \frac{1}{a}\right| = \frac{3}{2}\log_2 a$$

이때 사다리꼴 BEFC의 넓이가 $3a$이므로

$$\frac{1}{2} \times \left(\frac{3}{2}\log_2 a + \frac{3}{2} + \frac{3}{2}\log_2 a\right) \times (2a - a)$$

$$= \frac{1}{2} \times \left(3\log_2 a + \frac{3}{2}\right) \times a = 3a$$

에서 $3\log_2 a + \frac{3}{2} = 6$, $\log_2 a = \frac{3}{2}$

따라서 사다리꼴 AEBD의 넓이는

$$\frac{1}{2} \times \left(\frac{3}{2}\log_2 a + \frac{3}{2}\log_2 a\right) \times \left(a - \frac{1}{a}\right)$$

$$= \frac{1}{2} \times 3\log_2 a \times \left(a - \frac{1}{a}\right)$$

$$= \frac{1}{2} \times 3 \times \frac{3}{2} \times \left(a - \frac{1}{a}\right)$$

$$= \frac{9}{4} \times \left(a - \frac{1}{a}\right)$$

이므로 $p = \frac{9}{4}$

답 ③

15

$f(x) = g(x)$에서 $f(x) - g(x) = 0$

$h(x) = f(x) - g(x)$라 하면

$$h(x) = x^3 - x^2 + 3x - k - \left(\frac{2}{3}x^3 + x^2 - x + 4|x-1|\right)$$

$$= \frac{1}{3}x^3 - 2x^2 + 4x - 4|x-1| - k$$

$$= \begin{cases} \frac{1}{3}x^3 - 2x^2 + 4x + 4(x-1) - k & (x<1) \\ \frac{1}{3}x^3 - 2x^2 + 4x - 4(x-1) - k & (x \geq 1) \end{cases}$$

$$= \begin{cases} \frac{1}{3}x^3 - 2x^2 + 8x - 4 - k & (x<1) \\ \frac{1}{3}x^3 - 2x^2 + 4 - k & (x \geq 1) \end{cases}$$

이고, 함수 $h(x)$는 실수 전체의 집합에서 연속이다.

$$h'(x) = \begin{cases} x^2 - 4x + 8 & (x<1) \\ x^2 - 4x & (x>1) \end{cases}$$

$$= \begin{cases} (x-2)^2 + 4 & (x<1) \\ x(x-4) & (x>1) \end{cases}$$

이므로 $x<1$일 때 $h'(x)>0$이고, $x>1$일 때 $h'(x)=0$에서 $x=4$ 함수 $h(x)$의 증가와 감소를 표로 나타내면 다음과 같다.

x	$\cdots$	1	$\cdots$	4	$\cdots$
$h'(x)$	$+$		$-$	0	$+$
$h(x)$	$\nearrow$	극대	$\searrow$	극소	$\nearrow$

$h(1) = \frac{1}{3} - 2 + 4 - k = \frac{7}{3} - k$, $h(4) = \frac{64}{3} - 32 + 4 - k = -\frac{20}{3} - k$

방정식 $f(x) = g(x)$가 서로 다른 세 실근을 가지려면 그림과 같이 함수 $y=h(x)$의 그래프가 x축과 서로 다른 세 점에서 만나야 하므로

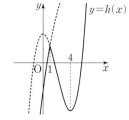

$$\left(\frac{7}{3} - k\right)\left(-\frac{20}{3} - k\right) < 0$$에서

$$-\frac{20}{3} < k < \frac{7}{3}$$

따라서 정수 k의 최댓값은 $M=2$, 최솟값은 $m=-6$이므로 $M - m = 2 - (-6) = 8$

답 ③

16

로그의 진수의 조건에 의하여

$x+1 > 0$, $2x+7 > 0$

이므로 $x > -1$ ······ ㉠

$2\log_3(x+1) = \log_3(2x+7) - 1$에서

$2\log_3(x+1) + 1 = \log_3(2x+7)$

$\log_3(x+1)^2 + \log_3 3 = \log_3(2x+7)$

$\log_3 3(x+1)^2 = \log_3(2x+7)$

$3x^2 + 6x + 3 = 2x + 7$

$3x^2 + 4x - 4 = 0$, $(x+2)(3x-2) = 0$

$x = -2$ 또는 $x = \frac{2}{3}$

㉠에서 $x > -1$이므로 $x = \frac{2}{3}$

따라서 $\alpha = \frac{2}{3}$이므로 $60\alpha = 60 \times \frac{2}{3} = 40$

답 40

17

$$\sum_{k=1}^{10}(a_k+3)(a_k-2) = \sum_{k=1}^{10}(a_k^2 + a_k - 6) = \sum_{k=1}^{10}a_k^2 + \sum_{k=1}^{10}a_k - \sum_{k=1}^{10}6$$

$$= \sum_{k=1}^{10}a_k^2 + \sum_{k=1}^{10}a_k - 60 = 8$$

에서 $\sum_{k=1}^{10}a_k^2 + \sum_{k=1}^{10}a_k = 68$ ······ ㉠

$$\sum_{k=1}^{10}(a_k+1)(a_k-1) = \sum_{k=1}^{10}(a_k^2 - 1) = \sum_{k=1}^{10}a_k^2 - \sum_{k=1}^{10}1 = \sum_{k=1}^{10}a_k^2 - 10 = 48$$

에서 $\sum_{k=1}^{10}a_k^2 = 58$ ······ ㉡

㉡을 ㉠에 대입하면 $\sum_{k=1}^{10}a_k = 10$

답 10

18

$\lim_{x \to \infty}(a\sqrt{2x^2+x+1} - bx) = 1$에서

$a=0$이면 $\lim_{x \to \infty}(-bx) \neq 1$이므로 $a \neq 0$이다.

$b=0$이면 $\lim_{x \to \infty}a\sqrt{2x^2+x+1} \neq 1$이므로 $b \neq 0$이다.

만약 a와 b의 부호가 서로 다르면

$\lim_{x \to \infty}(a\sqrt{2x^2+x+1} - bx) = \infty$ 또는 $-\infty$이다.

그러므로 a와 b의 부호는 서로 같다.

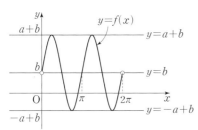

$\lim\limits_{x\to\infty}(a\sqrt{2x^2+x+1}-bx)=\lim\limits_{x\to\infty}\dfrac{(2a^2-b^2)x^2+a^2x+a^2}{a\sqrt{2x^2+x+1}+bx}=1$에서

$2a^2-b^2=0$, 즉 $b^2=2a^2$이고 a와 b의 부호가 서로 같으므로
$b=\sqrt{2}a$

$\lim\limits_{x\to\infty}\dfrac{a^2x+a^2}{a\sqrt{2x^2+x+1}+bx}=\lim\limits_{x\to\infty}\dfrac{a^2+\dfrac{a^2}{x}}{a\sqrt{2+\dfrac{1}{x}+\dfrac{1}{x^2}}+\sqrt{2}a}=\dfrac{a^2}{2\sqrt{2}a}=1$

$a^2=2\sqrt{2}a$에서 $a=2\sqrt{2}$
$b=\sqrt{2}a=\sqrt{2}\times2\sqrt{2}=4$
따라서 $a^2\times b^2=8\times16=128$　　　　　　　　目 128

19

두 곡선 $y=x^3-8x-2$, $y=x^2+4x-2$의 교점의 x좌표는
$x^3-8x-2=x^2+4x-2$에서
$x^3-x^2-12x=0$, $x(x-4)(x+3)=0$
$x=-3$ 또는 $x=0$ 또는 $x=4$
$f(x)=x^3-8x-2$, $g(x)=x^2+4x-2$라 하면
두 곡선 $y=f(x)$, $y=g(x)$로 둘러싸인 두 부분의 넓이는 각각
$\displaystyle\int_{-3}^{0}|f(x)-g(x)|\,dx$, $\displaystyle\int_{0}^{4}|f(x)-g(x)|\,dx$이므로

$\begin{aligned}|S_1-S_2|&=\left|\int_{-3}^{0}|f(x)-g(x)|\,dx-\int_{0}^{4}|f(x)-g(x)|\,dx\right|\\
&=\left|\int_{-3}^{0}\{f(x)-g(x)\}dx+\int_{0}^{4}\{f(x)-g(x)\}dx\right|\\
&=\left|\int_{-3}^{4}\{f(x)-g(x)\}dx\right|\\
&=\left|\int_{-3}^{4}\{(x^3-8x-2)-(x^2+4x-2)\}dx\right|\\
&=\left|\int_{-3}^{4}(x^3-x^2-12x)dx\right|\\
&=\left|\left[\dfrac{1}{4}x^4-\dfrac{1}{3}x^3-6x^2\right]_{-3}^{4}\right|\\
&=\left|\left(64-\dfrac{64}{3}-96\right)-\left(\dfrac{81}{4}+9-54\right)\right|\\
&=\left|-\dfrac{343}{12}\right|=\dfrac{343}{12}\end{aligned}$

따라서 $p=12$, $q=343$이므로 $p+q=12+343=355$　　目 355

20

함수 $f(x)=a\sin2x+b$의 주기는 π이고, 함수 $y=f(x)$의 그래프는 함수 $y=a\sin2x$의 그래프를 y축의 방향으로 b만큼 평행이동한 것이다.
두 자연수 a, b에 대하여 열린구간 $(0,2\pi)$에서 함수 $y=f(x)$의 그래프의 개형은 그림과 같다.

그림에서 자연수 n에 대하여 $g(n)$은 반드시 0, 2, 3, 4 중 하나의 값을 갖는다.
$g(1)+g(2)+g(3)+g(4)+g(5)=17$에서 17은 홀수이므로 $g(1)$, $g(2)$, $g(3)$, $g(4)$, $g(5)$ 중 적어도 하나의 함숫값은 3이다. 또 함수 $y=f(x)$의 그래프의 개형에서 이 중 두 개 이상의 함숫값이 3이 될 수는 없으므로 $g(1)$, $g(2)$, $g(3)$, $g(4)$, $g(5)$ 중 오직 하나의 함숫값만 3이 된다.
이때 함숫값이 3인 것을 제외한 나머지 네 개의 값을 α, β, γ, δ라 하면 $\alpha+\beta+\gamma+\delta=14$이고, 네 값은 모두 0 또는 2 또는 4이므로 세 개의 값은 4이고 한 개의 값은 2이다. 즉,
$\begin{aligned}g(1)+g(2)+g(3)+g(4)+g(5)&=17\\&=3+2+4+4+4\end{aligned}$
이므로 $g(1)$, $g(2)$, $g(3)$, $g(4)$, $g(5)$는 각각 2, 3, 4, 4, 4 중 하나이다.
이 값들을 순서쌍 $(g(1), g(2), g(3), g(4), g(5))$로 나타내면
$(3, 4, 4, 4, 2)$, $(4, 3, 4, 4, 2)$, $(2, 4, 4, 3, 4)$, $(2, 4, 4, 4, 3)$
인 경우가 있다.
$b=1$, $a+b=5$인 경우 $a=4$이므로 $a^2+b^2=4^2+1^2=17$
$b=2$, $a+b=5$인 경우 $a=3$이므로 $a^2+b^2=3^2+2^2=13$
$b=4$, $-a+b=1$인 경우 $a=3$이므로 $a^2+b^2=3^2+4^2=25$
$b=5$, $-a+b=1$인 경우 $a=4$이므로 $a^2+b^2=4^2+5^2=41$
따라서 a^2+b^2의 최댓값은 $M=41$, 최솟값은 $m=13$이므로
$M+m=41+13=54$　　　　　　　　目 54

21

$a_{n+1}=\displaystyle\sum_{k=1}^{n+1}a_k-\sum_{k=1}^{n}a_k$이므로
$\begin{aligned}a_{n+1}&=\{a_{n+1}^2+(n+1)a_{n+1}-4\}-(a_n^2+na_n-4)\\&=a_{n+1}^2-a_n^2+n(a_{n+1}-a_n)+a_{n+1}\end{aligned}$
에서
$a_{n+1}^2-a_n^2+n(a_{n+1}-a_n)=0$
$(a_{n+1}-a_n)(a_{n+1}+a_n)+n(a_{n+1}-a_n)=0$
$(a_{n+1}-a_n)(a_{n+1}+a_n+n)=0$
이때 $a_{n+1}\neq a_n$이므로 $a_{n+1}+a_n+n=0$
그러므로 $a_n+a_{n+1}=-n$　　　…… ㉠
$\displaystyle\sum_{k=1}^{n}a_k=a_n^2+na_n-4$의 양변에 $n=1$을 대입하면
$a_1=a_1^2+a_1-4$, $a_1^2=4$
$a_1>0$이므로 $a_1=2$
㉠에서 $a_{2k}+a_{2k+1}=-2k$이므로
$\begin{aligned}\sum_{k=1}^{49}a_k&=a_1+\sum_{k=1}^{24}(a_{2k}+a_{2k+1})=2+\sum_{k=1}^{24}(-2k)=2-2\sum_{k=1}^{24}k\\&=2-2\times\dfrac{24\times25}{2}=2-600=-598\end{aligned}$
따라서 $\displaystyle\sum_{k=1}^{49}(-a_k)=-\sum_{k=1}^{49}a_k=598$　　目 598

참고

예를 들어 $a_n=-\dfrac{n}{2}+\dfrac{1}{4}+(-1)^{n+1}\times\dfrac{9}{4}$라 하면 수열 $\{a_n\}$은 조건 (가), (나)를 만족시킨다.
즉, $a_1=-\dfrac{1}{2}+\dfrac{1}{4}+\dfrac{9}{4}=2>0$이고

$a_{n+1}+a_n$
$$=\left\{-\frac{n+1}{2}+\frac{1}{4}+(-1)^{n+2}\times\frac{9}{4}\right\}+\left\{-\frac{n}{2}+\frac{1}{4}+(-1)^{n+1}\times\frac{9}{4}\right\}$$
$$=-n$$

이므로 모든 자연수 n에 대하여 $a_{n+1}+a_n+n=0$을 만족시킨다.

이때 $a_{n+1}=a_n$인 자연수 n이 존재한다고 가정하면

$$-\frac{n+1}{2}+\frac{1}{4}+(-1)^{n+2}\times\frac{9}{4}=-\frac{n}{2}+\frac{1}{4}+(-1)^{n+1}\times\frac{9}{4}$$

즉, $(-1)^n\times\frac{9}{2}=\frac{1}{2}$이 되어 모순이다.

따라서 모든 자연수 n에 대하여 $a_{n+1}\neq a_n$이다.

22

조건 (가)에서

$$\int_1^x f(t)dt=xg(x)+ax+2 \quad \cdots\cdots \ \bigcirc$$

$\bigcirc$에 $x=0$을 대입하면

$$\int_1^0 f(t)dt=2$$

이므로 $\displaystyle\int_0^1 f(t)dt=-2$

조건 (나)에서

$$g(x)=x\int_0^1 f(t)dt+b=-2x+b$$

$$G(x)=\int g(x)dx=\int(-2x+b)dx$$
$$=-x^2+bx+C_1 \ (\text{단, } C_1\text{은 적분상수})$$

$\bigcirc$의 양변에 $x=1$을 대입하면

$$0=g(1)+a+2=(-2+b)+a+2=a+b$$

즉, $a+b=0 \quad \cdots\cdots \ \bigcirc\!\!\!\!\bigcirc$

$\bigcirc$의 양변을 x에 대하여 미분하면

$$f(x)=g(x)+xg'(x)+a=(-2x+b)+x\times(-2)+a$$
$$=-4x+a+b=-4x$$

$$F(x)=\int f(x)dx=\int(-4x)dx$$
$$=-2x^2+C_2 \ (\text{단, } C_2\text{는 적분상수})$$

조건 (다)에서 $f(x)G(x)+F(x)g(x)=8x^3+3x^2+4$이므로

$$-4x(-x^2+bx+C_1)+(-2x^2+C_2)(-2x+b)=8x^3+3x^2+4$$

양변의 x^2의 계수를 서로 비교하면

$$-4b-2b=3, \text{즉} -6b=3\text{에서 } b=-\frac{1}{2}$$

이므로 $g(x)=-2x-\dfrac{1}{2}$

$\bigcirc\!\!\!\!\bigcirc$에서 $a=\dfrac{1}{2}$

$$f(x)g(x)=-4x\times\left(-2x-\frac{1}{2}\right)=8x^2+2x\text{이므로}$$

$$\int_b^a f(x)g(x)dx=\int_{-\frac{1}{2}}^{\frac{1}{2}}(8x^2+2x)dx=2\int_0^{\frac{1}{2}}8x^2\,dx$$
$$=2\left[\frac{8}{3}x^3\right]_0^{\frac{1}{2}}=2\times\left(\frac{8}{3}\times\frac{1}{8}\right)=\frac{2}{3}$$

따라서 $120\times\displaystyle\int_b^a f(x)g(x)dx=120\times\dfrac{2}{3}=80$ 📄 80

23

두 벡터 $2\vec{a}+6\vec{b}$, $3\vec{a}+k\vec{b}$가 서로 평행하므로

$$3\vec{a}+k\vec{b}=t(2\vec{a}+6\vec{b})$$

를 만족시키는 0이 아닌 실수 t가 존재한다.

즉, $3\vec{a}+k\vec{b}=2t\vec{a}+6t\vec{b}$에서

$$3=2t, \ t=\frac{3}{2}$$

따라서 $k=6t=6\times\dfrac{3}{2}=9$ 📄 ④

24

점 $(3, \sqrt{6})$은 쌍곡선 $\dfrac{x^2}{a^2}-\dfrac{y^2}{2a^2}=1$ 위의 점이므로

$$\frac{3^2}{a^2}-\frac{(\sqrt{6})^2}{2a^2}=1\text{에서}$$

$$\frac{9}{a^2}-\frac{3}{a^2}=\frac{6}{a^2}=1, \ a^2=6$$

쌍곡선 $\dfrac{x^2}{6}-\dfrac{y^2}{12}=1$ 위의 점 $(3, \sqrt{6})$에서의 접선의 방정식은

$$\frac{3}{6}x-\frac{\sqrt{6}}{12}y=1, \text{즉} \frac{1}{2}x-\frac{\sqrt{6}}{12}y=1 \quad \cdots\cdots \ \bigcirc$$

$\bigcirc$에서 $y=0$일 때 $\dfrac{1}{2}x=1$에서 $x=2$

이므로 접선의 x절편은 2이다.   📄 ⑤

25

$x^2+y^2+z^2-2x+6y-8z+22=0$에서

$(x-1)^2+(y+3)^2+(z-4)^2=2^2$이므로

구 S는 중심이 $(1, -3, 4)$이고 반지름의 길이가 2이다.

구 S의 중심을 C라 하면 두 점
$P(4, -1, 2)$, $C(1, -3, 4)$는
z좌표가 모두 양수이므로
점 P를 xy평면에 대하여 대칭이
동한 점을 $P'(4, -1, -2)$라
하면 xy평면 위의 점 R에 대하
여 $\overline{PR}+\overline{CR}$의 최솟값은 선분 $\overline{P'C}$의 길이와 같다.

$$\overline{P'C}=\sqrt{(1-4)^2+\{-3-(-1)\}^2+\{4-(-2)\}^2}$$
$$=\sqrt{9+4+36}$$
$$=7$$

따라서 구 S의 반지름의 길이가 2이므로 구 S 위를 움직이는 점 Q에 대하여 $\overline{PR}+\overline{QR}$의 최솟값은

$$7-2=5$$ 📄 ③

26

포물선 $y^2=4px$의 초점 F의 좌표가 $(p, 0)$이므로

$$\overline{OF}=p$$

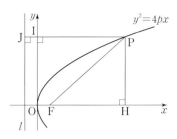

포물선 $y^2=4px$의 준선을 l이라 하고, 점 P에서 준선 l에 내린 수선의 발을 J라 하면 포물선의 정의에 의하여 $\overline{PJ}=\overline{PF}=12$이고, $\overline{IJ}=p$이므로

$\overline{PI}=\overline{PJ}-\overline{IJ}=12-p$

$\overline{FH}=\overline{OH}-\overline{OF}=(12-p)-p=12-2p$

삼각형 PFH의 넓이와 사각형 OFPI의 넓이는 각각

$S_1=\dfrac{1}{2}\times\overline{FH}\times\overline{PH}=\dfrac{1}{2}\times(12-2p)\times\overline{PH}$,

$S_2=\dfrac{1}{2}\times(\overline{OF}+\overline{PI})\times\overline{PH}=\dfrac{1}{2}\times12\times\overline{PH}$

이므로 $S_1:S_2=3:4$에서 $(12-2p):12=3:4$

$48-8p=36$, $8p=12$, $p=\dfrac{3}{2}$

그러므로 포물선의 방정식은

$y^2=6x$

이때 점 P의 x좌표는 $12-\dfrac{3}{2}=\dfrac{21}{2}$이므로

점 P의 y좌표는

$y^2=6\times\dfrac{21}{2}=63$에서 $y=3\sqrt{7}$

따라서 선분 PH의 길이는 점 P의 y좌표와 같으므로

$\overline{PH}=3\sqrt{7}$ <답> ②

참고

$p=\dfrac{3}{2}$이므로 선분 PH의 길이는 다음과 같이 구할 수도 있다.

$\overline{PF}=12$, $\overline{FH}=12-2\times\dfrac{3}{2}=9$이므로 직각삼각형 PFH에서

$\overline{PH}=\sqrt{\overline{PF}^2-\overline{FH}^2}=\sqrt{12^2-9^2}=\sqrt{63}=3\sqrt{7}$

27

타원 $\dfrac{x^2}{64}+\dfrac{y^2}{28}=1$의 초점 F의 좌표를 $(c,\,0)$ $(c>0)$이라 하면

$c^2=64-28=36$에서 $c=6$

즉, $\overline{FF'}=2c=2\times6=12$

또한 $\overline{AF}=m$, $\overline{AB}=n$, $\overline{BF'}=k$라 하면 타원의 정의에 의하여

$\overline{AF}+\overline{AF'}=\overline{AF}+\overline{AB}+\overline{BF'}=2\times8$이므로

$m+n+k=16$ ······ ㉠

$\overline{AF}+\overline{AB}=\overline{BF'}-2$에서

$m+n=k-2$ ······ ㉡

㉡을 ㉠에 대입하면

$2k-2=16$, $k=9$

그러므로 $m+n=7$ ······ ㉢

한편, $\overline{FF'}:\overline{AF}=\overline{BF'}:\overline{AB}$에서 $12:m=9:n$이므로

$9m=12n$, $m=\dfrac{4}{3}n$ ······ ㉣

㉣을 ㉢에 대입하면

$\dfrac{7}{3}n=7$, $n=3$

$n=3$을 ㉣에 대입하면

$m=\dfrac{4}{3}\times3=4$

삼각형 AF'F는 $\overline{AF'}=\overline{FF'}=12$, $\overline{AF}=4$인 이등변삼각형이므로

점 F'에서 선분 AF에 내린 수선의 발을 H라 하면 $\overline{AH}=2$

직각삼각형 AF'H에서

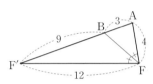

$\cos(\angle F'AH)=\dfrac{\overline{AH}}{\overline{AF'}}=\dfrac{2}{12}=\dfrac{1}{6}$

삼각형 ABF에서 코사인법칙에 의하여

$\overline{BF}^2=\overline{AF}^2+\overline{AB}^2-2\times\overline{AF}\times\overline{AB}\times\cos(\angle F'AH)$

$=4^2+3^2-2\times4\times3\times\dfrac{1}{6}=21$

따라서 $\overline{BF}=\sqrt{21}$ <답> ①

참고

그림에서 선분 BF의 길이는 다음과 같이 구할 수도 있다.

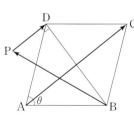

$\overline{BF}=x$라 하면 코사인법칙에 의하여

$\cos(\angle BFF')=\dfrac{x^2+12^2-9^2}{2\times x\times12}$

$\cos(\angle AFB)=\dfrac{x^2+4^2-3^2}{2\times x\times4}$

이때 $\angle BFF'=\angle AFB$이므로

$\dfrac{x^2+12^2-9^2}{2\times x\times12}=\dfrac{x^2+4^2-3^2}{2\times x\times4}$

$x^2+63=3x^2+21$

$x^2=21$

따라서 $\overline{BF}=\sqrt{21}$

28

$\overrightarrow{PA}+\overrightarrow{PB}+\overrightarrow{PC}=\overrightarrow{DB}+2\overrightarrow{DC}$에서

$\overrightarrow{PA}+\overrightarrow{PB}+\overrightarrow{PC}=(\overrightarrow{PB}-\overrightarrow{PD})+2(\overrightarrow{PC}-\overrightarrow{PD})$

$\overrightarrow{PA}+\overrightarrow{PB}+\overrightarrow{PC}=\overrightarrow{PB}+2\overrightarrow{PC}-3\overrightarrow{PD}$

$\overrightarrow{PA}-\overrightarrow{PC}=-3\overrightarrow{PD}$

$\overrightarrow{CA}=-3\overrightarrow{PD}$

즉, $\overrightarrow{PD}=\dfrac{1}{3}\overrightarrow{AC}$이므로 마름모 ABCD와 점 P는 그림과 같다.

∠BAD=θ라 하면 삼각형 ABD에서 코사인법칙에 의하여

$\overline{BD}^2=6^2+6^2-2\times6\times6\times\cos\theta$

$=72-72\cos\theta$

이므로 $\overline{BD}=6\sqrt{2-2\cos\theta}$

∠CBA=$\pi-\theta$이므로 삼각형 ABC에서 코사인법칙에 의하여

$\overline{AC}^2=6^2+6^2-2\times6\times6\times\cos(\pi-\theta)$

$=72+72\cos\theta$

이므로 $\overline{AC}=6\sqrt{2+2\cos\theta}$

한편, 마름모 ABCD의 두 대각선 AC와 BD가 서로 수직이므로
직선 BD와 직선 PD가 서로 수직이고 삼각형 PBD는 직각삼각형이다.

$|\overrightarrow{PD}| = \left|\dfrac{1}{3}\overrightarrow{AC}\right| = \dfrac{1}{3}\overline{AC} = 2\sqrt{2+2\cos\theta}$이므로

$\overline{BP}^2 = \overline{BD}^2 + \overline{PD}^2$에서

$64 = (72 - 72\cos\theta) + (8 + 8\cos\theta)$

$64\cos\theta = 16$, $\cos\theta = \dfrac{1}{4}$

점 A를 원점이라 하고 점 B의 좌표를 $(6, 0)$, 점 D의 좌표를 (a, b)라 하자.

$\overrightarrow{AD} = (a, b)$이므로

$|\overrightarrow{AD}| = \sqrt{a^2+b^2} = 6$에서 $a^2+b^2 = 36$

$\cos\theta = \dfrac{a}{6} = \dfrac{1}{4}$에서 $a = \dfrac{3}{2}$이므로

$b^2 = 36 - \left(\dfrac{3}{2}\right)^2 = \dfrac{135}{4}$, $b = \dfrac{3\sqrt{15}}{2}$

즉, $\overrightarrow{AD} = \left(\dfrac{3}{2}, \dfrac{3\sqrt{15}}{2}\right)$이고 $\overrightarrow{AB} = \overrightarrow{DC}$이므로

$\overrightarrow{AC} = \overrightarrow{AD} + \overrightarrow{DC} = \overrightarrow{AD} + \overrightarrow{AB}$

$\qquad = \left(\dfrac{3}{2}, \dfrac{3\sqrt{15}}{2}\right) + (6, 0)$

$\qquad = \left(\dfrac{15}{2}, \dfrac{3\sqrt{15}}{2}\right)$

$\overrightarrow{PD} = \dfrac{1}{3}\overrightarrow{AC}$이므로 $\overrightarrow{PD} = \left(\dfrac{5}{2}, \dfrac{\sqrt{15}}{2}\right)$

$\overrightarrow{PC} = \overrightarrow{PD} + \overrightarrow{DC}$

$\qquad = \left(\dfrac{5}{2}, \dfrac{\sqrt{15}}{2}\right) + (6, 0)$

$\qquad = \left(\dfrac{17}{2}, \dfrac{\sqrt{15}}{2}\right)$

따라서 $|\overrightarrow{PC}| = \sqrt{\left(\dfrac{17}{2}\right)^2 + \left(\dfrac{\sqrt{15}}{2}\right)^2} = \sqrt{76} = 2\sqrt{19}$ **目 ③**

29

주어진 포물선의 초점 F의 x좌표는 5보다 작으므로 점 $A(5, 0)$은 이 포물선의 초점이 아니다.

점 A에서 직선 PH에 내린 수선의 발을 H′, $\angle APH = \theta$라 하면 직각삼각형 APH′에서

$\cos(\pi - \theta) = -\cos\theta = \dfrac{\overline{PH'}}{\overline{PA}}$

이므로 $\overline{PH'} = -\overline{PA}\cos\theta$

$\overrightarrow{PA} \cdot \overrightarrow{PH} = |\overrightarrow{PA}||\overrightarrow{PH}|\cos\theta$

$\qquad\qquad = -|\overrightarrow{PH}||\overrightarrow{PH'}| = -16$

에서 $|\overrightarrow{PH}||\overrightarrow{PH'}| = 16$이고, $|\overrightarrow{PH}| + |\overrightarrow{PH'}| = 10$이므로

$|\overrightarrow{PH}| = 8$, $|\overrightarrow{PH'}| = 2$ 또는 $|\overrightarrow{PH}| = 2$, $|\overrightarrow{PH'}| = 8$

이때 $|\overrightarrow{PH}| = 2$, $|\overrightarrow{PH'}| = 8$이면 $|\overrightarrow{PA}| = |\overrightarrow{PH}|$를 만족시킬 수 없으므로

$|\overrightarrow{PH}| = 8$, $|\overrightarrow{PH'}| = 2$

한편, 포물선의 정의에 의하여 $\overline{PF} = \overline{PH}$이므로 삼각형 PFA는 $\overline{PF} = \overline{PA}$인 이등변삼각형이고, $\overline{PH'} = 2$이므로 $\overline{FA} = 4$이고 점 F의 좌표는 $(1, 0)$이다.

그러므로 주어진 포물선은 초점의 좌표가 $(3, 0)$이고 준선의 방정식이 $x = -3$인 포물선을 x축의 방향으로 -2만큼 평행이동한 것이므로 이 포물선의 방정식은 $y^2 = 12(x+2)$이다.

$\overline{PH} = 8$이므로 점 P의 x좌표는 3이고,

$y^2 = 12 \times 5 = 60$에서 $y = 2\sqrt{15}$이므로

점 P의 좌표는 $(3, 2\sqrt{15})$이고,

$\overrightarrow{PF} = \overrightarrow{OF} - \overrightarrow{OP} = (1, 0) - (3, 2\sqrt{15}) = (-2, -2\sqrt{15})$

한편, 타원 $\dfrac{x^2}{25} + \dfrac{y^2}{9} = 1$의 두 초점 중 x좌표가 음수인 점 Q의 좌표는

$(-\sqrt{25-9}, 0)$, 즉 $(-4, 0)$이므로

$\overrightarrow{PQ} = \overrightarrow{OQ} - \overrightarrow{OP} = (-4, 0) - (3, 2\sqrt{15}) = (-7, -2\sqrt{15})$

따라서

$\overrightarrow{PF} \cdot \overrightarrow{PQ} = (-2, -2\sqrt{15}) \cdot (-7, -2\sqrt{15})$

$\qquad\qquad = 14 + 60 = 74$ **目 74**

30

두 점 $B(x_1, y_1, z_1)$, $C(x_2, y_2, z_2)$에서 xy평면에 내린 수선의 발은 각각 $B'(x_1, y_1, 0)$, $C'(x_2, y_2, 0)$이다.

xy평면 위의 사각형 OB′AC′이 마름모이므로 $\overline{OA} \perp \overline{B'C'}$이다. 또한 두 선분 OA, B′C′의 교점을 M이라 하면 점 M은 선분 OA의 중점이므로 점 M의 좌표는 $(1, 2, 0)$이다.

$\overline{OA} = \sqrt{2^2+4^2} = 2\sqrt{5}$이고 사각형 OB′AC′은 넓이가 20인 마름모이므로

$\dfrac{1}{2} \times \overline{OA} \times \overline{B'C'} = 20$에서

$\dfrac{1}{2} \times 2\sqrt{5} \times \overline{B'C'} = 20$

$\overline{B'C'} = 4\sqrt{5}$

점 M은 선분 B′C′의 중점이기도 하므로

$\overline{B'M} = \overline{C'M} = 2\sqrt{5}$

이때 xy평면 위의 직선 OA의 방정식이 $y = 2x$이므로

직선 OA에 수직이고 점 M을 지나는 xy평면 위의 직선 B′C′의 방정식은

$y - 2 = -\dfrac{1}{2}(x-1)$, 즉 $y = -\dfrac{1}{2}x + \dfrac{5}{2}$

직선 B′C′ 위의 점의 좌표를 $\left(t, -\dfrac{1}{2}t + \dfrac{5}{2}\right)$로 놓고, 이 점과 직선 $2x - y = 0$ 사이의 거리가 $2\sqrt{5}$일 때의 t의 값을 구하면

$\dfrac{\left|2t - \left(-\dfrac{1}{2}t + \dfrac{5}{2}\right)\right|}{\sqrt{2^2 + (-1)^2}} = 2\sqrt{5}$에서

$\left|\dfrac{5}{2}t - \dfrac{5}{2}\right| = 10$

$|t - 1| = 4$

$t = 5$ 또는 $t = -3$

$x_1 > x_2$이므로 $x_1 = 5$, $x_2 = -3$이고

$y_1 = -\dfrac{1}{2} \times 5 + \dfrac{5}{2} = 0$, $y_2 = -\dfrac{1}{2} \times (-3) + \dfrac{5}{2} = 4$

즉, B′$(5, 0, 0)$, C′$(-3, 4, 0)$이고 $B(5, 0, z_1)$, $C(-3, 4, z_2)$이다.

좌표공간을 평면 $B'BCC'$으로
자른 단면은 그림과 같다.
직선 BC와 xy평면이 이루는 예
각의 크기가 θ이므로

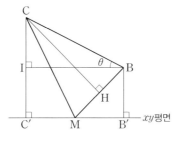

$\cos\theta=\dfrac{\overline{B'C'}}{\overline{BC}}$에서

$\dfrac{2\sqrt{5}}{5}=\dfrac{4\sqrt{5}}{\overline{BC}}$

$\overline{BC}=4\sqrt{5}\times\dfrac{5}{2\sqrt{5}}=10$

한편, 점 C에서 평면 OAB에 내린 수선의 발을 H라 하면 그림과 같이
점 H는 선분 MB 위의 점이고 삼각형 OAB의 넓이는 삼각형 OAC의
평면 OAB 위로의 정사영의 넓이의 2배이므로

$\overline{MH}=\dfrac{1}{2}\overline{MB}$

점 H는 선분 MB의 중점이므로 삼각형 MBC는 $\overline{CB}=\overline{CM}$인 이등변
삼각형이고 $\overline{CM}=10$
직각삼각형 $CC'M$에서

$\overline{CC'}=\sqrt{\overline{CM}^2-\overline{C'M}^2}=\sqrt{10^2-(2\sqrt{5})^2}=4\sqrt{5}$

점 B에서 선분 CC'에 내린 수선의 발을 I라 하면 $\overline{BI}=\overline{B'C'}=4\sqrt{5}$이므
로 직각삼각형 BCI에서

$\overline{CI}=\sqrt{\overline{BC}^2-\overline{BI}^2}=\sqrt{10^2-(4\sqrt{5})^2}=2\sqrt{5}$

$\overline{BB'}=\overline{CC'}-\overline{CI}=4\sqrt{5}-2\sqrt{5}=2\sqrt{5}$

즉, $z_1=2\sqrt{5}$, $z_2=4\sqrt{5}$이므로 $B(5, 0, 2\sqrt{5})$, $C(-3, 4, 4\sqrt{5})$이다.
두 점 B, C에서 yz평면에 내린 수선의 발을 각각 B'', C''이라 하면
$B''(0, 0, 2\sqrt{5})$, $C''(0, 4, 4\sqrt{5})$이므로

$\overline{B''C''}=\sqrt{(0-0)^2+(4-0)^2+(4\sqrt{5}-2\sqrt{5})^2}=6$

직선 BC와 yz평면이 이루는 예각의 크기가 α이므로

$\cos\alpha=\dfrac{\overline{B''C''}}{\overline{BC}}=\dfrac{6}{10}=\dfrac{3}{5}$

따라서 $p=5$, $q=3$이므로 $p+q=5+3=8$ 답 8

(참고)
$\overline{CM}=\overline{CB}=10$이므로
$\overline{CM}^2=\{1-(-3)\}^2+(2-4)^2+(0-z_2)^2$
$=z_2^2+20=100$
에서 $z_2^2=80$
$z_2>0$이므로 $z_2=4\sqrt{5}$
$\overline{CB}^2=(-3-5)^2+(4-0)^2+(4\sqrt{5}-z_1)^2$
$=z_1^2-8\sqrt{5}z_1+160$
$=100$
에서 $z_1^2-8\sqrt{5}z_1+60=0$, $(z_1-2\sqrt{5})(z_1-6\sqrt{5})=0$
$z_1<z_2$이므로 $z_1=2\sqrt{5}$

실전 모의고사 4회 본문 142~153쪽

01 ⑤	02 ③	03 ④	04 ②	05 ①
06 ①	07 ④	08 ②	09 ⑤	10 ⑤
11 ①	12 ③	13 ②	14 ④	15 ③
16 11	17 35	18 8	19 44	20 31
21 29	22 50	23 ④	24 ③	25 ①
26 ②	27 ④	28 ⑤	29 10	30 36

01

$\sqrt[5]{\left(\dfrac{\sqrt[3]{3}}{9}\right)^{-6}}=(3^{\frac{1}{3}}\times3^{-2})^{-\frac{6}{5}}=(3^{-\frac{5}{3}})^{-\frac{6}{5}}=3^{\left(-\frac{5}{3}\right)\times\left(-\frac{6}{5}\right)}=3^2=9$ 답 ⑤

02

$f(x)=2x^3-x+3$에서 $f(1)=4$이므로
$\displaystyle\lim_{x\to1}\dfrac{2f(x)-8}{x-1}=2\lim_{x\to1}\dfrac{f(x)-f(1)}{x-1}=2f'(1)$
$f'(x)=6x^2-1$이므로
$2f'(1)=2\times5=10$ 답 ③

03

$\displaystyle\sum_{k=1}^{10}b_k=\sum_{k=1}^{5}b_{2k-1}+\sum_{k=1}^{5}b_{2k}=5+5=10$이므로
$\displaystyle\sum_{k=1}^{10}(a_k+b_k+2)=\sum_{k=1}^{10}a_k+\sum_{k=1}^{10}b_k+\sum_{k=1}^{10}2=\sum_{k=1}^{10}a_k+10+20=35$
에서 $\displaystyle\sum_{k=1}^{10}a_k=5$ 답 ④

04

주어진 그래프에서 $\displaystyle\lim_{x\to0+}f(x)=2$
$x+2=t$라 하면 $x\to0-$일 때 $t\to2-$이므로
$\displaystyle\lim_{x\to0-}f(x+2)=\lim_{t\to2-}f(t)=0$
따라서 $\displaystyle\lim_{x\to0+}f(x)+\lim_{x\to0-}f(x+2)=2+0=2$ 답 ②

05

$g(x)=(x^3-1)f(x)$에서
$g'(x)=3x^2\times f(x)+(x^3-1)\times f'(x)$이므로
$g'(2)=12f(2)+7f'(2)$
이때 $f(2)=0$, $f'(2)=1$이므로
$g'(2)=12\times0+7\times1=7$ 답 ①

06

$\tan\left(\theta-\dfrac{3}{2}\pi\right)=\tan\left(\dfrac{\pi}{2}-2\pi+\theta\right)=\tan\left(\dfrac{\pi}{2}+\theta\right)=-\dfrac{1}{\tan\theta}$이므로
$-\dfrac{1}{\tan\theta}=\dfrac{3}{4}$에서 $\tan\theta=-\dfrac{4}{3}$

즉, $\dfrac{\sin\theta}{\cos\theta}=-\dfrac{4}{3}$이므로 $\cos\theta=-\dfrac{3}{4}\sin\theta$

$\sin^2\theta+\cos^2\theta=1$이므로

$\sin^2\theta+\dfrac{9}{16}\sin^2\theta=\dfrac{25}{16}\sin^2\theta=1$에서 $\sin^2\theta=\dfrac{16}{25}$

$\dfrac{3}{2}\pi<\theta<2\pi$이므로 $\sin\theta=-\dfrac{4}{5}$ 답 ①

07

$x^4-\dfrac{20}{3}x^3+12x^2-k=0$에서 $x^4-\dfrac{20}{3}x^3+12x^2=k$

$f(x)=x^4-\dfrac{20}{3}x^3+12x^2$이라 하면

$f'(x)=4x^3-20x^2+24x=4x(x-2)(x-3)$

$f'(x)=0$에서 $x=0$ 또는 $x=2$ 또는 $x=3$

함수 $f(x)$의 증가와 감소를 표로 나타내면 다음과 같다.

x	$\cdots$	0	$\cdots$	2	$\cdots$	3	$\cdots$
$f'(x)$	$-$	0	$+$	0	$-$	0	$+$
$f(x)$	$\searrow$	극소	$\nearrow$	극대	$\searrow$	극소	$\nearrow$

$f(0)=0$,

$f(2)=16-\dfrac{160}{3}+48=\dfrac{32}{3}$,

$f(3)=81-180+108=9$

이므로 함수 $y=f(x)$의 그래프의 개형은 그림과 같다.

이때 함수 $y=f(x)$의 그래프와 직선 $y=k$
가 서로 다른 세 점에서 만나려면

$k=f(2)=\dfrac{32}{3}$ 또는 $k=f(3)=9$

이므로 모든 실수 k의 값의 합은

$\dfrac{32}{3}+9=\dfrac{59}{3}$ 답 ④

08

함수 $f(x)$가 실수 전체의 집합에서 연속이므로 $x=b-2$와 $x=b+2$
에서도 연속이다.

즉, $\displaystyle\lim_{x\to(b-2)-}f(x)=\lim_{x\to(b-2)+}f(x)=f(b-2)$이고

$\displaystyle\lim_{x\to(b+2)-}f(x)=\lim_{x\to(b+2)+}f(x)=f(b+2)$이어야 한다.

이때

$\displaystyle\lim_{x\to(b-2)-}f(x)=\lim_{x\to(b-2)-}x=b-2$,

$\displaystyle\lim_{x\to(b-2)+}f(x)=\lim_{x\to(b-2)+}(x^2-5x+a)=(b-2)^2-5(b-2)+a$,

$f(b-2)=(b-2)^2-5(b-2)+a$

이므로 $(b-2)^2-5(b-2)+a=b-2$에서

$(b-2)^2-6(b-2)=-a$ $\cdots\cdots$ ㉠

또한

$\displaystyle\lim_{x\to(b+2)-}f(x)=\lim_{x\to(b+2)-}(x^2-5x+a)=(b+2)^2-5(b+2)+a$,

$\displaystyle\lim_{x\to(b+2)+}f(x)=\lim_{x\to(b+2)+}x=b+2$,

$f(b+2)=(b+2)^2-5(b+2)+a$

이므로 $(b+2)^2-5(b+2)+a=b+2$에서

$(b+2)^2-6(b+2)=-a$ $\cdots\cdots$ ㉡

㉠, ㉡에서

$(b-2)^2-6(b-2)=(b+2)^2-6(b+2)$

$-8b=-24$, $b=3$

$b=3$을 ㉠에 대입하면

$1-6=-a$, $a=5$

따라서 $a+b=5+3=8$ 답 ②

다른 풀이

함수 $f(x)$가 실수 전체의 집합에서 연속이 되려면 직선 $y=x$와 이차
함수 $y=x^2-5x+a$의 그래프의 교점의 개수는 2이고, 이 두 교점의 x
좌표는 각각 $b-2$, $b+2$이어야 한다.

즉, 이차방정식 $x^2-5x+a=x$, 즉 $x^2-6x+a=0$의 두 실근이
$b-2$, $b+2$이므로 이차방정식의 근과 계수의 관계에 의하여

$(b-2)+(b+2)=6$에서 $b=3$

$(b-2)(b+2)=a$에서 $a=5$

따라서 $a+b=5+3=8$

09

조건 (가)의 $\sin A=\sin C$를 만족시키려면 $A=C$ 또는 $A=\pi-C$이
어야 한다.

이때 $A=\pi-C$이면 $A+B+C=\pi$에서 $B=0$

그러므로 $A=C$ $\cdots\cdots$ ㉠

조건 (나)의 $\sin A\sin B=\cos C\cos\left(\dfrac{\pi}{2}-B\right)$에서

$\cos\left(\dfrac{\pi}{2}-B\right)=\sin B$이므로

$\sin A\sin B=\cos C\sin B$

이때 $0<B<\pi$이므로 $\sin B\ne0$이다.

그러므로 양변을 $\sin B$로 나누면

$\sin A=\cos C$ $\cdots\cdots$ ㉡

㉠, ㉡에서 $\sin A=\cos A$이므로

$A=C=\dfrac{\pi}{4}$이고 $B=\dfrac{\pi}{2}$이다.

즉, 삼각형 ABC는 직각이등변삼각형이고 외심은 변 AC의 중점이다.

이때 외접원의 넓이가 4π이므로

$\overline{AC}=4$, $\overline{AB}=2\sqrt{2}$, $\overline{BC}=2\sqrt{2}$

따라서 직각이등변삼각형 ABC의 넓이는

$\dfrac{1}{2}\times2\sqrt{2}\times2\sqrt{2}=4$ 답 ⑤

10

$f(x)=x^2-8x+k=(x-4)^2+k-16$에서

$2^{f(t)}$의 세제곱근 중 실수인 값은 $2^{\frac{(t-4)^2+k-16}{3}}$이고, $1\le t\le10$이므로

$A=\left\{x\,\middle|\,2^{\frac{k-16}{3}}\le x\le2^{\frac{k+20}{3}}\right\}$이다.

$8\in A$에서 $2^{\frac{k-16}{3}}\le2^3\le2^{\frac{k+20}{3}}$이므로

$\dfrac{k-16}{3}\le3\le\dfrac{k+20}{3}$

즉, $-11\le k\le25$

따라서 모든 자연수 k의 값의 합은

$$\sum_{k=1}^{25} k = \frac{25 \times 26}{2} = 325$$

답 ⑤

11

조건 (가)에서 모든 실수 t에 대하여 $\lim\limits_{x \to t} \dfrac{f(x)-f(-x)}{x-t}$의 값이 존재

하고, $x \to t$일 때 (분모) $\to 0$이므로 (분자) $\to 0$이어야 한다.

즉, $\lim\limits_{x \to t}\{f(x)-f(-x)\}=f(t)-f(-t)=0$이므로

사차함수 $f(x)$는 모든 실수 t에 대하여 $f(t)=f(-t)$를 만족시킨다.

따라서 사차함수 $y=f(x)$의 그래프는 y축에 대하여 대칭이므로

$f(x)=x^4+px^2+q$ (p, q는 상수)로 놓으면 $f'(x)=4x^3+2px$

조건 (나)에서 곡선 $y=f(x)$ 위의 점 $(1, 7)$에서의 접선이 점 $(0, -1)$

을 지나므로 이 접선의 기울기는 $\dfrac{7-(-1)}{1-0}=8$이다.

그러므로 $f(1)=1+p+q=7$에서 $p+q=6$ ...... ㉠

$f'(1)=4+2p=8$에서 $p=2$

$p=2$를 ㉠에 대입하면 $q=4$

따라서 $f(x)=x^4+2x^2+4$이므로

$f(2)=16+8+4=28$

답 ①

12

수열 $\{a_n\}$은 $a_1=-9$이고 공차가 d인 등차수열이므로

$$S_n=\frac{n\{-18+(n-1)d\}}{2}=\frac{d}{2}\left(n^2-\frac{18+d}{d}n\right)$$

이때 이차함수 $y=\dfrac{d}{2}\left(x^2-\dfrac{18+d}{d}x\right)$의 그래프의 대칭축은 직선

$x=\dfrac{18+d}{2d}$이므로 $S_p=S_q$가 성립하려면 $\dfrac{p+q}{2}=\dfrac{18+d}{2d}$이어야 한다.

따라서 $S_p=S_q$를 만족시키는 서로 다른 두 자연수 p, q ($p<q$)의 모든 순서쌍 (p, q)의 개수가 4이기 위해서는

$S_1=S_8$, $S_2=S_7$, $S_3=S_6$, $S_4=S_5$

또는

$S_1=S_9$, $S_2=S_8$, $S_3=S_7$, $S_4=S_6$

이어야 한다.

(i) $S_1=S_8$, $S_2=S_7$, $S_3=S_6$, $S_4=S_5$일 때

  $S_4=S_5$에서 $S_5-S_4=0$

  즉, $a_5=0$이므로

  $-9+4d=0$, $d=\dfrac{9}{4}$

(ii) $S_1=S_9$, $S_2=S_8$, $S_3=S_7$, $S_4=S_6$일 때

  $S_4=S_6$에서 $S_6-S_4=0$

  즉, $a_5+a_6=0$이므로

  $(-9+4d)+(-9+5d)=0$, $d=2$

(i), (ii)에서 조건을 만족시키는 모든 실수 d의 값의 합은

$\dfrac{9}{4}+2=\dfrac{17}{4}$

답 ③

다른 풀이

수열 $\{a_n\}$은 $a_1=-9$이고 공차가 d인 등차수열이므로 $S_p=S_q$에서

$$\frac{p\{-18+(p-1)d\}}{2}=\frac{q\{-18+(q-1)d\}}{2}$$

$-18p+dp^2-dp=-18q+dq^2-dq$

$-18(p-q)+d(p-q)(p+q)-d(p-q)=0$

$(p-q)\{-18+(p+q-1)d\}=0$

$p \ne q$이므로 $(p+q-1)d=18$

이를 만족시키는 서로 다른 두 자연수 p, q ($p<q$)의 모든 순서쌍 (p, q)의 개수가 4이기 위해서는

$(1, 8)$, $(2, 7)$, $(3, 6)$, $(4, 5)$인 $p+q=9$ 또는

$(1, 9)$, $(2, 8)$, $(3, 7)$, $(4, 6)$인 $p+q=10$이어야 한다.

(i) $p+q=9$일 때

  $8d=18$에서 $d=\dfrac{9}{4}$

(ii) $p+q=10$일 때

  $9d=18$에서 $d=2$

(i), (ii)에서 조건을 만족시키는 모든 실수 d의 값의 합은

$\dfrac{9}{4}+2=\dfrac{17}{4}$

13

$x \le 0$일 때, 함수 $y=|3^{x+2}-5|$의 그래프는 함수 $y=3^x$의 그래프를 x축의 방향으로 -2만큼, y축의 방향으로 -5만큼 평행이동한 후 $y<0$인 부분의 그래프를 x축에 대하여 대칭이동한 것이다.

이때 함수 $y=3^{x+2}-5$의 그래프의 점근선은 직선 $y=-5$이므로 함수 $y=|3^{x+2}-5|$의 그래프의 점근선은 직선 $y=5$이고,

$x=0$일 때 $y=|3^2-5|=4$이므로 함수 $y=|3^{x+2}-5|$ ($x \le 0$)의 그래프는 점 $(0, 4)$를 지난다.

또 $3^{x+2}-5=0$에서 $x+2=\log_3 5$, 즉

$x=\log_3 5-2=\log_3 \dfrac{5}{9}$이므로 함수

$y=|3^{x+2}-5|$ ($x \le 0$)의 그래프는

점 $\left(\log_3 \dfrac{5}{9}, 0\right)$을 지난다.

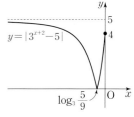

한편, $2^{-x+a}-b=2^{-(x-a)}-b$이므로

$x>0$일 때, 함수 $y=2^{-x+a}-b$의 그래프는 함수 $y=2^{-x}$의 그래프를 x축의 방향으로 a만큼, y축의 방향으로 $-b$만큼 평행이동한 것이다.

이때 함수 $y=2^{-x+a}-b$의 그래프의 점근선은 직선 $y=-b$이고, $x=0$일 때 $y=2^a-b$이므로 함수 $y=2^{-x+a}-b$의 그래프는 점 $(0, 2^a-b)$를 지난다.

$\log_3 \dfrac{5}{9} \le k \le 0$일 때, $B=\{0, 1, 2, 3, 4\}$이므로

$n(B)=5$가 되도록 하는 모든 실수

k의 값의 범위가 $\log_3 \dfrac{5}{9} \le k < 1$

이기 위해서는

$2^a-b \le 5$ ...... ㉠

$k=1$일 때 $n(B) \ne 5$이므로

$f(1)=2^{a-1}-b=-1$

즉, $2^a=2b-2$ ...... ㉡

㉡을 ㉠에 대입하면

$(2b-2)-b \le 5$에서 $b \le 7$이고,

$2^a \le 12$이다.

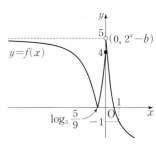

부등식 $2^a \le 12$를 만족시키는 자연수 a의 값은 1, 2, 3이고, ⓛ에서
$a=1$일 때 $b=2$, $a=2$일 때 $b=3$, $a=3$일 때 $b=5$
따라서 $a+b$의 최댓값은 $M=3+5=8$, 최솟값은 $m=1+2=3$이므로
$M \times m = 8 \times 3 = 24$

답 ②

14

$0 \le x < 2$에서 함수 $y=f(x)$의 그래프
는 [그림 1]과 같다.

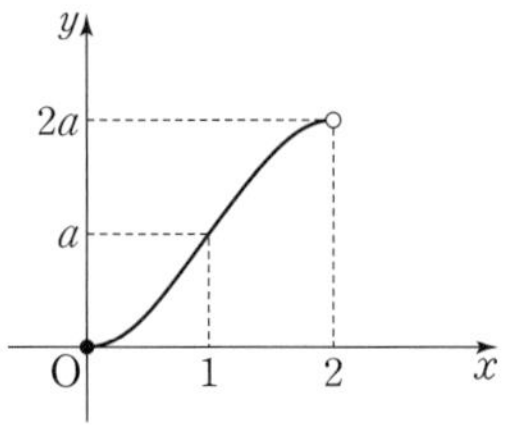

함수 $f(x)$는 실수 전체의 집합에서 연
속이므로 $x=2$에서도 연속이다.

즉, $\lim\limits_{x \to 2-} f(x) = \lim\limits_{x \to 2+} f(x) = f(2)$이
어야 한다.

[그림 1]

$\lim\limits_{x \to 2-} f(x) = \lim\limits_{x \to 2-} \{-a(x-2)^2 + 2a\} = 2a$,

$\lim\limits_{x \to 2+} f(x) = \lim\limits_{x \to 0+} f(x+2) = \lim\limits_{x \to 0+} \{f(x)+b\} = \lim\limits_{x \to 0+} (ax^2+b) = b$,

$f(2) = f(0) + b = b$

이므로 $2a=b$ ······ ㉠

또한 $2 \le x \le 4$에서 함수 $y=f(x)$의
그래프는 $0 \le x \le 2$에서의 함수
$y=f(x)$의 그래프를 x축의 방향으로
2만큼, y축의 방향으로 $2a$만큼 평행
이동한 것이므로 $0 \le x \le 7$에서 함수
$y=f(x)$의 그래프는 [그림 2]와 같다.

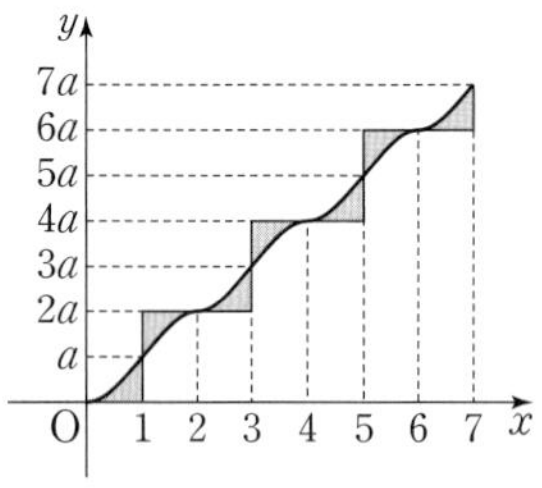

한편, 두 곡선 $y=ax^2$,

[그림 2]

$y=-a(x-2)^2+2a$는 점 $(1, a)$에
대하여 대칭이므로 $0 \le x \le 1$에서 곡선 $y=ax^2$과 x축 및 직선 $x=1$로
둘러싸인 부분의 넓이와 $1 \le x \le 2$에서 곡선 $y=-a(x-2)^2+2a$와
두 직선 $x=1$, $y=2a$로 둘러싸인 부분의 넓이는 같다. 그러므로 함수
$y=f(x)$의 그래프와 x축 및 직선 $x=2$로 둘러싸인 부분의 넓이는 가
로의 길이가 1, 세로의 길이가 $2a$인 직사각형의 넓이와 같다. 즉,

$\int_0^2 f(x)dx = 1 \times 2a = 2a$

따라서 함수 $y=f(x)$의 그래프와 x축 및 직선 $x=7$로 둘러싸인 부분
의 넓이를 S라 하면

$S = 2a + (2a+4a) + (4a+6a) + \int_6^7 f(x)dx$

$= 2a + 6a + 10a + \left(\int_0^1 ax^2 dx + 6a \right)$

$= \left[\frac{a}{3}x^3 \right]_0^1 + 24a = \frac{a}{3} + 24a = \frac{73}{3}a$

따라서 $\frac{73}{3}a = 73$에서 $a=3$이고, ㉠에서 $b=6$이므로

$a+b = 3+6 = 9$

답 ④

15

삼차함수 $f(x)$는 최고차항의 계수가 1이고 $f(-1)=0$이며, 조건 (가)
에서 함수 $|f(x)|$는 $x=\alpha$ $(\alpha < -1)$에서만 미분가능하지 않으므로
함수 $y=f(x)$의 그래프의 개형은 그림과 같다.

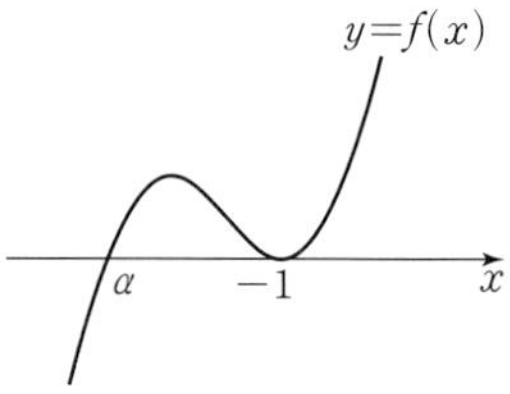

즉, $f(\alpha)=0$, $f'(-1)=0$이므로
$f(x) = (x-\alpha)(x+1)^2$으로 놓을 수
있다.

$x < \alpha$인 모든 실수 x에 대하여
$\int_\alpha^x f(t)g(t)dt \ge 0$이 성립하기 위해서
는 어떤 열린구간 (β, α)에 속하는 모든 실수 x에 대하여
$f(x)g(x) \le 0$이어야 한다.

$x \ge \alpha$인 모든 실수 x에 대하여 $\int_\alpha^x f(t)g(t)dt \ge 0$이 성립하기 위해서
는 어떤 열린구간 (α, γ)에 속하는 모든 실수 x에 대하여
$f(x)g(x) \ge 0$이어야 한다.

그런데 $x < \alpha$에서 $f(x)<0$, $x \ge \alpha$에서 $f(x) \ge 0$이므로 모든 실수 x에
대하여 $g(x) \ge 0$이어야 한다.

이차함수 $g(x)$는 최고차항의 계수가 1이고 $g(\alpha)=0$이므로
$g(x) = (x-\alpha)^2$으로 놓을 수 있다.

조건 (다)에서
$(x+1)h(x) = f(x)g(x) = (x-\alpha)^3(x+1)^2$
이고 함수 $h(x)$는 다항함수이므로
$h(x) = (x-\alpha)^3(x+1) = (x^3 - 3ax^2 + 3a^2x - a^3)(x+1)$

$h'(x) = (3x^2 - 6ax + 3a^2)(x+1) + (x^3 - 3ax^2 + 3a^2x - a^3)$
$\qquad = 3(x-\alpha)^2(x+1) + (x-\alpha)^3 = (x-\alpha)^2(4x+3-\alpha)$

$h'(x)=0$에서 $x=\alpha$ 또는 $x = \frac{\alpha-3}{4}$

이때 $\alpha < -1$이므로 $\alpha < \frac{\alpha-3}{4}$

함수 $h(x)$의 증가와 감소를 표로 나타내면 다음과 같다.

x	$\cdots$	α	$\cdots$	$\frac{\alpha-3}{4}$	$\cdots$
$h'(x)$	$-$	0	$-$	0	$+$
$h(x)$	$\searrow$		$\searrow$	극소	$\nearrow$

함수 $h(x)$는 $x = \frac{\alpha-3}{4}$에서 극소이고 조건 (다)에서 함수 $h(x)$의 극
솟값이 -27이므로

$h\left(\frac{\alpha-3}{4} \right) = \left(\frac{\alpha-3}{4} - \alpha \right)^3 \left(\frac{\alpha-3}{4} + 1 \right) = \left(-3 \times \frac{\alpha+1}{4} \right)^3 \left(\frac{\alpha+1}{4} \right)$

$\qquad\qquad = -27 \left(\frac{\alpha+1}{4} \right)^4 = -27$

에서 $\left(\frac{\alpha+1}{4} \right)^4 = 1$

$\frac{\alpha+1}{4} = 1$ 또는 $\frac{\alpha+1}{4} = -1$이므로

$\alpha=3$ 또는 $\alpha=-5$

$\alpha < -1$이므로 $\alpha = -5$

따라서 방정식 $h'(x)=0$을 만족시키는 서로 다른 모든 실수 x의 값의
합은

$-5 + \frac{-5-3}{4} = -5 + (-2) = -7$

답 ③

16

$f(x) = \int f'(x)dx = \int (3x^2 + 2x + 1)dx$

$\qquad = x^3 + x^2 + x + C$ (단, C는 적분상수)

따라서 $f(2)-f(1)=(14+C)-(3+C)=11$ **답** 11

17

로그의 진수의 조건에 의하여 $x>0$

$x\log_2 x-2\log_2 x-3x+6\leq0$에서

$(x-2)(\log_2 x-3)\leq0$

즉, $x-2\leq0$, $\log_2 x\geq3$ 또는 $x-2\geq0$, $\log_2 x\leq3$

(i) $x-2\leq0$, $\log_2 x\geq3$일 때

    $x\leq2$, $x\geq8$이므로 이를 만족시키는 x의 값은 존재하지 않는다.

(ii) $x-2\geq0$, $\log_2 x\leq3$일 때

    $2\leq x\leq8$이므로 이를 만족시키는 정수 x의 값은

    2, 3, 4, 5, 6, 7, 8이다.

(i), (ii)에서 구하는 모든 정수 x의 값의 합은

$2+3+4+5+6+7+8=35$ **답** 35

18

$\sum\limits_{n=1}^{18}a_{n+1}=\sum\limits_{k=2}^{19}a_k$이므로

$a_1+a_{20}=\sum\limits_{k=1}^{20}a_k-\sum\limits_{k=2}^{19}a_k=30-22=8$ **답** 8

19

점 P의 시각 t에서의 속도를 v라 하면

$x=t^4+pt^3+qt^2$에서

$v=\dfrac{dx}{dt}=4t^3+3pt^2+2qt=t(4t^2+3pt+2q)$

점 P가 시각 $t=1$과 $t=2$에서 운동 방향을 바꾸므로 이 시각에서의 속도가 0이다.

즉, $t=1$, $t=2$는 이차방정식 $4t^2+3pt+2q=0$의 두 실근이므로 이차방정식의 근과 계수의 관계에 의하여

$-\dfrac{3p}{4}=3$, $\dfrac{2q}{4}=2$

$p=-4$, $q=4$

따라서 $x=t^4-4t^3+4t^2$, $v=4t^3-12t^2+8t$이고

점 P의 시각 t에서의 가속도를 a라 하면

$a=\dfrac{dv}{dt}=12t^2-24t+8$

이므로 시각 $t=3$에서의 점 P의 가속도는

$12\times3^2-24\times3+8=44$ **답** 44

20

방정식 $\left(\sin\dfrac{2x}{a}-t\right)\left(\cos\dfrac{2x}{a}-t\right)=0$에서

$\sin\dfrac{2x}{a}=t$ 또는 $\cos\dfrac{2x}{a}=t$ …… ㉠

즉, 닫힌구간 $[0, 2a\pi]$에서 두 함수 $y=\sin\dfrac{2x}{a}$, $y=\cos\dfrac{2x}{a}$의 그래프와 직선 $y=t$ ($0\leq t\leq1$)의 교점의 x좌표가 방정식 ㉠의 실근이다.

이때 두 함수 $y=\sin\dfrac{2x}{a}$, $y=\cos\dfrac{2x}{a}$의 주기는 모두 $\dfrac{2\pi}{\frac{2}{a}}=a\pi$이다.

(i) $t=1$일 때

    $a_3-a_1=a\pi=d\pi$, $a_4-a_2=a\pi=6\pi-d\pi$

    $d\pi=6\pi-d\pi$에서 $d=3$이므로 조건을 만족시키지 않는다.

(ii) $t=\dfrac{\sqrt{2}}{2}$일 때

    $a_3-a_1=\dfrac{3a}{4}\pi=d\pi$, $a_4-a_2=\dfrac{3a}{4}\pi=6\pi-d\pi$

    $d\pi=6\pi-d\pi$에서 $d=3$이므로 조건을 만족시키지 않는다.

(iii) $t=0$일 때

    $a_3-a_1=\dfrac{a}{2}\pi=d\pi$, $a_4-a_2=\dfrac{a}{2}\pi=6\pi-d\pi$

    $d\pi=6\pi-d\pi$에서 $d=3$이므로 조건을 만족시키지 않는다.

(iv) $0<t<\dfrac{\sqrt{2}}{2}$일 때

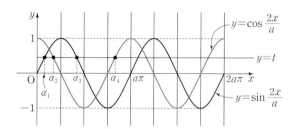

    $a_1+a_2=\dfrac{a}{4}\pi$, $a_3+a_4=\dfrac{5a}{4}\pi$이므로

    $a_3-a_1+a_4-a_2=a\pi=6\pi$에서 $a=6$

    이때 $\dfrac{3}{2}\pi<a_3-a_1<3\pi$, 즉 $\dfrac{3}{2}\pi<d\pi<3\pi$이므로 $d=2$

    $a_1+a_3=\dfrac{a}{2}\pi=3\pi$ …… ㉡

    $a_3-a_1=d\pi=2\pi$ …… ㉢

    ㉡-㉢을 하면 $2a_1=\pi$, $a_1=\dfrac{\pi}{2}$이므로

    $t=\sin\dfrac{2a_1}{6}=\sin\dfrac{\pi}{6}=\dfrac{1}{2}$

(v) $\dfrac{\sqrt{2}}{2}<t<1$일 때

    $a_3-a_1=\dfrac{a}{4}\pi=d\pi$, $a_4-a_2=\dfrac{3a}{4}\pi=6\pi-d\pi$

    $3d\pi=6\pi-d\pi$에서 $d=\dfrac{3}{2}$이므로 조건을 만족시키지 않는다.

(i)~(v)에서 $a=6$, $d=2$, $t=\dfrac{1}{2}$이므로

$t\times(10a+d)=\dfrac{1}{2}\times(10\times6+2)=31$ **답** 31

21

조건 (가)에서 삼차방정식 $f(x)=0$의 서로 다른 두 실근을 α, β라 하면 $f(x)=k(x-\alpha)^2(x-\beta)$ (k는 0이 아닌 상수)로 놓을 수 있다.

조건 (나)에서 방정식 $x-f(x)=\alpha$ 또는 방정식 $x-f(x)=\beta$를 만족시키는 서로 다른 실근의 개수가 5이어야 한다.

즉, 방정식 $f(x)=x-\alpha$ 또는 방정식 $f(x)=x-\beta$에서 함수 $y=f(x)$의 그래프가 직선 $y=x-\alpha$ 또는 $y=x-\beta$와 만나는 서로 다른 점의 개수가 5이어야 한다.

이때 $k<0$이면 그림과 같이 함수 $y=f(x)$의 그래프가 직선 $y=x-\beta$와 오직 한 점에서 만나므로 교점의 개수의 최댓값은 4이다.

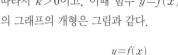

따라서 $k>0$이고, 이때 함수 $y=f(x)$의 그래프의 개형은 그림과 같다.

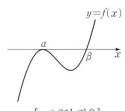

[$\alpha<\beta$인 경우]　　　[$\alpha>\beta$인 경우]

그런데 $f(0)=\dfrac{4}{9}>0$, $f'(0)=0$이므로 $\alpha>\beta$이다.

그러므로 방정식 $f(x-f(x))=0$의 서로 다른 실근의 개수가 5인 함수 $y=f(x)$의 그래프와 두 직선 $y=x-\alpha$, $y=x-\beta$의 개형은 그림과 같다.

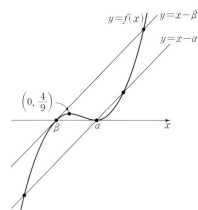

$f(x)=k(x-\alpha)^2(x-\beta)=k(x^2-2\alpha x+\alpha^2)(x-\beta)$ $(k>0)$에서

$f(0)=-k\alpha^2\beta=\dfrac{4}{9}$　　…… ㉠

$f'(x)=k(2x-2\alpha)(x-\beta)+k(x^2-2\alpha x+\alpha^2)$이므로

$f'(0)=2k\alpha\beta+k\alpha^2=0$

$k>0$이므로 $\alpha(2\beta+\alpha)=0$

$\alpha=0$이면 ㉠을 만족시키지 않으므로 $\alpha\neq0$이고

$\alpha=-2\beta$　　…… ㉡

$f'(\beta)=k(\beta^2-2\alpha\beta+\alpha^2)=1$　　…… ㉢

㉡을 ㉠, ㉢에 각각 대입하면

$-4k\beta^3=\dfrac{4}{9}$, $9k\beta^2=1$

$\dfrac{-4k\beta^3}{9k\beta^2}=-\dfrac{4\beta}{9}=\dfrac{4}{9}$에서 $\beta=-1$

$\beta=-1$을 ㉡에 대입하면 $\alpha=2$

$\alpha=2$, $\beta=-1$을 ㉠에 대입하면

$4k=\dfrac{4}{9}$, $k=\dfrac{1}{9}$

즉, $f(x)=\dfrac{1}{9}(x-2)^2(x+1)$이므로

$f(4)=\dfrac{1}{9}\times4\times5=\dfrac{20}{9}$

따라서 $p=9$, $q=20$이므로

$p+q=9+20=29$

■ 29

22

모든 자연수 k에 대하여

$a_{3+5k}=a_3\times\left(-\dfrac{1}{3}\right)^k$, 즉 $a_{5k+3}=a_{5k-2}\times\left(-\dfrac{1}{3}\right)$

이고, a_{5k+3}은 a_{5k-2}에서 $+3$ 또는 $\times\left(-\dfrac{1}{3}\right)$을 5회 연산하여 결정된다.

$\times\left(-\dfrac{1}{3}\right)$을 n회 $(1\leq n\leq5)$ 연산하면

$a_{5k+3}=a_{5k-2}\times\left(-\dfrac{1}{3}\right)^n+\alpha$ $(\alpha$는 상수$)$

이므로 $\times\left(-\dfrac{1}{3}\right)$을 1회만 연산해야 하고, $+3$을 4회 연산해야 한다.

이때 그 순서는

$a_{5k+3}=-\dfrac{1}{3}\times(a_{5k-2}+3+3+3)+3$

이어야 한다.

즉, $a_8=-\dfrac{1}{3}\times(a_3+3+3+3)+3$이므로

$|a_3|<8$, $|a_4|<8$, $|a_5|<8$, $|a_6|\geq8$, $|a_7|<8$이다.

$|a_5|=|a_3+6|<8$에서 $-14<a_3<2$이고

$|a_6|=|a_3+9|\geq8$에서 $a_3\geq-1$ 또는 $a_3\leq-17$이므로

$-1\leq a_3<2$　　…… ㉠

이때 수열 $\{a_n\}$의 각 항의 값이 포함되는 구간은

$8\leq a_6=a_3+9<11$, $-\dfrac{11}{3}<a_7=-\dfrac{a_6}{3}\leq-\dfrac{8}{3}$,

$\dfrac{25}{3}<a_{11}=a_7+12\leq\dfrac{28}{3}$, $-\dfrac{28}{9}\leq a_{12}=-\dfrac{a_{11}}{3}<-\dfrac{25}{9}$,

$\dfrac{80}{9}\leq a_{16}=a_{12}+12<\dfrac{83}{9}$, $-\dfrac{83}{27}<a_{17}=-\dfrac{a_{16}}{3}\leq-\dfrac{80}{27}$, $\cdots$

즉, 수열 a_7, a_{12}, a_{17}, $\cdots$의 값이 포함되는 구간은 그 길이가 짧아지고 -3을 포함하므로 a_{11}, a_{16}, a_{21}, $\cdots$의 값이 포함되는 구간은 $-3+12=9$를 포함한다.

따라서 부등식 $|a_m|\geq8$을 만족시키는 자연수 m은

$m=5l+1$ (단, l은 자연수)

3 이상 100 이하의 자연수 m의 개수는 19이고

100 이하의 자연수 m의 개수가 20 이상이려면

a_1, a_2의 값 중 적어도 하나는 8 이상이다.　　…… ㉡

(i) $|a_2|\geq8$이면

$a_3=-\dfrac{1}{3}a_2$이므로 ㉠에서 $-1\leq-\dfrac{1}{3}a_2<2$

즉, $-6<a_2\leq3$이므로 조건을 만족시키는 a_2는 존재하지 않는다.

(ii) $|a_2|<8$이면

$a_3=a_2+3$이므로 ㉠에서 $-1\leq a_2+3<2$

즉, $-4\leq a_2<-1$이므로 조건을 만족시키는 a_2의 값의 범위는

$-4\leq a_2<-1$　　…… ㉢

(i), (ii), ㉡에 의하여 $|a_2|<8$이므로 $|a_1|\geq8$이다.

이때 $a_2=-\dfrac{1}{3}a_1$이므로 ㉢에서

$-4\leq-\dfrac{1}{3}a_1<-1$

즉, $3<a_1\leq12$이므로 조건을 만족시키는 a_1의 값의 범위는

$8\leq a_1\leq12$

따라서 모든 정수 a_1의 값은 8, 9, 10, 11, 12이므로 그 합은

$8+9+10+11+12=50$

■ 50

23

$x^2+y^2+z^2=2x+4y-6z$에서

$x^2-2x+y^2-4y+z^2+6z=0$

$(x-1)^2+(y-2)^2+(z+3)^2=14$

따라서 이 구의 반지름의 길이는 $\sqrt{14}$이다.   답 ④

24

직선 AB의 기울기는 $-\dfrac{1}{2}$이므로 직선 AB에 수직인 직선의 기울기는 2이다.

타원 $\dfrac{x^2}{4}+y^2=1$에 접하고 기울기가 2인 접선의 방정식은

$y=2x\pm\sqrt{4\times2^2+1}=2x\pm\sqrt{17}$

따라서 직선 AB에 수직이고 타원에 접하는 서로 다른 두 직선의 y절편이 각각 $\sqrt{17}$, $-\sqrt{17}$이므로

$|y_1-y_2|=2\sqrt{17}$ 답 ③

25

$\overrightarrow{PG}=\dfrac{1}{3}(\overrightarrow{PA}+\overrightarrow{PB}+\overrightarrow{PC})$이므로

$2\overrightarrow{PA}+\overrightarrow{BP}+3\overrightarrow{CP}=6\overrightarrow{PG}$에서

$2\overrightarrow{PA}-\overrightarrow{PB}-3\overrightarrow{PC}=2(\overrightarrow{PA}+\overrightarrow{PB}+\overrightarrow{PC})$

$3\overrightarrow{PB}=-5\overrightarrow{PC}$

즉, 점 P는 선분 BC를 5 : 3으로
내분하는 점이다.

선분 BC의 중점을 M이라 하면

$\overrightarrow{MP}=\dfrac{1}{8}\overrightarrow{BC}$이므로

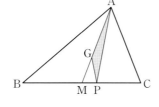

(삼각형 AMP의 넓이)$=\dfrac{1}{8}\times$(삼각형 ABC의 넓이)   ······ ㉠

또 $\overrightarrow{AG}=\dfrac{2}{3}\overrightarrow{AM}$이므로

(삼각형 AGP의 넓이)$=\dfrac{2}{3}\times$(삼각형 AMP의 넓이)   ······ ㉡

㉠, ㉡에서

(삼각형 AGP의 넓이)$=\dfrac{2}{3}\times\dfrac{1}{8}\times20=\dfrac{5}{3}$ 답 ①

26

포물선 $y^2=8x$의 초점 F의 좌표는 $(2,\ 0)$이다.

세 점 P, Q, F를 지나는 원이 원점 O를 지나면 이 원의 중심의 x좌표는 선분 OF의 중점의 x좌표인 1이다.

이때 점 Q의 x좌표가 -2이고 선분 PQ의 중점의 x좌표도 1이므로 점 P의 x좌표는 4이다.

$y^2=8x$에 $x=4$를 대입하면

$y^2=8\times4=32$에서 $y=\pm4\sqrt{2}$

즉, 포물선 위의 제1사분면에 있는 점 P의 좌표는 $(4,\ 4\sqrt{2})$이다.

원의 중심의 좌표를 $C(1,\ k)$라 하고 반지름의 길이를 $r\ (r>0)$이라 하면 $r=\overline{CP}=\overline{CO}$에서

$\sqrt{(4-1)^2+(4\sqrt{2}-k)^2}=\sqrt{(-1)^2+(-k)^2}$

$9+32-8\sqrt{2}k+k^2=1+k^2$

$8\sqrt{2}k=40$

$k=\dfrac{40}{8\sqrt{2}}=\dfrac{5\sqrt{2}}{2}$

따라서 구하는 원의 넓이는

$\pi r^2=\pi(1+k^2)=\pi\left\{1+\left(\dfrac{5\sqrt{2}}{2}\right)^2\right\}=\dfrac{27}{2}\pi$ 답 ②

27

$|\vec{a}+k\vec{b}|\geq2$에서 $|\vec{a}+k\vec{b}|^2\geq4$

$|\vec{a}|=2\sqrt{2}$, $|\vec{b}|=3$이므로

$|\vec{a}+k\vec{b}|^2=(\vec{a}+k\vec{b})\cdot(\vec{a}+k\vec{b})=|\vec{a}|^2+2k(\vec{a}\cdot\vec{b})+k^2|\vec{b}|^2$

$=9k^2+2(\vec{a}\cdot\vec{b})k+8\geq4$

$9k^2+2(\vec{a}\cdot\vec{b})k+4\geq0$ ······ ㉠

모든 실수 k에 대하여 ㉠이 성립하므로

방정식 $9k^2+2(\vec{a}\cdot\vec{b})k+4=0$의 판별식을 D라 하면

$\dfrac{D}{4}=(\vec{a}\cdot\vec{b})^2-9\times4\leq0$

$-6\leq\vec{a}\cdot\vec{b}\leq6$, $-6\leq|\vec{a}||\vec{b}|\cos\theta\leq6$

$-6\leq6\sqrt{2}\cos\theta\leq6$, $-\dfrac{\sqrt{2}}{2}\leq\cos\theta\leq\dfrac{\sqrt{2}}{2}$

따라서 $\cos\theta$의 최댓값은 $\dfrac{\sqrt{2}}{2}$이다.   답 ④

28

조건 (가)에서 삼각형 A'B'C'의 넓이는

$\dfrac{\sqrt{3}}{4}\times4^2=4\sqrt{3}$

이므로 세 평면 AB'C', BC'A', CA'B'이 평면 α와 이루는 예각의 크기를 각각 θ_1, θ_2, θ_3이라 하면 조건 (나)에 의하여

$\cos\theta_1=\dfrac{4\sqrt{3}}{8}=\dfrac{\sqrt{3}}{2}$, $\cos\theta_2=\dfrac{4\sqrt{3}}{2\sqrt{13}}=\dfrac{2\sqrt{3}}{\sqrt{13}}$, $\cos\theta_3=\dfrac{4\sqrt{3}}{2\sqrt{21}}=\dfrac{2}{\sqrt{7}}$

즉,

$\tan\theta_1=\sqrt{\dfrac{\sin^2\theta_1}{\cos^2\theta_1}}=\sqrt{\dfrac{1-\cos^2\theta_1}{\cos^2\theta_1}}=\sqrt{\dfrac{1}{\cos^2\theta_1}-1}=\dfrac{1}{\sqrt{3}}$

$\tan\theta_2=\sqrt{\dfrac{\sin^2\theta_2}{\cos^2\theta_2}}=\sqrt{\dfrac{1-\cos^2\theta_2}{\cos^2\theta_2}}=\sqrt{\dfrac{1}{\cos^2\theta_2}-1}=\dfrac{1}{2\sqrt{3}}$

$\tan\theta_3=\sqrt{\dfrac{\sin^2\theta_3}{\cos^2\theta_3}}=\sqrt{\dfrac{1-\cos^2\theta_3}{\cos^2\theta_3}}=\sqrt{\dfrac{1}{\cos^2\theta_3}-1}=\dfrac{\sqrt{3}}{2}$

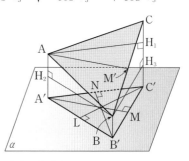

세 선분 A'B', B'C', C'A'의 중점을 각각 L, M, N이라 하면

$\overline{A'M}\perp\overline{B'C'}$, $\overline{B'N}\perp\overline{C'A'}$, $\overline{C'L}\perp\overline{A'B'}$이고

$\overline{AA'}\perp\alpha$, $\overline{BB'}\perp\alpha$, $\overline{CC'}\perp\alpha$

이므로 삼수선의 정리에 의하여

$\overline{AM}\perp\overline{B'C'}$, $\overline{BN}\perp\overline{C'A'}$, $\overline{CL}\perp\overline{A'B'}$

즉, $\theta_1=\angle AMA'$, $\theta_2=\angle BNB'$, $\theta_3=\angle CLC'$

이때 $\overline{A'M}=\overline{B'N}=\overline{C'L}=\dfrac{\sqrt{3}}{2}\times4=2\sqrt{3}$이므로

$\tan\theta_1=\dfrac{\overline{AA'}}{\overline{A'M}}=\dfrac{1}{\sqrt{3}}$에서 $\overline{AA'}=\dfrac{1}{\sqrt{3}}\times2\sqrt{3}=2$

$\tan\theta_2=\dfrac{\overline{BB'}}{\overline{B'N}}=\dfrac{1}{2\sqrt{3}}$에서 $\overline{BB'}=\dfrac{1}{2\sqrt{3}}\times2\sqrt{3}=1$

$\tan\theta_3=\dfrac{\overline{CC'}}{\overline{C'L}}=\dfrac{\sqrt{3}}{2}$에서 $\overline{CC'}=\dfrac{\sqrt{3}}{2}\times2\sqrt{3}=3$

점 A에서 선분 CC'에 내린 수선의 발을 H_1, 점 B에서 두 선분 AA',
CC'에 내린 수선의 발을 각각 H_2, H_3이라 하면

$\overline{CH_1}=1$, $\overline{AH_2}=1$, $\overline{CH_3}=2$, $\overline{AH_1}=\overline{BH_2}=\overline{BH_3}=4$이므로

$\overline{AB}=\sqrt{\overline{AH_2}^2+\overline{BH_2}^2}=\sqrt{1^2+4^2}=\sqrt{17}$

$\overline{BC}=\sqrt{\overline{CH_3}^2+\overline{BH_3}^2}=\sqrt{2^2+4^2}=2\sqrt{5}$

$\overline{CA}=\sqrt{\overline{CH_1}^2+\overline{AH_1}^2}=\sqrt{1^2+4^2}=\sqrt{17}$

이때 삼각형 ABC는 $\overline{AB}=\overline{CA}$인 이등변삼각형이므로 선분 BC의 중
점을 M'이라 하면

$\overline{AM'}=\sqrt{(\sqrt{17})^2-(\sqrt{5})^2}=2\sqrt{3}$

따라서 삼각형 ABC의 넓이는

$\dfrac{1}{2}\times\overline{BC}\times\overline{AM'}=\dfrac{1}{2}\times2\sqrt{5}\times2\sqrt{3}=2\sqrt{15}$

답 ⑤

29

두 점 F$(c, 0)$, F$'(-c, 0)$ $(c>0)$을 초점으로 하고 주축의 길이가 4
인 쌍곡선의 방정식은

$\dfrac{x^2}{4}-\dfrac{y^2}{c^2-4}=1$

삼각형 PF'F의 둘레의 길이가 삼각형 QF'F의 둘레의 길이보다 크다
고 가정하면 조건을 만족시키는 두 점 P, Q는 그림과 같다.

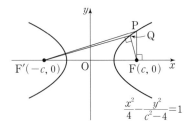

$\overline{PF}=k$, $\overline{QF}=l$이라 하면 쌍곡선의 정의에 의하여

$\overline{PF'}=k+4$, $\overline{QF'}=l+4$

이때 삼각형 PF'F의 둘레의 길이는 $2k+4+2c$, 삼각형 QF'F의 둘레
의 길이는 $2l+4+2c$이고 조건 (다)에서 두 삼각형 PF'F, QF'F의 둘
레의 길이의 차가 2이므로

$(2k+4+2c)-(2l+4+2c)=2$

$k=l+1$

직각삼각형 PF'F에서

$(2c)^2=(k+4)^2-k^2=8k+16=8(l+1)+16=8l+24$ ······ ㉠

직각삼각형 QF'F에서

$(2c)^2=l^2+(l+4)^2=2l^2+8l+16$ ······ ㉡

㉠, ㉡에서 $8l+24=2l^2+8l+16$이므로

$l^2=4$, $l=2$

$l=2$를 ㉠에 대입하면

$4c^2=8\times2+24=40$

따라서 $c^2=10$

답 10

30

선분 AB의 중점을 D, 선분 BC의 중점을 E, 선분 CA의 중점을 F라
하면 $0\le\angle PAB\le\pi$, $0\le\angle PAC\le\pi$이고, 두 조건 (가), (나)에서

$\overrightarrow{AP}\cdot\overrightarrow{AB}=|\overrightarrow{AP}||\overrightarrow{AB}|\cos(\angle PAB)=2\times4\times\cos(\angle PAB)\ge4$

이므로 $\cos(\angle PAB)\ge\dfrac{1}{2}$, 즉 $0\le\angle PAB\le\dfrac{\pi}{3}$ ······ ㉠

$\overrightarrow{AP}\cdot\overrightarrow{AC}=|\overrightarrow{AP}||\overrightarrow{AC}|\cos(\angle PAC)=2\times4\times\cos(\angle PAC)\ge4$

이므로 $\cos(\angle PAC)\ge\dfrac{1}{2}$, 즉 $0\le\angle PAC\le\dfrac{\pi}{3}$ ······ ㉡

㉠, ㉡에 의하여 점 P는 점 A를 중심으로 하는 부채꼴 ADF의 호 DF
위의 점이다.

또한 $0\le\angle QBA\le\pi$, $0\le\angle QBC\le\pi$이고,

$\overrightarrow{BQ}\cdot\overrightarrow{BA}=|\overrightarrow{BQ}||\overrightarrow{BA}|\cos(\angle QBA)=2\times4\times\cos(\angle QBA)\ge4$

이므로 $\cos(\angle QBA)\ge\dfrac{1}{2}$, 즉 $0\le\angle QBA\le\dfrac{\pi}{3}$ ······ ㉢

$\overrightarrow{BQ}\cdot\overrightarrow{BC}=|\overrightarrow{BQ}||\overrightarrow{BC}|\cos(\angle QBC)=2\times4\times\cos(\angle QBC)\ge4$

이므로 $\cos(\angle QBC)\ge\dfrac{1}{2}$, 즉 $0\le\angle QBC\le\dfrac{\pi}{3}$ ······ ㉣

㉢, ㉣에 의하여 점 Q는 점 B를 중심으로 하는 부채꼴 BDE의 호 DE
위의 점이다.

조건 (다)에서 점 R은 선분 CF 위의 점
이다.

조건 (라)에서

$\overrightarrow{CX}=\overrightarrow{AP}+\overrightarrow{BQ}+\overrightarrow{CR}$이므로

$\overrightarrow{CA}+\overrightarrow{AX}=\overrightarrow{AP}+\overrightarrow{BQ}+\overrightarrow{CA}+\overrightarrow{AR}$

즉, $\overrightarrow{AX}=\overrightarrow{AP}+\overrightarrow{BQ}+\overrightarrow{AR}$이므로

$\overrightarrow{AB}\cdot\overrightarrow{AX}=\overrightarrow{AB}\cdot(\overrightarrow{AP}+\overrightarrow{BQ}+\overrightarrow{AR})$

$\qquad\qquad=\overrightarrow{AB}\cdot\overrightarrow{AP}+\overrightarrow{AB}\cdot\overrightarrow{BQ}+\overrightarrow{AB}\cdot\overrightarrow{AR}$

이때 $\overrightarrow{AB}\cdot\overrightarrow{AX}$의 값이 최대이려면 $\overrightarrow{AB}\cdot\overrightarrow{AP}$, $\overrightarrow{AB}\cdot\overrightarrow{BQ}$, $\overrightarrow{AB}\cdot\overrightarrow{AR}$
의 값이 모두 최대이어야 한다.

따라서 점 P가 점 D이고, 점 Q가 점 E이고, 점 R이 점 C일 때,
$\overrightarrow{AB}\cdot\overrightarrow{AX}$의 값이 최대이다.

$\overrightarrow{AB}\cdot\overrightarrow{AX}$의 값이 최대일 때, 삼각형 PQR은 삼각형 DEC와 일치하
므로 삼각형 PQR의 넓이는

$S=\dfrac{1}{2}\times\overline{DE}\times\overline{EC}\times\sin(\angle DEC)=\dfrac{1}{2}\times2\times2\times\sin\dfrac{2}{3}\pi=\sqrt{3}$

또한

$\overrightarrow{AB}\cdot\overrightarrow{AP}\le\overrightarrow{AB}\cdot\overrightarrow{AD}=|\overrightarrow{AB}||\overrightarrow{AD}|\cos0=4\times2\times1=8$

$\overrightarrow{AB}\cdot\overrightarrow{BQ}\le\overrightarrow{AB}\cdot\overrightarrow{BE}=|\overrightarrow{AB}||\overrightarrow{BE}|\cos\dfrac{2}{3}\pi=4\times2\times\left(-\dfrac{1}{2}\right)=-4$

$\overrightarrow{AB}\cdot\overrightarrow{AR}\le\overrightarrow{AB}\cdot\overrightarrow{AC}=|\overrightarrow{AB}||\overrightarrow{AC}|\cos\dfrac{\pi}{3}=4\times4\times\dfrac{1}{2}=8$

이므로 $\overrightarrow{AB}\cdot\overrightarrow{AX}$의 최댓값은

$M=8+(-4)+8=12$

따라서 $M\times S^2=12\times(\sqrt{3})^2=36$

답 36

실전 모의고사 5회   본문 154~165쪽

01 ②	02 ③	03 ④	04 ②	05 ⑤
06 ②	07 ①	08 ①	09 ⑤	10 ④
11 ⑤	12 ①	13 ③	14 ④	15 ②
16 6	17 14	18 4	19 16	20 60
21 27	22 252	23 ①	24 ③	25 ⑤
26 ④	27 ②	28 ④	29 7	30 24

01

$\sqrt[3]{4} \times 8^{-\frac{5}{9}} = (2^2)^{\frac{1}{3}} \times (2^3)^{-\frac{5}{9}} = 2^{\frac{2}{3}} \times 2^{-\frac{5}{3}} = 2^{\frac{2}{3}+\left(-\frac{5}{3}\right)} = 2^{-1} = \frac{1}{2}$ 답 ②

02

$\displaystyle\lim_{x \to 2} \frac{f(x)-6}{x-2} = \lim_{x \to 2} \frac{3x^2-3x-6}{x-2} = \lim_{x \to 2} \frac{3(x-2)(x+1)}{x-2}$

$\qquad\qquad\qquad\quad = \lim_{x \to 2} 3(x+1) = 9$ 답 ③

다른 풀이 〉

$f(x) = 3x^2 - 3x$에서 $f(2) = 6$이므로

$\displaystyle\lim_{x \to 2} \frac{f(x)-6}{x-2} = \lim_{x \to 2} \frac{f(x)-f(2)}{x-2} = f'(2)$

$f'(x) = 6x - 3$이므로 $f'(2) = 12 - 3 = 9$

03

등비수열 $\{a_n\}$의 공비를 $r \, (r>0)$이라 하자.

$\dfrac{a_1 \times a_4}{a_2} = 3$에서

$\dfrac{a_1 \times a_4}{a_2} = \dfrac{a_1 \times a_1 r^3}{a_1 r} = a_1 r^2$

$a_1 r^2 = 3$ $\qquad$ ······ ㉠

$a_3 + a_5 = 15$에서

$a_3 + a_5 = a_1 r^2 + a_1 r^4 = a_1 r^2 (1 + r^2)$

$a_1 r^2 (1 + r^2) = 15$ $\qquad$ ······ ㉡

㉠을 ㉡에 대입하면

$3(1 + r^2) = 15$, $r^2 = 4$

$r > 0$이므로 $r = 2$

$r = 2$를 ㉠에 대입하면

$a_1 \times 4 = 3$, $a_1 = \dfrac{3}{4}$

따라서 $a_6 = a_1 r^5 = \dfrac{3}{4} \times 2^5 = 24$ 답 ④

04

함수 $y = f(x)$의 그래프에서 $\displaystyle\lim_{x \to -2-} f(x) = 0$

$\displaystyle\lim_{x \to 1+} f(x+1)$에서 $x+1 = t$로 놓으면 $x \to 1+$일 때 $t \to 2+$이므로

$\displaystyle\lim_{x \to 1+} f(x+1) = \lim_{t \to 2+} f(t) = 2$

따라서 $\displaystyle\lim_{x \to -2-} f(x) + \lim_{x \to 1+} f(x+1) = 0 + 2 = 2$ 답 ②

05

$\cos\theta - \dfrac{1}{\cos\theta} = \dfrac{\tan\theta}{3}$에서

$\cos\theta - \dfrac{1}{\cos\theta} = \dfrac{\sin\theta}{3\cos\theta}$, $3(\cos^2\theta - 1) = \sin\theta$

$-3\sin^2\theta = \sin\theta$, $\sin\theta(3\sin\theta + 1) = 0$

$\pi < \theta < \dfrac{3}{2}\pi$에서 $\sin\theta < 0$이므로

$\sin\theta = -\dfrac{1}{3}$

$\pi < \theta < \dfrac{3}{2}\pi$에서 $\cos\theta < 0$이므로

$\cos\theta = -\sqrt{1 - \sin^2\theta} = -\sqrt{1 - \left(-\dfrac{1}{3}\right)^2} = -\dfrac{2\sqrt{2}}{3}$

따라서 $\cos(\pi - \theta) = -\cos\theta = \dfrac{2\sqrt{2}}{3}$ 답 ⑤

06

$f(x) = x^3 + ax^2 + bx + 2$에서 $f'(x) = 3x^2 + 2ax + b$

함수 $f(x)$가 $x = 1$, $x = 3$에서 각각 극값을 가지므로

$f'(1) = 0$이고 $f'(3) = 0$이다.

방정식 $f'(x) = 0$, 즉 $3x^2 + 2ax + b = 0$의 두 실근이 1, 3이므로 이차

방정식의 근과 계수의 관계에 의하여

$1 + 3 = -\dfrac{2a}{3}$, $1 \times 3 = \dfrac{b}{3}$

즉, $a = -6$, $b = 9$이므로

$f(x) = x^3 - 6x^2 + 9x + 2$, $f'(x) = 3x^2 - 12x + 9$

함수 $f(x)$의 증가와 감소를 표로 나타내면 다음과 같다.

x	$\cdots$	1	$\cdots$	3	$\cdots$
$f'(x)$	+	0	−	0	+
$f(x)$	↗	극대	↘	극소	↗

따라서 함수 $f(x)$는 $x = 3$에서 극소이므로 함수 $f(x)$의 극솟값은

$f(3) = 27 - 54 + 27 + 2 = 2$ 답 ②

07

$\displaystyle\int_{-1}^{x} f(t)\,dt = 2x^3 + ax^2 + bx + 2$ $\qquad$ ······ ㉠

㉠의 양변에 $x = -1$을 대입하면

$0 = -2 + a - b + 2$

$a - b = 0$ $\qquad$ ······ ㉡

㉠의 양변을 x에 대하여 미분하면

$f(x) = 6x^2 + 2ax + b$

$f(1) = 0$이므로 $6 + 2a + b = 0$

$2a + b = -6$ $\qquad$ ······ ㉢

㉡, ㉢을 연립하여 풀면 $a = -2$, $b = -2$

따라서 $a + b = -2 + (-2) = -4$ 답 ①

08

$\log_2 a - \log_4 b = \dfrac{1}{2}$에서

$\log_2 a - \log_4 b = \log_4 a^2 - \log_4 b = \log_4 \dfrac{a^2}{b}$이므로

$\log_4 \dfrac{a^2}{b} = \dfrac{1}{2}$, $\dfrac{a^2}{b} = 4^{\frac{1}{2}} = 2$

$a^2 = 2b$ ...... ㉠

$a + b = 6 \log_3 2 \times \log_2 9 = 6 \log_3 2 \times \dfrac{\log_3 9}{\log_3 2}$

$\qquad = 6 \log_3 3^2 = 6 \times 2 \log_3 3 = 12$

에서 $b = 12 - a$ ...... ㉡

㉡을 ㉠에 대입하면

$a^2 = 2(12 - a)$, $a^2 + 2a - 24 = 0$

$(a + 6)(a - 4) = 0$

$a > 0$이므로 $a = 4$

$a = 4$를 ㉡에 대입하면

$b = 12 - a = 12 - 4 = 8$

따라서 $b - a = 8 - 4 = 4$　　　　　　　　답 ①

09

시각 $t = 0$일 때 동시에 원점을 출발한 후, 시각 $t = a$ $(a > 0)$에서 두 점 P, Q의 위치가 서로 같으므로

$\displaystyle\int_0^a v_1(t)dt = \int_0^a v_2(t)dt$, 즉 $\displaystyle\int_0^a \{v_1(t) - v_2(t)\}dt = 0$이어야 한다.

$\displaystyle\int_0^a \{v_1(t) - v_2(t)\}dt = \int_0^a \{(3t^2 - 2t) - 2t\}dt = \int_0^a (3t^2 - 4t)dt$

$\qquad\qquad = \Big[t^3 - 2t^2\Big]_0^a = a^3 - 2a^2$

이므로 $a^3 - 2a^2 = 0$에서 $a^2(a - 2) = 0$

$a > 0$이므로 $a = 2$

따라서 점 P가 시각 $t = 0$에서 시각 $t = a$까지 움직인 거리는

$\displaystyle\int_0^a |v_1(t)|dt = \int_0^2 |v_1(t)|dt = \int_0^2 |3t^2 - 2t|dt$

$\qquad = \int_0^{\frac{2}{3}} (-3t^2 + 2t)dt + \int_{\frac{2}{3}}^2 (3t^2 - 2t)dt$

$\qquad = \Big[-t^3 + t^2\Big]_0^{\frac{2}{3}} + \Big[t^3 - t^2\Big]_{\frac{2}{3}}^2$

$\qquad = \Big(-\dfrac{8}{27} + \dfrac{4}{9}\Big) + \Big\{(8 - 4) - \Big(\dfrac{8}{27} - \dfrac{4}{9}\Big)\Big\}$

$\qquad = \dfrac{116}{27}$　　　　　　　　답 ⑤

10

삼차함수 $f(x)$는 최고차항의 계수가 1이고 곡선 $y = f(x)$가 점 $(1, 0)$을 지나므로

$f(x) = (x - 1)(x^2 + ax + b)$ (a, b는 상수)라 하면

$f'(x) = (x^2 + ax + b) + (x - 1)(2x + a)$

곡선 $y = f(x)$ 위의 점 $(1, 0)$에서의 접선의 기울기가 1이므로

$f'(1) = 1$

즉, $f'(1) = 1 + a + b = 1$에서 $a + b = 0$ ...... ㉠

$g(x) = (x - 2)f(x)$라 하면 $g'(x) = f(x) + (x - 2)f'(x)$

곡선 $y = g(x)$ 위의 점 $(2, 0)$에서의 접선의 기울기가 4이므로

$g'(2) = 4$

즉, $g'(2) = f(2) + 0 = 4$에서

$f(2) = 4 + 2a + b = 4$, $2a + b = 0$ ...... ㉡

㉠, ㉡을 연립하여 풀면 $a = 0$, $b = 0$

따라서 $f(x) = x^3 - x^2$이므로 $f(-1) = -1 - 1 = -2$　　답 ④

11

$\displaystyle\lim_{x \to 0} \dfrac{f(x)}{x} = 2$에서 $x \to 0$일 때 (분모) $\to 0$이고 극한값이 존재하므로 (분자) $\to 0$이어야 한다.

즉, $\displaystyle\lim_{x \to 0} f(x) = f(0) = 0$이므로

$\displaystyle\lim_{x \to 0} \dfrac{f(x)}{x} = \lim_{x \to 0} \dfrac{f(x) - f(0)}{x} = f'(0) = 2$

그러므로

$f(x) = x^4 + ax^3 + bx^2 + 2x$ (a, b는 상수)

로 놓을 수 있다.

$g(x) = \begin{cases} \dfrac{x(x + 1)}{f(x)} & (f(x) \neq 0) \\ k & (f(x) = 0) \end{cases}$

$\qquad = \begin{cases} \dfrac{x + 1}{x^3 + ax^2 + bx + 2} & (f(x) \neq 0) \\ k & (f(x) = 0) \end{cases}$

함수 $g(x)$가 실수 전체의 집합에서 연속이므로 $x = 0$에서도 연속이다.

즉, $\displaystyle\lim_{x \to 0} g(x) = g(0) = k$

이때 $\displaystyle\lim_{x \to 0} g(x) = \lim_{x \to 0} \dfrac{x + 1}{x^3 + ax^2 + bx + 2} = \dfrac{1}{2}$이므로 $k = \dfrac{1}{2}$

$h(x) = x^3 + ax^2 + bx + 2$라 하면

$h(0) \neq 0$이고 $h(x)$가 삼차함수이므로 $h(\alpha) = 0$인 실수 α $(\alpha \neq 0)$이 존재한다.

이때 $f(x) = xh(x)$이므로 $f(\alpha) = 0$이다.

함수 $g(x)$가 $x = \alpha$에서도 연속이므로

$\displaystyle\lim_{x \to \alpha} g(x) = \lim_{x \to \alpha} \dfrac{x + 1}{x^3 + ax^2 + bx + 2} = \dfrac{1}{2}$ ...... ㉠

㉠에서 $x \to \alpha$일 때 (분모) $\to 0$이고 극한값이 존재하므로 (분자) $\to 0$이어야 한다.

즉, $\displaystyle\lim_{x \to \alpha} (x + 1) = \alpha + 1 = 0$이므로 $\alpha = -1$

이때 $h(\alpha) = h(-1) = -1 + a - b + 2 = 0$이므로

$b = a + 1$ ...... ㉡

㉠에서

$\displaystyle\lim_{x \to -1} \dfrac{x + 1}{x^3 + ax^2 + (a + 1)x + 2} = \lim_{x \to -1} \dfrac{x + 1}{(x + 1)\{x^2 + (a - 1)x + 2\}}$

$\qquad\qquad = \lim_{x \to -1} \dfrac{1}{x^2 + (a - 1)x + 2} = \dfrac{1}{4 - a}$

이므로 $\dfrac{1}{4 - a} = \dfrac{1}{2}$에서 $a = 2$

㉡에 $a = 2$를 대입하면 $b = 3$

그러므로 $f(x) = x(x^3 + 2x^2 + 3x + 2) = x(x + 1)(x^2 + x + 2)$

이때 $x^2 + x + 2 = \Big(x + \dfrac{1}{2}\Big)^2 + \dfrac{7}{4} > 0$이므로 $x \neq 0$, $x \neq -1$인 모든 실수 x에 대하여 $f(x) \neq 0$이다.

즉, 함수 $g(x)$는 실수 전체의 집합에서 연속이다.

따라서 $f(1) = 1 \times 2 \times 4 = 8$　　　　　　　　답 ⑤

12

(i) $a_6=0$일 때

$a_7=a_6-8=-8$, $a_8=a_7{}^2=(-8)^2=64$

따라서 $a_6+a_8=0$에 모순이다.

(ii) $a_6<0$일 때

$a_6=k\ (k<0)$이라 하면 $a_7=a_6{}^2=k^2>0$

$a_8=a_7-8=k^2-8$

$a_6+a_8=k+(k^2-8)=k^2+k-8$

$a_6+a_8=0$, 즉 $k^2+k-8=0$을 만족시키는 정수 k는 없다.

(iii) $a_6>0$일 때

$a_6=k\ (k>0)$이라 하면 $a_7=a_6-8=k-8$

ⓐ $k\geq8$이면 $a_8=a_7-8=(k-8)-8=k-16$

$a_6+a_8=k+(k-16)=2k-16=0$이므로 $k=8$

ⓑ $k<8$이면 $a_8=a_7{}^2=(k-8)^2$

$a_6+a_8=k+(k-8)^2=k^2-15k+64=\left(k-\dfrac{15}{2}\right)^2+\dfrac{31}{4}>0$

이므로 모순이다.

(i), (ii), (iii)에 의하여 $a_6=8$

(iv) $a_6=8=\begin{cases}a_5-8 & (a_5\geq0)\\ a_5{}^2 & (a_5<0)\end{cases}$

$a_5-8=8$에서 $a_5=16$

$a_5{}^2=8$을 만족시키는 정수 a_5는 없다.

(v) $a_5=16=\begin{cases}a_4-8 & (a_4\geq0)\\ a_4{}^2 & (a_4<0)\end{cases}$

$a_4-8=16$에서 $a_4=24$

$a_4{}^2=16$에서 $a_4<0$이므로 $a_4=-4$

(vi) $a_4=24$ 또는 $a_4=-4$

ⓐ $a_4=24=\begin{cases}a_3-8 & (a_3\geq0)\\ a_3{}^2 & (a_3<0)\end{cases}$

$a_3-8=24$에서 $a_3=32$

$a_3{}^2=24$를 만족시키는 정수 a_3은 없다.

ⓑ $a_4=-4=\begin{cases}a_3-8 & (a_3\geq0)\\ a_3{}^2 & (a_3<0)\end{cases}$

$a_3-8=-4$에서 $a_3=4$

$a_3{}^2=-4$를 만족시키는 정수 a_3은 없다.

(vii) $a_3=32$ 또는 $a_3=4$

ⓐ $a_3=32=\begin{cases}a_2-8 & (a_2\geq0)\\ a_2{}^2 & (a_2<0)\end{cases}$

$a_2-8=32$에서 $a_2=40$

$a_2{}^2=32$를 만족시키는 정수 a_2는 없다.

ⓑ $a_3=4=\begin{cases}a_2-8 & (a_2\geq0)\\ a_2{}^2 & (a_2<0)\end{cases}$

$a_2-8=4$에서 $a_2=12$

$a_2{}^2=4$에서 $a_2<0$이므로 $a_2=-2$

(viii) $a_2=40$ 또는 $a_2=12$ 또는 $a_2=-2$

ⓐ $a_2=40=\begin{cases}a_1-8 & (a_1\geq0)\\ a_1{}^2 & (a_1<0)\end{cases}$

$a_1-8=40$에서 $a_1=48$

$a_1{}^2=40$을 만족시키는 정수 a_1은 없다.

ⓑ $a_2=12=\begin{cases}a_1-8 & (a_1\geq0)\\ a_1{}^2 & (a_1<0)\end{cases}$

$a_1-8=12$에서 $a_1=20$

$a_1{}^2=12$를 만족시키는 정수 a_1은 없다.

ⓒ $a_2=-2=\begin{cases}a_1-8 & (a_1\geq0)\\ a_1{}^2 & (a_1<0)\end{cases}$

$a_1-8=-2$에서 $a_1=6$

$a_1{}^2=-2$를 만족시키는 정수 a_1은 없다.

따라서 모든 a_1의 값의 합은 $48+20+6=74$ 답 ①

13

함수 $f(x)=3\sin\pi x+2$의 주기는 $\dfrac{2\pi}{\pi}=2$이고,

최댓값은 $3+2=5$, 최솟값은 $-3+2=-1$이다.

방정식 $\{f(x)-t\}\{2f(x)+t\}=0$에서

$f(x)=t$ 또는 $f(x)=-\dfrac{t}{2}$

방정식 $f(x)=t$의 실근은 함수 $y=f(x)$의 그래프와 직선 $y=t$가 만나는 점의 x좌표이고, 방정식 $f(x)=-\dfrac{t}{2}$의 실근은 함수 $y=f(x)$의 그래프와 직선 $y=-\dfrac{t}{2}$가 만나는 점의 x좌표이다.

(i) $0<t<2$일 때

$0\leq x\leq3$에서 함수 $y=f(x)$의 그래프와 직선 $y=t$가 만나는 두 점을 각각 A, B라 하고 함수 $y=f(x)$의 그래프와 직선 $y=-\dfrac{t}{2}$가 만나는 두 점을 각각 C, D라 하자.

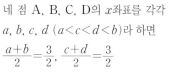

네 점 A, B, C, D의 x좌표를 각각 a, b, c, $d\ (a<c<d<b)$라 하면

$\dfrac{a+b}{2}=\dfrac{3}{2}$, $\dfrac{c+d}{2}=\dfrac{3}{2}$

이므로 $a+b=3$, $c+d=3$

따라서 $g(t)=4$, $h(t)=3+3=6$이므로

$h(t)-g(t)=6-4=2$

(ii) $t=2$일 때

$0\leq x\leq3$에서 함수 $y=f(x)$의 그래프와 직선 $y=2$가 만나는 네 점의 좌표는 각각 $(0, 2)$, $(1, 2)$, $(2, 2)$, $(3, 2)$이고 함수 $y=f(x)$의 그래프와 직선 $y=-1$이 만나는 점의 좌표는 $\left(\dfrac{3}{2}, -1\right)$이다.

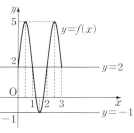

따라서 $g(2)=5$, $h(2)=0+1+2+3+\dfrac{3}{2}=\dfrac{15}{2}$이므로

$h(2)-g(2)=\dfrac{15}{2}-5=\dfrac{5}{2}$

(iii) $2<t<5$일 때

$0\leq x\leq3$에서 함수 $y=f(x)$의 그래프와 직선 $y=t$가 만나는 네 점을 각각 P, Q, R, S라 하자.

네 점 P, Q, R, S의 x좌표를 각각 p, q, r, s $(p<q<r<s)$라 하면

$$\frac{p+q}{2}=\frac{1}{2}, \quad \frac{r+s}{2}=\frac{5}{2}$$

이므로

$p+q=1$, $r+s=5$

한편, $0\leq x\leq 3$에서 함수 $y=f(x)$의 그래프와 직선 $y=-\dfrac{t}{2}$는 만나지 않는다.

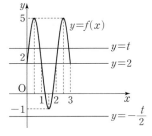

따라서 $g(t)=4$, $h(t)=1+5=6$이므로

$h(t)-g(t)=6-4=2$

(iv) $t=5$일 때

$0\leq x\leq 3$에서 함수 $y=f(x)$의 그래프와 직선 $y=5$가 만나는 두 점의 좌표는 $\left(\dfrac{1}{2}, 5\right)$, $\left(\dfrac{5}{2}, 5\right)$이고 함수 $y=f(x)$의 그래프와 직선 $y=-\dfrac{5}{2}$는 만나지 않는다.

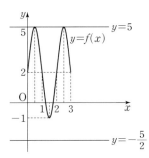

따라서 $g(5)=2$,

$h(5)=\dfrac{1}{2}+\dfrac{5}{2}=3$이므로

$h(5)-g(5)=3-2=1$

(v) $t>5$일 때

$0\leq x\leq 3$에서 함수 $y=f(x)$의 그래프와 직선 $y=t$가 만나지 않고, 함수 $y=f(x)$의 그래프와 직선 $y=-\dfrac{t}{2}$도 만나지 않는다.

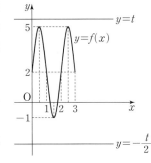

따라서 $g(t)=0$, $h(t)=0$이므로

$h(t)-g(t)=0-0=0$

(i)~(v)에서 $h(t)-g(t)$의 최댓값은 $\dfrac{5}{2}$이다.

답 ③

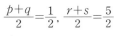

조건 (가)에서 함수 $|f(x)|$가 $x=-1$에서만 미분가능하지 않으므로

$f(-1)=0$, $f'(-1)\neq 0$

방정식 $|f(x)|=f(-1)$, 즉 $|f(x)|=0$에서 $|f(-1)|=0$이므로

$x=-1$은 방정식 $|f(x)|=0$의 실근이다.

조건 (나)에서 방정식 $|f(x)|=0$은 서로 다른 두 실근을 갖고, 이 두 실근의 합이 1보다 크므로 방정식 $|f(x)|=0$의 두 실근을 -1, a $(a>2)$라 하면 함수 $y=f(x)$의 그래프와 x축은 접하고

$f(x)=(x+1)(x-a)^2$

으로 놓을 수 있다.

조건 (다)에서 방정식 $|f(x)|=f(2)$의 서로 다른 실근의 개수가 3이고 $a>2$이므로

$f'(2)=0$이어야 한다.

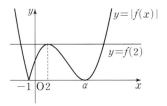

$f(x)=(x+1)(x-a)^2=(x+1)(x^2-2ax+a^2)$에서

$f'(x)=(x^2-2ax+a^2)+(x+1)(2x-2a)=(x-a)(3x-a+2)$

$f'(2)=(2-a)(6-a+2)=0$에서

$a>2$이므로 $a=8$

함수 $y=f(x-m)+n$의 그래프는 함수 $y=f(x)$의 그래프를 x축의 방향으로 m만큼, y축의 방향으로 n만큼 평행이동한 것이다.

이때 $f'(2)=0$, $f'(8)=0$이므로 함수 $f(x)$는 $x=2$에서 극댓값을 갖고 $x=8$에서 극솟값을 갖는다.

$f(x)=(x+1)(x-8)^2$이고, $f(2)=108$, $f(8)=0$

이므로 함수 $g(x)$가 실수 전체의 집합에서 미분가능하려면

$m=-6$, $n=108$

이어야 한다.

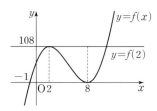

따라서 $m+n=-6+108=102$

답 ④

15

곡선 $y=\log_2(x+a)$를 직선 $y=x$에 대하여 대칭이동하면

$y=\log_2(x+a)$에서 $x=\log_2(y+a)$

$y+a=2^x$, $y=2^x-a$

$h(x)=2^x-a$

조건 (가)에서 두 곡선 $y=4^x+\dfrac{b}{8}$, $y=2^x-a$가 서로 다른 두 점에서 만나므로 방정식 $4^x+\dfrac{b}{8}=2^x-a$는 서로 다른 두 실근을 갖는다.

$(2^x)^2-2^x+a+\dfrac{b}{8}=0$에서 $2^x=X$ $(X>0)$이라 하면

$X^2-X+a+\dfrac{b}{8}=0 \qquad \cdots\cdots \text{㉠}$

이차방정식 ㉠의 판별식을 D라 하면

$D=(-1)^2-4\times 1\times\left(a+\dfrac{b}{8}\right)>0$이므로

$a+\dfrac{b}{8}<\dfrac{1}{4} \qquad \cdots\cdots \text{㉡}$

㉠의 두 근이 모두 양수이므로

$a+\dfrac{b}{8}>0 \qquad \cdots\cdots \text{㉢}$

㉡, ㉢에서 $0<a+\dfrac{b}{8}<\dfrac{1}{4} \qquad \cdots\cdots \text{㉣}$

자연수 a의 값에 따른 곡선 $y=f(x)$와 x축 및 y축으로 둘러싸인 영역의 내부 또는 그 경계에 포함되고 x좌표와 y좌표가 모두 정수인 점의 개수를 구하면 다음과 같다.

(i) $a=2$이면 곡선 $y=\log_2(x+2)$와 x축 및 y축으로 둘러싸인 영역의 내부 또는 그 경계에 포함되고 x좌표와 y좌표가 모두 정수인 점의 개수는 3이다.

(ii) $a=3$이면 곡선 $y=\log_2(x+3)$과 x축 및 y축으로 둘러싸인 영역의 내부 또는 그 경계에 포함되고 x좌표와 y좌표가 모두 정수인 점의 개수는 5이다.

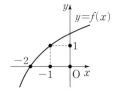

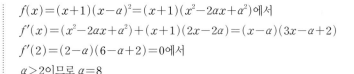

(iii) $a=4$이면 곡선 $y=\log_2(x+4)$와 x
축 및 y축으로 둘러싸인 영역의 내부
또는 그 경계에 포함되고 x좌표와 y
좌표가 모두 정수인 점의 개수는 8이
다.

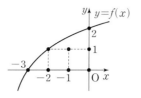

(iv) $a\geq5$이면 곡선 $y=\log_2(x+a)$
와 x축 및 y축으로 둘러싸인 영
역의 내부 또는 그 경계에 포함
되고 x좌표와 y좌표가 모두 정
수인 점의 개수는 11 이상이다.

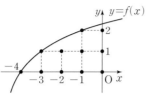

(i)~(iv)에서 $a=4$이고, ㉣에 의하여 $0<4+\dfrac{b}{8}<\dfrac{1}{4}$에서

$-4<\dfrac{b}{8}<-\dfrac{15}{4}$, $-32<b<-30$

이때 b가 정수이므로 $b=-31$

따라서 $a+b=4+(-31)=-27$ **답 ②**

16

로그의 진수의 조건에 의하여

$x-2>0$, $x+10>0$

이므로 $x>2$ …… ㉠

$\log_3(x-2)=\log_9(x+10)$에서

$\log_3(x-2)=\log_{3^2}(x+10)$

$\log_3(x-2)=\dfrac{1}{2}\log_3(x+10)$

$\log_3(x-2)^2=\log_3(x+10)$

$(x-2)^2=x+10$

$x^2-5x-6=0$, $(x+1)(x-6)=0$

$x=-1$ 또는 $x=6$ …… ㉡

㉠, ㉡을 모두 만족시키는 실수 x의 값은 6이다.   **답 6**

17

$\displaystyle\sum_{k=1}^{10}(1+2a_k)=48$에서

$\displaystyle\sum_{k=1}^{10}(1+2a_k)=\sum_{k=1}^{10}1+2\sum_{k=1}^{10}a_k=10+2\sum_{k=1}^{10}a_k$이므로

$10+2\displaystyle\sum_{k=1}^{10}a_k=48$, $\displaystyle\sum_{k=1}^{10}a_k=19$

또 $\displaystyle\sum_{k=1}^{10}(k+b_k)=60$에서

$\displaystyle\sum_{k=1}^{10}(k+b_k)=\sum_{k=1}^{10}k+\sum_{k=1}^{10}b_k=\dfrac{10\times(10+1)}{2}+\sum_{k=1}^{10}b_k=55+\sum_{k=1}^{10}b_k$이므로

$55+\displaystyle\sum_{k=1}^{10}b_k=60$, $\displaystyle\sum_{k=1}^{10}b_k=5$

따라서 $\displaystyle\sum_{k=1}^{10}(a_k-b_k)=\sum_{k=1}^{10}a_k-\sum_{k=1}^{10}b_k=19-5=14$ **답 14**

18

$f(x)=(x^2-1)(x^2+ax+a)$에서

$f'(x)=2x(x^2+ax+a)+(x^2-1)(2x+a)$이므로

$f'(-2)=-4(4-2a+a)+3(-4+a)=7a-28$

$f'(-2)=0$이므로 $7a-28=0$

따라서 $a=4$ **답 4**

19

곡선 $y=x^2-4$와 직선 $y=a^2-4$가 만나는 점의 x좌표를 구하면

$x^2-4=a^2-4$에서 $(x+a)(x-a)=0$

$x=-a$ 또는 $x=a$

곡선 $y=x^2-4$와 x축이 만나는 점의 x좌표를 구하면

$x^2-4=0$에서 $(x+2)(x-2)=0$

$x=-2$ 또는 $x=2$

곡선 $y=x^2-4$와 직선 $y=a^2-4$로 둘러싸인 부분의 넓이가 x축에 의하여 이등분되고, 곡선 $y=x^2-4$와 직선 $y=a^2-4$가 모두 y축에 대하여 대칭이므로

$$\int_0^a\{(a^2-4)-(x^2-4)\}dx=2\int_0^2(-x^2+4)dx$$

이때

$$\int_0^a\{(a^2-4)-(x^2-4)\}dx=\int_0^a(-x^2+a^2)dx=\left[-\dfrac{1}{3}x^3+a^2x\right]_0^a$$
$$=-\dfrac{1}{3}a^3+a^3=\dfrac{2}{3}a^3$$

$$\int_0^2(-x^2+4)dx=\left[-\dfrac{1}{3}x^3+4x\right]_0^2=-\dfrac{8}{3}+8=\dfrac{16}{3}$$

따라서 $\dfrac{2}{3}a^3=2\times\dfrac{16}{3}$이므로 $a^3=16$ **답 16**

20

삼각형 ABC에서 코사인법칙에 의하여

$$\cos(\angle ABC)=\dfrac{\overline{AB}^2+\overline{BC}^2-\overline{CA}^2}{2\times\overline{AB}\times\overline{BC}}=\dfrac{1^2+x^2-(3-x)^2}{2\times1\times x}=\dfrac{3x-4}{x}$$

이므로 $\dfrac{3x-4}{x}=\dfrac{1}{3}$에서 $9x-12=x$, $x=\dfrac{3}{2}$

$\overline{AD}=a$라 하면 삼각형 ABD에서 코사인법칙에 의하여

$$\overline{AD}^2=\overline{AB}^2+\overline{BD}^2-2\times\overline{AB}\times\overline{BD}\times\cos(\angle ABD)$$

$a^2=1^2+1^2-2\times1\times1\times\dfrac{1}{3}=\dfrac{4}{3}$, $a=\dfrac{2\sqrt{3}}{3}$

삼각형 ABD에서 코사인법칙에 의하여

$$\cos(\angle BAD)=\dfrac{\overline{AB}^2+\overline{AD}^2-\overline{BD}^2}{2\times\overline{AB}\times\overline{AD}}$$
$$=\dfrac{1^2+\left(\dfrac{2\sqrt{3}}{3}\right)^2-1^2}{2\times1\times\dfrac{2\sqrt{3}}{3}}=\dfrac{1}{\sqrt{3}}$$

이므로 $\sin^2(\angle BAD)=1-\left(\dfrac{1}{\sqrt{3}}\right)^2=\dfrac{2}{3}$

삼각형 ADC에서 코사인법칙에 의하여

$$\cos(\angle CAD)=\dfrac{\overline{AD}^2+\overline{CA}^2-\overline{DC}^2}{2\times\overline{AD}\times\overline{CA}}$$
$$=\dfrac{\left(\dfrac{2\sqrt{3}}{3}\right)^2+\left(\dfrac{3}{2}\right)^2-\left(\dfrac{1}{2}\right)^2}{2\times\dfrac{2\sqrt{3}}{3}\times\dfrac{3}{2}}=\dfrac{5}{3\sqrt{3}}$$

이므로 $\sin^2(\angle CAD)=1-\left(\dfrac{5}{3\sqrt{3}}\right)^2=\dfrac{2}{27}$

즉, $\sin^2(\angle BAD)+\sin^2(\angle CAD)=\dfrac{2}{3}+\dfrac{2}{27}=\dfrac{20}{27}$

따라서 $k=\dfrac{20}{27}$이므로 $81k=81\times\dfrac{20}{27}=60$ **답 60**

풀이에서 $\overline{\mathrm{AD}}=\dfrac{2\sqrt{3}}{3}$이므로 $\sin(\angle\mathrm{BAD})$, $\sin(\angle\mathrm{CAD})$의 값은 사인법칙을 이용하여 다음과 같이 구할 수도 있다.

그림과 같이 점 B에서 선분 AD에 내린 수선의 발을 H라 하면 삼각형 ABD가 $\overline{\mathrm{AB}}=\overline{\mathrm{BD}}$인 이등변삼각형이므로

$$\overline{\mathrm{AH}}=\frac{1}{2}\overline{\mathrm{AD}}=\frac{1}{2}\times\frac{2\sqrt{3}}{3}=\frac{\sqrt{3}}{3}$$

$$\overline{\mathrm{BH}}=\sqrt{\overline{\mathrm{AB}}^2-\overline{\mathrm{AH}}^2}=\sqrt{1^2-\left(\frac{\sqrt{3}}{3}\right)^2}=\frac{\sqrt{6}}{3}$$

그러므로 $\sin(\angle\mathrm{BAD})=\sin(\angle\mathrm{BAH})=\dfrac{\overline{\mathrm{BH}}}{\overline{\mathrm{AB}}}=\dfrac{\frac{\sqrt{6}}{3}}{1}=\dfrac{\sqrt{6}}{3}$

이등변삼각형 ABD에서 $\angle\mathrm{BAD}=\angle\mathrm{ADB}$이므로

$$\sin(\angle\mathrm{ADB})=\frac{\sqrt{6}}{3}$$

삼각형 ADC에서 사인법칙에 의하여

$$\frac{\overline{\mathrm{DC}}}{\sin(\angle\mathrm{CAD})}=\frac{\overline{\mathrm{CA}}}{\sin(\pi-\angle\mathrm{ADB})}$$

즉, $\dfrac{\overline{\mathrm{DC}}}{\sin(\angle\mathrm{CAD})}=\dfrac{\overline{\mathrm{CA}}}{\sin(\angle\mathrm{ADB})}$이므로

$$\sin(\angle\mathrm{CAD})=\frac{\overline{\mathrm{DC}}}{\overline{\mathrm{CA}}}\times\sin(\angle\mathrm{ADB})=\frac{\frac{1}{2}}{\frac{3}{2}}\times\frac{\sqrt{6}}{3}=\frac{\sqrt{6}}{9}$$

21

조건 (가)에 $n=6$을 대입하면 $a_6a_8<a_6a_7$ ...... ㉠

조건 (가)에 $n=7$을 대입하면 $a_6a_8<a_7a_8$ ...... ㉡

㉠에서 $a_6\neq0$이다.

$a_6>0$일 때, ㉠에서 $a_8<a_7$이므로 등차수열 $\{a_n\}$의 공차는 음수이고, $a_6>a_7$이다.

또한 ㉡에서 $a_8\neq0$이므로 $a_8<0$이다. 즉, $a_8<0<a_6$

$a_6<0$일 때, 마찬가지 방법으로 $a_8>0$이므로 $a_6<0<a_8$

(i) $a_6<0<a_8$일 때

등차수열 $\{a_n\}$의 공차를 d (d는 정수)라 하면 $d>0$이다.

$a_8=a_1+7d>0$에서 $a_1>-7d$이고

$a_6=a_1+5d<0$에서 $a_1<-5d$이므로

$$-7d<a_1<-5d \quad\quad\quad \cdots\cdots ㉢$$

① $a_7>0$일 때

조건 (나)에서 $\displaystyle\sum_{k=1}^{10}(|a_k|+a_k)=2(a_7+a_8+a_9+a_{10})=30$이므로

$a_7+a_8+a_9+a_{10}=15$, $4a_1+30d=15$ ...... ㉣

이때 a_1과 d가 모두 정수이므로 ㉣을 만족시키는 a_1과 d의 값은 존재하지 않는다.

② $a_7\le0$일 때

조건 (나)에서 $\displaystyle\sum_{k=1}^{10}(|a_k|+a_k)=2(a_8+a_9+a_{10})=30$이므로

$a_8+a_9+a_{10}=15$, $3a_9=15$, $a_9=5$

즉, $a_9=a_1+8d=5$이므로 $a_1=5-8d$ ...... ㉤

㉤을 ㉢에 대입하면

$-7d<5-8d<-5d$, $\dfrac{5}{3}<d<5$

한편, $a_7=a_1+6d=(5-8d)+6d=5-2d\le0$에서 $d\ge\dfrac{5}{2}$

이때 d는 양의 정수이므로 $d=3$ 또는 $d=4$이고, ㉤에서

$d=3$일 때 $a_1=-19$, $d=4$일 때 $a_1=-27$

(ii) $a_8<0<a_6$일 때

등차수열 $\{a_n\}$의 공차를 d (d는 정수)라 하면 $d<0$이다.

$a_8=a_1+7d<0$에서 $a_1<-7d$이고

$a_6=a_1+5d>0$에서 $a_1>-5d$이므로

$$-5d<a_1<-7d \quad\quad\quad \cdots\cdots ㉥$$

① $a_7>0$일 때

조건 (나)에서

$\displaystyle\sum_{k=1}^{10}(|a_k|+a_k)=2(a_1+a_2+a_3+\cdots+a_7)=30$이므로

$a_1+a_2+a_3+\cdots+a_7=15$, $7a_4=15$, $a_4=\dfrac{15}{7}$

이때 a_4가 정수가 아니므로 모든 항이 정수라는 조건을 만족시키지 않는다.

② $a_7\le0$일 때

조건 (나)에서

$\displaystyle\sum_{k=1}^{10}(|a_k|+a_k)=2(a_1+a_2+a_3+\cdots+a_6)=30$이므로

$a_1+a_2+a_3+\cdots+a_6=15$, $6a_1+15d=15$

$$a_1=\frac{5-5d}{2} \quad\quad\quad \cdots\cdots ㉧$$

㉧을 ㉥에 대입하면

$-5d<\dfrac{5-5d}{2}<-7d$, $-10d<5-5d<-14d$

$$-1<d<-\frac{5}{9}$$

이때 정수 d의 값은 존재하지 않는다.

(i), (ii)에서 $a_1=-19$ 또는 $a_1=-27$

따라서 $|a_1|$의 최댓값은 27이다. 답 27

22

함수 $g(x)$를 n차함수 (n은 자연수)라 하면 조건 (나)에 의하여 함수 $f(x)$는 $(n+1)$차함수이다.

조건 (가)의 $\{f(x)g(x)\}'=f'(x)g(x)+f(x)g'(x)$는 $2n$차함수이고, $18\{G(x)+2f'(x)+22\}$는 $(n+1)$차함수이므로

$2n=n+1$에서 $n=1$이다.

따라서 함수 $f(x)$는 이차함수이고, 함수 $g(x)$는 일차함수이다.

$g(x)=ax+b$ (a, b는 상수, $a\neq0$)이라 하면

$g'(x)=a$, $G(x)=\displaystyle\int g(x)dx=\dfrac{1}{2}ax^2+bx+C$ (C는 적분상수)이다.

조건 (다)에서 $G(0)=1$이므로 $C=1$

즉, $G(x)=\dfrac{1}{2}ax^2+bx+1$

조건 (나)에서

$$f(x)=\int_1^x g(t)dt+6(3x-2)=\int_1^x(at+b)dt+6(3x-2)$$

$$=\left[\frac{1}{2}at^2+bt\right]_1^x+6(3x-2)$$

$$=\left(\frac{1}{2}ax^2+bx-\frac{1}{2}a-b\right)+18x-12$$

$$=\frac{1}{2}ax^2+(b+18)x-\left(\frac{1}{2}a+b+12\right) \qquad \cdots\cdots \ \text{㉠}$$

$f'(x)=ax+b+18$

조건 (가)에서 $\{f(x)g(x)\}'=f'(x)g(x)+f(x)g'(x)$이므로

$f'(x)g(x)+f(x)g'(x)$

$$=(ax+b+18)(ax+b)+\left\{\frac{1}{2}ax^2+(b+18)x-\left(\frac{1}{2}a+b+12\right)\right\}\times a$$

$$=\{a^2x^2+a(2b+18)x+b^2+18b\}$$

$$\qquad\qquad +\left\{\frac{1}{2}a^2x^2+a(b+18)x-\left(\frac{1}{2}a^2+ab+12a\right)\right\}$$

$$=\frac{3}{2}a^2x^2+a(3b+36)x+\left(-\frac{1}{2}a^2-ab-12a+b^2+18b\right) \quad\cdots\cdots\ \text{㉡}$$

$18\{G(x)+2f'(x)+22\}$

$$=18\left\{\frac{1}{2}ax^2+bx+1+2(ax+b+18)+22\right\}$$

$$=9ax^2+18(2a+b)x+18(2b+59) \qquad\cdots\cdots\ \text{㉢}$$

조건 (가)에 의하여 ㉡=㉢이므로

$\frac{3}{2}a^2=9a$에서 $a\neq 0$이므로 $a=6$

$-\frac{1}{2}a^2-ab-12a+b^2+18b=18(2b+59)$에서

$-\frac{1}{2}\times 6^2-6b-72+b^2+18b=36b+18\times 59$

$b^2-24b-18\times 64=0,\ (b+24)(b-48)=0$

$b=-24$ 또는 $b=48$

즉, $g(x)=6x-24$ 또는 $g(x)=6x+48$

조건 (다)에서 $g(1)<0$이므로 $g(x)=6x-24$

따라서 $a=6,\ b=-24$이므로 ㉠에서

$f(x)=3x^2-6x+9=3(x-1)^2+6$

$h(x)=\begin{cases} -3(x-1)^2+6 & (0\le x<1)\\ 3(x-1)^2+6 & (1\le x\le 2)\end{cases}$ 이고, 모든 실수 x에 대하여

$h(x)=h(x-2)+6$이므로 함수 $y=h(x)$의 그래프는 그림과 같다.

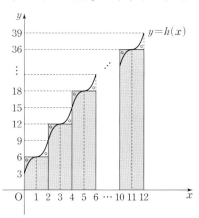

○를 표시한 부분의 넓이가 서로 같고, $g(4)=0,\ g(6)=12$이므로

$\displaystyle\int_{g(4)}^{g(6)} h(x)dx$

$=\displaystyle\int_{0}^{12} h(x)dx$

$=2\times[f(1)+\{f(1)+6\}+\{f(1)+12\}+\cdots+\{f(1)+30\}]$

$=2\times 6\times\{f(1)+(1+2+3+4+5)\}$

$=2\times 6\times\left(6+\frac{5\times 6}{2}\right)=252$

답 252

23

두 점 $\mathrm{A}(4,\ 2,\ 3)$, $\mathrm{B}(1,\ -4,\ 0)$에 대하여 선분 AB를 $2:1$로 내분하는 점 P의 좌표를 $(a,\ b,\ c)$라 하면

$a=\dfrac{2\times 1+1\times 4}{2+1}=2$

$b=\dfrac{2\times(-4)+1\times 2}{2+1}=-2$

$c=\dfrac{2\times 0+1\times 3}{2+1}=1$

따라서 $\mathrm{P}(2,\ -2,\ 1)$이므로

$\overline{\mathrm{OP}}=\sqrt{2^2+(-2)^2+1^2}=\sqrt{9}=3$

답 ①

24

쌍곡선 $\dfrac{x^2}{16}-\dfrac{y^2}{9}=1$ 위의 점 $(8,\ 3\sqrt{3})$에서의 접선의 방정식은

$\dfrac{8x}{16}-\dfrac{3\sqrt{3}y}{9}=1$

$y=\dfrac{\sqrt{3}}{2}x-\sqrt{3}$

이 접선과 x축, y축의 교점의 좌표는 각각 $(2,\ 0)$, $(0,\ -\sqrt{3})$이다.

따라서 구하는 넓이는

$\dfrac{1}{2}\times 2\times\sqrt{3}=\sqrt{3}$

답 ③

25

$\overrightarrow{\mathrm{AB}}=\overrightarrow{\mathrm{OB}}-\overrightarrow{\mathrm{OA}}=(0,\ 6)-(8,\ 0)=(-8,\ 6)$

$|\overrightarrow{\mathrm{AB}}|=\sqrt{(-8)^2+6^2}=10$

즉, $|\overrightarrow{\mathrm{OP}}|=|\overrightarrow{\mathrm{AB}}|=10$이므로

점 P는 원점 O를 중심으로 하고 반지름의 길이가 10인 원 위의 점이다.

선분 AB의 중점을 M이라 하면

$\overrightarrow{\mathrm{PA}}+\overrightarrow{\mathrm{PB}}=2\overrightarrow{\mathrm{PM}}$

직선 OM과 원점 O를 중심으로 하고 반지름의 길이가 10인 원이 만나는 두 점을 각각 Q, R $(\overline{\mathrm{MQ}}>\overline{\mathrm{MR}})$이라 하면 점 P가 점 Q일 때, $|\overrightarrow{\mathrm{PM}}|$의 값은 최대이다.

$\overrightarrow{\mathrm{OM}}=\dfrac{\overrightarrow{\mathrm{OA}}+\overrightarrow{\mathrm{OB}}}{2}=(4,\ 3)$

이므로

$|\overrightarrow{\mathrm{OM}}|=\sqrt{4^2+3^2}=5$

따라서

$|\overrightarrow{\mathrm{PA}}+\overrightarrow{\mathrm{PB}}|=2|\overrightarrow{\mathrm{PM}}|$

$\qquad\qquad\qquad \le 2|\overrightarrow{\mathrm{QM}}|$

$\qquad\qquad\qquad =2(|\overrightarrow{\mathrm{QO}}|+|\overrightarrow{\mathrm{OM}}|)$

$\qquad\qquad\qquad =2(10+5)=30$

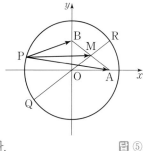

이므로 $|\overrightarrow{\mathrm{PA}}+\overrightarrow{\mathrm{PB}}|$의 최댓값은 30이다.

답 ⑤

26

삼각형 OBC가 정삼각형이고, 선분 OM의 길이는 정삼각형 OBC의 높이이므로

$$\overline{\mathrm{OM}}=\overline{\mathrm{OB}}\times\sin\frac{\pi}{3}=4\times\frac{\sqrt{3}}{2}=2\sqrt{3}$$

삼각형 ABM은 빗변이 선분 AM인 직각삼각형이므로

$$\overline{\mathrm{AM}}=\sqrt{\overline{\mathrm{AB}}^2+\overline{\mathrm{BM}}^2}=\sqrt{4^2+2^2}=2\sqrt{5}$$

삼각형 OAM은 세 변의 길이가 $\overline{\mathrm{OM}}=2\sqrt{3}$, $\overline{\mathrm{AM}}=2\sqrt{5}$, $\overline{\mathrm{OA}}=4$이다.

두 직선 OM, NC가 이루는 예각의 크기가 θ이므로 두 직선 OM, AM이 이루는 예각의 크기도 θ이다.

삼각형 OAM에서 코사인법칙에 의하여

$$\cos\theta=\frac{\overline{\mathrm{OM}}^2+\overline{\mathrm{AM}}^2-\overline{\mathrm{OA}}^2}{2\times\overline{\mathrm{OM}}\times\overline{\mathrm{AM}}}$$

$$=\frac{(2\sqrt{3})^2+(2\sqrt{5})^2-4^2}{2\times2\sqrt{3}\times2\sqrt{5}}$$

$$=\frac{2}{\sqrt{15}}$$

따라서 $\cos^2\theta=\left(\frac{2}{\sqrt{15}}\right)^2=\frac{4}{15}$　　답 ④

27

포물선 $y^2=4x$의 초점은 $\mathrm{F}(1,\,0)$이고 준선의 방정식은 $x=-1$이다.

두 점 A, B의 x좌표를 각각 x_1, x_2 $(x_1>x_2>0)$이라 하고,

두 점 A, B에서 준선 $x=-1$에 내린 수선의 발을 각각 H_1, H_2라 하면

$$\overline{\mathrm{AB}}=\overline{\mathrm{AF}}+\overline{\mathrm{BF}}=\overline{\mathrm{AH}_1}+\overline{\mathrm{BH}_2}$$

$$=(1+x_1)+(1+x_2)$$

$$=x_1+x_2+2$$

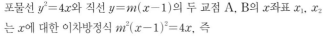

이때 $\overline{\mathrm{AB}}=5$이므로

$$x_1+x_2+2=5$$

$$x_1+x_2=3\quad\cdots\cdots\,\text{㉠}$$

한편, 직선 AB의 기울기를 $m\,(m>0)$이라 하면 직선 AB의 방정식은

$$y=m(x-1)$$

포물선 $y^2=4x$와 직선 $y=m(x-1)$의 두 교점 A, B의 x좌표 x_1, x_2는 x에 대한 이차방정식 $m^2(x-1)^2=4x$, 즉 $m^2x^2-2(m^2+2)x+m^2=0$의 서로 다른 두 실근이다.

이차방정식의 근과 계수의 관계에 의하여

$$x_1+x_2=\frac{2(m^2+2)}{m^2}\quad\cdots\cdots\,\text{㉡}$$

$$x_1x_2=\frac{m^2}{m^2}=1$$

㉠을 ㉡에 대입하면

$$3=\frac{2(m^2+2)}{m^2}$$

$$m^2=4$$

$m>0$이므로 $m=2$

두 점 A, B의 좌표는 각각

$$(x_1,\,2(x_1-1)),\ (x_2,\,2(x_2-1))$$

이므로

$$\overline{\mathrm{CD}}=2(x_1-1)-2(x_2-1)$$

$$=2(x_1-x_2)$$

이때

$$(x_1-x_2)^2=(x_1+x_2)^2-4x_1x_2=3^2-4\times1=5$$

이고, $x_1>x_2$이므로

$$x_1-x_2=\sqrt{5}$$

즉, $\overline{\mathrm{CD}}=2\sqrt{5}$

따라서 사각형 ACDB의 넓이는

$$\frac{1}{2}\times(\overline{\mathrm{AC}}+\overline{\mathrm{BD}})\times\overline{\mathrm{CD}}=\frac{1}{2}\times3\times2\sqrt{5}=3\sqrt{5}$$　답 ②

다른 풀이

포물선 $y^2=4x$의 초점은 $\mathrm{F}(1,\,0)$이다.

$\overline{\mathrm{AF}}=a$, $\overline{\mathrm{BF}}=b$라 하면

$$\overline{\mathrm{AB}}=\overline{\mathrm{AF}}+\overline{\mathrm{BF}}=5$$

이므로

$$a+b=5\quad\cdots\cdots\,\text{㉠}$$

두 점 A, B에서 x축에 내린 수선의 발을 각각 I_1, I_2라 하면

$$\overline{\mathrm{I}_1\mathrm{F}}=a-2,\ \overline{\mathrm{I}_2\mathrm{F}}=2-b$$

두 삼각형 AFI_1, BFI_2는 서로 닮음이므로

$$\overline{\mathrm{AF}}:\overline{\mathrm{BF}}=\overline{\mathrm{I}_1\mathrm{F}}:\overline{\mathrm{I}_2\mathrm{F}}$$

즉, $a:b=(a-2):(2-b)$에서

$$a(2-b)=b(a-2)$$

$$2a-ab=ab-2b$$

$$ab=a+b\quad\cdots\cdots\,\text{㉡}$$

㉠, ㉡에서

$$ab=5$$

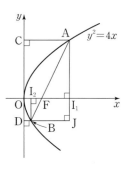

두 직선 AI_1, BD가 만나는 점을 J라 하면

$$\overline{\mathrm{CD}}=\overline{\mathrm{AJ}}=\sqrt{\overline{\mathrm{AB}}^2-\overline{\mathrm{BJ}}^2}$$

$$=\sqrt{(a+b)^2-(a-b)^2}$$

$$=2\sqrt{ab}=2\sqrt{5}$$

$$\overline{\mathrm{AC}}+\overline{\mathrm{BD}}=(a-1)+(b-1)$$

$$=a+b-2=5-2=3$$

따라서 사각형 ACDB의 넓이는

$$\frac{1}{2}\times(\overline{\mathrm{AC}}+\overline{\mathrm{BD}})\times\overline{\mathrm{CD}}=\frac{1}{2}\times3\times2\sqrt{5}=3\sqrt{5}$$

28

점 A에서 xy평면에 내린 수선의 발이 O이고, 선분 BC의 길이가 12이다.

선분 BC의 중점을 M이라 하면 선분 DM과 선분 AM은 각각 정삼각형 BCD와 정삼각형 ABC의 높이이고, $\overline{\mathrm{DO}}:\overline{\mathrm{OM}}=2:1$이므로

$$\overline{\mathrm{AM}}=\frac{\sqrt{3}}{2}\times12=6\sqrt{3}$$

$$\overline{\mathrm{MO}}=\frac{\sqrt{3}}{2}\times12\times\frac{1}{3}=2\sqrt{3}$$

삼각형 AMO는 $\angle\mathrm{AOM}=90°$인 직각삼각형이므로

$$\overline{\mathrm{AO}}=\sqrt{\overline{\mathrm{AM}}^2-\overline{\mathrm{MO}}^2}$$

$$=\sqrt{(6\sqrt{3})^2-(2\sqrt{3})^2}=4\sqrt{6}$$

구 S의 중심을 O'이라 하고, 점 O'에서 선분 AM에 내린 수선의 발을 H라 하자.

구 S의 반지름의 길이를 r이라 하면 $r=\overline{OO'}=\overline{O'H}$이다.

삼각형 AMO의 넓이는

$\dfrac{1}{2}\times\overline{AO}\times\overline{MO}=\dfrac{1}{2}\times\overline{AM}\times\overline{O'H}+\dfrac{1}{2}\times\overline{MO}\times\overline{OO'}$

$\dfrac{1}{2}\times4\sqrt{6}\times2\sqrt{3}=\dfrac{1}{2}\times6\sqrt{3}\times r+\dfrac{1}{2}\times2\sqrt{3}\times r$

$12\sqrt{2}=3\sqrt{3}\,r+\sqrt{3}\,r$

$4\sqrt{3}\,r=12\sqrt{2}$

$r=\sqrt{6}$

평면 ABC와 xy평면이 이루는 예각의 크기를 θ라 하면 $\angle AMO=\theta$이므로

$\cos\theta=\dfrac{\overline{MO}}{\overline{AM}}=\dfrac{2\sqrt{3}}{6\sqrt{3}}=\dfrac{1}{3}$

$\sin\theta=\sqrt{1-\cos^2\theta}=\sqrt{1-\left(\dfrac{1}{3}\right)^2}=\dfrac{2\sqrt{2}}{3}$

한편, 태양광선이 평면 ABC에 수직인 방향으로 비출 때, 중심이 $(0,\,0,\,\sqrt{6})$이고 반지름의 길이가 $\sqrt{6}$인 구 S에 의해 만들어지는 xy평면 위의 타원을 E라 하자.

타원 E의 단축의 길이는 구의 지름의 길이와 같은 $2\sqrt{6}$이고, 장축의 길이를 l이라 하면

$l\times\cos\theta=2r$이므로

$l\times\dfrac{1}{3}=2\sqrt{6}$에서 $l=6\sqrt{6}$

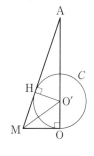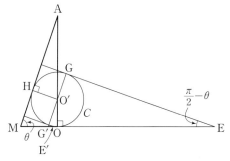

정사면체 $ABCD$와 구 S를 평면 AMO로 자른 단면은 그림과 같고, 구 S를 자른 단면을 원 C라 하자. 직선 AM과 수직인 직선 중 원 C와 접하는 직선이 x축과 만나는 점을 각각 E, E' $(\overline{OE}>\overline{OE'})$이라 하고, 점 O'을 지나고 직선 AM과 평행한 직선이 원 C와 만나는 두 점 중 점 A와 가까운 점을 G, x축과 만나는 점을 G'이라 하자.

이때 $\angle AMO=\angle GG'O$이므로 두 직각삼각형 AMO, $O'G'O$는 서로 닮음이다.

즉, $\overline{AO}:\overline{O'O}=\overline{MO}:\overline{G'O}$이므로

$4\sqrt{6}:\sqrt{6}=2\sqrt{3}:\overline{G'O}$에서 $\overline{G'O}=\dfrac{\sqrt{3}}{2}$

$\overline{GE}=a$라 하면 $\overline{OE}=\overline{GE}=a$

$\angle GG'O=\angle AMO=\theta$이므로 직각삼각형 EGG'에서

$\angle GEG'=\dfrac{\pi}{2}-\theta$이고

$\cos\left(\dfrac{\pi}{2}-\theta\right)=\dfrac{\overline{GE}}{\overline{G'E}}=\dfrac{\overline{GE}}{\overline{OE}+\overline{G'O}}=\dfrac{a}{a+\dfrac{\sqrt{3}}{2}}$

즉, $\sin\theta=\dfrac{a}{a+\dfrac{\sqrt{3}}{2}}$에서 $\dfrac{2\sqrt{2}}{3}=\dfrac{a}{a+\dfrac{\sqrt{3}}{2}}$

$3a=2\sqrt{2}a+\sqrt{6}$, $(3-2\sqrt{2})a=\sqrt{6}$

$a=\dfrac{\sqrt{6}}{3-2\sqrt{2}}=\dfrac{\sqrt{6}(3+2\sqrt{2})}{(3-2\sqrt{2})(3+2\sqrt{2})}=3\sqrt{6}+4\sqrt{3}$

단축의 길이가 $2\sqrt{6}$, 장축의 길이가 $6\sqrt{6}$인 타원 E는 xy평면 위의 도형이므로 좌표평면 위의 평면도형으로 생각해 보자.

타원 E가 x축과 만나는 한 꼭짓점이 $E(3\sqrt{6}+4\sqrt{3},\,0)$이므로 또 다른 꼭짓점은 $E'(3\sqrt{6}+4\sqrt{3}-6\sqrt{6},\,0)$, 즉 $E'(-3\sqrt{6}+4\sqrt{3},\,0)$이다.

따라서 타원 E의 중심의 좌표는 $(4\sqrt{3},\,0)$이므로 타원 E의 방정식은

$\dfrac{(x-4\sqrt{3})^2}{(3\sqrt{6})^2}+\dfrac{y^2}{(\sqrt{6})^2}=1$, 즉 $\dfrac{(x-4\sqrt{3})^2}{54}+\dfrac{y^2}{6}=1$

타원 E를 x축의 방향으로 $-4\sqrt{3}$만큼 평행이동한 타원을 E'이라 하면

타원 E'의 방정식은 $\dfrac{x^2}{54}+\dfrac{y^2}{6}=1$이고,

타원 E 위의 점 $P(\sqrt{3},\,\sqrt{3})$을 x축의 방향으로 $-4\sqrt{3}$만큼 평행이동한 점을 P'이라 하면 $P'(-3\sqrt{3},\,\sqrt{3})$이다.

이때 타원 E' 위의 점 $P'(-3\sqrt{3},\,\sqrt{3})$에서의 접선의 방정식은

$\dfrac{-3\sqrt{3}x}{54}+\dfrac{\sqrt{3}y}{6}=1$, $-\sqrt{3}x+3\sqrt{3}y=18$

이 직선을 다시 x축의 방향으로 $4\sqrt{3}$만큼 평행이동하면

$-\sqrt{3}(x-4\sqrt{3})+3\sqrt{3}y=18$, $-\sqrt{3}x+3\sqrt{3}y=6$

즉, 타원 E 위의 점 $P(\sqrt{3},\,\sqrt{3})$에서의 접선의 방정식은

$-\sqrt{3}x+3\sqrt{3}y=6$

이고, 이 직선이 x축, y축과 만나는 점의 좌표는 각각

$\left(-\dfrac{6}{\sqrt{3}},\,0\right)$, $\left(0,\,\dfrac{2}{\sqrt{3}}\right)$이다.

따라서 구하는 넓이는

$\dfrac{1}{2}\times\dfrac{6}{\sqrt{3}}\times\dfrac{2}{\sqrt{3}}=2$

답 ④

29

타원의 장축의 길이가 $2\times4=8$이므로

$\overline{PF}+\overline{PF'}=8$

삼각형 $PF'F$의 둘레의 길이가 12이므로

$\overline{PF}+\overline{PF'}+\overline{FF'}=12$

$8+\overline{FF'}=12$

$\overline{FF'}=4$

즉, $2c=4$에서 $c=2$

이때 $a^2=16-2^2=12$

$a>0$이므로 $a=2\sqrt{3}$

직각삼각형 FHF'에서 $\overline{FH}=\sqrt{7}$, $\overline{FF'}=4$이므로

$\overline{HF'}=\sqrt{\overline{FF'}^2-\overline{FH}^2}=\sqrt{4^2-(\sqrt{7})^2}=3$

$\overline{PH}=p$, $\overline{PF}=q$라 하면

$\overline{PF'}+\overline{PF}=8$에서

$\overline{PH}+\overline{HF'}+\overline{PF}=8$

$p+3+q=8$

$q=-p+5$ $\cdots\cdots\ \bigcirc$

직각삼각형 PHF에서 $\overline{PF}^2=\overline{PH}^2+\overline{FH}^2$이므로

$q^2=p^2+7$ $\cdots\cdots\ \bigcirc$

①을 ⓛ에 대입하면

$(-p+5)^2=p^2+7$

$p^2-10p+25=p^2+7,\ 10p=18$

$p=\dfrac{9}{5}$

$p=\dfrac{9}{5}$ 를 ①에 대입하면

$q=-\dfrac{9}{5}+5=\dfrac{16}{5}$

직각삼각형 FHF′에서

$\angle HF'F=\theta$라 하면

$\sin\theta=\dfrac{\sqrt7}{4},\ \cos\theta=\dfrac{3}{4}$

한편, 점 P에서 x축에 내린

수선의 발을 H_1이라 하면

$\overline{PF'}=\overline{PH}+\overline{HF'}$

$=\dfrac{9}{5}+3=\dfrac{24}{5}$

이므로

$\overline{OH_1}=\overline{F'H_1}-\overline{OF'}=\overline{PF'}\times\cos\theta-2=\dfrac{24}{5}\times\dfrac{3}{4}-2=\dfrac{8}{5}$,

$\overline{PH_1}=\overline{PF'}\times\sin\theta=\dfrac{24}{5}\times\dfrac{\sqrt7}{4}=\dfrac{6\sqrt7}{5}$

즉, 점 P의 좌표는 $\left(\dfrac{8}{5},\ \dfrac{6\sqrt7}{5}\right)$이다.

타원 $\dfrac{x^2}{16}+\dfrac{y^2}{12}=1$ 위의 점 $P\left(\dfrac{8}{5},\ \dfrac{6\sqrt7}{5}\right)$에서의 접선의 방정식은

$\dfrac{\frac{8}{5}x}{16}+\dfrac{\frac{6\sqrt7}{5}y}{12}=1$

$y=-\dfrac{1}{\sqrt7}x+\dfrac{10}{\sqrt7}$

따라서 타원 위의 점 P에서의 접선의 기울기가 $m=-\dfrac{1}{\sqrt7}$이므로

$\dfrac{1}{m^2}=\dfrac{1}{\left(-\frac{1}{\sqrt7}\right)^2}=7$ 답 7

$\overrightarrow{BQ}\cdot\overrightarrow{BR'}$이 최대인 경우와 $\overrightarrow{BP'}\cdot(\overrightarrow{BR'}+\overrightarrow{BQ})$가 최소인 경우의 두 점 Q, R′의 위치가 같다면 이때 $\overrightarrow{P'Q}\cdot\overrightarrow{P'R'}$이 최대이다.

두 벡터 $\overrightarrow{BQ}$, $\overrightarrow{BR'}$이 이루는 각의 크기를 θ라 하면

$\overrightarrow{BQ}\cdot\overrightarrow{BR'}=|\overrightarrow{BQ}|\,|\overrightarrow{BR'}|\cos\theta$

$=2\times2\times\cos\theta=4\cos\theta$

이므로 $\overrightarrow{BQ}\cdot\overrightarrow{BR'}$이 최대가 되기 위해서는 $\cos\theta$가 최대이어야 한다.

점 C를 점 B에 대하여 대칭이동한 점을 C′이라 하면

두 점 Q, R′이 각각 A, C′일 때, $\overrightarrow{BQ}\cdot\overrightarrow{BR'}$이 최대가 된다.

이때 $\theta=\dfrac{\pi}{3}$이고, $\cos\theta=\dfrac{1}{2}$이다.

따라서 $\overrightarrow{BQ}\cdot\overrightarrow{BR'}=4\cos\theta\le2$

선분 QR′의 중점을 H라 하면 $\overrightarrow{BR'}+\overrightarrow{BQ}=2\overrightarrow{BH}$가 되고

$\overrightarrow{BP'}\cdot(\overrightarrow{BR'}+\overrightarrow{BQ})=\overrightarrow{BP'}\cdot2\overrightarrow{BH}$

$=2\overrightarrow{BP'}\cdot\overrightarrow{BH}$

$\overrightarrow{BP'}\cdot(\overrightarrow{BR'}+\overrightarrow{BQ})=2\overrightarrow{BP'}\cdot\overrightarrow{BH}$가 최소가 되기 위해서는

세 점 B, H, P′이 한 직선 위에 있고, 두 점 Q, R′이 각각 A, C′이어야 한다.

$\overrightarrow{BP'}\cdot(\overrightarrow{BR'}+\overrightarrow{BQ})=2\overrightarrow{BP'}\cdot\overrightarrow{BH}$

$=2|\overrightarrow{BP'}|\,|\overrightarrow{BH}|\cos\pi$

$\ge2\times2\times\sqrt3\times(-1)=-4\sqrt3$

즉,

$\overrightarrow{P'Q}\cdot\overrightarrow{P'R'}=\overrightarrow{BQ}\cdot\overrightarrow{BR'}-\overrightarrow{BP'}\cdot(\overrightarrow{BR'}+\overrightarrow{BQ})+4$

$\le2-(-4\sqrt3)+4$

$=6+4\sqrt3$

따라서 $p=6$, $q=4$이므로

$p\times q=6\times4=24$ 답 24

30

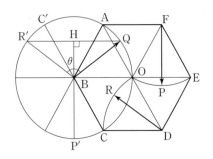

$\overrightarrow{P'Q}\cdot\overrightarrow{P'R'}$

$=(\overrightarrow{BQ}-\overrightarrow{BP'})\cdot(\overrightarrow{BR'}-\overrightarrow{BP'})$

$=\overrightarrow{BQ}\cdot\overrightarrow{BR'}-\overrightarrow{BP'}\cdot\overrightarrow{BR'}-\overrightarrow{BP'}\cdot\overrightarrow{BQ}+|\overrightarrow{BP'}|^2$

$=\overrightarrow{BQ}\cdot\overrightarrow{BR'}-\overrightarrow{BP'}\cdot(\overrightarrow{BR'}+\overrightarrow{BQ})+|\overrightarrow{BP'}|^2$

$=\overrightarrow{BQ}\cdot\overrightarrow{BR'}-\overrightarrow{BP'}\cdot(\overrightarrow{BR'}+\overrightarrow{BQ})+4$